教育部高等学校电子信息类专业教学指导委员会规划教材

高等学校电子信息类专业系列教材·新形态教材

电路原理

（第2版）

张燕君 齐跃峰 吴国庆 朱奇光 编著

清华大学出版社

北京

内 容 简 介

本书系统介绍电路的基本理论知识,全书共分为 10 章,主要内容包括电路模型和电路定律、电阻电路的分析、电路定理、动态电路的时域分析、正弦稳态分析、三相电路、非正弦周期电流电路、动态电路的复频域分析、二端口网络、电路的矩阵方程。

本书可供高等院校自动化、电子信息工程、通信工程、电子信息科学与技术、光电信息科学与工程等专业使用,也可供工程技术人员参考。

图书在版编目(CIP)数据

电路原理/张燕君等编著. -- 2 版. -- 北京:清华大学出版社,2025.5.
(高等学校电子信息类专业系列教材). -- ISBN 978-7-302-69305-5

Ⅰ. TM13

中国国家版本馆 CIP 数据核字第 20253S9Z89 号

策划编辑:盛东亮
责任编辑:崔 彤
封面设计:李召霞
责任校对:申晓焕
责任印制:曹婉颖

出版发行:清华大学出版社

    网　　　址:https://www.tup.com.cn,https://www.wqxuetang.com
    地　　　址:北京清华大学学研大厦 A 座　　邮　　编:100084
    社 总 机:010-83470000　　　　　　　　邮　　购:010-62786544
    投稿与读者服务:010-62776969,c-service@tup.tsinghua.edu.cn
    质量反馈:010-62772015,zhiliang@tup.tsinghua.edu.cn
    课件下载:https://www.tup.com.cn,010-83470236

印 装 者:三河市铭诚印务有限公司
经　　销:全国新华书店
开　　本:185mm×260mm　　印　　张:18　　字　　数:441 千字
版　　次:2017 年 10 月第 1 版　　2025 年 6 月第 2 版　　印　　次:2025 年 6 月第 1 次印刷
印　　数:1~1500
定　　价:59.00 元

产品编号:110206-01

前言
FOREWORD

电路原理是电类专业非常重要的一门技术基础课,通过本课程的学习,使学生掌握电路的基本理论知识、电路分析计算的基本方法,并为学习后续有关课程准备必要的电路知识。学习电路课程,对培养学生的科学思维能力,树立理论联系实际的工程观点和提高学生分析问题和解决问题的能力,都有重要的作用。该课程在整个电类专业的人才培养方案和课程体系中起着承前启后的重要作用。

党的二十大报告指出,教育、科技、人才是全面建设社会主义现代化国家的基础性、战略性支撑。优秀的教材是高等院校课程教学质量的重要保证,也是学校教书育人、培养学生的重要工具。本教材严格参照教育部《普通高等学校本科专业目录》、教育部高等学校电子电气基础课程教学指导分委员会《电子电气基础课程教学基本要求》,充分吸收国内外现有优秀教材的成功之处,结合作者多年的教学实践和经验编写而成。本教材特色如下:

1. 内容精练。本教材强调基本概念的理解,注重新老内容的结合,特别注重理论联系实际。对电路理论中传统的内容进行了整合,保留经典的理论内容,删除与后续课程重复或应用较少的内容,使学生用较少的时间掌握电路理论的内容体系。

2. 一题多解。本教材以一题多解的方式培养学生应用理论分析问题及解决问题的能力,使学生启迪思路、开阔视野,学会分析问题和解决问题的方法,并且能适应启发式教学的需要。

3. 利于拓展。本教材课后习题分为简答题、选择题、计算题和思考题,利于不同层次、不同专业和不同程度的学生进行练习和拓展。

本书的内容安排是:第1~3章为直流电路,主要介绍基本元件及其特性、基本定理、定律及分析方法;第4章为一阶动态电路,主要介绍动态电路的时域分析;第5章和第6章为正弦电路,主要介绍一般正弦稳态电路和三相电路的分析;第7章为非正弦周期电流电路;第8章为动态电路复频域分析;第9章和第10章为二端口网络和矩阵方程。

燕山大学信息科学与工程学院"电路原理"课程于2003年被评为河北省省级精品课程,2008年再次通过省级精品课程评估。本书是电路精品课程主讲教师在总结多年教学经验的基础上编写而成的。参加编写的人员及分工为:金娃编写第1章和第3章;刘烁编写第2章;朱奇光编写第4章;张燕君编写第5章和第10章;齐跃峰编写第6章和第7章;吴国庆编写第8章和第9章。全书由张燕君统稿并作部分调整。

本书由毕卫红主审并提出了许多宝贵的意见,高美静、王伟和李文慧参与了本书的审读工作,作者在此表示衷心的感谢! 由于编者水平有限,加之时间仓促,错误和疏漏在所难免,敬请专家、同仁和广大读者指正。

编 者

2025 年 3 月

教学建议
TEACHING SUGGESTION

通过本课程的学习,掌握电路的基本概念、基本规律、基本分析方法和基本定理等,为后续专业课的学习奠定理论和实验的基础。

本书的电路理论分为三部分:电路的稳态分析、电路的动态分析和电路理论应用。下面给出大致的教学学时安排,仅供参考。

章　名	知识要点	建议学时
第1章 电路模型和电路定律	电路模型 电流、电压参考方向及功率的计算 电阻元件、独立电源与受控电源 基尔霍夫定律	6
第2章 电阻电路的分析	等效变换的概念 电桥电路等效电阻的计算 电源模型的等效变换 支路电流法 网孔电流法与回路电流法 结点电压法	12
第3章 电路定理	叠加定理 齐性定理 替代定理 戴维宁定理和诺顿定理 特勒根定理 互易定理	8
第4章 动态电路的时域分析	动态元件 电路初始值的确定 一阶电路的分析:三要素法 二阶电路的分析	8
第5章 正弦稳态分析	正弦电路的基本概念 正弦量的相量表示 电路定律的相量形式 阻抗、导纳及其等效变换 正弦稳态电路的相量分析 正弦稳态电路的功率 谐振电路 耦合电感 空心变压器 理想变压器	16

续表

章　名	知 识 要 点	建 议 学 时
第 6 章 三相电路	三相电路的基本知识 对称三相电路 不对称三相电路 三相电路的功率 安全用电*	4
第 7 章 非正弦周期电流电路	非正弦周期信号及其频谱 有效值、平均值和平均功率 非正弦周期电流电路的计算 谐波对供电系统的危害*	4
第 8 章 动态电路的复频域分析	拉普拉斯变换的定义和性质 拉普拉斯反变换和部分分式展开 应用拉普拉斯变换分析线性动态电路 网络函数	10
第 9 章 二端口网络	二端口网络的方程和参数 二端口网络的等效电路 二端口网络的连接 回转器和负阻抗变换器	4
第 10 章 电路的矩阵方程*	关联矩阵、回路矩阵、割集矩阵 电路方程的矩阵形式 状态方程	4
教学总学时		72 (含选学为 76)

注：表中标注"*"的内容为选学内容。

目 录
CONTENTS

注：标注"＊"的内容为选学内容。

视频目录
VIDEO CONTENTS

第 1 章

电路模型和电路定律

在日常工作和生活中,到处可以见到实际电路,例如通信电路、计算机电路、自动控制电路、电力电路、电气照明电路等,尽管这些电路的外形、功能、结构等各不相同,但它们都建立在同一个理论基础上,该理论就是电路理论。

电路理论包括电路分析和电路综合(设计)两方面的内容,电路分析是讨论如何在已知的电路中,求出给定激励(输入)的响应(输出);而电路综合则是研究如何设计一个对给定激励有预期响应的电路。本书只讨论电路分析的内容。

在电路分析中,研究的对象不是实际电路,而是实际电路在一定条件下经科学抽象所得的模型,称为电路模型。本章将讨论电路模型、电压和电流参考方向、电阻元件、独立电源、受控电源、基尔霍夫定律等重要知识及相关概念。

1.1 实际电路和电路模型

1.1.1 实际电路

实际电路是由一些电气设备和元器件(如电动机、变压器、晶体管、电容等)按一定方式连接而成的。复杂的电路呈网状,又称网络,"电路"和"网络"这两个术语通常是相通的。实际的电路种类很多,其主要功能有两方面:①实现电力的传输和分配,例如电力系统;②传输和处理各种电信号,例如收音机及通信系统等。按其用途不同可细分为控制电路、测试电路、通信电路、电气照明电路等。无论电路结构多么复杂,它们都由三大部分组成:电源(或信号源)、中间环节和负载。

图 1-1(a)所示是最简单的手电筒电路,它由三部分组成。

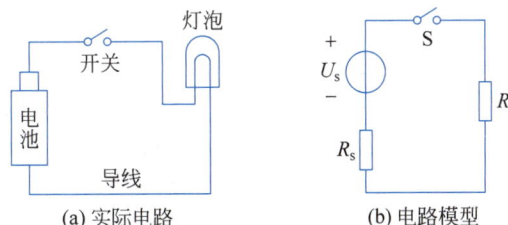

(a) 实际电路　　　　　　　(b) 电路模型

图 1-1　实际照明电路及其电路模型

(1) 提供电能的能源(图中为电池),简称电源、激励源或输入,电源把其他形式的能量转换成电能；

（2）用电设备(图中为灯泡)，简称负载，负载把电能转换为其他形式的能量，产生的电压和电流称为响应；

（3）连接导线和开关，属于中间环节。

1.1.2　电路模型

电路理论的研究对象不是实际电路，而是由一些理想化的电路元件组成的电路模型。理想化的电路元件是由实际电路元件中抽象出来的一些具有单一电磁性质的元件。只消耗电能的元件，称作电阻元件；只有磁效应并储存磁场能量的元件，称作电感元件；只有电场效应并储存电场能量的元件，称作电容元件；能把非电能转化为电能的元件，称作电源元件。将这些元件按一定方式连接起来，逼近实际电路的特性，便构成了实际电路的模型。电路模型简称为电路。图 1-1(b)为图 1-1(a)所示的实际电路的电路模型。在该模型中，电池用一个电压为 U_s 的电源和一个与它串联的内阻 R_s 表示，灯泡由一个电阻 R 表示，连接导线用线段表示(理想导线，其内阻设为零)。

电阻元件、电感元件和电容元件都是二端元件，它们分别集总代表实际电路中的耗能作用、磁场作用和电场作用，每个元件中都有确定的电流，端子间都有确定的电压，这些元件称作集总参数元件。由集总参数元件构成的电路，称作集总参数电路。实际电路用集总参数电路来近似是有条件的，即实际电路的长度须远小于电路工作频率下电磁波的波长。

1.2　电流、电压参考方向及功率的计算

电路的变量有电流、电压、电荷、磁链、功率及能量，在线性电路分析中，人们主要关注的物理量是电流、电压和功率。在国际单位制中，电流的单位是安培，简称安(符号为 A)；电压的单位是伏特，简称伏(符号为 V)；功率的单位是瓦特，简称瓦(符号为 W)。

1.2.1　电流参考方向

电流的方向规定为正电荷定向移动的方向。在电路分析中，每个元件中的电流的实际方向往往无法预先判断，而且有时电流的实际方向随时间不断变化，因此很难在电路中标明电流的实际方向，由此引入"参考方向"的概念。参考方向是在电路分析中任意假设的电流方向，因此所选的参考方向不一定是电流的实际方向。电流的参考方向在电路中一般用画在元件引线上的箭头表示。如图 1-2 所示的电路中，用实线箭头标出了电路元件上电流的参考方向。参考方向选定后，在指定的电流参考方向下，电流值的正和负就可以反映出电流的实际方向。"$i>0$"表示实际方向与参考方向相同；"$i<0$"表示实际方向与参考方向相反。例如，如图 1-2 所示的电路中，若假设电流 i 参考方向为由 A 指向 B，解出电流 $i=-5A$，表示电流 i 的大小为 5A，但是实际方向与参考方向相反，即由 B 指向 A。可见，只有参考方向而无代数表达式就不能确定实际方向；反之，没有参考方向，表达式就没有意义，同样不能知道电流的实际方向。

A ○———i——[电路元件]———○ B

图 1-2　电流参考方向

1.2.2 电压参考方向

电压的真实方向是使电荷电能减少的方向,也是库仑电场力对正电荷做正功的方向,从高电位指向低电位。电压的实际方向也有两种可能,可以选定任意一个方向为电压的参考方向。在电路中,电压的参考方向可用正(+)、负(—)极性表示,正极性指向负极性的方向就是电压的参考方向,如图 1-3 所示。若"$u>0$",表明实际方向与参考方向极性一致;若"$u<0$",表明实际方向与参考方向相反。例如图 1-3 所示的电路中,若假设电压 u 参考方向为 A "+"B"—",解出电压 $u=-5\mathrm{V}$,表示电压 u 的大小为 5V,但是实际方向与参考方向相反,即 A"—"B"+"。

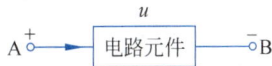

图 1-3 电压参考方向

参考方向在电路分析中起着重要的作用,没有参考方向,复杂电路的分析将难以进行。对任何电路进行分析时,都应该先指定各处的电流和电压的参考方向。

1.2.3 关联及非关联参考方向、功率的计算

一个元件的电流和电压的参考方向都可以独立地任意指定。如果指定流过元件的电流的参考方向是从标以电压"+"极性的一端流入,从标以电压"—"极性的一端流出,即电流的参考方向和电压的参考方向一致,这种参考方向称为关联参考方向,如图 1-4(a)所示。当两者不一致时,称为非关联参考方向,如图 1-4(b)所示。

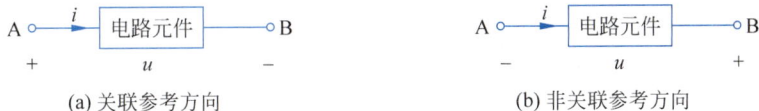

图 1-4 关联和非关联参考方向

在电路分析和计算中,能量和功率的计算十分重要。电功率与电压和电流密切相关。当正电荷从元件上电压的正极经元件运动到电压的负极时,与此电压相应的电场力要对电荷做功,元件吸收能量;相反,正电荷从元件上电压的负极经元件运动到电压的正极时,元件向外释放能量。

根据电压的定义,A、B 两点间的电压等于电场力将单位正电荷由 A 点移动到 B 点时所做的功,可知 $\mathrm{d}t$ 时间内将电荷 $\mathrm{d}q$ 由 A 点移动到 B 点电场力所做的功为

$$\mathrm{d}w = u\,\mathrm{d}q \tag{1-1}$$

如果电压 u 和电流 i 为关联参考方向,如图 1-4(a)所示,该瞬间电场力做功的速率称为瞬时电功率,也就是元件吸收的功率 $p_{吸}$,

$$p_{吸} = \frac{\mathrm{d}w}{\mathrm{d}t} = u\,\frac{\mathrm{d}q}{\mathrm{d}t} = ui \tag{1-2}$$

但 u、i 的值可能为正,也可能为负,因此 $p_{吸}$ 的值也有可能为正或负。若 $p_{吸}>0$,则表示该元件实际吸收功率;若 $p_{吸}<0$,则表示该元件吸收负功率,即实际发出功率。

如果电压 u 和电流 i 为非关联参考方向,如图 1-4(b)所示,则利用 $p_{吸}=-ui$ 计算元件吸收的功率,同样当 $p_{吸}>0$ 时表示该元件实际吸收功率;$p_{吸}<0$ 时表示该元件发出功率。

例 1-1 如图 1-5 所示的直流电路中,$U_1=5\mathrm{V}$,$U_2=-6\mathrm{V}$,$U_3=8\mathrm{V}$,$I=2\mathrm{A}$。求各元件

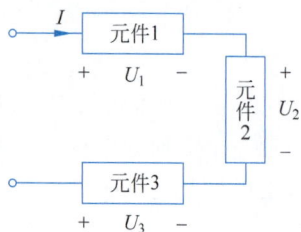

图 1-5　例 1-1 图

吸收的电功率。

解： 图中元件 1 和元件 2 的电压、电流为关联参考方向，所以

$$P_{1吸} = U_1 I = (5 \times 2)\text{W} = 10\text{W} \quad （实际吸收 10\text{W}）$$

$$P_{2吸} = U_2 I = (-6 \times 2)\text{W} = -12\text{W} \quad （实际发出 12\text{W}）$$

元件 3 的电压、电流为非关联参考方向，所以

$$P_{3吸} = -U_3 I = -(8 \times 2)\text{W} = -16\text{W} \quad （实际发出 16\text{W}）$$

1.3　电阻元件、独立电源与受控电源

1.3.1　电阻元件

电阻元件 R 是电路基本元件之一，是一种无源二端电路元件，是用来模拟电能损耗或电能转换成热能等其他形式能量的理想元件，例如电阻器、灯泡、电炉等。当电压和电流参考方向为关联参考方向时，如图 1-6(a)所示，线性电阻元件的电压和电流之间的关系(Voltage Current Relation,VCR)符合欧姆定律，即

$$u = Ri \tag{1-3}$$

当电压 u 的单位为伏特(V)，电流 i 的单位为安培(A)时，电阻 R 的单位为欧姆，简称欧，符号为 Ω。

令 $G = \dfrac{1}{R}$，则式(1-3)变为

$$i = Gu \tag{1-4}$$

式中，G 称为电阻元件的电导，单位为西门子，简称西，符号为 S。例如 $R = 10\Omega$，则 $G = 0.1\text{S}$。

如果电阻元件的电压和电流为非关联参考方向，如图 1-6(b)所示，则欧姆定律应写为

$$u = -Ri \tag{1-5}$$

$$i = -Gu \tag{1-6}$$

因此，线性电阻 R 是一个与电压和电流无关的正常数。如果把电流 i 取为横坐标，电压 u 为纵坐标，画出关联参考方向下线性电阻元件的电压电流关系曲线，这条曲线称为该元件的伏安特性曲线，如图 1-7 所示，它是一条通过原点的直线。

(a) 关联参考方向　　　(b) 非关联参考方向

图 1-6　电阻元件

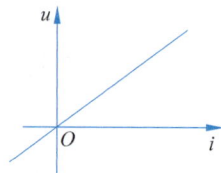

图 1-7　线性电阻元件的伏安特性曲线

当一个电阻元件的端电压不论为何值而流过它的电流恒为零值时，就把它称为"开路"(open circuit)，相当于 $R = \infty(G = 0)$，其伏安特性与 u 轴重合，如图 1-8 所示。当流过一个电阻元件的电流不论为何值而它的端电压恒为零值时，就把它称为"短路"(short circuit)，相当于 $R = 0(G = \infty)$，其伏安特性与 i 轴重合，如图 1-9 所示。

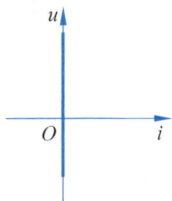

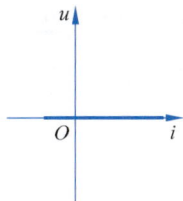

图 1-8　$R=\infty$ 时电阻元件的伏安特性　　　　图 1-9　$R=0$ 时电阻元件的伏安特性

如果电阻元件的伏安特性在 u-i 平面上不是通过原点的直线,此元件称为非线性电阻元件;如果电阻元件的伏安特性随时间改变,则称为时变电阻元件。为叙述方便,本书把线性时不变电阻元件简称为电阻,所以本书中"电阻"这个术语及其相应的符号 R 一方面表示一个电阻元件,另一方面表示这个元件的参数。

在电流和电压关联参考方向下,任何时刻电阻元件吸收(消耗)的电功率为

$$p=ui=Ri^{2}=\frac{u^{2}}{R}=Gu^{2}=\frac{i^{2}}{G} \tag{1-7}$$

其中,R 和 G 是正实常数,故功率 p 恒为非负值,电阻吸收功率。

在电压电流非关联参考方向下,任何时刻电阻元件吸收(消耗)的电功率为 $p=-ui$,由于这时有 $u=-Ri$ 或 $i=-Gu$,因此功率 $p=-ui=-(-Ri)i=Ri^{2}$,仍为正值,这说明电阻元件在任何时刻是不可能发出功率的。所以,线性电阻元件是耗能元件。

从 t_0 到 t 时间内,电阻元件产生的热量为

$$W=\int_{t_{0}}^{t}Ri^{2}(\xi)\mathrm{d}\xi \tag{1-8}$$

1.3.2 独立电源

独立电源是提供能量的器件,是一种有源的二端电路元件,是各种电能量(电功率)产生器的理性化模型。独立电源可分为独立电压源和独立电流源,其源电压和源电流分别为给定的时间函数,不受外电路的影响,故称为独立源。

1. 独立电压源

电压源是一种理想的有源二端电路元件,电路符号如图 1-10(a)所示,一般为计算方便,常取电流和电压为非关联参考方向。它的端电压 $u(t)$ 为

$$u(t)=u_{\mathrm{s}}(t) \tag{1-9}$$

式中,$u_{\mathrm{s}}(t)$ 为给定的时间函数。电压源有如下两个特点:

(1)端电压由电压源本身决定,与外电路无关;

(2)通过它的电流的大小和方向由外电路决定。

当 $u_{\mathrm{s}}(t)=U_{\mathrm{s}}$ 为常数时,这种电压源称为稳恒直流电压源,简称直流电压源,用图 1-10(b)所示的图形符号表示,其中长画线表示电源的"＋"端,该图也是表示电池的图形符号。

如图 1-11 所示为稳恒直流电压源在 u-i 平面上的伏安特性,它是一条与电流轴平行的直线,截距 U_{s} 表示电压源的电压值。当电压源开路时,流过电压源的电流 i 的值为零,这时电压源既不发出也不吸收功率。当电压源接有外电路时,由于电压源的电压是给定的,但电流的大小和方向与外电路有关,因此电压源可能对外电路提供能量,也可能从外电路吸收能量。如果电压源的电压及其电流为非关联参考方向,则电压源发出的功率为

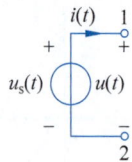

(a)电压源图形符号　　　　　(b)直流电压源图形符号

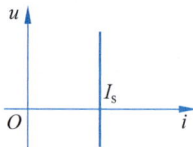

图 1-10　独立电压源

$$p(t) = u_s(t)i(t) \tag{1-10}$$

若 $p>0$，则表示电压源实际发出功率，$p<0$ 表示电压源实际吸收功率。根据功率守恒定律，它也是外电路吸收(或发出)的功率。

常见的实际电压源(如发电机、蓄电池等)的工作原理比较接近电压源，但它们的内部电阻不为零。在进行电路分析时，应采用如图 1-12 所示的理想电压源 U_s 和电阻 R_s 的串联组合作为其电路模型。

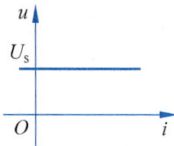

图 1-11　稳恒直流电压源的伏安特性　　**图 1-12　实际电压源模型**

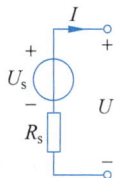

2. 独立电流源

电流源也是一个理想二端电路元件，电路符号如图 1-13(a)所示。电流源发出的电流为

$$i(t) = i_s(t) \tag{1-11}$$

式中，$i_s(t)$ 为给定的时间函数。与电压源不同，通过电流源的电流与电压无关，而总是保持为给定的时间函数。它有如下两个特点：

(1) 流经电流源的电流由电流源本身决定，与外电路无关；

(2) 电流源的端电压的大小和方向由外电路决定。

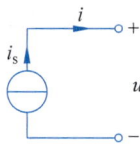

(a)电流源图形符号　　　　(b)电流源伏安特性

图 1-13　独立电流源及其伏安特性

如果电流源的电流 $i_s(t)=I_s$ 为常数，这种电流源称为稳恒直流电流源，简称直流电流源，图 1-13(b)为直流电流源在 u-i 平面上的伏安特性，它是一条与电压轴平行的直线，截距 I_s 表示直流电流源的电流值。

当电流源短路时，其两端电压 $u=0$，这时电流源既不发出功率也不吸收功率。如果电流源的电压、电流为非关联参考方向，此时，电流源发出的功率为

$$p(t) = u(t)i_s(t) \tag{1-12}$$

若 $p>0$，表示电流源发出功率，$p<0$ 则表示电流源吸收功率。根据功率守恒定律，它也是

外电路吸收(或发出)的功率。

常见的光电管、光电池等器件的工作原理比较接近电流源,但它们的内阻为有限值。在进行电路分析时,应采用图 1-14 所示的理想电流源和电阻的并联组合作为其电路模型。

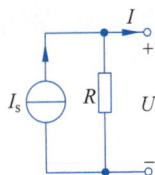

图 1-14　实际电流源模型

1.3.3　受控电源

1.3.2 节已经介绍了两种独立电源模型:电压源和电流源,其源电压和源电流都是给定的时间函数,不受外电路的影响。在电子电路中有这样一类元件,例如电子管、晶体管、场效应管等。它们具有有源元件的一些特性,但其电压或电流不是给定的时间函数,而是受电路中某个电压或电流的控制,它们称作受控源或非独立源。受控电压源或受控电流源是四端元件,根据控制量是电压或电流可分为四种,如图 1-15 所示,包括电压控制电压源(Voltage Controlled Voltage Source,VCVS)、电压控制电流源(Voltage Controlled Current Source,VCCS)、电流控制电压源(Current Controlled Voltage Source,CCVS)和电流控制电流源(Current Controlled Current Source,CCCS)。为了与独立源相区别,用菱形符号表示其电源部分。

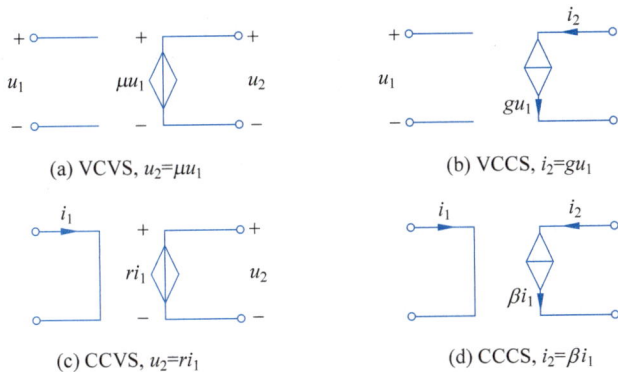

(a) VCVS, $u_2=\mu u_1$

(b) VCCS, $i_2=gu_1$

(c) CCVS, $u_2=ri_1$

(d) CCCS, $i_2=\beta i_1$

图 1-15　受控电源

其中,u_1、i_1 为控制量;u_2、i_2 为被控量;μ、g、r、β 为控制系数,分别称作转移电压比、转移电导、转移电阻、转移电流比,其中 μ 和 β 是量纲为 1 的量,r 和 g 分别具有电阻和电导的量纲。当 μ、g、r、β 均为常数时,称作线性受控源,简称受控源。

受控源与独立源有所不同,独立源在电路中起"激励"作用,在电路中产生电压和电流。而受控源则不同,它的源电压或源电流受电路中其他电压或电流控制,当这些控制电压或控制电流为零时,受控源的源电压或源电流也为零。所以,受控源只是反映电路中某处的电压或电流能控制另一处的电压或电流这一现象,它本身不直接起"激励"作用。

例 1-2　如图 1-16 所示的直流电路中,$I_s=2\text{A}$,$U_2=0.5U_1$,$R_1=5\Omega$,$R_2=2\Omega$,计算电流 I_2。

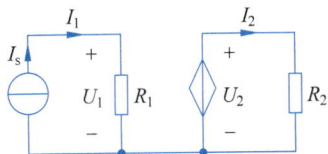

图 1-16　例 1-2 图

解:先求出控制电压 U_1,

$$U_1=5I_1=5I_s=(5\times2)\text{V}=10\text{V}$$

再求出受控电压

$$U_2=0.5U_1=5\text{V}$$

最后由欧姆定律得

$$I_2 = \frac{U_2}{2} = 2.5\text{A}$$

1.4 基尔霍夫定律

基尔霍夫定律包括基尔霍夫电流定律(Kirchhoff's Current Law,KCL)和基尔霍夫电压定律(Kirchhoff's Voltage Law,KVL),分别反映了电路中所有支路电流和电压所遵循的基本规律,是分析集总参数电路的基本定律。

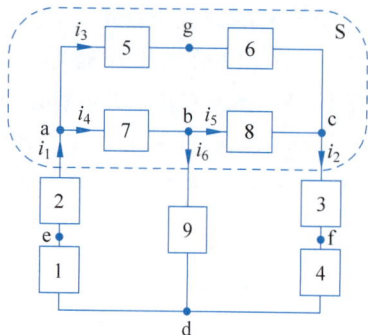

图 1-17 支路、结点、回路

下面先以图 1-17 为例介绍几个有关的电路名词。

(1) 支路:将电路中流过同一电流的一个分支称为一条支路。例如,图 1-17 中有 6 条支路,分别为 aed、cfd、agc、ab、bc、bd。

(2) 结点:将三条或三条以上支路的连接点称为结点。图 1-17 中有 4 个结点,分别为 a、b、c、d。

(3) 回路:由若干支路组成的闭合路径,且每个结点只经过一次,这条闭合路径称为回路。图 1-17 中有 7 个回路,分别为 abdea、bcfdb、abcga、abdfcga、agcbdea、abcfdea、agcfdea。

电路一经给定,各支路电压、电流必然受到两种约束。一是元件的特性造成的电压电流间的约束关系。例如,电压电流取关联参考方向时,线性电阻元件的电压电流之间必然满足 $u = Ri$ 的关系;二是由元件连接方式、电路结构给支路电流、电压带来的约束,称为"拓扑约束",描述这类约束的就是基尔霍夫电流定律和基尔霍夫电压定律。元件的电压电流关系与基尔霍夫定律构成了电路分析的基础。

1.4.1 基尔霍夫电流定律

基尔霍夫电流定律(KCL)指出,在集总参数电路中,任何时刻,对任一结点,流出一个结点的支路电流的代数和恒等于零。即

$$\sum i = 0 \tag{1-13}$$

列写式(1-13)时,电流参考方向离开结点时,前面取"+"号;电流的参考方向指向结点时,前面取"-"号。

对图 1-17 中的结点 a 应用 KCL,则有

$$-i_1 + i_3 + i_4 = 0 \tag{1-14}$$

式(1-14)也可以写成如下形式:

$$i_1 = i_3 + i_4 \tag{1-15}$$

式(1-15)表明,在集总参数电路中,任何时刻,流入一个结点的电流之和等于流出该结点的电流之和。

基尔霍夫电流定律不仅适用于一个结点,也适用于一个包围部分电路的封闭面。例如图 1-17 中,封闭面 S 包围着结点 a、b、c,在这些结点处有

$$-i_1+i_3+i_4=0, \quad -i_4+i_5+i_6=0, \quad i_2-i_3-i_5=0 \tag{1-16}$$

把式(1-16)中的三个式子相加,则流出封闭面的电流代数和为

$$-i_1+i_2+i_6=0$$

因此,流出(或流入)一个封闭面的电流代数和也恒等于零;或者说,流出封闭面的电流之和等于流入封闭面的电流之和,这就是电流的连续性。基尔霍夫电流定律也是电荷守恒定律的体现。

1.4.2 基尔霍夫电压定律

基尔霍夫电压定律(KVL)指出,在集总参数电路中,任何时刻,沿着一个回路所有支路电压的代数和恒等于零。即

$$\tag{1-17}$$

列写式(1-17)时,要先规定 ……向与回路绕行方向一致时,前面取"+"号;若相反,前 …… 头表示,也可用闭合结点序列来表示。

在图 1-17 中,对回路 ……

KCL 和 KVL 只与电 …… 元件的性质无关。KCL 表明,在每一结点上电荷是 …… 现。不论电路中的元件是线性的还是非线性的、时变的 …… KCL 和 KVL 总是成立的。

例 1-3 已知图 1- ……
别为 $U_1=4\text{V}, U_2=-3$ ……

解:确定回路绕 ……
KVL 有

$U_1+U_2-U_3-$ ……

$U_4=U_1+U_2-U$ ……

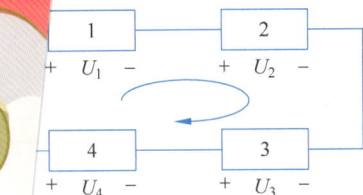

图 1-18 例 1-3 图

例 1-4 电路如图 ……

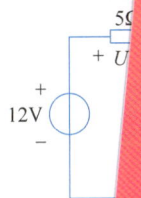
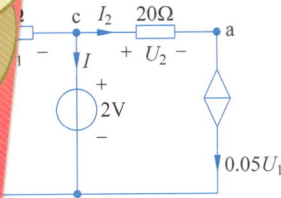

(b) 例1-4题解

解:各元件电 …… 由 KVL 得
…… V

根据欧姆定律得

$$I_1=\frac{U_1}{5}=\left(\frac{10}{5}\right)\text{A}=2\text{A}$$

则

$$I_2 = 0.05U_1 = (0.05 \times 10)\text{A} = 0.5\text{A}$$

根据欧姆定律得

$$U_2 = 20I_2 = (20 \times 0.5)\text{V} = 10\text{V}$$

由 KVL 得

$$U_{ab} = -U_2 + 2 = (-10 + 2)\text{V} = -8\text{V}$$

由 KCL 得

$$I = I_1 - I_2 = (2 - 0.5)\text{A} = 1.5\text{A}$$

例 1-5　电路如图 1-20 所示,求电路中各元件的电流和功率。

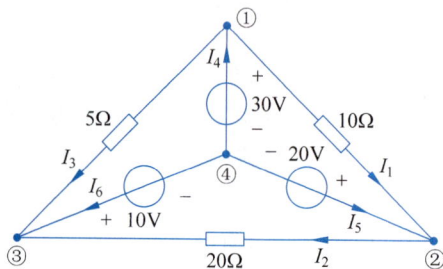

图 1-20　例 1-5 图

解:在电路中标出各支路电流的参考方向。根据 KVL 得

$$U_{12} = U_{14} - U_{24} = (30 - 20)\text{V} = 10\text{V}$$

$$U_{23} = U_{24} - U_{34} = (20 - 10)\text{V} = 10\text{V}$$

$$U_{13} = U_{14} - U_{34} = (30 - 10)\text{V} = 20\text{V}$$

根据欧姆定律,三个电阻元件中的电流分别为

$$I_1 = \frac{U_{12}}{10} = \left(\frac{10}{10}\right)\text{A} = 1\text{A}$$

$$I_2 = \frac{U_{23}}{20} = \left(\frac{10}{20}\right)\text{A} = 0.5\text{A}$$

$$I_3 = \frac{U_{13}}{5} = \left(\frac{20}{5}\right)\text{A} = 4\text{A}$$

对结点①、②、③列 KCL 方程,可得三个电压源中的电流为

$$I_4 = I_1 + I_3 = (1 + 4)\text{A} = 5\text{A}$$

$$I_5 = I_2 - I_1 = (0.5 - 1)\text{A} = -0.5\text{A}$$

$$I_6 = -I_2 - I_3 = (-0.5 - 4)\text{A} = -4.5\text{A}$$

各电阻元件吸收的功率为

$$P_1 = 10I_1^2 = (10 \times 1^2)\text{W} = 10\text{W}$$

$$P_2 = 20I_2^2 = [20 \times (0.5)^2]\text{W} = 5\text{W}$$

$$P_3 = 5I_3^2 = (5 \times 4^2)\text{W} = 80\text{W}$$

各电压源发出的功率为

$$P_4 = 30I_4 = (30 \times 5)\text{W} = 150\text{W}$$

$$P_5 = 20I_5 = [20 \times (-0.5)]W = -10W$$

$$P_6 = 10I_6 = [10 \times (-4.5)]W = -45W$$

习题 1

一、简答题

1-1 电路理论包括哪两个方面的内容？"电路原理"课程主要涉及哪个方面？

1-2 电路的主要功能有哪些？一个完整的电路结构主要由哪些部分组成？

1-3 根据电压和电流参考方向的概念，电路分析后求得电流或者电压为负值，说明了什么？

1-4 分析电路电压和电流时，可以不先为其设定参考方向吗？

1-5 关联参考方向和非关联参考方向的含义是什么？关联参考方向下，元件吸收功率利用公式 $p_{吸} = ui$ 进行计算，并且 $p_{吸} > 0$ 时表示该元件实际吸收功率；$p_{吸} < 0$ 时表示该元件发出功率。那么，关联参考方向下计算元件发出的功率 $p_{发}$ 应该使用什么公式，并且如何根据 $p_{发}$ 的正负解释所得到的结果？对于非关联参考方向下 $p_{发}$ 的计算呢？

1-6 一般而言，在分析电路时，电阻元件的电压和电流一般设定为关联参考方向，而电源的电压和电流为非关联参考方向，为什么？

1-7 独立电压源和独立电流源的特性是什么？你能举出一个独立电压源或者独立电流源吸收功率的简单电路吗？

1-8 独立电源和受控电源的区别是什么？

1-9 基尔霍夫电压、电流定律除了适用于直流电路的分析，能够用于交流电路的分析吗？能够用于含有电子元件的非线性电路的分析吗？

二、选择题

1-10 当电路中电流的参考方向与电流的真实方向相反时，该电流（　　）。

　　A. 一定为正值　　　　　　　　　　　B. 一定为负值

　　C. 不能肯定是正值或负值　　　　　　D. 为零

1-11 题 1-11 图所示的电路中电流 I 等于（　　）。

　　A. 1A　　　　　　B. 2A　　　　　　C. −2A　　　　　　D. −1A

1-12 如果题 1-11 图所示的电路中电流 I 的方向改为从 B 流向 A，则电流 I 等于（　　）。

　　A. 1A　　　　　　B. 2A　　　　　　C. −2A　　　　　　D. −1A

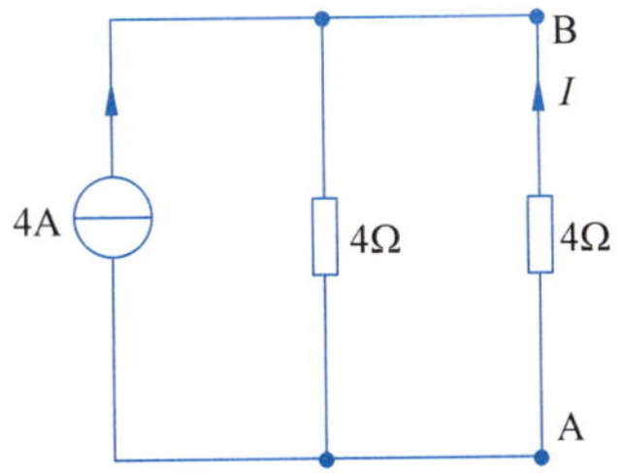

题 1-11 图

1-13 已知空间有 a、b 两点，电压 $U_{ab}=10V$，a 点电位为 $U_a=4V$，则 b 点电位 U_b 为（　　）。

A. 6V　　　　　　B. $-6V$　　　　　　C. 14V　　　　　　D. $-14V$

1-14 题 1-14 图所示的电路中电压 U 等于（　　）。

A. 2V　　　　　　B. $-2V$　　　　　　C. 4V　　　　　　D. $-4V$

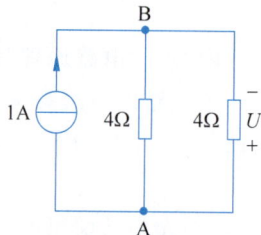

题 1-14 图

1-15 题 1-14 图所示的电路中电压 U_{BA} 等于（　　）。

A. 2V　　　　　　　　　　　　　B. $-2V$

C. 4V　　　　　　　　　　　　　D. $-4V$

1-16 当电阻 R 上的 u、i 参考方向为非关联时，欧姆定律的表达式应为（　　）。

A. $u=Ri$　　　　　　　　　　　B. $i=-Gu$

C. $u=R|i|$　　　　　　　　　　D. $i=Gu$

1-17 题 1-17 图所示的电路中电阻 R 两端的电压 U_{AB}、流过电阻 R 的电流 I_{AB}、电阻 R 吸收的功率 P 分别为（　　）。

A. 1V、1A、1W　　　　　　　　　B. $-1V$、1A、$-1W$

C. $-1V$、$-1A$、1W　　　　　　D. 1V、$-1A$、$-1W$

1-18 题 1-17 图所示的电路中电阻 R 两端的电压 U_{AB}、流过电阻 R 的电流 I_{BA}、电阻 R 吸收的功率 P 分别为（　　）。

A. 1V、1A、1W　　　　　　　　　B. 1V、1A、$-1W$

C. 1V、$-1A$、1W　　　　　　　D. 1V、$-1A$、$-1W$

1-19 题 1-17 图所示的电路中电阻 R 两端的电压 U_{BA}、流过电阻 R 的电流 I_{BA}、电阻 R 吸收的功率 P 分别为（　　）。

A. $-1V$、1A、$-1W$　　　　　　B. $-1V$、1A、1W

C. $-1V$、$-1A$、$-1W$　　　　　D. $-1V$、$-1A$、1W

1-20 题 1-17 图所示的电路中电阻 R 两端的电压 U_{BA}、流过电阻 R 的电流 I_{AB}、电阻 R 发出的功率 P 分别为（　　）。

A. $-1V$、1A、$-1W$　　　　　　B. $-1V$、1A、1W

C. $-1V$、$-1A$、$-1W$　　　　　D. $-1V$、$-1A$、1W

1-21 电路如题 1-21 图所示，该电路的功率守恒表现为（　　）。

A. 电阻吸收 1W 功率，电流源发出 1W 功率

B. 电阻吸收 1W 功率，电压源发出 1W 功率

C. 电阻与电压源各吸收 1W 功率，电流源发出 2W 功率

D. 电阻与电流源各吸收 1W 功率，电压源发出 2W 功率

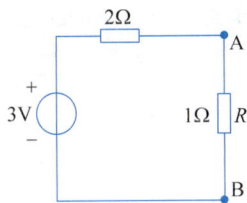

题 1-17 图

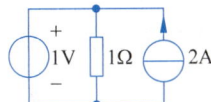

题 1-21 图

1-22 一电阻 R 上 u、i 参考方向非关联,令 $u = -10\text{V}$,消耗功率为 0.5W,则电阻 R 为(   )。

    A. 100Ω B. -100Ω C. 200Ω D. -200Ω

1-23 题 1-23 图所示的电路受控源元件中,电压控制电压源为(   ),电压控制电流源为(   ),电流控制电压源为(   ),电流控制电流源为(   )。

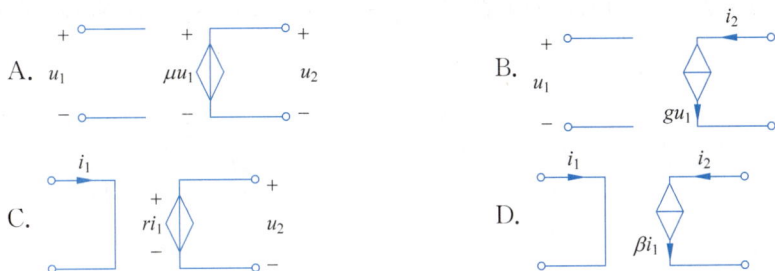

题 1-23 图

1-24 题 1-24 图所示的电路中,$I_s = 2\text{A}$,$R_1 = R_2 = 1\Omega$,$R_L = 3\Omega$,则 $U_L = ($ $)\text{V}$。其他条件不变,如果 R_L 增大至 300Ω,$U_L = ($ $)\text{V}$。如果 $R_L = \infty$(相当于断路),$U_L = ($ $)\text{V}$。

    A. 10   B. 100   C. 1000   D. ∞

1-25 题 1-24 图所示的电路中,$I_s = 2\text{A}$,$R_1 = R_2 = 1\Omega$,$R_L = 3\Omega$,则 $U_L = ($ $)\text{V}$。其他条件不变,如果 $R_2 = 10\Omega$,$U_L = ($ $)\text{V}$。如果 R_2 增大至 1000Ω,$U_L = ($ $)\text{V}$。

    A. 10   B. 100   C. 1000   D. 10 000

1-26 题 1-26 图所示的电路中,$I_S = 2\text{A}$,$R = 4\Omega$,$U_S = 5\text{V}$,则 $I_2 = ($ $)\text{A}$。其他条件不变,如果 U_S 增大至 500V,$I_2 = ($ $)\text{A}$。

    A. 6   B. -6 C. -600 D. 600

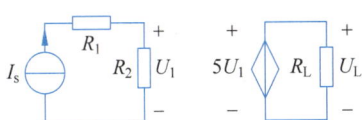

题 1-24 图

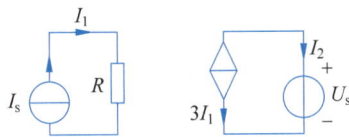

题 1-26 图

1-27 电路如题 1-27 图所示,下列方程正确的是(   )。

    A. $-2 - I_4 - I_1 = 0$ B. $I_5 - I_4 - I_6 - 2I_1 = 0$

    C. $I_1 + I_2 + I_6 = 0$ D. $2 - I_3 - 2I_1 = 0$

1-28 电路示意图如题 1-28 图所示,下列方程正确的是(   )。

    A. $u_{ab} + u_{bc} + u_{ga} + u_{gc} = 0$ B. $u_{bc} + u_{fd} + u_{fc} + u_{db} = 0$

C. $u_{ab}+u_{bd}+u_{de}+u_{ae}=0$ D. $u_{ag}+u_{gc}+u_{cb}+u_{bd}+u_{da}=0$

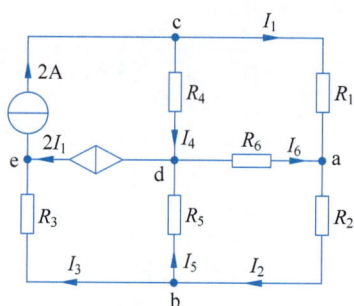

题 1-27 图

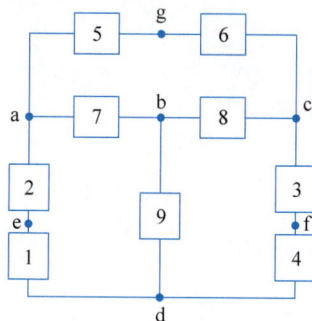

题 1-28 图

三、计算题

1-29 已知如题 1-29 图所示的电路中，$U_s=8\text{V}$，$I_s=5\text{A}$，$R=4\Omega$，求各元件的电流、电压和功率。

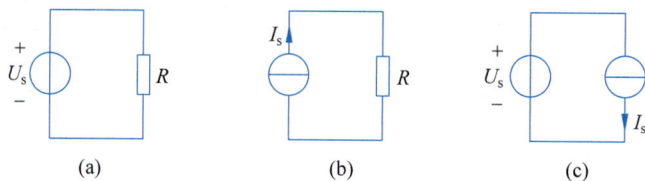

题 1-29 图

1-30 求题 1-30 图中各元件的电流、电压和功率。

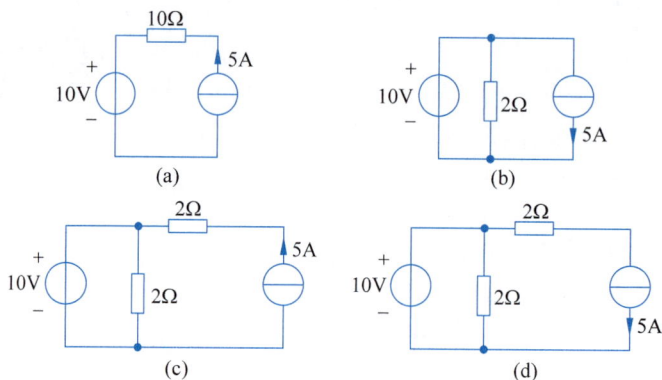

题 1-30 图

1-31 求题 1-31 图所示的电路的伏安特性(即 $u\text{-}i$ 关系)。

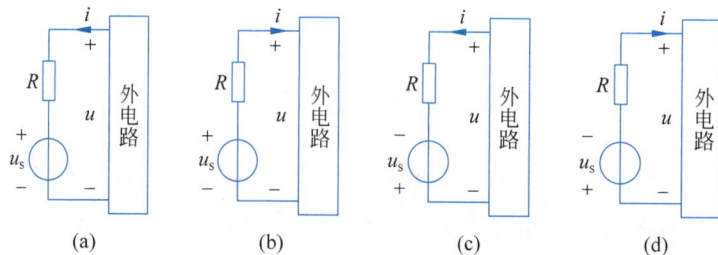

题 1-31 图

1-32 如题 1-32 图所示的电路中，$I_5=1\text{A}$，$I_6=2\text{A}$，求电流 I_1、I_2、I_3 和 I_4。

1-33 求题 1-33 图中 u_0 与 u_S 的关系，并求受控源和电阻 R_L 的功率。

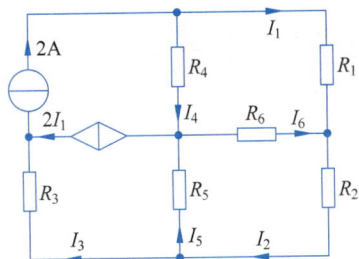

题 1-32 图

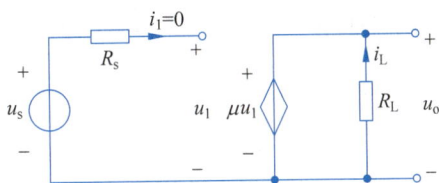

题 1-33 图

1-34 求题 1-34 图中各元件的功率。

1-35 已知如题 1-35 图所示的电路中 $U_s=6\text{V}$，$R_1=5\Omega$，$R_2=R_3=3\Omega$，求电流 I_1 和电压 U_3。

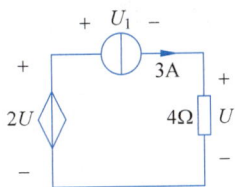

题 1-34 图

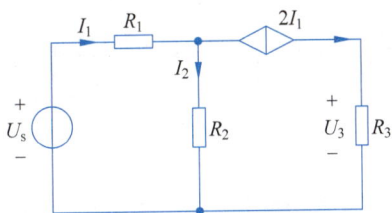

题 1-35 图

1-36 已知如题 1-36 图所示的电路中 $I_1=0.5\text{A}$，试计算电路中电压 U、电流 I 及电阻 R。

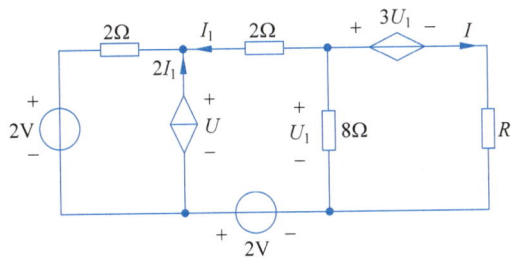

题 1-36 图

四、思考题

1-37 在本教材中，电压、电流等物理量有时用大写字母表示，有时又用小写字母表示。那么，什么情况下这些物理量用大写，什么时候用小写？另外，为了更清晰表达各个物理量的含义，表示物理量的字母经常和下标配合使用，请对本书中各种下标的使用方式进行归纳和总结。

1-38 什么是理想化的电路元件与电路模型？为什么电路分析的对象不是实际电路，而是将实际电路抽象成理想化的电路模型，通过对电路模型的分析来代替对实际电路的分析？什么是集总参数电路？集总参数电路模型的适用范围是什么？

1-39 直流电、稳恒直流电、交流电的概念是什么？在分析电路时，需要为电压和电流指定方向（参考方向），那么电压和电流是标量还是矢量？请说明你的理由。

第 2 章

CHAPTER 2

电阻电路的分析

电阻电路是由线性电阻、线性受控源和独立电源组成的线性电路。电路中独立电源是直流,即电压源的电压和电流源的电流不随时间变化,这类电路常简称为直流电路。本章主要针对线性直流电路进行分析,基本方法分为两类:等效变换和列方程求解。

本章首先讨论简单电阻电路的分析和计算,着重介绍等效变换的概念及如何求等效电阻,然后介绍实际电源模型的等效变换,最后介绍选取独立变量并列出电路方程求解。本章介绍的分析方法不仅是电阻电路的基础,也是分析正弦稳态电路的研究手段。

2.1 简单电阻电路的分析

如果构成电路的元件数量比较少,电路结构简单,就可以利用第 1 章介绍过的基尔霍夫定律及欧姆定律分析电路。但如果电路结构复杂,无法轻易得到结果,这时可以利用等效变换的概念,先将复杂电路变换为简单电路,再利用基尔霍夫定律及欧姆定律分析。

2.1.1 电路的等效变换

分析电路时,为了使电路简化,可以用一个较简单的电路等效替换原电路,即等效变换。等效变换是有条件的,须满足未变换部分的响应不变(对外等效)。如图 2-1(a)和图 2-1(b)所

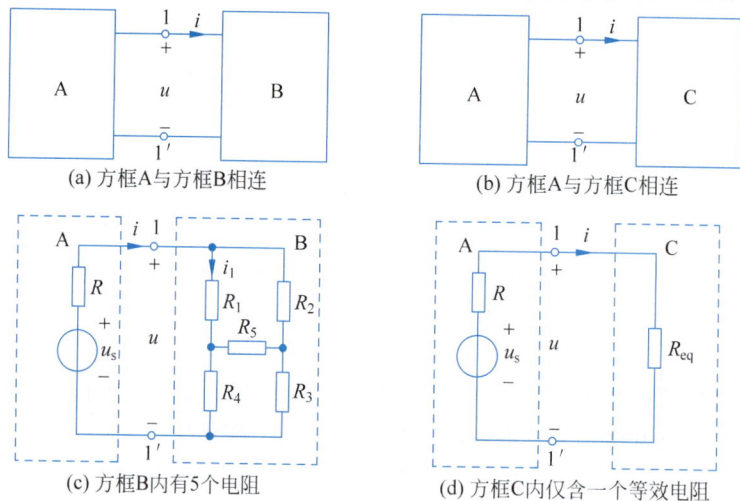

(a) 方框A与方框B相连　　　　　　(b) 方框A与方框C相连

(c) 方框B内有5个电阻　　　　　　(d) 方框C内仅含一个等效电阻

图 2-1　等效变换

示,由于方框 B 和 C 的伏安特性(u-i)相同,所以方框 A 中的响应不变。具体电路如图 2-1(c) 所示,虚线框 B 是由五个电阻构成的电路,利用等效变换可以用一个电阻 R_{eq}(称为等效电阻)替代,如图 2-1(d)中虚线框 C 所示。图 2-1(d)成为单一回路,可以利用 KVL 和欧姆定律求出电流 i 及电压 u。而若想求出图 2-1(c)电流 i_1,则须返回到原图中求解。

只要保证端子 1-1′对外电路的伏安特性不变,等效变换就是成立的。除了复杂电阻电路部分可用等效电阻替换外,电压源与电阻的串联可以等效变换为电流源与电阻的并联(反之亦然),而有源二端网络可以等效变换为一个电压源与电阻串联的形式(戴维宁等效电路)等,在后续有关的各章节中将一一介绍。

2.1.2 电阻的串联及分压

把多个电阻顺次首尾相连,通过各电阻的电流相同,这种连接方式称为电阻串联。

图 2-2(a)是 n 个电阻 $R_1,R_2,\cdots,R_k,\cdots,R_n$ 的串联电路。$u_1,u_2,\cdots,u_k,\cdots,u_n$ 为各电阻上的电压,u 为总电压,i 为电流。根据 KVL 和欧姆定律,有

$$
\begin{aligned}
u &= u_1 + u_2 + \cdots + u_k + \cdots + u_n = R_1 i + R_2 i + \cdots + R_k i + \cdots + R_n i \\
&= (R_1 + R_2 + \cdots + R_k + \cdots + R_n)i \\
&= R_{\text{eq}} i
\end{aligned}
\tag{2-1}
$$

其中,

$$
R_{\text{eq}} = R_1 + R_2 + \cdots + R_k + \cdots + R_n = \sum_{k=1}^{n} R_k
\tag{2-2}
$$

R_{eq} 称为 $R_1,R_2,\cdots,R_k,\cdots,R_n$ 串联的等效电阻。同时,图 2-2(a)可等效变换为图 2-2(b)。

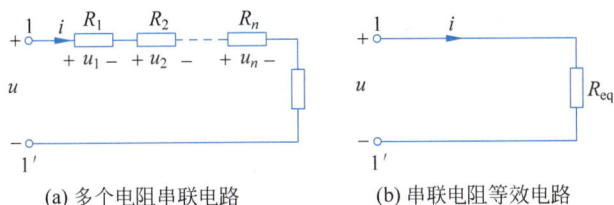

(a) 多个电阻串联电路　　　　(b) 串联电阻等效电路

图 2-2　电阻串联

等效电阻大于串联中最大电阻,而串联电阻中每一个电阻上的电压 u_k 总是小于总电压 u,所以,串联电路可作为分压电路。各电阻的电压为

$$
u_k = R_k i = \frac{R_k}{R_{\text{eq}}} u, \quad k = 1,2,\cdots,n
\tag{2-3}
$$

由式(2-3)可见,各串联电阻的电压与电阻值成正比。式(2-3)称为分压公式。

串联电阻吸收的总功率为

$$
\begin{aligned}
p &= ui = u_1 i + u_2 i + \cdots + u_k i + \cdots + u_n i \\
&= R_1 i^2 + R_2 i^2 + \cdots + R_k i^2 + \cdots + R_n i^2 \\
&= R_{\text{eq}} i^2 \\
&= p_1 + p_2 + \cdots + p_k + \cdots + p_n \\
&= \sum_{k=1}^{n} p_k
\end{aligned}
\tag{2-4}
$$

式(2-4)表明,n 个电阻串联吸收的总功率等于各电阻吸收功率之和,功率的分配与电阻成正比,即

$$p_k = R_k i^2 \propto R_k, \quad k = 1, 2, \cdots, n \tag{2-5}$$

同时,总功率也等于等效电阻吸收的功率。

2.1.3 电阻的并联及分流

把多个电阻两端分别连接在一起,电路有两个公共连接点和多条通路,各电阻的电压为同一电压,这种连接方式称为电阻的并联。

图 2-3(a)是 n 个电阻 $R_1, R_2, \cdots, R_k, \cdots, R_n$ 的并联电路。$i_1, i_2, \cdots, i_k, \cdots, i_n$ 为各电阻上的电流,i 为总电流,u 为电压。根据 KCL 和欧姆定律,有

$$
\begin{aligned}
i &= i_1 + i_2 + \cdots + i_k + \cdots + i_n \\
&= \frac{u}{R_1} + \frac{u}{R_2} + \cdots + \frac{u}{R_k} + \cdots + \frac{u}{R_n} \\
&= \left(\frac{1}{R_1} + \frac{1}{R_2} + \cdots + \frac{1}{R_k} + \cdots + \frac{1}{R_n} \right) u \\
&= \frac{1}{R_{eq}} u
\end{aligned} \tag{2-6}
$$

其中,

$$\frac{1}{R_{eq}} = \frac{1}{R_1} + \frac{1}{R_2} + \cdots + \frac{1}{R_k} + \cdots + \frac{1}{R_n} = \sum_{k=1}^{n} \frac{1}{R_k} \tag{2-7}$$

R_{eq} 称为 $R_1, R_2, \cdots, R_k, \cdots, R_n$ 并联的等效电阻。同时,图 2-3(a)可等效变换为图 2-3(b)。

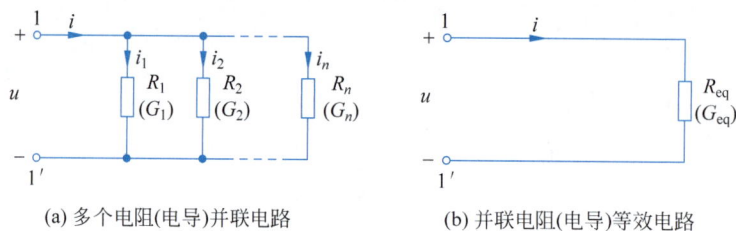

(a) 多个电阻(电导)并联电路   (b) 并联电阻(电导)等效电路

图 2-3 并联电路

等效电阻小于任一个参与并联的电阻,即 $R_{eq} < R_k$。应用电导的概念,即令 $G_{eq} = \frac{1}{R_{eq}}$,$G_1 = \frac{1}{R_1}, G_2 = \frac{1}{R_2}, \cdots, G_k = \frac{1}{R_k}, \cdots, G_n = \frac{1}{R_n}$,式(2-7)可改写为

$$G_{eq} = G_1 + G_2 + \cdots + G_k + \cdots + G_n = \sum_{k=1}^{n} G_k \tag{2-8}$$

G_{eq} 称为并联电阻的等效电导。并联电阻中每一个电阻上的电流 i_k 总是小于总电流 i,所以并联电路可作为分流电路。各电阻的电流为

$$i_k = G_k u = \frac{G_k}{G_{eq}} i, \quad k = 1, 2, \cdots, n \tag{2-9}$$

由式(2-9)可见,各并联电阻中的电流与电导值成正比。式(2-9)称为分流公式。

在分析电路中,常常遇到两个电阻并联的情况,如图 2-4 所示,其等效电阻应为

$$R_{eq} = R_1 \mathbin{/\mkern-5mu/} R_2 = \frac{R_1 R_2}{R_1 + R_2} \tag{2-10}$$

图 2-4 两个电阻并联

式中,"$/\mkern-5mu/$"表示并联。两个电阻的电流分别为

$$\begin{cases} i_1 = \dfrac{G_1}{G_{eq}} i = \dfrac{R_2}{R_1 + R_2} i \\[2mm] i_2 = \dfrac{G_2}{G_{eq}} i = \dfrac{R_1}{R_1 + R_2} i \end{cases}$$

而 n 个并联电阻吸收的总功率为

$$p = ui = u i_1 + u i_2 + \cdots + u i_k + \cdots + u i_n = G_1 u^2 + G_2 u^2 + \cdots + G_k u^2 + \cdots + G_n u^2$$

$$= G_{eq} u^2 = p_1 + p_2 + \cdots + p_k + \cdots + p_n = \sum_{k=1}^{n} p_k \tag{2-11}$$

式(2-11)表明,n 个电阻并联吸收的总功率等于各电阻吸收功率之和,功率的分配与电导成正比,即

$$p_k = G_k i^2 \propto G_k, \quad k = 1, 2, \cdots, n \tag{2-12}$$

同时总功率也等于等效电阻吸收的功率。

2.1.4 串并联电路的分析

电阻的串联和并联相结合的连接方式,称为电阻的串并联。只有一个独立电源作用的电阻串并联电路,可以利用电阻串并联化简的方法,将电路简化为一个等效电阻和电源组成的单回路,这种电路又称为简单电路。分析简单电路的步骤:首先将多电阻连接的电路化简为一个等效电阻,利用 KVL 及欧姆定律计算出总电压(或总电流);然后利用串联电路分压、并联电路分流等相应公式,逐步计算出化简前原电路中各电阻的电压和电流,同时也可获得电阻消耗的功率。

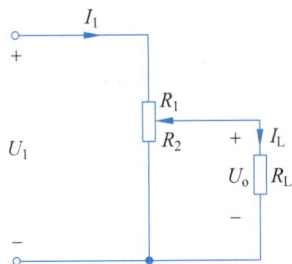

图 2-5 例 2-1 图

例 2-1 电工实验中常用滑线变阻器接成分压电路,用于调整负载电阻电压的高低,如图 2-5 所示,R_1、R_2 为滑动变阻器滑片两侧的电阻,R_L 是负载电阻。已知滑线变阻器的额定值为 100Ω、3A,输入电压 $U_1 = 220\text{V}$,$R_L = 50\Omega$。试问:

(1) 当 $R_2 = 50\Omega$ 时,输出电压 U_o 是多少?分压器的输入功率、输出功率和分压器本身的功率损耗是多少?

(2) 当 $R_2 = 75\Omega$ 时,输出电压 U_o 是多少?分压器能否安全工作?

解:(1) 当 $R_2 = 50\Omega$ 时,R_2 与 R_L 并联再与 R_1 串联,总等效电阻为

$$R_{eq} = R_1 + \frac{R_2 R_L}{R_2 + R_L} = \left(50 + \frac{50 \times 50}{50 + 50}\right)\Omega = 75\Omega$$

滑线变阻器中 R_1 中的电流为

$$I_1 = \frac{U_1}{R_{eq}} = \left(\frac{220}{75}\right)\text{A} = 2.93\text{A}$$

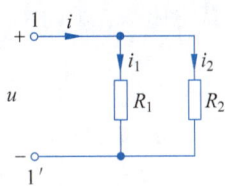

负载电阻 R_L 中的 I_L 电流为

$$I_L = \frac{R_2}{R_L + R_2} I_1 = \left(\frac{50}{50+50} \times 2.93\right) A = \frac{2.93}{2} A$$

输出电压 U_o 为

$$U_o = R_L I_L = \left(50 \times \frac{2.93}{2}\right) V = 73.25 V$$

分压器的输入功率为

$$P_1 = U_1 I_1 = (220 \times 2.93) W = 644.6 W$$

分压器的输出功率为

$$P_o = U_o I_L = \left(73.25 \times \frac{2.93}{2}\right) W = 107.31 W$$

分压器本身消耗的功率为

$$P' = P_1 - P_o = (644.6 - 107.31) W = 537.29 W$$

(2) 当 $R_2 = 75\Omega$ 时,

$$R_{eq} = R_1 + \frac{R_2 R_L}{R_2 + R_L} = \left[(100-75) + \frac{75 \times 50}{75+50}\right] \Omega = 55\Omega$$

$$I_1 = \frac{U_1}{R_{eq}} = \left(\frac{220}{55}\right) A = 4A$$

$$I_L = \frac{R_2}{R_L + R_2} I_1 = \left(\frac{75}{50+75} \times 4\right) A = 2.4A$$

$$U_o = R_L I_L = (50 \times 2.4) V = 120V$$

由于 $I_1 = 4A$ 大于滑线变阻器的额定电流 3A,所以滑线变阻器有被烧断的危险。

正确求解简单电路的关键是,准确判断复杂电阻网络中,哪些电阻是串联? 哪些电阻是并联? 有效的方法是先在电路图中标出结点号,并将无电阻的长导线缩成一点,各元件连在相应结点间。

例 2-2　求如图 2-6(a)所示的电路中 a、b 两点间的等效电阻 R_{ab}。

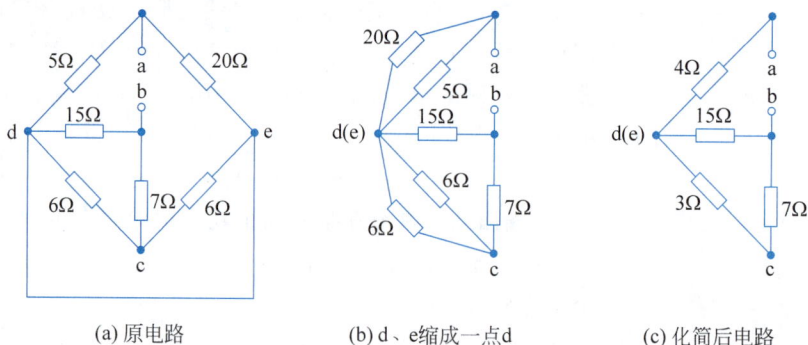

(a) 原电路　　　　(b) d、e缩成一点d　　　　(c) 化简后电路

图 2-6　例 2-2 图

解：如图 2-6(b)所示,先将无电阻导线 d、e 缩成一点 d,利用电阻并联公式,化为图 2-6(c),则得 a、b 两点间的等效电阻为

$$R_{ab} = \left[4 + \frac{15 \times (3+7)}{15 + (3+7)}\right] \Omega = (4+6)\Omega = 10\Omega$$

例 2-3 求如图 2-7(a)所示的电路中 a、b 两点间的等效电阻 R_{ab}。

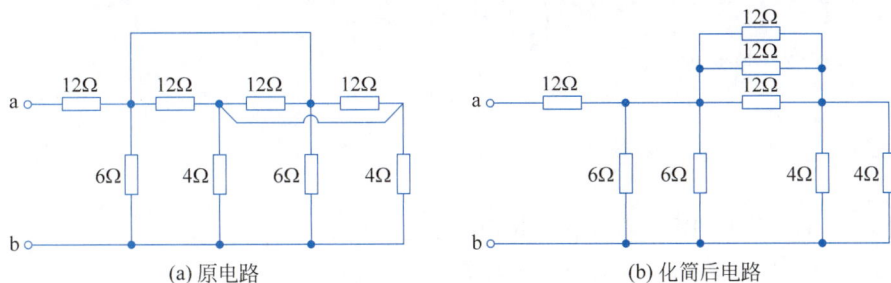

(a) 原电路　　　　　　　　　　　　　(b) 化简后电路

图 2-7　例 2-3 图

解：将图 2-7(a)中无电阻的长导线缩成一点,则图 2-7(a)可以改画成图 2-7(b)。等效电阻为

$$R_{ab} = [12 + 6 /\!/ 6 /\!/ (12 /\!/ 12 /\!/ 12 + 4 /\!/ 4)]\Omega = [12 + 3 /\!/ (4 + 2)]\Omega = 14\Omega$$

由例 2-2 和例 2-3 可见,一些复杂的电阻结构可以利用电阻的串、并联公式变换为一个等效电阻,但并不是所有的电阻结构都能如此化简。

2.2　电桥电路等效电阻的计算

针对不能利用电阻的串、并联获得等效电阻的情况,如图 2-1(c)所示,虚线框 B 中五个电阻组成的电路(一般称为桥型电路或电桥电路)可以采用电阻的三角形连接与星形连接的等效变换求出等效电阻。

2.2.1　惠斯通电桥电路

惠斯通电桥(即 Wheatstone 电桥)电路如图 2-8(a)所示,常用于精确测量未知电阻 R_x。R_x 与其他三个电阻 R_1、R_2、R_b 组成电桥的四个臂,在 A、C 两点间连接直流电源 U_s,在 B、D 两点间跨接灵敏检流计 G。一般 R_b 为可调电阻,适当调节其值,使 B、D 两点间的电位相等,从而使通过检流计的电流为零,这时电桥达到平衡。

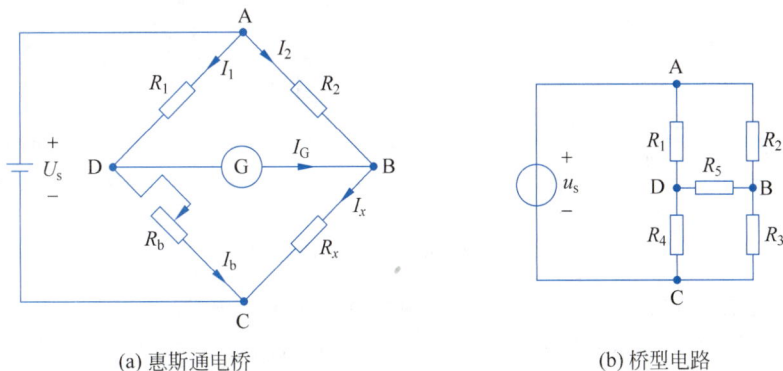

(a) 惠斯通电桥　　　　　　　　　　(b) 桥型电路

图 2-8　电桥电路

当电桥达到平衡时 $I_G = 0$,未知电阻 $R_x = \dfrac{R_2 R_b}{R_1}$。

证明：对于结点 B，根据 KCL，有

$$I_2 + I_G - I_x = 0 \tag{2-13}$$

由于 $I_G = 0$，式(2-13)变为

$$I_2 = I_x \tag{2-14}$$

同理

$$I_1 = I_b \tag{2-15}$$

同时，对于 ADBA 及 DCBD 回路，根据 KVL，有

$$R_1 I_1 + R_G I_G - R_2 I_2 = 0 \tag{2-16}$$

$$R_b I_b - R_x I_x - R_G I_G = 0 \tag{2-17}$$

式(2-16)及式(2-17)中的 R_G 为检流计的内阻。由于 $I_G = 0$，式(2-16)及式(2-17)分别变为

$$R_1 I_1 - R_2 I_2 = 0 \tag{2-18}$$

$$R_b I_b - R_x I_x = 0 \tag{2-19}$$

由式(2-19)、式(2-14)和式(2-15)可得

$$R_x = \frac{R_b I_b}{I_x} = \frac{R_b I_1}{I_2} \tag{2-20}$$

由式(2-18)和式(2-20)，可得 $R_x = \dfrac{R_2 R_b}{R_1}$。由证明过程可以看出，如果桥型电路如图 2-8(b)所示，满足 $R_1 R_3 = R_2 R_4$，则"桥"上电阻 R_5 的电流为 0，B、D 两点等电位，这样的电路称为平衡电桥电路。

2.2.2　含平衡电桥电路的等效电阻

平衡电桥电路如图 2-8(b)所示，由于 R_5 上的电压为零，所在支路可看作短路，又由于电流也为零，所在支路也可看作开路。所以，其等效电阻易于求解。

例 2-4　求图 2-9(a)所示的电路的等效电阻 R_{ab}。

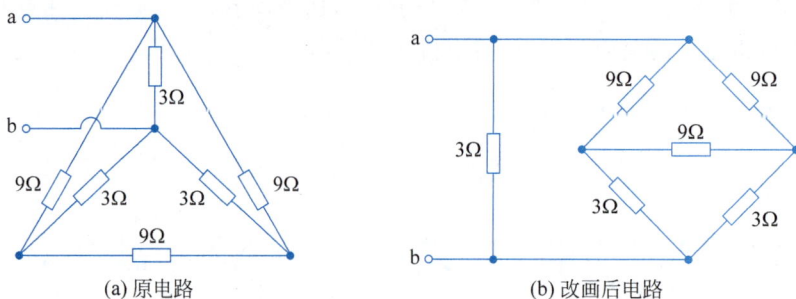

图 2-9　例 2-4 图

解：原图 2-9(a)可改画成图 2-9(b)，其中含有一个平衡电桥，其等效电阻为

$$R_{ab} = [3 \mathbin{/\mkern-5mu/} (9+3) \mathbin{/\mkern-5mu/} (9+3)]\Omega = 2\Omega$$

2.2.3　电阻的三角形连接与星形连接的等效变换

在电路中，三个电阻首尾相接，连成一个三角形，三个顶点是电路的三个结点，称为电阻

的三角形连接,简称△形连接。而三个电阻的一端接在一起,另一端点分别接在电路的三个结点上,称为电阻的星形连接,简称丫形连接。以上两种连接方式如图 2-10 所示。

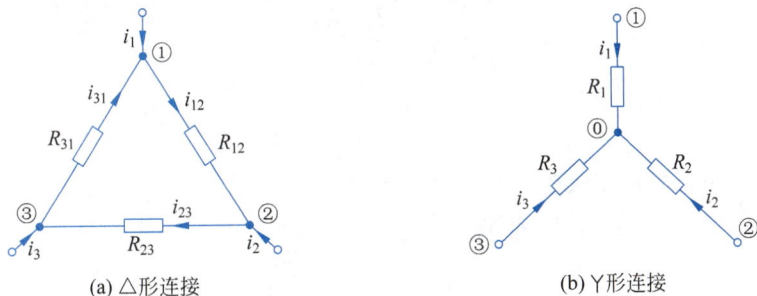

(a) △形连接   (b) 丫形连接

图 2-10   电阻的三角形连接和星形连接

对于三角形-星形(△-丫)连接的等效变换,是指三角形连接结构可用星形连接结构替代,即 R_1、R_2、R_3 与 R_{12}、R_{23}、R_{32} 之间满足某一关系,而对外的伏安特性不变。

图 2-10 中,三个结点间的电压分别为 u_{12}、u_{23}、u_{31},流入结点的电流分别为 i_1、i_2、i_3,对于三角形连接中各电阻上的电流分别为 i_{12}、i_{23}、i_{31}。只要列出图 2-10(a)及图 2-10(b)中各结点间电压与流入各结点电流的方程,对应系数一定相等,就能找到电阻之间的关系。

根据 KVL,有

$$u_{12} + u_{23} + u_{31} = 0 \tag{2-21}$$

则只需列出 u_{12}、u_{23} 与 i_1、i_2 的关系方程即可。对于图 2-10(a)中结点①,根据 KCL,有

$$i_1 = i_{12} - i_{31} = \frac{u_{12}}{R_{12}} - \frac{u_{31}}{R_{31}}$$

再根据式(2-21)可得

$$i_1 = \left(\frac{1}{R_{12}} + \frac{1}{R_{31}} \right) u_{12} + \frac{1}{R_{31}} u_{23} \tag{2-22}$$

同样,利用结点②的 KCL,可得

$$i_2 = i_{23} - i_{12} = -\frac{1}{R_{12}} u_{12} + \frac{1}{R_{23}} u_{23} \tag{2-23}$$

由式(2-22)及式(2-23)可得

$$u_{12} = \frac{R_{12} R_{31}}{R_{12} + R_{23} + R_{31}} i_1 - \frac{R_{12} R_{23}}{R_{12} + R_{23} + R_{31}} i_2 \tag{2-24}$$

$$u_{23} = \frac{R_{23} R_{31}}{R_{12} + R_{23} + R_{31}} i_1 + \frac{R_{23}(R_{12} + R_{31})}{R_{12} + R_{23} + R_{31}} i_2 \tag{2-25}$$

对于图 2-10(b),利用 KVL,可得

$$u_{12} = R_1 i_1 - R_2 i_2 \tag{2-26}$$

$$u_{23} = R_2 i_2 - R_3 i_3 \tag{2-27}$$

由于结点⓪的 KCL 为 $i_1 + i_2 + i_3 = 0$,所以式(2-27)变为

$$u_{23} = R_3 i_1 + (R_2 + R_3) i_2 \tag{2-28}$$

比较式(2-24)、式(2-25)与式(2-26)、式(2-28)的对应项系数,可得

$$\begin{cases} R_1 = \dfrac{R_{12}R_{31}}{R_{12}+R_{23}+R_{31}} \\[3mm] R_2 = \dfrac{R_{12}R_{23}}{R_{12}+R_{23}+R_{31}} \\[3mm] R_3 = \dfrac{R_{23}R_{31}}{R_{12}+R_{23}+R_{31}} \end{cases} \tag{2-29}$$

式(2-29)即从三角形连接变换为星形连接的等效条件。

利用式(2-29)中的三个方程,可得

$$R_1R_2 + R_2R_3 + R_3R_1 = \frac{R_{12}R_{23}R_{31}}{R_{12}+R_{23}+R_{31}} \tag{2-30}$$

利用式(2-29)及式(2-30),有

$$\begin{cases} R_{12} = \dfrac{R_1R_2+R_2R_3+R_3R_1}{R_3} = R_1+R_2+\dfrac{R_1R_2}{R_3} \\[3mm] R_{23} = \dfrac{R_1R_2+R_2R_3+R_3R_1}{R_1} = R_2+R_3+\dfrac{R_2R_3}{R_1} \\[3mm] R_{31} = \dfrac{R_1R_2+R_2R_3+R_3R_1}{R_2} = R_1+R_3+\dfrac{R_1R_3}{R_2} \end{cases} \tag{2-31}$$

式(2-31)是星形连接变换为三角形连接的等效条件。

为了便于记忆,把互换公式归纳为

$$Y形电阻 = \frac{\triangle 形相邻电阻乘积}{\triangle 形电阻之和}$$

$$\triangle 形电阻 = \frac{Y形电阻两两乘积之和}{Y形不相邻电阻}$$

若用电导表示,可得与式(2-29)相对称的形式

$$\begin{cases} G_{12} = \dfrac{G_1G_2}{G_1+G_2+G_3} \\[3mm] G_{23} = \dfrac{G_2G_3}{G_1+G_2+G_3} \\[3mm] G_{31} = \dfrac{G_1G_3}{G_1+G_2+G_3} \end{cases} \tag{2-32}$$

若星形连接的 3 个电阻相等,即 $R_1=R_2=R_3=R_Y$,则等效三角形连接的三个电阻也相等,即

$$R_\triangle = R_{12} = R_{23} = R_{31} = 3R_Y$$

反之,则有

$$R_Y = \frac{1}{3}R_\triangle$$

例 2-5 求图 2-11(a)所示的电路的等效电阻 R_{ab}。

解:把图 2-11(a)中结点 c、d、e 内的△形电路用等效的Y形电路替代,得图 2-11(b),其中,

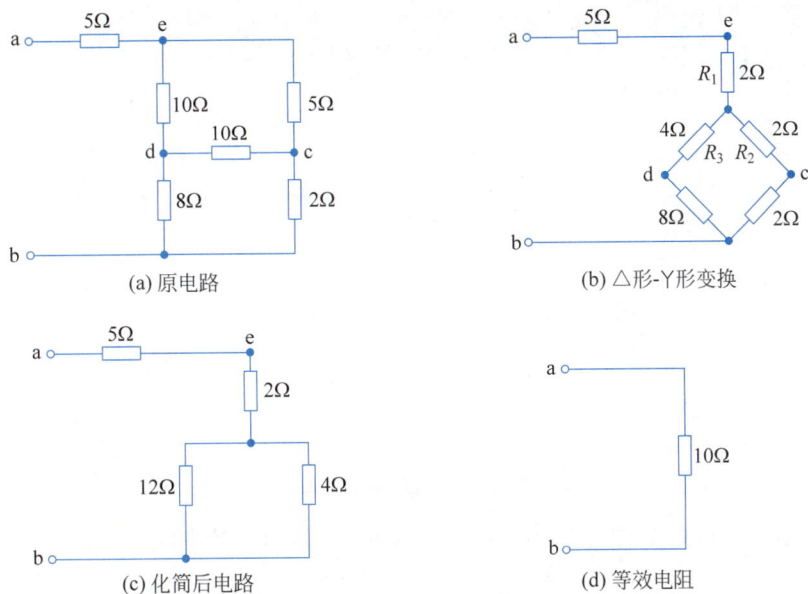

(a) 原电路

(b) △形-Y形变换

(c) 化简后电路

(d) 等效电阻

图 2-11 例 2-5 图

$$R_1 = R_2 = \left(\frac{5 \times 10}{5 + 10 + 10} \right) \Omega = 2\Omega$$

$$R_3 = \left(\frac{10 \times 10}{5 + 10 + 10} \right) \Omega = 4\Omega$$

进一步得到简单的串、并联电路,如图 2-11(c)所示,最后得到等效电阻 R_{ab} 为

$$R_{ab} = (5 + 2 + 12 \mathbin{/\mkern-5mu/} 4)\Omega = 10\Omega$$

当然,也可把结点 c、b、d 内的△形电路用等效的Y形电路替代。另外,还可以把图 2-11(a)中的结点 e、b 之间利用△形电路替代原Y形电路,所得结论都是一样的。

2.3 电源模型的等效变换

2.1 节和 2.2 节主要讨论了电阻的等效变换,本节将讨论电源模型的等效变换。

2.3.1 理想电源的等效变换

理想电压源、理想电流源是实际电源的理想化模型。例如,在忽略内阻的前提下,可以将电池看作理想的直流电压源。

n 个理想电压源的串联如图 2-12(a)所示,根据 KVL,端口处的电压 u 为

$$u = u_{s1} + u_{s2} + \cdots + u_{sn} = \sum_{k=1}^{n} u_{sk}$$

可见,图 2-12(a)可以用一个电压源 $u_s = u$ 等效替代,如图 2-12(b)所示。

如果电压源与任一部分电路并联,如图 2-13(a)所示,端口处的电压可用 $u_s = u$ 的理想电压源替代,如图 2-13(b)所示。要注意的是,理想电压源并联时,只有电压相等、极性一致的电压源才允许并联,否则违背 KVL。

理想电源的
等效变换

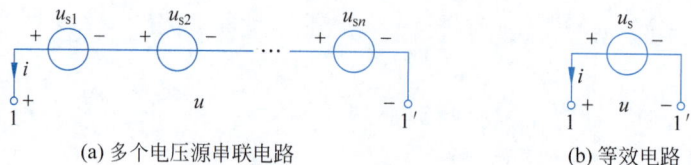

(a) 多个电压源串联电路　　　　　　　(b) 等效电路

图 2-12　电压源的串联

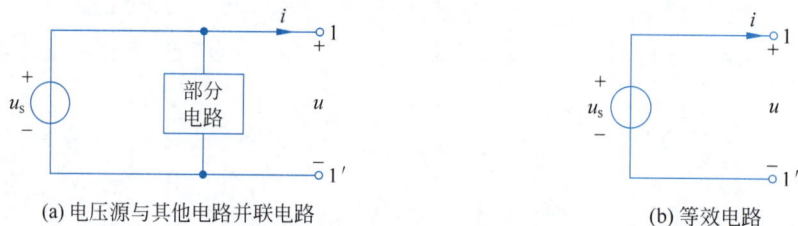

(a) 电压源与其他电路并联电路　　　　　(b) 等效电路

图 2-13　电压源的并联

n 个电流源的并联,如图 2-14(a)所示,根据 KCL,端口处的电流 i 为

$$i = i_{s1} + i_{s2} + \cdots + i_{sn} = \sum_{k=1}^{n} i_{sk}$$

因此,图 2-14(a)可以用一个电流源 $i_s = i$ 等效替代,如图 2-14(b)所示。

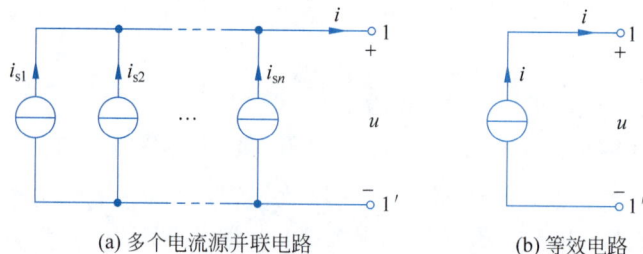

(a) 多个电流源并联电路　　　　　　　(b) 等效电路

图 2-14　电流源的并联

另外,如果电流源与任一部分电路串联,如图 2-15(a)所示,端口处的电流可用 $i_s = i$ 的电流源替代,如图 2-15(b)所示。需要注意的是,理想电流源串联时,只有电流相等、方向一致的电流源才允许串联,否则违背 KCL。

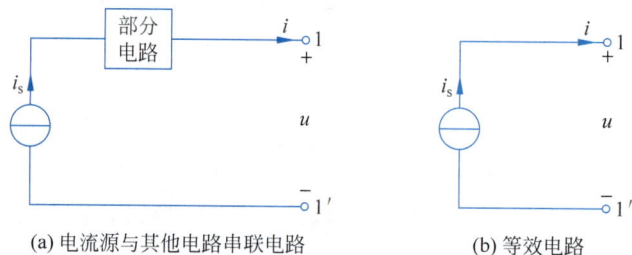

(a) 电流源与其他电路串联电路　　　　　(b) 等效电路

图 2-15　电流源的串联

例 2-6　求图 2-16(a)、图 2-16(b)所示的电路的最简等效电路。

解: 图 2-16(a)涉及电流源串联与并联。2A 电流源与电阻及电压源串联的结果可等效为 2A 的电流源,如图 2-16(c)所示,但这个 2A 电流源与图 2-16(a)中的 2A 电流源不同,其端电压是不同的,由此可以进一步认识到,"等效"只是对外电路。再利用电流源的并联,

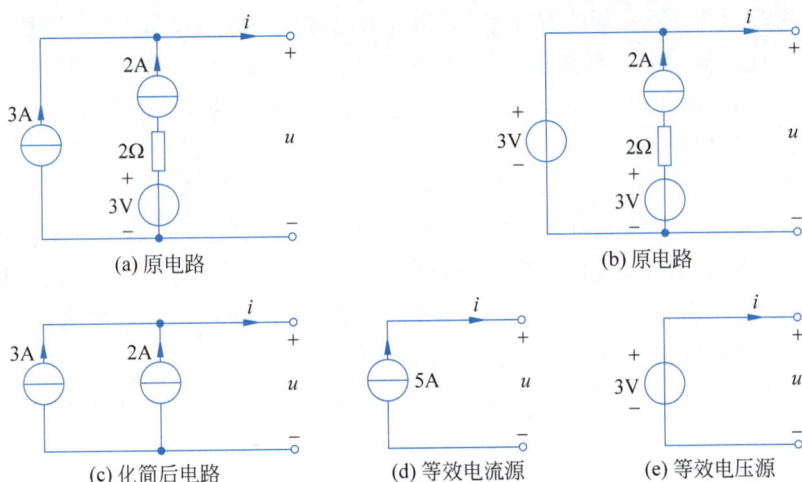

图 2-16 例 2-6 图

可得

$$i_s = (2+3)A = 5A$$

即 5A 的等效电流源,如图 2-16(d)所示。

图 2-16(b)与图 2-16(a)的不同之处在于 3A 电流源换成了 3V 电压源。分析过程与图 2-16(a)相同,只是图 2-16(c)中 3A 电流源为 3V 电压源,利用电压源并联对外等效的特点,对外等效为 3V 电压源,如图 2-16(e)所示。

2.3.2 实际电源两种模型及其等效变换

一个实际的直流电源,例如电池,由于存在内阻,其电路模型为理想电压源 u_s 和电阻 R 组成的串联电路,如图 2-17(a)所示,其端电压 u 和电流 i 都随外电路改变而改变,满足的方程为

$$u = u_s - Ri \tag{2-33}$$

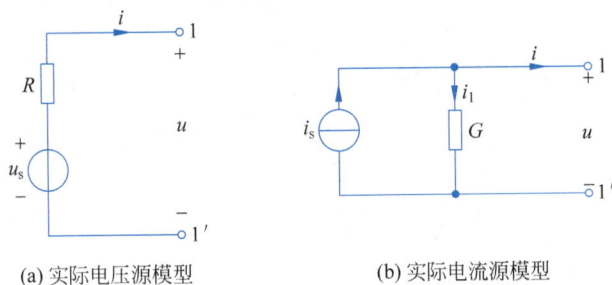

(a) 实际电压源模型　　(b) 实际电流源模型

图 2-17 实际电源模型

若考虑一电流源与电导的并联组合,端电压及电流参考方向如图 2-17(b)所示,满足的方程为

$$i = i_s - Gu \tag{2-34}$$

比较式(2-33)和式(2-34),只要满足

$$G = \frac{1}{R}, \quad i_s = Gu_s \tag{2-35}$$

实际电源模型等效变换

则式(2-34)和式(2-35)所表示的方程完全相同,因此,图 2-17(a)和图 2-17(b)所示电路对外完全等效。须注意 u_s 和 i_s 的参考方向,i_s 的参考方向由 u_s 的负极性指向正极性。所以,只要满足式(2-35),电压源、电阻的串联组合与电流源、电导的并联组合都可以看成是实际电源模型,两种组合之间可互相等效变换。

两种组合的等效变换仅保证端子 1-1′ 外部电路的电压 u、电流 i 相同,即对外电路等效,对内部则无等效可言。例如,没有外部电路连接(开路)时,$i=0$,对于电压源和电阻串联组合,电压源不发出功率,电阻也不吸收功率;而在与其等效的电流源、电导的并联组合内部,电流源发出的功率为 i_s^2/G,电阻消耗功率,电流源发出的功率全部被电阻吸收。此时,两种组合对外部来说,都既不发出功率也不吸收功率。

没有电阻串联的理想电压源称为无伴电压源,而没有电阻并联的理想电流源称为无伴电流源。

例 2-7　求图 2-18(a)所示的电路中的电流 I。

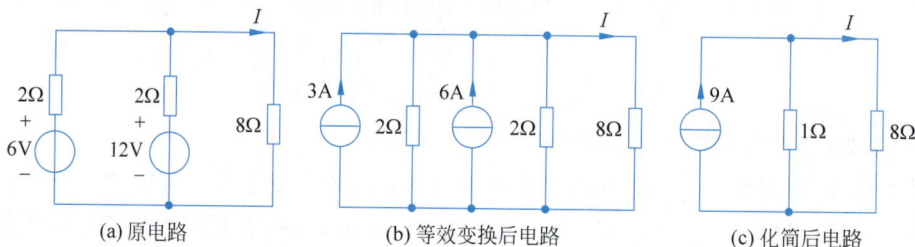

图 2-18　例 2-7 图

解:利用电源模型等效变换,将图 2-18(a)经图 2-18(b)化简为图 2-18(c)。利用电阻并联的分流公式,可得电流 I 为

$$I = \left(\frac{1}{1+8} \times 9 \right) \text{A} = 1\text{A}$$

对于受控电压源、电阻串联组合也可利用上述方法等效变换为受控电流源与电导并联组合,反之亦然,受控源当作独立电源处理,但在变换过程中,控制量所在支路必须保持完整,不能改变。

例 2-8　求图 2-19(a)中的电流 I。

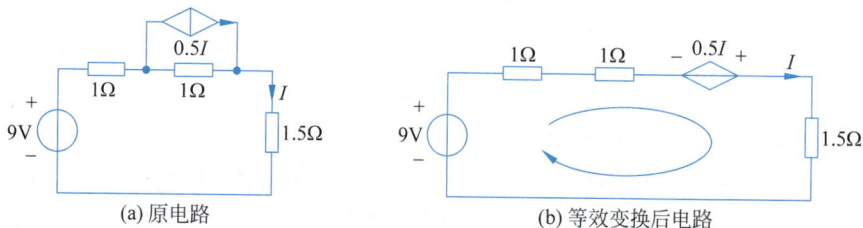

图 2-19　例 2-8 图

解:受控电流源和电阻的并联组合等效变换成受控电压源与电阻串联的等效电路,原电路成为单一回路,如图 2-19(b)所示,利用 KVL,得

$$(1+1+1.5)I = 9 + 0.5I$$

$$I = \left(\frac{9}{3} \right) \text{A} = 3\text{A}$$

2.4 电阻电路的一般分析

本章前 3 节介绍的分析电阻电路的等效变换法只适用于一定结构形式的电路,而不适用于对电路进行一般性探讨。从本节开始,将介绍通用的电路分析方法,即首先选择电路变量(电压或电流),根据 KCL、KVL 及 VCR(欧姆定律),列写电路变量的方程,求出电路变量。该方法更具普遍性,不必改变电路的结构,对于线性电路,电路方程是一组线性代数方程。

2.4.1 网络图论简介

图论是数学的一个分支。网络图论是图论在网络理论中的应用。现代大规模网络的分析计算,都需要借助计算机进行,把网络结构信息输入计算机要借助图论的知识。而本节只是介绍有关图论的初步知识,借助数学知识明确电路连接性质及相关独立电路方程。

1. 网络的图

对于任意一个集总参数元件组成的网络 N(电路),如图 2-20(a)所示,如果不考虑元件的性质,只考虑元件间的连接情况,可将每一个元件用一条线段代替,仍称为支路;将每个元件的端点或若干个元件的连接点用一圆点表示,仍称为结点。这样得到的点、线的集合,称为网络 N 的图(电路的图),用 G 表示,如图 2-20(b)所示。"图"中允许有孤立的结点存在,即移去一条支路并不意味着同时把它连接的结点也移去,所以在图的定义中,结点和支路各自是一个整体,但任意支路必须终止在结点上。

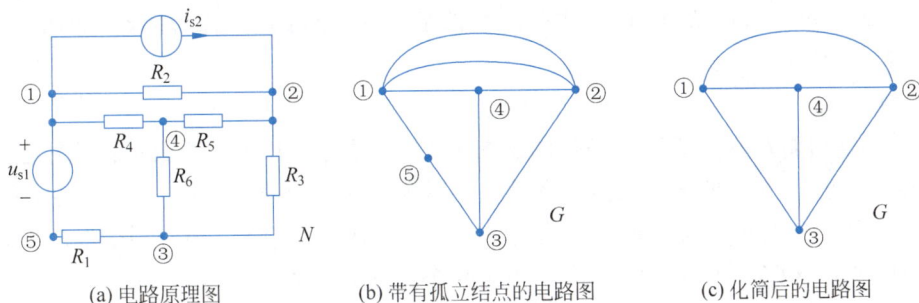

(a)电路原理图　　　(b)带有孤立结点的电路图　　　(c)化简后的电路图

图 2-20　网络及其图

对于网络中的有源元件,除了单独作为一条支路外,如图 2-20(b)所示,还可采用如下的处理方法:将电压源(或受控电压源)和串联的电阻元件作为一个复合支路;将电流源(或受控电流源)和并联的电阻元件也作为一个复合支路,在图 G 中用一个支路表示,如图 2-20(c)所示。

网络的图只表明网络中各支路的连接情况,与元件性质无关,只是用来表示网络的几何结构(拓扑结构)的图形。在网络分析中,需要规定电流和电压的参考方向。在网络的图中还规定了支路的参考方向。没有标明支路方向的图称为无向图,如图 2-20(c)所示。标明支路参考方向的图称为有向图,如图 2-21(a)所示。如果图 2-21(b)中的每个结点和支路都是图 2-21(a)的结点和支路,则图 G_a 称为图 G 的子图。图 2-21 中的 G_b 和 G_c 也是图 G 的子图。图 G 的子图 G_a 和 G_b 包含了图 G 的全部支路和结点,并且 G_a 和 G_b 无公共支路,称 G_a 和 G_b 互为补图。

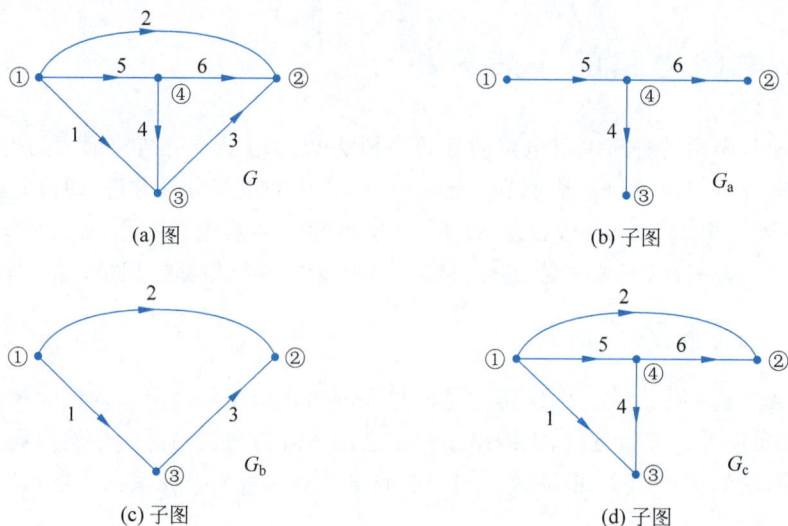

(a) 图   (b) 子图   (c) 子图   (d) 子图

图 2-21 图及其子图、补图

图 G 中,与一个结点相关联的支路数称为结点的次数,图 2-21(a)中的图 G 结点的次数都是 3。在图 G 中,从一个结点出发连续经过不同的支路达到另一个结点,若这条通路中除了始结点和终结点的次数是 1 之外,其他中间结点的次数都是 2,则这条通路称为路径,如图 2-22(a)、图 2-22(c)和图 2-22(d)所示。如果图中任意两个结点间至少存在一条路径,则称为连通图,如图 2-21 所示;否则,称为非连通图;一个孤立结点构成的图是连通图。如果路径的始结点和终结点重合,则得结点次数都是 2 的闭合路径,称为回路,如图 2-21(c)所示。

2. 树

在任一连通图 G 中符合下列条件的子图称为图 G 的树,用符号 T 表示:子图是一连通图;该子图包含了图 G 的全部结点;该子图中不含有任何回路。图 2-22 中的各子图均为图 2-21(a)中图 G 的树。树中的支路称为树支,而其他支路则称为对应该树的连支。如图 2-22(b)所示,树 T_1 的树支为 2、3、4,相应的连支为 1、5、6。

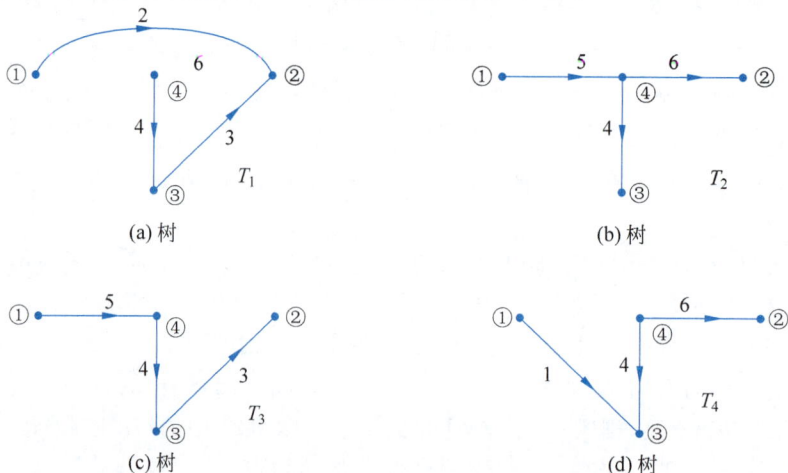

(a) 树   (b) 树   (c) 树   (d) 树

图 2-22 路径及树

由树的有关概念,可以得到如下结论:

(1) 树的任何两个结点之间只可能存在一条路径,否则势必形成回路;割断任意树支,则树的全部结点被分成互相分离的两组,而每一组结点仍是连通的。

(2) 在树中任意两结点之间加一条连支,则该连支必定与这两个结点之间的树支构成回路,这种单连支回路称为基本回路。由每个连支构成的基本回路是唯一的,否则树中必有回路,与树的定义矛盾。

3. 割集

在任何一个连通图 G 中,符合下列条件的支路集合称为图 G 的割集,用符号 C_k 表示:移去该支路集合中的所有支路,留下的图形是两个分离的而又各自连通的子图;在该支路集合中,保留任一支路而将其余的支路都移去,留下的图仍是连通的。

如图 2-23(a)所示,作一个闭合面,把连通图分成两部分,结点①、②在内部,结点③、④在外部,如果把与闭合面切割的支路(1,5,6,3)移去,则图分成两个分离的连通子图,所以支路集(1,5,6,3)构成一个割集。通常利用与闭合面切割的方法确定割集,但要注意闭合面的选取。例如,如图 2-23(b)所示的闭合面不能用来确定割集,因为把与闭合面切割的支路移去将出现三个分离的各自连通的子图。

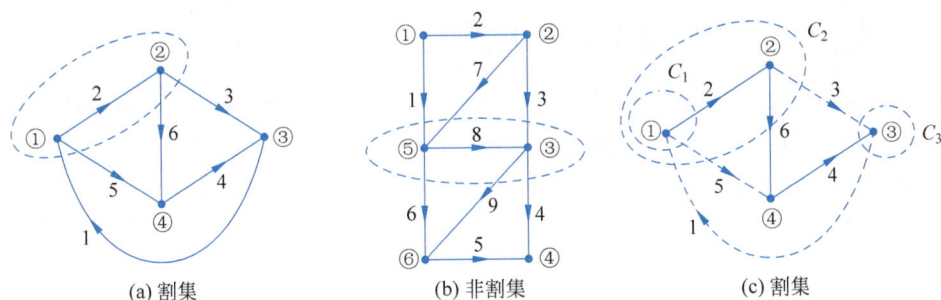

图 2-23 图的割集示意图

在图 2-23(c)中,实线(2,6,4)作为树支构成树,虚线(1,5,3)为连支。根据树的定义,每一个树支必定与若干个连支构成一个割集。例如,树支 2 与连支 1、5 构成割集 $C_1(1,5,2)$,树支 6 与连支 1、5、3 构成割集 $C_2(1,5,6,3)$,树支 4 与连支 1、3 构成割集 $C_3(1,4,3)$。这种只含一个树支的割集称为基本割集。由图 2-23(c)可以看出,每一树支只能与其所在的各基本割集中的连支一起构成一个基本割集,因此,由每一树支决定的基本割集是唯一的。

图的基本回路数和基本割集数:一个结点数为 n、支路数为 b 的连通图 G,无论如何选树,其基本割集数为 $n-1$,基本回路数为 $b-n+1$。

证明如下:设想把连通图 G 的 b 条支路全部去掉,而 n 个结点全部保留。为了形成一个树,先用一个支路连接其中的两个结点,把已连接的结点称作连通结点;以后每增加一个支路,要把一个新的结点与一个连通结点相连接。如此下去,把 n 个结点全部连接并形成一个树,需要且仅需要 $(n-1)$ 个支路。因此,树支数为 $(n-1)$。因为每一树支必定与若干连支构成一个基本割集,所以具有 n 个结点的连通图 G 恒有 $(n-1)$ 个基本割集。树的连支数等于连通图 G 的支路数 b 减去树支数 $(n-1)$,即连支树等于 $(b-n+1)$。由于每一个连支必定与若干个树支组成一个基本回路,所以具有 n 个结点、b 条支路的连通图 G,恒有 $(b-n+1)$ 个基本回路。

如果一个图画在平面上,各条支路除了连接的结点外不再交叉,则把这样的图称为平面图,否则称为非平面图。图 2-24(a)是平面图,图 2-24(b)是典型的非平面图。平面图中可以引入网孔的概念,一个网孔是平面图的一个自然的"孔",如果只考虑不包括边界回路的内网孔,则网孔限定的区域内没有其他支路。图 2-24(a)所示的平面图有 5 个结点、9 条支路,基本回路数为 $b-n+1=9-5+1=5$,其网孔数也是 5 个,5 个网孔恰是基本回路。该结论对于一般平面电路也是适用的:总可以找到一个树,使树支位于不同的网孔中。网孔数可以直观地观察出,所以对于平面电路,根据网孔数就获得了独立的基本回路数。

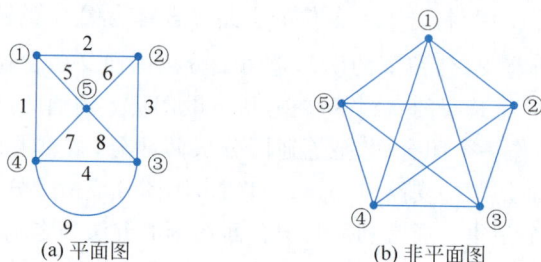

(a) 平面图　　　　　　　(b) 非平面图

图 2-24　平面图与非平面图

独立方程
数目与支
路电流法

2.4.2　KCL、KVL 独立方程的个数

下面介绍的研究电路的方法需要根据 KCL、KVL 列出方程,而独立方程数目的确定是关键,可以利用数学中图论的知识解决这一问题。一个电路的图,如图 2-25(a)所示,结点和支路的编号都已分别标出,并给出了支路的方向,该方向也是支路电流和与之相关联的支路电压的参考方向。

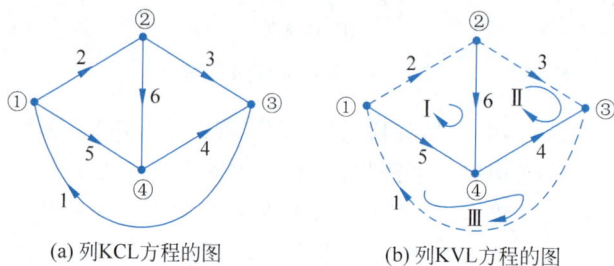

(a) 列KCL方程的图　　　　　　(b) 列KVL方程的图

图 2-25　图与独立方程

对图 2-25(a)的结点①、②、③和④分别列出 KCL 方程,可得

$$-i_1+i_2+i_5=0$$
$$-i_2+i_3+i_6=0$$
$$i_1-i_3-i_4=0$$
$$i_4-i_5-i_6=0$$

4 个方程中的任意 3 个是独立的。由此可见,电路的 KCL 独立方程数等于它的基本割集数,即对于具有 n 个结点的电路,在任意$(n-1)$个结点上可以得出$(n-1)$个独立的 KCL 方程,这$(n-1)$个结点称为独立结点。图 2-25(a)的独立结点可以为①、②和③。

图 2-25(b)的实线组成树,树支为支路 4、5、6,连支为支路 1、2、3,由 3 个连支构成 3 个

基本回路 Ⅰ、Ⅱ、Ⅲ,即网孔。对每个网孔列出 KVL 方程为

$$u_2 - u_5 + u_6 = 0$$
$$u_3 - u_4 - u_6 = 0$$
$$u_1 + u_4 + u_5 = 0$$

这三个方程是独立的。所以,电路的 KVL 独立方程数等于它的基本回路数。对于具有 n 个结点、b 条支路的电路,有 $(b-n+1)$ 个基本回路,而平面回路的网孔数即为基本回路数。

2.4.3 支路电流法

对于具有 n 个结点、b 条支路的电路,如果以支路电流、支路电压为电路变量列方程,共有 $2b$ 个未知量;通过上面的分析可知,电路具有 $(n-1)$ 个独立的 KCL 方程,$(b-n+1)$ 个独立的 KVL 方程,加上元件的 VCR,恰好也是 $2b$ 个方程,与未知量数相等,可解出支路电压、支路电流,称为 $2b$ 法。

为了减少求解方程数,如果只以支路电流(电压)为电路变量,称为支路电流(电压)法。下面以支路电流法为例,支路电压用支路电流表示,代入 KVL 方程,得到以 b 个支路电流为未知量的 b 个方程。

如图 2-26(a)所示,以电压源 u_{s1} 和电阻 R_1 串联组合为一条支路,以电流源 i_{s5} 和电阻 R_5 并联组合为一条支路,如图 2-26(b)所示,相应电路的图如图 2-26(c)所示。

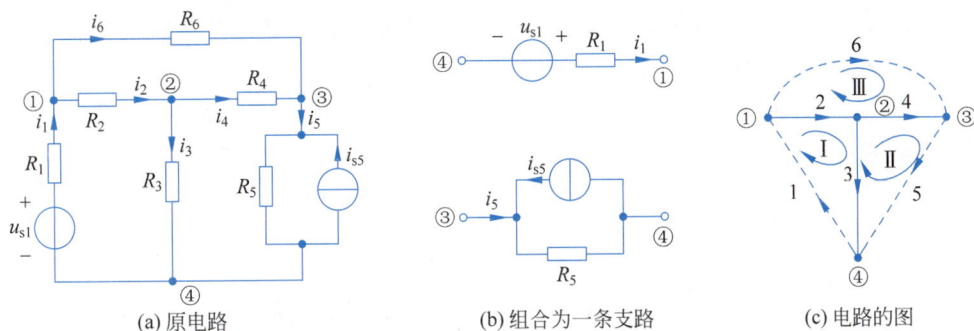

(a) 原电路　　　　　　(b) 组合为一条支路　　　　　　(c) 电路的图

图 2-26　支路电流法

选取结点①、②和③为独立结点,列出 KCL 方程为

$$\begin{cases} -i_1 + i_2 + i_6 = 0 \\ -i_2 + i_3 + i_4 = 0 \\ -i_4 + i_5 - i_6 = 0 \end{cases} \tag{2-36}$$

选择网孔作为独立回路 Ⅰ、Ⅱ、Ⅲ,按回路绕行方向列出 KVL 方程为

$$\begin{cases} u_1 + u_2 + u_3 = 0 \\ -u_3 + u_4 + u_5 = 0 \\ -u_2 - u_4 + u_6 = 0 \end{cases}$$

各支路电压用支路电流表示,有

$$\begin{cases} u_1 = -u_{s1} + R_1 i_1 \\ u_2 = R_2 i_2 \\ u_3 = R_3 i_3 \\ u_4 = R_4 i_4 \\ u_5 = R_5 i_5 + R_5 i_{s5} \\ u_6 = R_6 i_6 \end{cases}$$

将支路电流方程代入 KCL 方程,经整理,有

$$\begin{cases} R_1 i_1 + R_2 i_2 + R_3 i_3 = u_{s1} \\ -R_3 i_3 + R_4 i_4 + R_5 i_5 = -R_5 i_{s5} \\ -R_2 i_2 - R_4 i_4 + R_6 i_6 = 0 \end{cases} \tag{2-37}$$

式(2-36)与式(2-37)组成了图 2-26(a)所示电路的支路电流方程。

需要注意的是,应用支路电流法解题时,应先把支路 5 的电流源 i_{s5} 和电阻 R_5 并联组合等效变换为电压源与电阻的串联组合。这样式(2-37)就可按照 $\sum R_k i_k = \sum u_{sk}$ 用观察法列出。

支路电流法的电路方程列写步骤如下:

(1) 规定电流的参考方向;

(2) 按 KCL,对 $(n-1)$ 个独立结点列方程;

(3) 选取 $(b-n+1)$ 个独立回路,指定回路的绕行方向,按 $\sum R_k i_k = \sum u_{sk}$ 列方程。

特殊情况下,例如某一支路仅含电流源时,则此支路电压不能通过支路电流表示,需要额外加一个辅助方程解决。

例 2-9 图 2-27 所示的电路中 $U_{s1} = 130\text{V}$,$R_1 = 1\Omega$,$U_{s2} = 117\text{V}$,$R_2 = 0.6\Omega$,$R = 24\Omega$,求各支路电流。

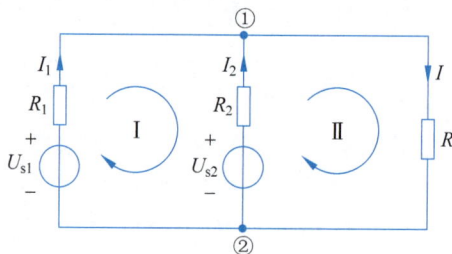

图 2-27 例 2-9 图

解:由电路图 2-27 可知,此电路有三条支路,两个结点,即 $n = 2$、$b = 3$。直接在电路图上标出结点及各支路电流参考方向。以支路电流为未知量,列出方程。

以结点①为独立结点,其 KCL 方程为

$$-I_1 - I_2 + I = 0$$

以两个网孔为基本回路Ⅰ、Ⅱ,回路绕行方向为顺时针,利用观察法,其 KVL 方程为

$$R_1 I_1 - R_2 I_2 = U_{s1} - U_{s2}$$

$$R_2 I_2 + RI = U_{s2}$$

把已知参数代入上面三个方程,可得

$$-I_1 - I_2 + I = 0$$
$$I_1 - 0.6I_2 = 13$$
$$0.6I_2 + 24I = 117$$

联立求解上面的支路电流方程,得

$$I_1 = 10\text{A}, \quad I_2 = -5\text{A}, \quad I = 5\text{A}$$

2.4.4 网孔电流法与回路电流法

在网孔电流法中,以网孔电流作为电路的独立变量,它仅适用于平面电路。

图 2-28(a)为平面电路,网孔数为 $b-n+1$,电路独立电流的数目等于电路网孔的数目,支路电流的参考方向已标出。

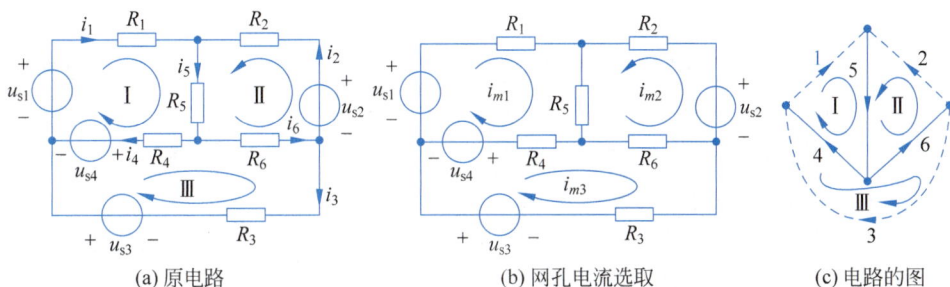

(a) 原电路   (b) 网孔电流选取   (c) 电路的图

图 2-28 网孔电流法示例

如果假设在电路的每个网孔中有电流流动,如图 2-28(b)所示,则这组假设在网孔中连续流动的电流称为网孔电流。图 2-28(c)为图 2-28(a)所示的电路的图,其中实线为树支组成的树,虚线为连支。这组网孔电流就是一组独立电流变量,为连支电流。比较图 2-28(a)、图 2-28(b),可以看到各支路电流为

$$\begin{cases} i_1 = i_{m1} \\ i_2 = i_{m2} \\ i_3 = i_{m3} \\ i_4 = i_{m1} - i_{m3} \\ i_5 = i_{m1} + i_{m2} \\ i_6 = i_{m2} + i_{m3} \end{cases} \quad (2\text{-}38)$$

由于网孔电流对于每个网孔上的结点而言,一次流入,一次流出,自动满足 KCL,所以网孔电流只能利用 KVL 方程求解。以图 2-28 为例,推导以网孔电流为变量的 KVL 方程形式。

对于图 2-28(a)所示的电路,首先,以支路电流为变量列出 KVL 方程,回路的绕行方向与网孔电流的参考方向一致,则有

$$\begin{cases} R_1 i_1 + R_4 i_4 + R_5 i_5 = u_{s1} - u_{s4} \\ R_2 i_2 + R_5 i_5 + R_6 i_6 = u_{s2} \\ R_3 i_3 - R_4 i_4 + R_6 i_6 = u_{s3} + u_{s4} \end{cases}$$

将式(2-38)代入上式,将支路电流换成网孔电流,整理得

$$\begin{cases} (R_1+R_4+R_5)i_{m1}+R_5i_{m2}-R_4i_{m3}=u_{s1}-u_{s4} \\ R_5i_{m1}+(R_2+R_5+R_6)i_{m2}+R_6i_{m3}=u_{s2} \\ -R_4i_{m1}+R_6i_{m2}+(R_3+R_4+R_6)i_{m3}=u_{s3}+u_{s4} \end{cases}$$

上式是以网孔电流为变量的 KVL 方程,称为网孔电流方程,可以写成如下的标准形式:

$$\begin{cases} R_{11}i_{m1}+R_{12}i_{m2}+R_{13}i_{m3}=u_{s11} \\ R_{21}i_{m1}+R_{22}i_{m2}+R_{23}i_{m3}=u_{s22} \\ R_{31}i_{m1}+R_{32}i_{m2}+R_{33}i_{m3}=u_{s33} \end{cases} \tag{2-39}$$

式中,R_{11}、R_{22}、R_{33} 分别为网孔Ⅰ、Ⅱ、Ⅲ的自阻,为各网孔所有电阻之和,即 $R_{11}=R_1+R_4+R_5$,$R_{22}=R_2+R_5+R_6$,$R_{33}=R_3+R_4+R_6$;R_{12} 和 R_{21} 是网孔Ⅰ、Ⅱ之间的互阻,$R_{12}=R_{21}=R_5$;R_{13} 和 R_{31} 是网孔Ⅰ、Ⅲ之间的互阻,$R_{13}=R_{31}=-R_4$;R_{23} 和 R_{32} 是网孔Ⅱ、Ⅲ之间的互阻,$R_{23}=R_{32}=R_6$。

网孔电流方程组即式(2-39),可用观察法写出,$R_{11}i_{m1}$ 项代表网孔电流 i_{m1} 在网孔Ⅰ的所有电阻(R_1、R_4、R_5)上引起的电压,$R_{22}i_{m2}$ 项代表网孔电流 i_{m2} 在网孔Ⅱ的所有电阻(R_2、R_5、R_6)上引起的电压,$R_{33}i_{m3}$ 项代表网孔电流 i_{m3} 在网孔Ⅲ的所有电阻(R_3、R_4、R_6)上引起的电压。由于网孔的绕行方向和网孔电流参考方向一致,所以自阻 R_{11}、R_{22}、R_{33} 总是正值。$R_{12}i_{m2}$ 项代表网孔电流 i_{m2} 流过网孔Ⅰ、Ⅱ的公共电阻(R_5)引起的电压,$R_{21}i_{m1}$ 项代表网孔电流 i_{m1} 流过网孔Ⅱ、Ⅰ的公共电阻(R_5)引起的电压,由于 i_{m1}、i_{m2} 流过公共电阻(R_5)的参考方向相同,则 i_{m1} 和 i_{m2} 中任一个在公共电阻上引起的电压在另一个网孔电压方程中取正号。$R_{13}i_{m3}$ 项代表网孔电流 i_{m3} 流过网孔Ⅰ、Ⅲ的公共电阻(R_4)引起的电压,$R_{31}i_{m1}$ 项代表网孔电流 i_{m1} 流过网孔Ⅲ、Ⅰ的公共电阻(R_4)引起的电压,由于 i_{m1}、i_{m3} 流过公共电阻(R_6)的参考方向相反,则 i_{m1} 和 i_{m3} 中任一个在公共电阻上引起的电压在另一个网孔电压方程中取负号。$R_{23}i_{m3}$ 项代表网孔电流 i_{m3} 流过网孔Ⅱ、Ⅲ的公共电阻(R_6)引起的电压,$R_{32}i_{m2}$ 项代表网孔电流 i_{m2} 流过网孔Ⅲ、Ⅱ的公共电阻(R_6)引起的电压,由于 i_{m2}、i_{m3} 流过公共电阻(R_6)的参考方向相同,则 i_{m2} 和 i_{m3} 中任一个在公共电阻上引起的电压在另一个网孔电压方程中取正号。为了使方程形式整齐,把电压前的正负号包括在有关的互阻中。因此,两个网孔电流流经互阻时,参考方向相同,互阻为正,参考方向相反,互阻为负,所以,图 2-28(a)中 $R_{12}=R_{21}=R_5$,$R_{13}=R_{31}=-R_4$,$R_{23}=R_{32}=R_6$。

而式(2-39)等号右边表示各网孔中电压源的电压升的代数和,即各网孔中的电压源电压参考方向与网孔电流参考方向一致时,电压前面取负号,反之取正号。所以,对于图 2-28(a)所示的三个网孔的网孔电流方程中,$u_{s11}=u_{s1}-u_{s4}$,$u_{s22}=u_{s2}$,$u_{s33}=u_{s3}+u_{s4}$,均为各网孔电压源电压升的代数和。

对于具有 m 个网孔的平面电路,其网孔电流方程的一般形式为

$$\begin{cases} R_{11}i_{m1}+R_{12}i_{m2}+\cdots+R_{1m}i_{mm}=u_{s11} \\ R_{21}i_{m1}+R_{22}i_{m2}+\cdots+R_{2m}i_{mm}=u_{s22} \\ \quad\vdots \\ R_{m1}i_{m1}+R_{m2}i_{m2}+\cdots+R_{mm}i_{mm}=u_{smm} \end{cases} \tag{2-40}$$

式中,$R_{kk}(k=1,2,\cdots,m)$ 是网孔 k 的自阻,符号总为正;$R_{kj}(k=1,2,\cdots,m,j=1,2,\cdots,m,k\neq j)$ 是网孔 k 与 j 的互阻,可正可负,根据两个网孔电流通过公共电阻的参考方向是否

相同确定,相同时取正号,相反时取负号;如果是不含受控源的电阻电路,则式(2-40)的系数矩阵为对称矩阵,即 $R_{kj}=R_{jk}$。电路中含有受控电压源时,可把受控源看作独立电压源列在方程右边,再利用控制量与网孔电流的关系,移到方程左边整理,可见,在受控源存在时,系数矩阵一般是不对称的。如果电路中有理想电流源和电阻的并联组合时,可将它等效变换成电压源和电阻的串联组合,再按上述方法分析。

例 2-10 试用网孔电流法求图 2-29 所示的电路的支路电流 I_1、I_2、I_3。

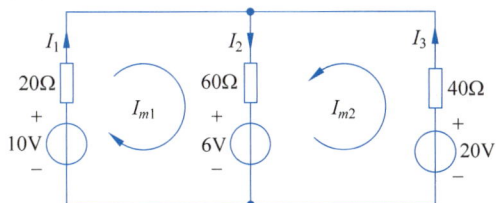

图 2-29　例 2-10 图

解:首先根据图中的支路电流参考方向,选择相应的网孔电流 $I_{m1}=I_1$,$I_{m2}=I_3$,并在图中标出网孔电流 I_{m1}、I_{m2} 的参考方向。

由图 2-29 的参数值,可得 $R_{11}=(20+60)\Omega=80\Omega$,$R_{22}=(40+60)\Omega=100\Omega$,$R_{12}=R_{11}=60\Omega$,$U_{s11}=(10-6)\text{V}=4\text{V}$,$U_{s22}=(20-6)\text{V}=14\text{V}$。根据式(2-40),$m=2$ 的网孔电流方程为

$$80I_{m1}+60I_{m2}=4$$
$$60I_{m1}+100I_{m2}=14$$

可以求出 $I_{m1}=-0.1\text{A}$,$I_{m2}=0.2\text{A}$,即 $I_1=-0.1\text{A}$,$I_3=0.2\text{A}$,而 $I_2=I_{m2}+I_{m1}=[0.2+(-0.1)]\text{A}=0.1\text{A}$。

网孔电流法针对的是网孔,所以只能适用于平面电路。另外,各网孔电流是电路的图中的连支电流,网孔对应的树是唯一的,所以不能灵活地选取网孔电流,而回路电流法中的回路电流可以灵活地选取。选 $l(l=b-n+1)$ 个独立回路的电路,以回路电流作为独立电流变量,称作回路电流法。图 2-30(a)、图 2-30(c)给出了两种不同的回路电流取法,对于同一个电路,可以有不同的树,图 2-30(b)和图 2-30(d)中的实线(树支)组成不同的树,而虚线(连支)上的电流就是回路电流。

回路电流法有类似于网孔电流法的一般公式

$$\begin{cases} R_{11}i_{l1}+R_{12}i_{l2}+\cdots+R_{1l}i_{ll}=u_{s11} \\ R_{21}i_{l1}+R_{22}i_{l2}+\cdots+R_{2l}i_{ll}=u_{s22} \\ \qquad\vdots \\ R_{l1}i_{l1}+R_{l2}i_{l2}+\cdots+R_{ll}i_{ll}=u_{sll} \end{cases} \qquad (2\text{-}41)$$

式中,$R_{kk}(k=1,2,\cdots,l)$ 是回路 k 的自阻,符号总为正;$R_{kj}(k=1,2,\cdots,l,j=1,2,\cdots,l,k\neq j)$ 是回路 k 与 j 的互阻,可正可负,根据两个回路电流通过公共电阻的参考方向是否相同确定,相同时取正号,相反时取负号;u_{skk} 是回路 k 中所有电压源的电压升的代数和,源电压的参考方向与回路电流的参考方向一致时前面取负号,相反时前面取正号。

其他情况也和网孔电流法相同。

回路电流法不仅适用于平面电路,也适用于非平面电路。如果电路中存在无伴电流源,

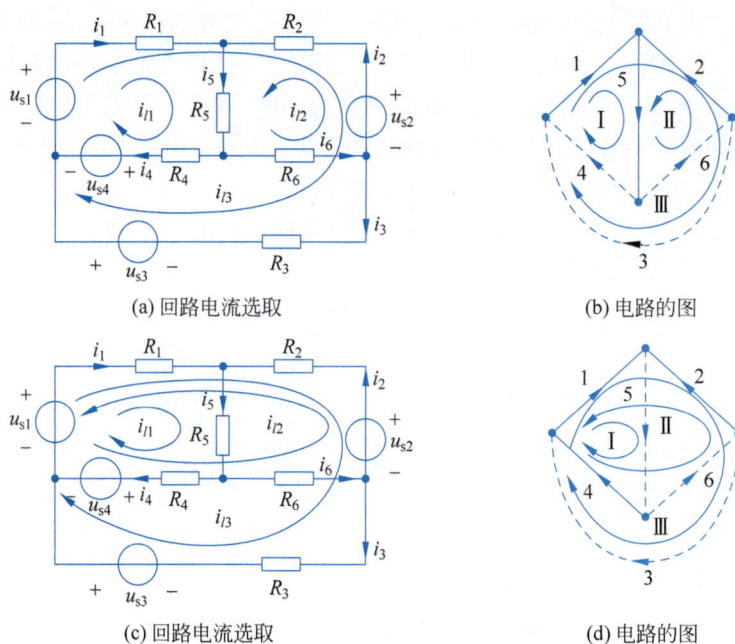

(a) 回路电流选取   (b) 电路的图

(c) 回路电流选取   (d) 电路的图

图 2-30 两种不同回路电流的取法

则回路电流法比网孔电流法更方便。

例 2-11 求图 2-31 所示的电路中各支路电流及电压 U。

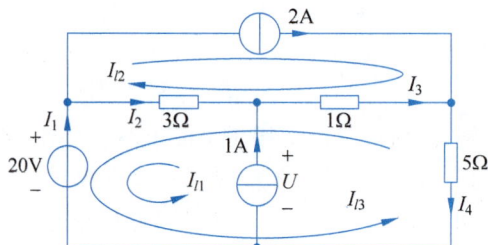

图 2-31 例 2-11 图

解：对于存在无伴电流源的电路，由于无伴电流源所在支路的电流已知，而选取回路电流为该支路电流时，回路电流也是已知的，因此，可不必列出该回路的 KVL 方程，避免引入电流源端电压这个未知量。以回路电流为未知量的方程数进一步减少。

对于图 2-31，回路电流参考方向已标出，可得

$$\begin{cases} I_{l1} = 1 \\ I_{l2} = 2 \\ 3I_{l1} + (1+3)I_{l2} + (1+3+5)I_{l3} = -20 \end{cases}$$

可以求出

$$I_{l3} = -\frac{31}{9}\text{A}$$

再根据图 2-31 中各支路电流与回路电流的关系，得

$$I_1 = -(I_{l1} + I_{l3}) = \left[-\left(1 - \frac{31}{9}\right)\right]\text{A} = \frac{22}{9}\text{A}$$

$$I_2 = -(I_{l1} + I_{l2} + I_{l3}) = \left[-\left(1+2-\frac{31}{9}\right)\right]A = \frac{4}{9}A$$

$$I_3 = -(I_{l2} + I_{l3}) = \left[-\left(2-\frac{31}{9}\right)\right]A = \frac{13}{9}A$$

$$I_4 = -I_{l3} = \frac{31}{9}A$$

由 KVL,可求出 U 为

$$U = 1 \times I_3 + 5 \times I_4 = \left(1 \times \frac{13}{9} + 5 \times \frac{31}{9}\right)V = \frac{56}{3}V$$

如果电路中存在受控源,可先当作独立电源处理,列出方程,再进一步整理为以回路电流为变量的方程。

例 2-12 试列出图 2-32 所示的电路的回路电流方程。

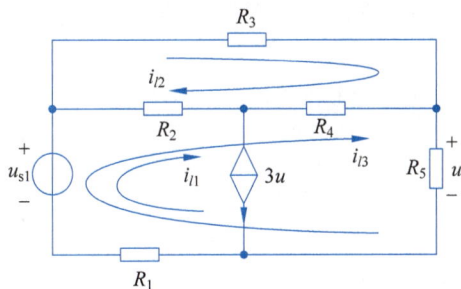

图 2-32 例 2-12 图

解:电路中有一受控电流源,可当作理想的无伴电流源处理,选取的回路电流如图 2-32 所示,列出回路电流方程。

$$i_{l1} = 3u$$

$$-R_2 i_{l1} + (R_2 + R_3 + R_4)i_{l2} - (R_2 + R_4)i_{l3} = 0$$

$$(R_1 + R_2)i_{l1} - (R_2 + R_4)i_{l2} + (R_1 + R_2 + R_4 + R_5)i_{l3} = u_{s1}$$

由于 $u = R_5 i_{l3}$,代入方程,合并同类项,整理可得回路电流方程为

$$(R_2 + R_3 + R_4)i_{l2} - (R_2 + R_4 + 3R_2 R_5)i_{l3} = 0$$

$$-(R_2 + R_4)i_{l2} + (R_1 + R_2 + R_4 + R_5 + 3R_1 R_5 + 3R_2 R_5)i_{l3} = u_{s1}$$

2.4.5 结点电压法

由图论知识可知,对于 n 个结点、b 条支路的电路,其独立回路数为 $(b-n+1)$,可见,电路的独立电压方程数为 $(b-n+1)$ 个,而每个回路的支路电压满足 KVL,因此,每个回路有一个支路电压是不独立的,所以,电路的独立电压数目为 $(n-1)$ 个。独立结点相对于参考结点的电压为结点电压,共有 $(n-1)$ 个结点电压。电路的图由树支和连支组成,只要结点电压已知,所有支路的电压就可通过结点电压之差求出,进而求出支路电流、功率等。

如图 2-33(a)所示的电路,以结点⓪为参考结点,结点①、②和③为独立结点,其结点电压分别用 u_{n1}、u_{n2}、u_{n3} 表示。图 2-33(a)所示的电路对应的图为图 2-33(b),可见,求出 u_{n1}、u_{n2}、u_{n3},相当于求出了支路 1、2、3 的电压,而支路 4、5、6 的电压分别为 $u_4 = u_{n1} - u_{n2}$、$u_5 = u_{n2} - u_{n3}$、$u_6 = u_{n1} - u_{n3}$,可见,全部支路电压都可用结点电压表示。支路电压与

结点电压法

结点电压的关系是 KVL 的体现,即结点电压自动满足 KVL。

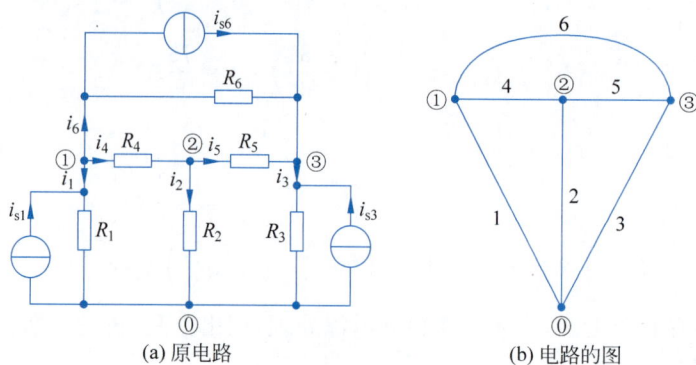

(a) 原电路   (b) 电路的图

图 2-33　结点电压法

$(n-1)$ 个结点电压是一组独立的电压变量,以结点电压为电路变量列写电路方程的方法,称为结点电压法。

分别对图 2-33(a)中的结点①、②和③,利用 KCL,有

$$
\begin{cases}
i_1 + i_4 + i_6 = 0 \\
i_2 - i_4 + i_5 = 0 \\
i_3 - i_5 - i_6 = 0
\end{cases}
$$

各支路电流分别为

$$
\begin{cases}
i_1 = \dfrac{u_{n1}}{R_1} - i_{s1} \\[2mm]
i_2 = \dfrac{u_{n2}}{R_2} \\[2mm]
i_3 = \dfrac{u_{n3}}{R_3} - i_{s3} \\[2mm]
i_4 = \dfrac{u_{n1} - u_{n2}}{R_2} \\[2mm]
i_5 = \dfrac{u_{n2} - u_{n3}}{R_5} \\[2mm]
i_6 = \dfrac{u_{n1} - u_{n3}}{R_6} + i_{s6}
\end{cases}
$$

将上式代入 KCL 方程,用结点电压表示支路电流,经整理可得

$$
\begin{cases}
(G_1 + G_4 + G_6)u_{n1} - G_4 u_{n2} - G_6 u_{n3} = i_{s1} - i_{s6} \\
-G_4 u_{n1} + (G_2 + G_4 + G_5)u_{n2} - G_5 u_{n3} = 0 \\
-G_6 u_{n1} - G_5 u_{n2} + (G_3 + G_5 + G_6)u_{n3} = i_{s3} + i_{s6}
\end{cases}
$$

式中,$G_k = \dfrac{1}{R_k}(k=1,2,\cdots,6)$。上式即为图 2-33(a)所示的电路的结点电压方程。写成标准形式为

$$\begin{cases} G_{11}u_{n1} + G_{12}u_{n2} + G_{13}u_{n3} = i_{s11} \\ G_{21}u_{n1} + G_{22}u_{n2} + G_{23}u_{n3} = i_{s22} \\ G_{31}u_{n1} + G_{32}u_{n2} + G_{33}u_{n3} = i_{s33} \end{cases} \tag{2-42}$$

式中，$G_{11} = G_1 + G_4 + G_6$，$G_{22} = G_2 + G_4 + G_5$，$G_{33} = G_3 + G_5 + G_6$，分别代表连到结点①、②和③上全部支路的电导之和，称为结点①、②和③的自导；$G_{12} = G_{21} = -G_4$，代表结点①和结点②之间的互导；$G_{23} = G_{32} = -G_5$，表示结点②和结点③之间的互导；$G_{13} = G_{31} = -G_6$ 为结点①和结点③之间的互导。i_{s11}、i_{s22}、i_{s33} 分别表示流进结点①、②和③的电流源电流的代数和，因此，$i_{s11} = i_{s1} - i_{s6}$，$i_{s33} = i_{s3} + i_{s6}$，而由于没有电流源与结点②连接，因此 $i_{s22} = 0$。

结点的自导总是正的，结点之间的互导总是负的。由于结点电压的参考方向都是由独立结点指向参考结点的，因此各结点电压在自导中产生的电流总是流出该结点的，在 KCL 方程左端，流出结点的电流前为正号，所以自导总是正的；而其他结点电压通过互导产生的电流总是流入此结点的，在 KCL 方程左端，流入结点的电流取负号，因而互导总是负的。

对于具有 $(n-1)$ 个独立结点的电路，结点电压方程可表示为

$$\begin{cases} G_{11}u_{n1} + G_{12}u_{n2} + \cdots + G_{1(n-1)}u_{n(n-1)} = i_{s11} \\ G_{21}u_{n1} + G_{22}u_{n2} + \cdots + G_{2(n-1)}u_{n(n-1)} = i_{s22} \\ \qquad\qquad\qquad\vdots \\ G_{(n-1)1}u_{n1} + G_{(n-1)2}u_{n2} + \cdots + G_{(n-1)(n-1)}u_{n(n-1)} = i_{s(n-1)(n-1)} \end{cases} \tag{2-43}$$

式中，$G_{kk}(k = 1, 2, \cdots, n-1)$ 为结点 k 的自导，总是正的；G_{kj} 是结点 k 和 j 之间的互导，总是负的；i_{skk} 表示流入结点 k 的电流源电流的代数和。在无受控源的电路中，$G_{kj} = G_{jk}$，方程 (2-43) 中的系数矩阵为对称矩阵。如果电路中含有受控电流源，可把受控源看作独立电流源列在方程右边，再利用控制量与结点电压的关系，移到方程左边整理，可见，在受控源存在时，系数矩阵一般是不对称的。如果电路中有理想电压源和电阻的串联组合时，可将它等效变换成电流源和电阻的并联组合，再按上述方法分析。

例 2-13 求图 2-34 所示的电路中受控源发出的功率。

解：利用结点电压法，结点⑩作为参考结点，结点①、②和③为独立结点，结点电压方程为

$$u_{n1} = 10$$

$$-\frac{1}{0.5}u_{n1} + \left(\frac{1}{0.5} + 1\right)u_{n2} - u_{n3} = -3u$$

$$-\frac{1}{0.5}u_{n1} - u_{n2} + \left(\frac{1}{0.5} + 1 + 1\right)u_{n3} = 6$$

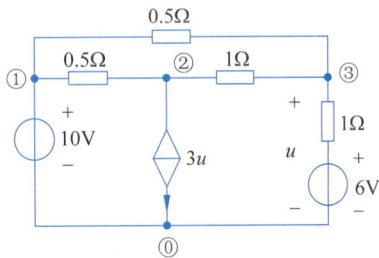

图 2-34 例 2-13 图

而控制量 $u = u_{n3}$，代入上面公式中，经整理可得

$$3u_{n2} + 2u_{n3} = 20$$

$$-u_{n2} + 4u_{n3} = 26$$

由这两个方程，可得 $u_{n2} = 2\text{V}$，$u_{n3} = 7\text{V}$。

则受控源发出的功率为

$$P = -u_{n2} \times 3 \times u_{n3} = -42\text{W}$$

即受控电流源实际吸收功率。

例 2-14 试列出图 2-35 所示的电路的结点电压方程。

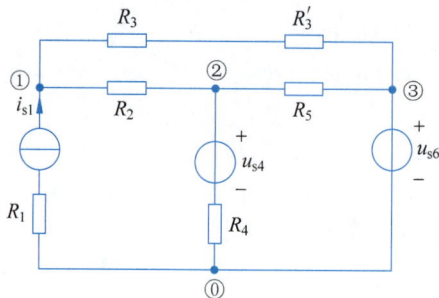

图 2-35 例 2-14 图

解：由于图 2-35 中的电路存在一无伴电压源，以此电压源负极性端结点⓪为参考结点，结点①、②和③为独立结点，列结点电压方程如下：

$$\left(\frac{1}{R_2}+\frac{1}{R_3+R'_3}\right)u_{n1}-\frac{1}{R_2}u_{n2}-\frac{1}{R_3+R'_3}u_{n3}=i_{s1}$$

$$-\frac{1}{R_2}u_{n1}+\left(\frac{1}{R_2}+\frac{1}{R_4}+\frac{1}{R_5}\right)u_{n2}-\frac{1}{R_5}u_{n3}=\frac{u_{s4}}{R_4}$$

$$u_{n3}=u_{s6}$$

例 2-15 求图 2-36(a)所示的电路中各电源发出的功率。

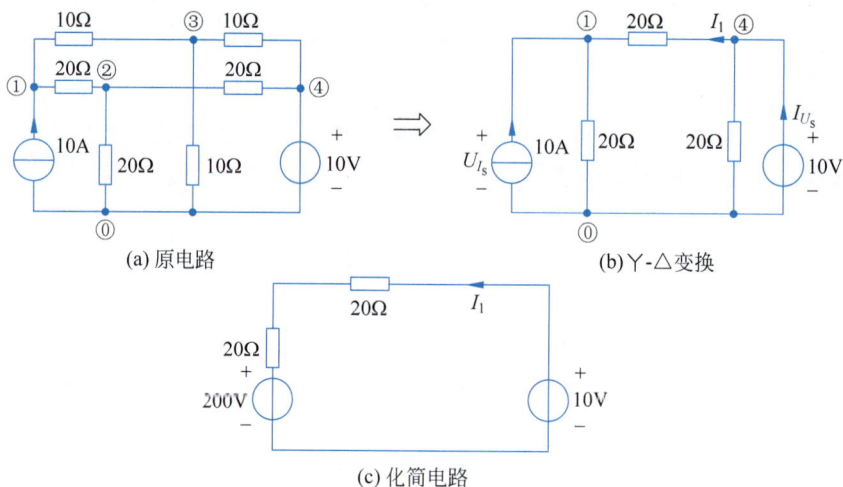

(a) 原电路 ⇒ (b) 丫-△变换

(c) 化简电路

图 2-36 例 2-15 图

解：此题可用两种方法完成。

方法一：

利用丫-△连接的等效变换，原图变为图 2-36(b)，再利用电源的等效变换，得到图 2-36(c)，再根据图列式可得

$$I_1=-\frac{200-10}{20+20}=-\frac{19}{4}\text{A}$$

$$I_{U_s}=I_1+\frac{10}{20}=-\frac{17}{4}\text{A}$$

$$U_{I_s} = 20(10 + I_1) = 105\text{V}$$

电流源发出的功率为

$$P_{I_s} = 10U_{I_s} = 1050\text{W}$$

电压源发出的功率为

$$P_{U_s} = 10I_{U_s} = -42.5\text{W}$$

方法二：

利用结点电压法。以结点⓪为参考结点，结点①、②、③和④为独立结点，列出结点电压方程

$$\left(\frac{1}{10} + \frac{1}{20}\right)U_{n1} - \frac{1}{20}U_{n2} - \frac{1}{10}U_{n4} = 10$$

$$-\frac{1}{20}U_{n1} + \frac{3}{20}U_{n2} - \frac{1}{20}U_{n4} = 0$$

$$-\frac{1}{10}U_{n1} + \frac{3}{10}U_{n3} - \frac{1}{10}U_{n4} = 0$$

$$U_{n4} = 10$$

由中间两个方程的表达式可以看出，$U_{n2} = U_{n3}$。方程组经过整理可得

$$U_{n1} - U_{n2} = \frac{200}{3}$$

$$-U_{n1} + 3U_{n2} = 10$$

即

$$U_{n2} = \frac{115}{3}\text{V}$$

$$U_{n1} = 105\text{V}$$

$$I_{U_s} = \frac{U_{n4} - U_{n2}}{10 \text{ // } 20} = \left(\frac{10 - 115/3}{20/3}\right)\text{A} = -\frac{17}{4}\text{A}$$

所以电流源发出的功率为

$$P_{I_s} = 10U_{I_s} = 1050\text{W}$$

电压源发出的功率为

$$P_{U_s} = 10I_{U_s} = -42.5\text{W}$$

弥尔曼定理

由电压源和电阻组成的具有一个独立结点的电路，如图 2-37(a)所示，其结点电压 u_{10} 为

$$u_{10} = \frac{\sum(G_k u_{sk})}{\sum G_k} \tag{2-44}$$

式(2-44)称为弥尔曼定理。

证明如下：

利用结点电压法，将电压源与电阻串联组合等效变换为电流源与电阻的并联组合，如图 2-37(b)所示，对应的结点电压方程为

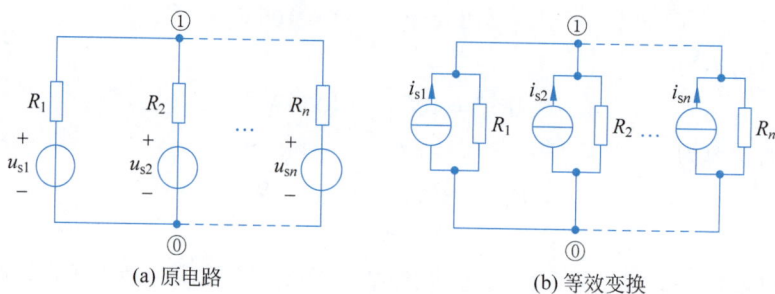

(a) 原电路   (b) 等效变换

图 2-37 弥尔曼定理

$$u_{10} = \frac{\dfrac{u_{s1}}{R_1} + \dfrac{u_{s2}}{R_2} + \cdots + \dfrac{u_{sn}}{R_n}}{\dfrac{1}{R_1} + \dfrac{1}{R_2} + \cdots + \dfrac{1}{R_n}} = \frac{\sum (G_k u_{sk})}{\sum G_k}$$

需要说明的是，代数和 $\sum (G_k u_{sk})$ 中，当电压源的正极性端接到结点①时，$G_k u_{sk}$ 前面取正号，反之取负号。

习题 2

一、简答题

2-1 什么是简单电路？试说明分析简单电路的方法。

2-2 如何理解"等效变换"？题 2-2 图中的 R_{ab} 和 R_{cd} 各为多少？

2-3 如何理解平衡电桥电路？题 2-3 图中受控源是否有电流存在？

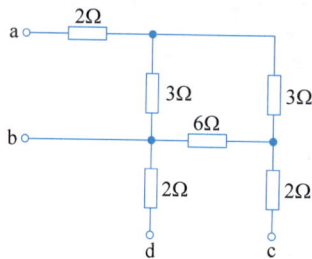

题 2-2 图

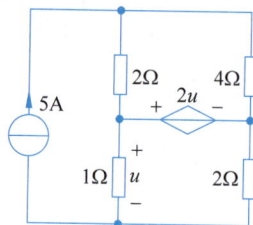

题 2-3 图

2-4 若电路中某一支路电流为零，试分析可能出现的情况。

2-5 求解一个不平衡电桥电路时，只用电阻的串并联和欧姆定律能够求解吗？

2-6 试分别说明理想电压源和理想电流源串、并联的条件。

2-7 试说明什么是最简等效电路。什么情况下电阻有可能不存在？

2-8 求出题 2-8 图所示电路的最简等效电路。

2-9 如何用理想电压源转移得到题 2-9 图的最简等效电路？

2-10 求题 2-10 图的最简等效电路，并分析 α 对结果的影响。

2-11 如何理解支路电流法？

2-12 试说明网孔电流法及回路电流法适合分析什么形式的电路。

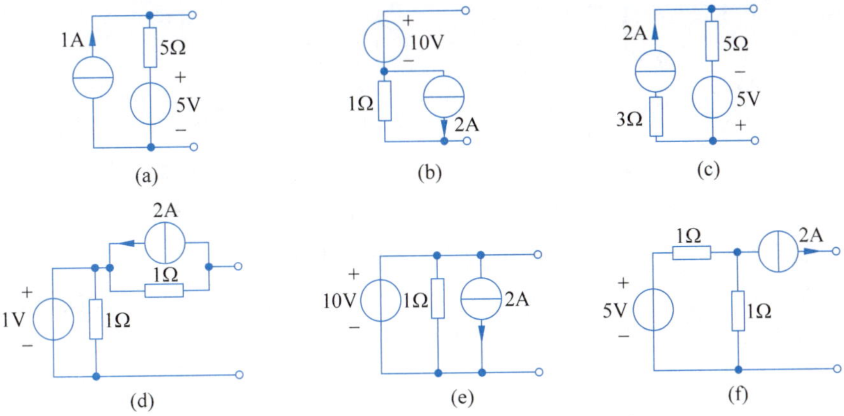

题 2-8 图

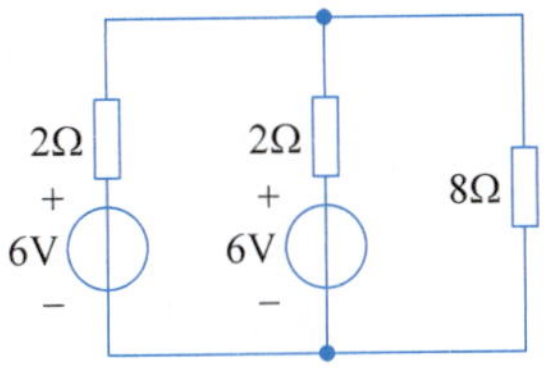

题 2-9 图

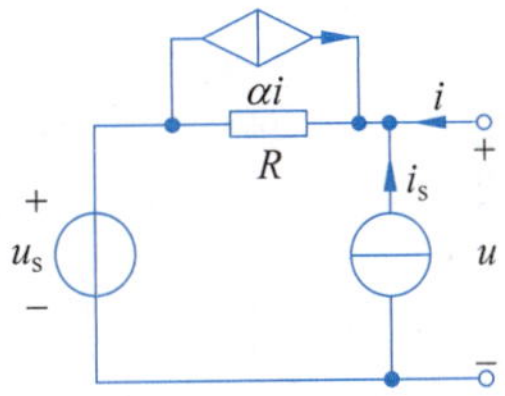

题 2-10 图

2-13 为什么说回路电流法是依据基尔霍夫电压定律、自动满足基尔霍夫电流定律？

2-14 为什么说结点电压法是依据基尔霍夫电流定律、自动满足基尔霍夫电压定律？

2-15 试说明结点电压法适合分析什么样电路。只存在两个结点的结点电压法叫什么？

2-16 利用回路电流法和结点电压法列方程时，需要注意的问题是什么？

2-17 若求题 2-17 图中的电压 U，用哪种方法进行求解最为简便？为什么？

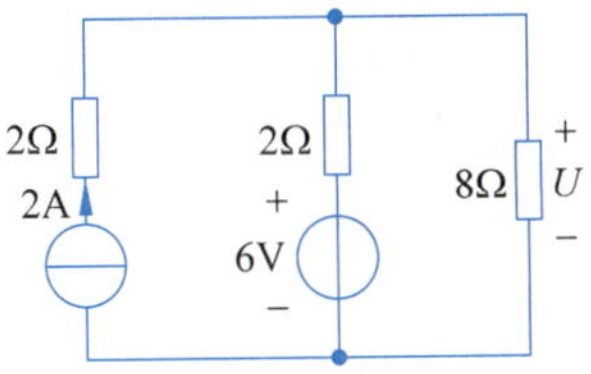

题 2-17 图

二、选择题

2-18 一大一小两个电阻并联时，总电阻值（　　　）。

　　A. 大于大电阻 　　　　　　　　　　　　B. 小于小电阻

　　C. 介于大电阻和小电阻之间 　　　　　　D. 等于小电阻

2-19 电路如题 2-19 图所示，R 的阻值是（　　　）。

　　A. 1Ω 　　　　　　B. 2Ω 　　　　　　C. 4Ω 　　　　　　D. 6Ω

2-20 电路如题 2-20 图所示，已知 R_1 和 R_2 消耗的功率分别为 $36W$ 和 $6W$，R 的阻值是（　　　）。

　　A. 1Ω 　　　　　　B. 2Ω 　　　　　　C. 3Ω 　　　　　　D. 6Ω

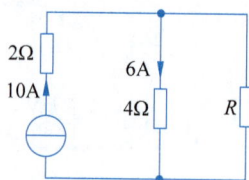

题 2-19 图

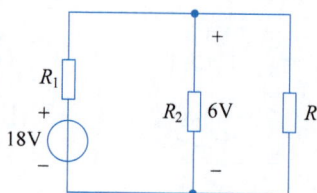

题 2-20 图

2-21 电路如题 2-21 图所示,则 a、b 两点之间的电压为(   )。

A. 3V   B. 6V   C. 12V   D. 18V

2-22 电路如题 2-22 图所示,电流 I 为(   )。

A. 0   B. 2A   C. −2A   D. 3A

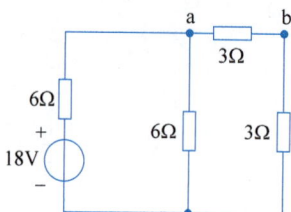

题 2-21 图

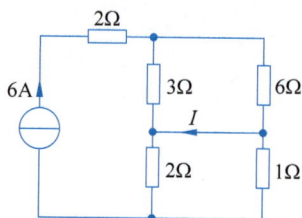

题 2-22 图

2-23 电路如题 2-23 图所示,则 R_{ab} 为(   )。

A. 6Ω   B. 8Ω   C. 10Ω   D. 12Ω

2-24 电路如题 2-24 图所示,则 R_{ab} 为(   )。

A. 1Ω   B. 2Ω   C. 3Ω   D. 4Ω

2-25 电路如题 2-25 图所示,电流 I 为(   )。

A. 0   B. 2A   C. −2A   D. 3A

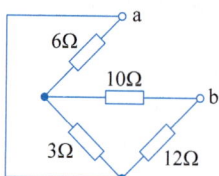

题 2-23 图

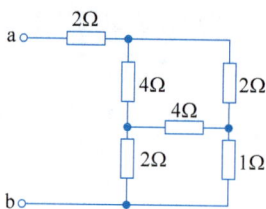

题 2-24 图

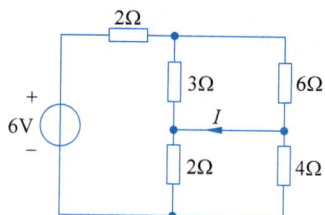

题 2-25 图

2-26 电路如题 2-26 图所示,电流 I 为(   )。

A. 0   B. 1A   C. 2A   D. 3A

2-27 电路如题 2-27 图所示,电压 U 为(   )。

A. 10V   B. 6V   C. −4V   D. 2V

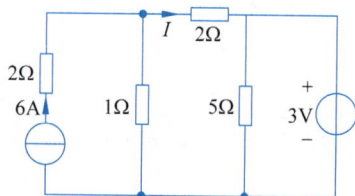

题 2-26 图

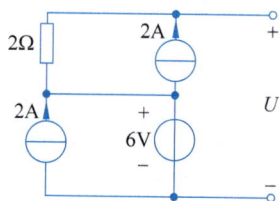

题 2-27 图

2-28 自动满足基尔霍夫电压定律的电路求解法是(　　　)。

　　A. 支路电流法　　　　B. 回路电流法　　　　C. 结点电压法　　　　D. 网孔电流法

2-29 必须设立电路参考点后才能求解电路的方法是(　　　)。

　　A. 支路电流法　　　　B. 回路电流法　　　　C. 结点电压法　　　　D. 网孔电流法

2-30 下列说法不正确的是(　　　)。

　　A. 支路电流法、回路电流法及结点电压法都是为了减少方程式数目而引入的电路分析法

　　B. 回路电流是为了减少方程式数目而人为假想的绕回路流动的电流

　　C. 回路电流法是只应用基尔霍夫电压定律对电路求解的方法

　　D. 应用结点电压法求解电路时,参考点可要可不要

2-31 网孔电流选择如题 2-31 图所示,网孔 1 的网孔电流方程为(　　　)。

　　A. $10I_{m1}+6I_{m2}-2I_{m3}=-4$　　　　　　B. $10I_{m1}-6I_{m2}-2I_{m3}=-4$

　　C. $8I_{m1}+6I_{m2}-2I_{m3}=6$　　　　　　　D. $10I_{m1}+6I_{m2}-2I_{m3}=10$

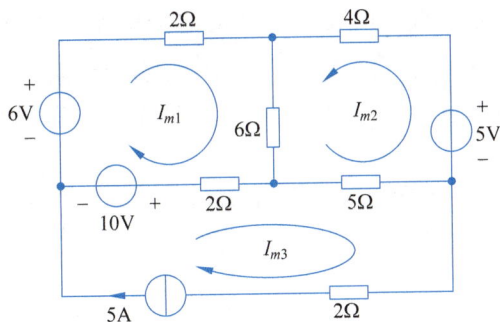

题 2-31 图

2-32 电路图同上,网孔 3 的网孔电流方程为(　　　)。

　　A. $-2I_{m1}-5I_{m2}+7I_{m3}=10$　　　　　　B. $I_{m3}=5$

　　C. $-2I_{m1}+5I_{m2}+9I_{m3}=10$　　　　　　D. $2I_{m1}+5I_{m2}+9I_{m3}=10$

2-33 电路如题 2-33 图所示,电流 I 等于(　　　)。

　　A. $-2A$　　　　　　B. $2A$　　　　　　C. $-4A$　　　　　　D. $4A$

2-34 电路如题 2-34 图所示,电压 U 为(　　　)。

　　A. $6V$　　　　　　B. $8V$　　　　　　C. $10V$　　　　　　D. $16V$

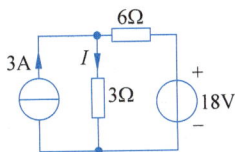

题 2-33 图

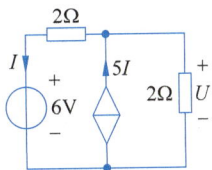

题 2-34 图

2-35 电路如题 2-35 图所示,结点⓪为参考结点,则结点①的结点电压方程为(　　　)。

　　A. $5U_{n1}-2U_{n2}-2U_{n3}=2$　　　　　　B. $5U_{n1}-2U_{n2}-2U_{n3}=6$

　　C. $4U_{n1}-2U_{n2}-2U_{n3}=2$　　　　　　D. $4U_{n1}-2U_{n2}-2U_{n3}=-2$

2-36 电路如题 2-36 图所示,若求电流 I,哪种方法最适合?(　　　)(提示:理想电流

源转移参见思考题 2-60)

　　A. 电源等效变换　　　　　　　　　　B. 回路电流法

　　C. 结点电压法　　　　　　　　　　　D. 理想电流源转移

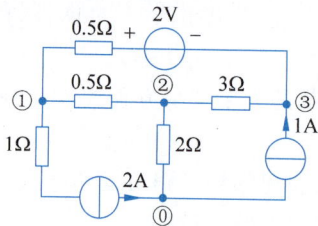

题 2-35 图

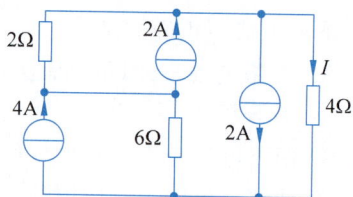

题 2-36 图

2-37　题 2-36 图的电流 I 为(　　)。

　　A. 1A　　　　　　B. 2A　　　　　　C. −1A　　　　　　D. −2A

三、计算题

2-38　如题 2-38 图所示为万用表中的直流测量电路。其中,微安表的内阻 R_A 为 300Ω,满刻度量程为 400μA,R_4 为 1kΩ,R_1、R_2、R_3 是分流电阻。要求开关 S 在位置 1、2、3 上输入电流分别为 3mA、30mA、300mA 时,表头指针偏转到满刻度,求分流电阻 R_1、R_2、R_3 的阻值。

2-39　一分压电路如题 2-39 图所示,没加负载时,$U_o = 4V$,加上负载 R_L 后,$U_o = 3V$,求 R_L。

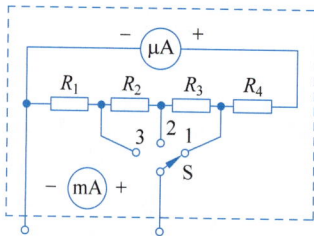

题 2-38 图

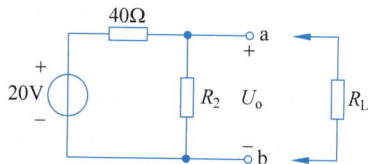

题 2-39 图

2-40　求题 2-40 图电路中的电流 I 及 15Ω 电阻消耗的功率。

2-41　求题 2-41 图电路中的电压 U。

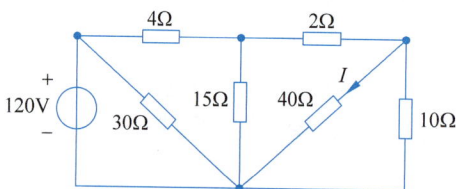

题 2-40 图

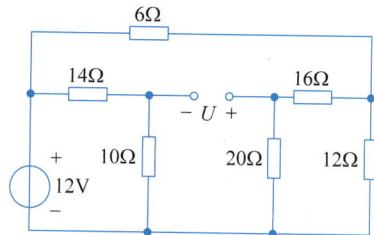

题 2-41 图

2-42　求题 2-42 图所示的各电路的等效电阻 R_{ab},图(d)中的 $R = 2Ω$。

2-43　对题 2-43 图所示的电桥电路,应用 Y-△ 等效变换,求出图中电流源电压 U 及 10Ω 电阻电压 U_1。

2-44　求题 2-44 图所示的电路中的电流 I。

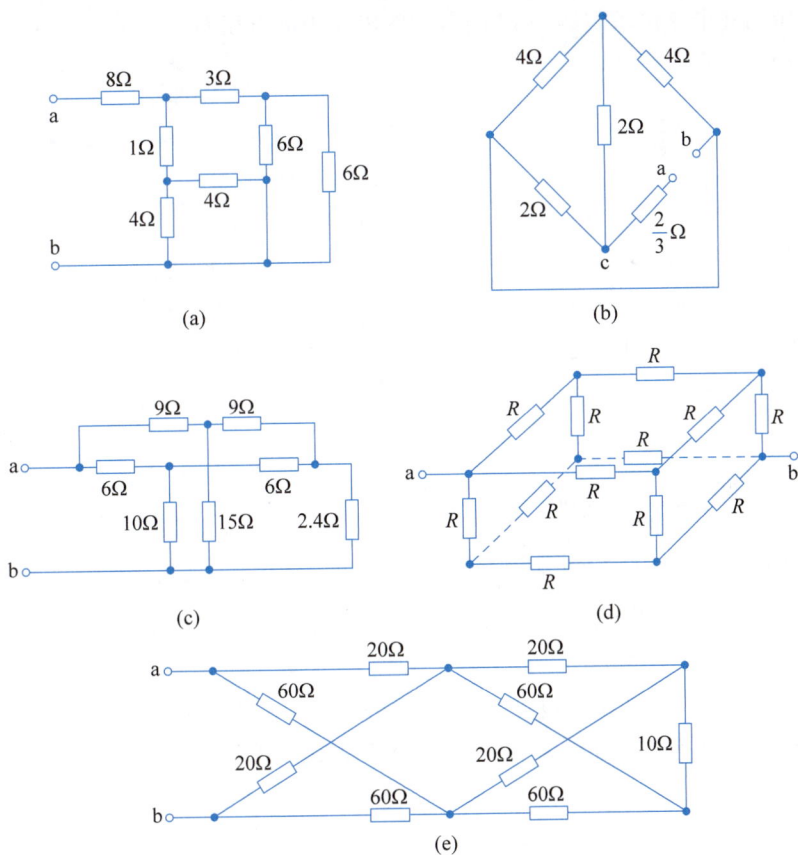

(a)

(b)

(c)

(d)

(e)

题 2-42 图

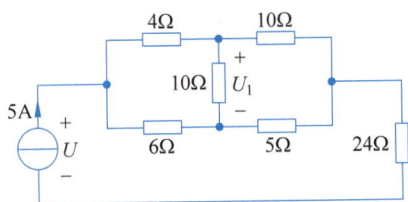

题 2-43 图

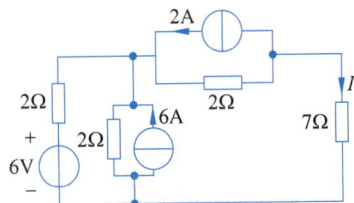

题 2-44 图

2-45 求题 2-45 图所示的电路中的电流 I_1 和 I_2 及各元件吸收的功率。

2-46 求题 2-46 图所示的电路中 3.2Ω 电阻吸收的功率。

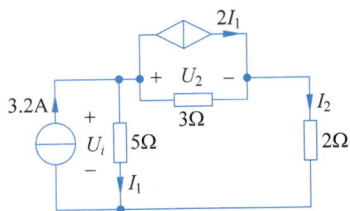

题 2-45 图

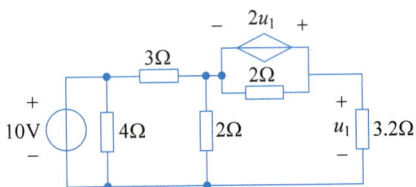

题 2-46 图

2-47 题 2-47 图所示的电路中：(1)若电阻 $R=4\Omega$，求 U_1 和 I_1；(2)若 $U_1=4\mathrm{V}$，求电阻 R。

2-48 用网孔电流法求解题 2-48 图所示的电路中的电压 U_o。

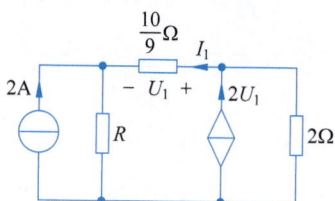

题 2-47 图

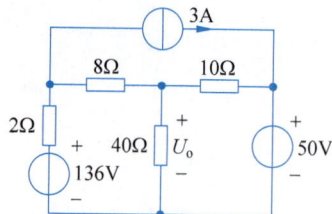

题 2-48 图

2-49 用网孔电流法求题 2-49 图所示的电路中各独立源发出的功率。

2-50 用网孔电流法求题 2-50 图所示的电路中的电压 U_1。

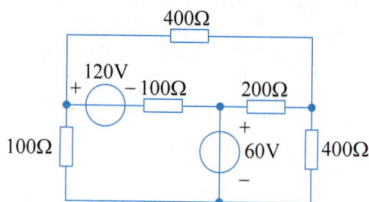

题 2-49 图

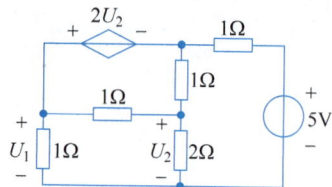

题 2-50 图

2-51 利用回路电流法确定题 2-51 图所示的电路中各支路的电流。

2-52 用结点电压法求解题 2-52 图所示的电路中的电流 I_s 和 I_o。

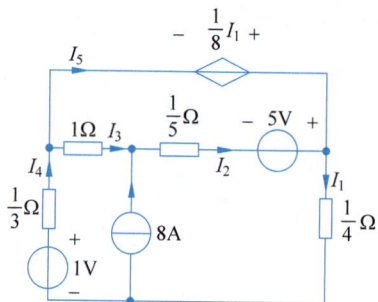

题 2-51 图

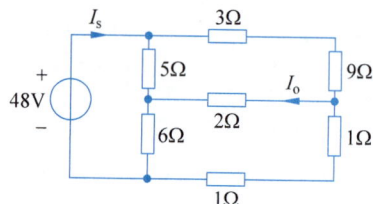

题 2-52 图

2-53 用结点电压法求题 2-53 图所示的电路中受控源吸收的功率。

2-54 求题 2-54 图所示的电路中受控源吸收的功率。

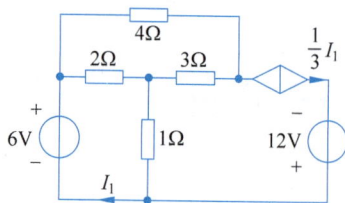

题 2-53 图

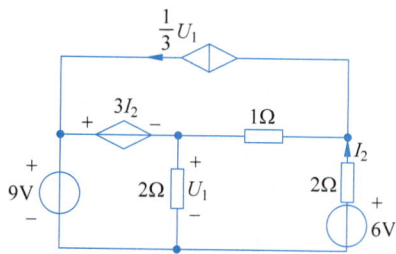

题 2-54 图

2-55 求题 2-55 图所示的电路中的电压 U_{ab}。

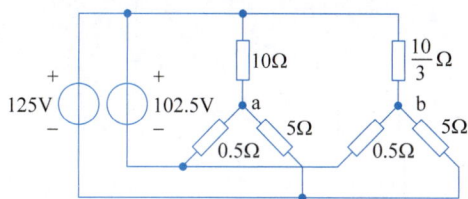

题 **2-55** 图

2-56 题 2-56 图所示的电路中,已知 5V 电压源 U_s 支路电流 I_0 为 10A,试确定受控电流源的控制系数 α。

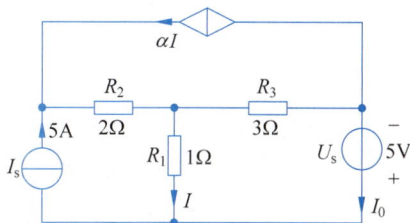

题 **2-56** 图

2-57 求题 2-57 图所示的电路中的电压 U_{ab}。

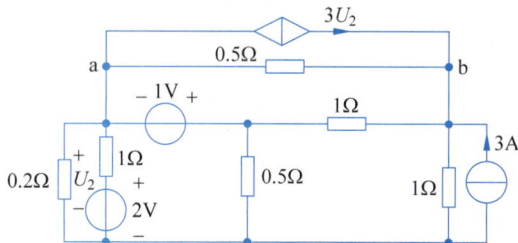

题 **2-57** 图

四、思考题

2-58 对称电路的等效电阻。对称性是自然界普遍存在的现象,数学上有相应的分支"图论"研究对称运算,常见的对称操作有镜像对称、旋转对称等。对于较复杂电路的等效电阻,如果存在对称性,可以不必详细求解,化复杂为简单,得到正确结果。如何理解题 2-58 图所示的电路的对称性?其等效电阻 R_{ab} 是什么?

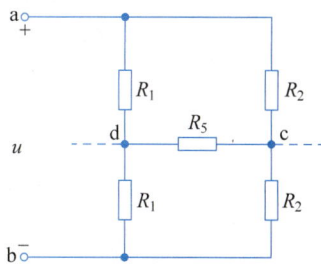

题 **2-58** 图　对称电路

2-59 根据无伴理想电压源的特点,试用等效的观点解释题 2-59 图中理想电压源的转移。

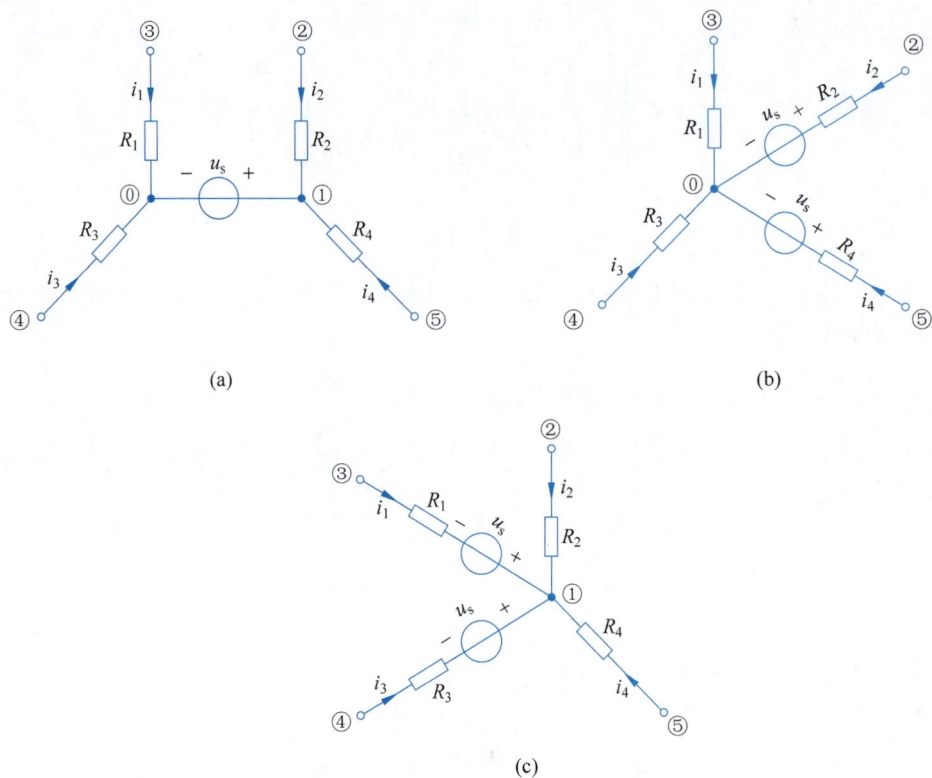

(a)

(b)

(c)

题 2-59 图　理想电压源的转移

2-60　根据无伴理想电流源的特点,试用等效的观点解释题 2-60 图中理想电流源的转移。

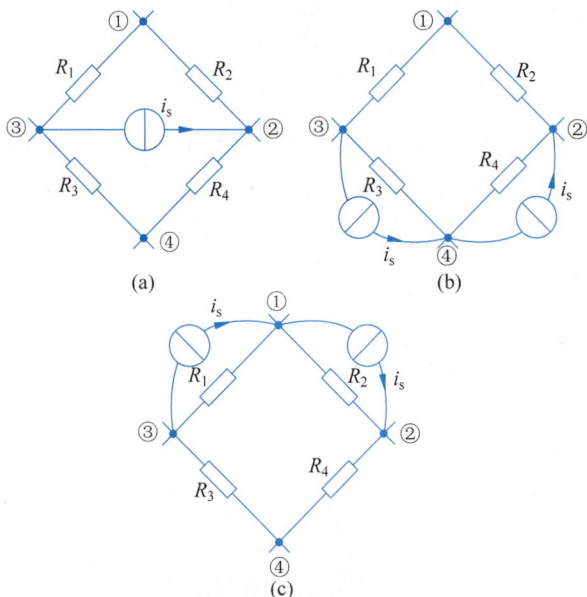

(a)

(b)

(c)

题 2-60 图　理想电流源的转移

第 3 章

电 路 定 理

在电路分析中,当需要求解多条支路上或者多个元件上的电流、电压时,利用回路电流法等方法列方程组求解比较方便,但如果只求某一条支路的电流、电压时,采用等效法或应用电路定理求解更为简单。本章介绍一些重要的电路定理:叠加定理、齐性定理、替代定理、戴维宁定理和诺顿定理、特勒根定理、互易定理。电路定理不仅为电路分析提供了等效变换的分析方法,而且为电路理论问题的证明提供了基本的理论依据。

3.1 叠加定理和齐性定理

3.1.1 叠加定理

线性系统(无论是电系统还是非电系统),都同时具有齐次性和叠加性。由线性元件和独立电源组成的电路为线性电路,叠加定理和齐性定理是反映线性电路本质的重要定理。

叠加定理指出,在线性电路中,任一支路的电流(或电压)可以看成是电路中每一个独立电源单独作用于电路时,在该支路产生的电流(或电压)的代数和。

下面以一个简单电路为例,来验证叠加定理的正确性。如图 3-1(a)所示的电路中有两个独立源(激励),现在求解电路中的电流 i_2 和电压 u_1(响应)。

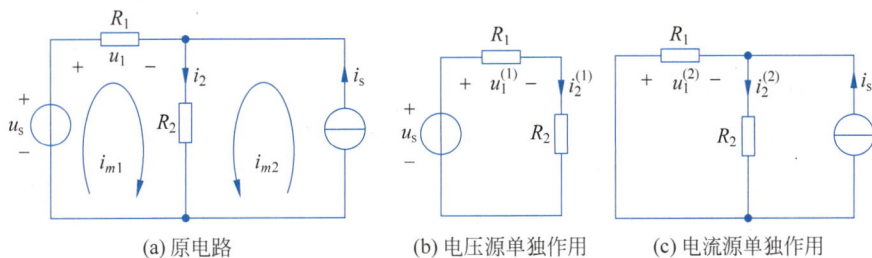

(a) 原电路   (b) 电压源单独作用   (c) 电流源单独作用

图 3-1 叠加定理

选用网孔电流法解题,设网孔电流分别为 i_{m1} 和 i_{m2},方向如图 3-1(a)所示。则网孔电流方程如下:

$$\begin{cases} (R_1 + R_2)i_{m1} + R_2 i_{m2} = u_s \\ i_{m2} = i_s \end{cases}$$

求解方程组有

$$\begin{cases} i_{m1} = \dfrac{1}{R_1+R_2}u_s - \dfrac{R_2}{R_1+R_2}i_s \\ i_{m2} = i_s \end{cases}$$

故

$$\begin{cases} i_2 = i_{m1} + i_{m2} = \dfrac{1}{R_1+R_2}u_s + \dfrac{R_1}{R_1+R_2}i_s \\ u_1 = R_1 i_{m1} = \dfrac{R_1}{R_1+R_2}u_s - \dfrac{R_1 R_2}{R_1+R_2}i_s \end{cases} \tag{3-1}$$

在线性电路中，R_1、R_2 是常量，所以式(3-1)中 u_s 和 i_s 项的系数也都是常量，因此电流 i_2 和电压 u_1 都是电压源 u_s 和电流源 i_s 的一次函数。

假设 $i_s=0$，即只有电压源 u_s 单独作用，电流源 i_s 处用开路来代替，如图 3-1(b)所示。此时电路中待求量为

$$\begin{cases} i_2^{(1)} = \dfrac{1}{R_1+R_2}u_s \\ u_1^{(1)} = \dfrac{R_1}{R_1+R_2}u_s \end{cases}$$

同理，假设 $u_s=0$，即只有电流源 i_s 单独作用，电压源 u_s 处用短路来代替，如图 3-1(c) 所示。此时待求量为

$$\begin{cases} i_2^{(2)} = \dfrac{R_1}{R_1+R_2}i_s \\ u_1^{(2)} = -\dfrac{R_1 R_2}{R_1+R_2}i_s \end{cases}$$

可见

$$\begin{cases} i_2 = i_2^{(1)} + i_2^{(2)} = \dfrac{1}{R_1+R_2}u_s + \dfrac{R_1}{R_1+R_2}i_s \\ u_1 = u_1^{(1)} + u_1^{(2)} = \dfrac{R_1}{R_1+R_2}u_s - \dfrac{R_1 R_2}{R_1+R_2}i_s \end{cases}$$

以上分析表明，电路中的支路电压 u_1 和支路电流 i_2 都是 u_s 和 i_s 单独作用时产生的分量的叠加，说明了叠加定理的正确性。

上述分析可以推广到一般情况，如果电路中含有 g 个电压源 $u_{sm}(m=1,2,\cdots,g)$ 和 h 个电流源 $i_{sn}(n=1,2,\cdots,h)$，则任意一处的电压 u_f 或电流 i_f 都可以表示为电路中每一个独立电压源 u_{sm} 或者独立电流源 i_{sn} 单独作用于电路时，在该支路产生的电流(或电压)的代数和，即

$$u_f = k_{f1}u_{s1} + k_{f2}u_{s2} + \cdots + k_{fg}u_{sg} + K_{f1}i_{s1} + K_{f2}i_{s2} + \cdots + K_{fh}i_{sh}$$

$$= \sum_{m=1}^{g} k_{fm}u_{sm} + \sum_{n=1}^{h} K_{fn}i_{sn}$$

$$i_f = k'_{f1}u_{s1} + k'_{f2}u_{s2} + \cdots + k'_{fg}u_{sg} + K'_{f1}i_{s1} + K'_{f2}i_{s2} + \cdots + K'_{fh}i_{sh}$$

$$= \sum_{m=1}^{g} k'_{fm}u_{sm} + \sum_{n=1}^{h} K'_{fn}i_{sn}$$

使用叠加定理分析电路时应注意以下几个问题：

（1）叠加定理只适用于线性电路，不适用于非线性电路。

（2）在叠加的各分电路中，不作用的电压源置零，在电压源处用短路代替；不作用的电流源置零，在电流源处用开路代替。电路中所有的电阻不予更改，受控源保留在各分电路中，控制支路用相应的分量表示且不能简化、消除。

（3）各分响应叠加时是代数和，注意电流、电压的参考方向。为方便可以选择各分响应的参考方向与原响应参考方向一致，则电路的原响应为各分响应的和。

（4）叠加定理只适用于计算电压、电流，而不能用于计算功率和能量，因为功率和能量是电压或电流的二次函数。

（5）叠加方式是任意的，可以一次使一个独立源单独作用，也可以一次使几个独立源共同作用。

例 3-1　电路如图 3-2(a)所示，已知 $R_1=6\Omega$，$R_2=4\Omega$，$R_3=8\Omega$，$R_4=6\Omega$，$U_s=10\text{V}$，$I_s=2\text{A}$。试用叠加定理计算通过 R_2 的电流 I_2。

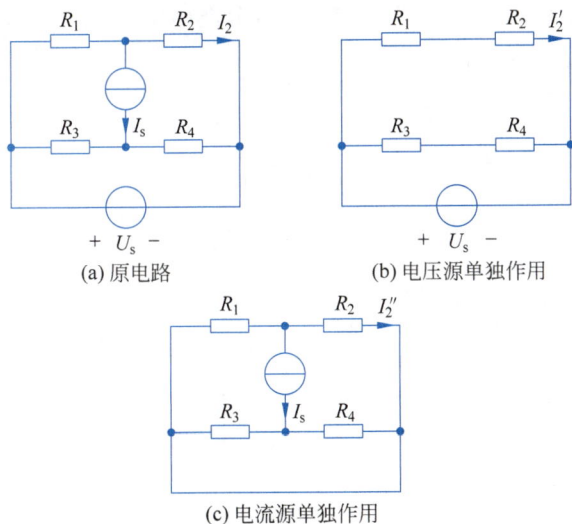

(a) 原电路　　　　　　　(b) 电压源单独作用

(c) 电流源单独作用

图 3-2　例 3-1 图

解：根据叠加定理计算 R_2 的电流 I_2。

当电压源 U_s 单独作用时，电路如图 3-2(b)所示。

$$I_2'=\frac{U_s}{R_1+R_2}=\left(\frac{10}{6+4}\right)\text{A}=1\text{A}$$

当电流源 I_s 单独作用时，电路如图 3-2(c)所示。

$$I_2''=\frac{R_1}{R_1+R_2}\times(-I_s)=\left[\frac{6}{6+4}\times(-2)\right]\text{A}=-1.2\text{A}$$

图 3-2(b)、图 3-2(c)所规定的电流的参考方向与图 3-2(a)中的参考方向相同，则有

$$I_2=I_2'+I_2''=(1-1.2)\text{A}=-0.2\text{A}$$

例 3-2　电路如图 3-3(a)所示，其中受控源 CCVS 的电压受流过电阻 R_1 的电流 I_1 的控制，已知 $U_s=10\text{V}$，$I_s=4\text{A}$，$R_1=6\Omega$，$R_2=4\Omega$，求电压 U_3。

解：由叠加定理，作出 10V 电压源和 4A 电流源分别作用时的分电路，如图 3-3(b)和

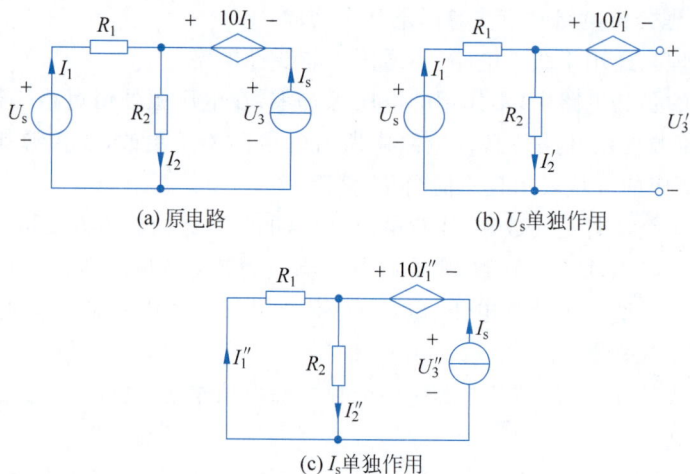

(a) 原电路　　　　　　　　(b) U_s单独作用

(c) I_s单独作用

图 3-3　例 3-2 图

图 3-3(c)所示,受控源不是独立源,应该保留在各分电路中。

对图 3-3(b)有

$$I_1' = I_2' = \frac{U_s}{R_1 + R_2} = \left(\frac{10}{6+4}\right)\text{A} = 1\text{A}$$

$$U_3' = -10I_1' + 4I_2' = (-10+4)\text{V} = -6\text{V}$$

对图 3-3(c)有

$$I_1'' = -\frac{R_2}{R_1 + R_2}I_s = \left(-\frac{4}{6+4} \times 4\right)\text{A} = -1.6\text{A}$$

$$I_2'' = I_s + I_1'' = (4-1.6)\text{A} = 2.4\text{A}$$

$$U_3'' = -10I_1'' + 4I_2'' = [-10 \times (-1.6) + 4 \times 2.4]\text{V} = 25.6\text{V}$$

由于图 3-3(b)、图 3-3(c)所规定的电压的参考方向与图 3-3(a)中 U_3 的参考方向相同,则有

$$U_3 = U_3' + U_3'' = (-6 + 25.6)\text{V} = 19.6\text{V}$$

3.1.2　齐性定理

仍以图 3-1 为例,当电路中独立电压源和电流源都增大 K 倍(K 为实常数)时,电路中的待求量为

$$\begin{cases} i_2 = i_2^{(1)} + i_2^{(2)} = \dfrac{1}{R_1 + R_2}Ku_s + \dfrac{R_1}{R_1 + R_2}Ki_s = K \text{ 倍原电流} \\ u_1 = u_1^{(1)} + u_1^{(2)} = \dfrac{R_1}{R_1 + R_2}Ku_s - \dfrac{R_1 R_2}{R_1 + R_2}Ki_s = K \text{ 倍原电压} \end{cases}$$

即各电压和电流也将同样增大 K 倍。当独立电源同时缩小 K 倍时,电压和电流也将同样缩小 K 倍。可见在线性电路中,当所有激励(电压源和电流源)都同时增大或减小 K 倍(K 为常数)时,响应(电压和电流)也将同样增大或缩小 K 倍,这就是齐性定理。齐性定理可由叠加定理推出,用该定理分析梯形电路时特别有效。

例 3-3　求图 3-4 所示的梯形电路中的电压 U。

解：假设 $U=10\mathrm{V}$，则 10Ω 电阻中电流为 $1\mathrm{A}$，由图 3-4 容易计算出此时 $I_s=3\mathrm{A}$。而题中 I_s 实际为 $1.5\mathrm{A}$，由齐性定理可得

$$U=\left(10\times\frac{1.5}{3}\right)\mathrm{V}=5\mathrm{V}$$

本例从梯形电路中远离电源的一端开始计算，先设某一电压或电流为一便于计算的值（如本例中设 $U=10\mathrm{V}$），然后根据 KCL、KVL 倒退算到电源端，最后按齐性定理予以修正，这种方法称为"倒退法"，它比用串并联化简计算要简捷得多。梯形电路的级数越多越显示此法的优越性。

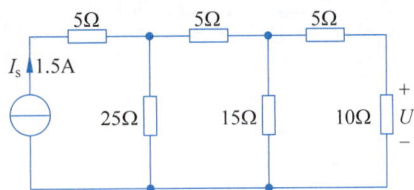

图 3-4 例 3-3 图

3.2 替代定理

替代定理是电路基本定理之一，对于线性或非线性电路的分析十分重要，应用替代定理可以简化电路，使电路更直观，便于分析。

替代定理指出，在给定的任意一个线性或非线性电路中，若第 k 条支路的电压 u_k 和电流 i_k 已知，则此支路可用一个电压为 $u_s=u_k$ 的电压源或用一个电流为 $i_s=i_k$ 的电流源替代，替代后电路中的全部电压和电流均保持原值。但是被替代支路与其他支路之间不能有耦合关系，例如，如果第 k 条支路上的电压或电流为电路中受控源的控制量，而替代后该电压或电流不复存在，则此支路不能被替代。

下面证明替代定理。图 3-5(a)所示线性电阻电路中，N 表示第 k 条支路外的电路其余部分，第 k 条支路的电流、电压分别为 i_k 和 u_k。将第 k 条支路用电流源 $i_s=i_k$ 替代后，如图 3-5(b)所示，由于替代前后电路的几何结构完全相同，所以两个电路的 KCL 和 KVL 方程也相同。除第 k 条支路外，两个电路中各支路电压、电流的约束关系也完全相同。新电路中第 k 条支路的电流用电流源替代了，即 $i_s=i_k$，而该电流源端电压 u'_k 可以是任意的。但原电路的全部电压和电流又将满足新电路的全部 KCL 和 KVL 方程，再根据两电路的解均唯一的假设，必须满足 $u_k=u'_k$。当然 N 内部各支路的电压、电流替代前后也均一致。如果第 k 条支路被一个电压源替代（如图 3-5(c)所示），可做类似的证明。

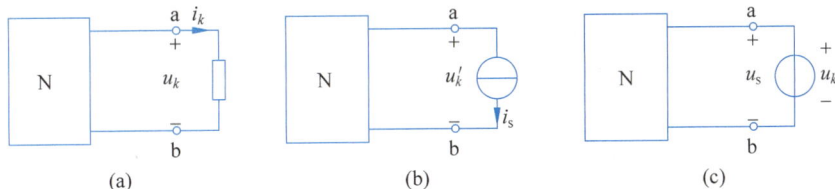

图 3-5 替代定理

以上证明仅用到 KCL 和 KVL，所以对线性电路和非线性电路均适用。

图 3-6(a)所示的电阻电路，不难求得 $U_3=8\mathrm{V}$，$I_3=(U_3-4)/4=1\mathrm{A}$，$I_2=U_3/8=1\mathrm{A}$，$I_1=I_2+I_3=2\mathrm{A}$。现将支路 3 分别以电压 $U_s=U_3=8\mathrm{V}$ 的电压源或 $I_s=I_3=1\mathrm{A}$ 的电流源替代，分别如图 3-6(b)和图 3-6(c)所示，则不难求出各支路电流均保持不变，即 $I_1=2\mathrm{A}$，$I_2=1\mathrm{A}$，说明了替代定理的正确性。

(a) 原电路　　　　　　　　(b) 用8V电压源替代　　　　　　(c) 用1A电流源替代

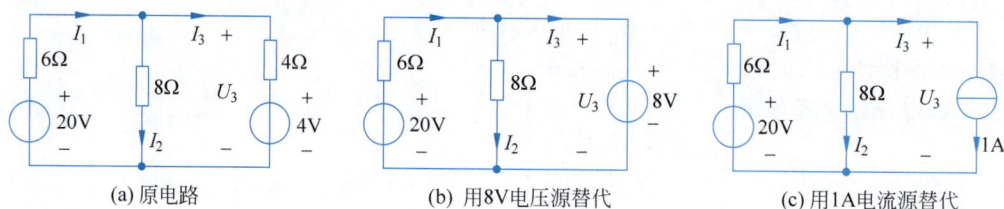

图 3-6　替代定理示例

例 3-4　求图 3-7(a)所示的电路中 U_1 和 I，已知 $U=3$V。

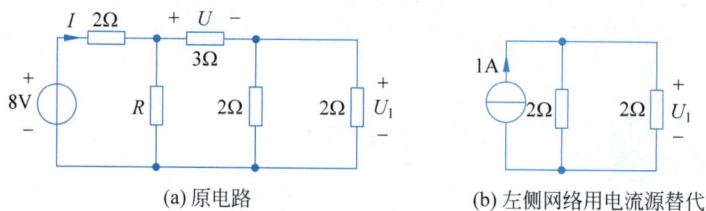

(a) 原电路　　　　　　　　　(b) 左侧网络用电流源替代

图 3-7　例 3-4 图

解：根据替代定理，可将 3Ω 电阻连同左边网络用 $\dfrac{3}{3}=1$A 的电流源置换（如图 3-7(b)所示），可得

$$U_1 = [(2 /\!/ 2) \times 1] \mathrm{V} = 1\mathrm{V}$$

再回到图 3-7(a)中，由 KVL 有

$$2I + U + U_1 - 8 = 0$$

则有

$$I = \frac{8 - U - U_1}{2} = 2\mathrm{A}$$

例 3-5　如图 3-8(a)所示的电路中，若要使 $I_x = \dfrac{1}{8}I$，试求 R_x。

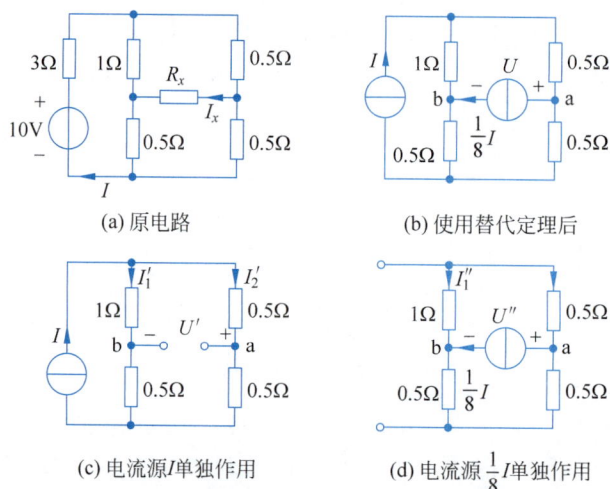

(a) 原电路　　　　　　　　　　　(b) 使用替代定理后

(c) 电流源I单独作用　　　　　　　(d) 电流源$\frac{1}{8}I$单独作用

图 3-8　例 3-5 图

解：根据替代定理，可将 10V 电压源与 3Ω 电阻串联支路用值为 I 的电流源替代，将电

阻 R_x 所在支路用值为 $\frac{1}{8}I$ 的电流源替代,如图 3-8(b)所示。

再利用叠加定理,让两个独立电流源分别单独作用(如图 3-8(c)、图 3-8(d)所示),则 a、b 两点间电压 $U=U'+U''$。

其中,

$$U'=0.5I_2'-0.5I_1'=0.5\times\frac{1.5}{2.5}I-0.5\times\frac{1.0}{2.5}I=0.1I$$

$$U''=1.5I_1''=1.5\times\left(-\frac{1.0}{2.5}\times\frac{1}{8}I\right)=-0.075I$$

所以 $U=U'+U''=0.025I$,$R_x=\dfrac{U}{I_x}=0.2\Omega$。

3.3 戴维宁定理和诺顿定理

在复杂的电路中,如果只需要求某一条支路中的电压、电流或功率时,列方程组求解有时会比较复杂。利用本节介绍的戴维宁和诺顿定理,先求出含源一端口的等效电路,进而对支路电压、电流等进行求解,有时能够达到简化分析的目的。

3.3.1 一端口

电路或网络的一个端口是它向外引出的一对端子,这对端子可以与外部电源或其他电路相连接并且从它的一个端子流入的电流一定等于从另一个端子流出的电流。这种具有向外引出一对端子的电路或网络称为一端口(网络),也叫二端网络。

如果一个端口内部含有独立电源,则称此端口为含源一端口,常用 N_s 表示,当有外电路与它连接时如图 3-9(a)所示。如果一个一端口内部仅含有电阻和受控源,不含任何独立电源,则称此端口为无源一端口,常用 N_0 表示。可以证明,不论其内部如何复杂,无源一端口的端口电压与端口电流成正比,比值定义为该一端口的输入电阻 $R_{in}=\dfrac{u}{i}$,如图 3-9(b)所示。

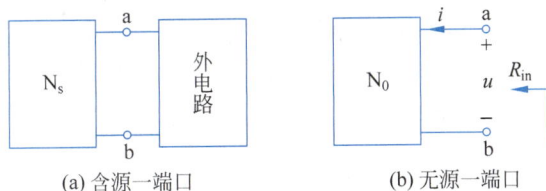

(a) 含源一端口   (b) 无源一端口

图 3-9 一端口

下面介绍含源一端口的几个概念。

1) 开路电压 u_{oc}

把图 3-9(a)所示的外电路断开,如图 3-10(a)所示,此时由于 N_s 内部含有独立电源,一般在端口 a-b 间将出现电压,这个电压称为 N_s 的开路电压,用 u_{oc} 表示。

2) 短路电流 i_{sc}

将图 3-9(a)所示的外电路用一根导线短路,如图 3-10(b)所示,此时由于 N_s 内部含有独立电源,一般在短路导线上将出现电流,这个电流称为 N_s 的短路电流,用 i_{sc} 表示。

3)等效电阻 R_{eq}

将 N_s 内部的所有独立源置零,即独立电压源用短路替代,独立电流源用开路替代,受控源和电阻留下,得到无源一端口,用 N_0 表示,N_0 可以用一个等效电阻 R_{eq} 代替,此等效电阻等于 N_0 在端口 a-b 处的输入电阻(如图 3-10(c)所示)。

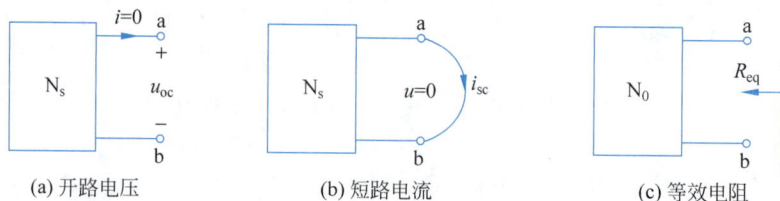

(a) 开路电压   (b) 短路电流   (c) 等效电阻

图 3-10 一端口相关概念

端口的输入电阻大小等于端口的等效电阻,但两者的含义有区别。求端口等效电阻的一般方法称为电压电流法,即将端口内部所有独立源置零后,在端口加以电压源 u_s,然后求出端口电流 i;或者在端口加以电流源 i_s,然后求出端口电压 u。根据输入电阻的定义,可知 $R_{eq}=R_{in}=\dfrac{u_s}{i}=\dfrac{u}{i_s}$。

3.3.2 戴维宁定理

戴维宁定理指出,一个含有独立源、线性电阻和受控源的一端口 N_s,对外电路来说,可以

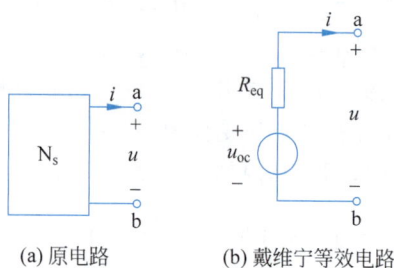

(a) 原电路   (b) 戴维宁等效电路

图 3-11 戴维宁等效电路

用一个电压源和电阻的串联组合等效替换,电压源的电压等于该一端口的开路电压 u_{oc},电阻等于一端口 N_s 中全部独立源置零后的等效电阻 R_{eq}。该电压源与电阻的串联组合称作戴维宁等效电路,如图 3-11(b)所示。当一端口图 3-11(a)用戴维宁等效电路图 3-11(b)替换后,端口以外的电路(以后简称外电路)中的电压、电流均保持不变。这种等效变换称为对外等效。

戴维宁定理的证明过程如下:

图 3-12(a)所示的电路中,N_s 为含源一端口网络,外电路为电阻 R,流过电阻 R 的电流已知为 i,根据替代定理,用 $i_s=i$ 的电流源代替电阻 R,则得图 3-12(b)所示的电路。对图 3-12(b)应用叠加定理,所得分电路如图 3-12(c)和图 3-12(d)所示。图 3-12(c)是电流源 $i_s=i$ 不作用而 N_s 中的全部独立源作用时的情况,此时 $i^{(1)}=0,u^{(1)}=u_{oc}$,u_{oc} 是含源一端口的开路电压;图 3-12(d)是电流源 i_s 单独作用而 N_s 中的全部独立源不作用时的情况,N_0 是 N_s 中全部独立源置零后的无源一端口,此时 $u^{(2)}=-R_{eq}i^{(2)}=-R_{eq}i$,$R_{eq}$ 是 N_0 端口间的等效电阻。按叠加定理,图 3-12(b)中的电压 u 为

$$u=u^{(1)}+u^{(2)}=u_{oc}-R_{eq}i \tag{3-2}$$

式(3-2)表明,含源一端口 N_s 对外作用等效于一个电压为 u_{oc} 的电压源和一个阻值为 R_{eq} 的电阻的串联组合的对外作用,所以图 3-12(a)中的 N_s 的对外作用可用 u_{oc} 与 R_{eq} 串联组合代替,如图 3-12(e)所示,戴维宁定理得证。如果外部电阻 R 换成一个含源一端口,

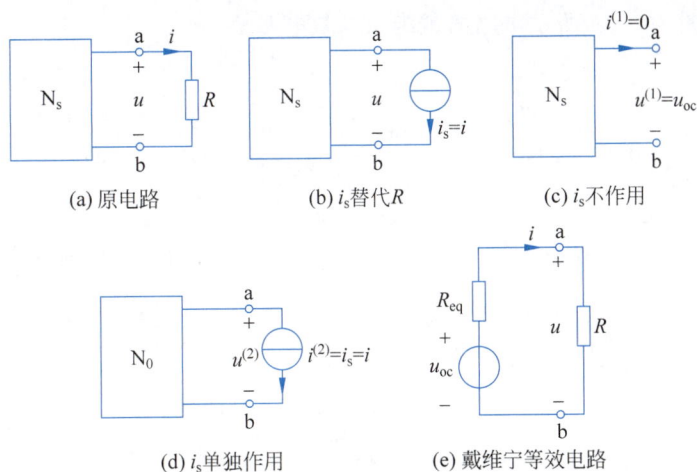

(a) 原电路　　　　　(b) i_s替代R　　　　　(c) i_s不作用

(d) i_s单独作用　　　　　　(e) 戴维宁等效电路

图 3-12　戴维宁定理证明

以上证明仍能成立。应用戴维宁定理,关键是要求出一端口 N_s 的开路电压 u_{oc} 和等效电阻 R_{eq}。

例 3-6　试求图 3-13(a)所示电路中的电流 I。

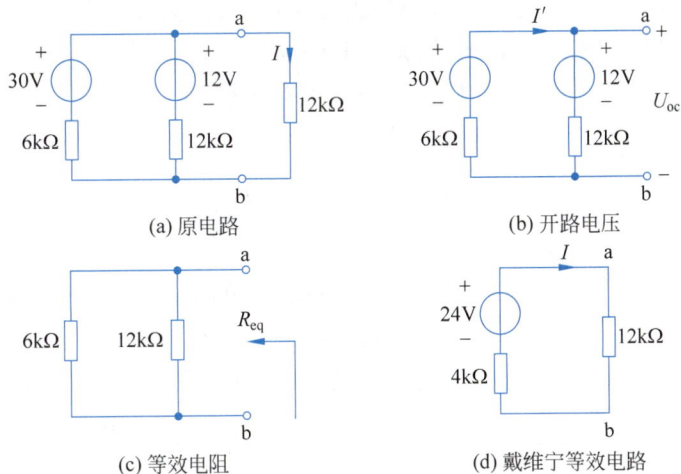

(a) 原电路　　　　　　　　(b) 开路电压

(c) 等效电阻　　　　　　　　(d) 戴维宁等效电路

图 3-13　例 3-6 图

解：根据戴维宁定理,除 12kΩ 电阻以外的部分可等效为电压源 U_{oc} 与电阻 R_{eq} 的串联组合,先求开路电压 U_{oc}。端口 a-b 开路时的电路如图 3-13(b)所示,不难求得

$$I' = \left(\frac{30-12}{6\times10^3 + 12\times10^3} \right) A = 1mA$$

$$U_{oc} = 12 + 12\times10^3 I' = 24V$$

然后求等效电阻 R_{eq},将各独立源置零,如图 3-13(c)所示,有

$$R_{eq} = (6\times10^3 \;/\!/\; 12\times10^3)\Omega = 4\times10^3\,\Omega$$

最后按图 3-13(d)所示的戴维宁等效电路求得

$$I = \frac{U_{oc}}{R_{eq} + 12\times10^3} = \left(\frac{24}{4\times10^3 + 12\times10^3} \right) mA = 1.5mA$$

例 3-7　求图 3-14(a)所示电路的戴维宁等效电路。

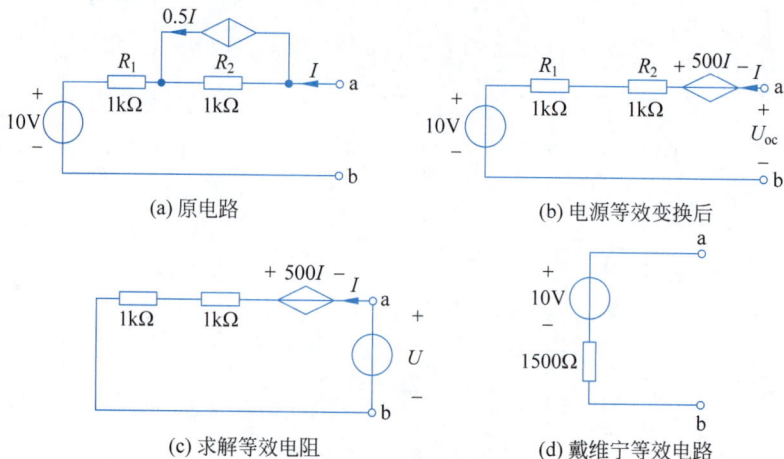

(a) 原电路　　　　　　　　　　　　(b) 电源等效变换后

(c) 求解等效电阻　　　　　　　　　(d) 戴维宁等效电路

图 3-14　例 3-7 图

解：利用电源的等效变换，可以将图 3-14(a)变换成图 3-14(b)所示的电路，可求得

$$U_{oc} = 10V$$

然后将图 3-14(b)中独立电压源置零，变为无源一端口，因为该无源一端口内包含受控电源，所以外加电压 U，如图 3-14(c)所示，则由 KVL 有

$$U = -500I + 2000I$$

所以有

$$R_{eq} = \frac{U}{I} = 1500\Omega$$

戴维宁等效电路如图 3-14(d)所示。

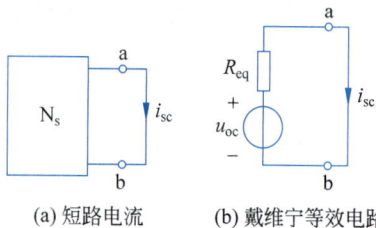

(a) 短路电流　　　(b) 戴维宁等效电路

图 3-15　求输入电阻的开路短路法

以上求等效电阻 R_{eq} 的方法采用的是外加电压电流法。由图 3-15 可知，一端口的短路电流与其等效电路的短路电流 i_{sc} 是一致的。根据图 3-15(b)可知

$$i_{sc} = \frac{u_{oc}}{R_{eq}}$$

则等效电阻为

$$R_{eq} = \frac{u_{oc}}{i_{sc}} \tag{3-3}$$

由此可知，只要求出开路电压 u_{oc} 及短路电流 i_{sc}，也可利用式(3-3)求得 R_{eq}。这也是求 R_{eq} 的非常有效的方法，称为开路短路法。

利用这种方法，对例 3-7 进行求解。首先求 U_{oc}，由图 3-16(a)知

$$I = 0$$

$$U_{oc} = 10V$$

然后求短路电流 I_{sc}，按图 3-16(b)可以求得

$$I_{sc} = \frac{10}{R_1 + 0.5R_2} = \frac{1}{150}A$$

根据式(3-3)得

$$R_{eq} = \frac{U_{oc}}{I_{sc}} = \left(\frac{10}{1/150}\right)\Omega = 1500\,\Omega$$

戴维宁等效电路如图 3-14(d)所示。

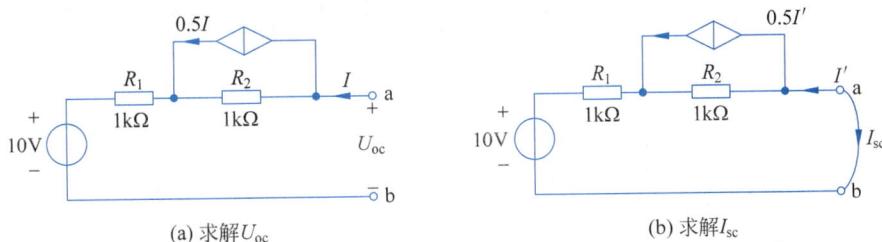

(a) 求解U_{oc}

(b) 求解I_{sc}

图 3-16 例 3-7 的第二种解法

3.3.3 诺顿定理

诺顿定理指出,一个含源一端口 N_s(如图 3-17(a)所示),对外电路的作用可以用一个电流源和电导的并联组合等效替换。等效电流源的电流等于该一端口 N_s 的短路电流 i_{sc},电导等于该一端口 N_s 全部独立源置零后的等效电导 G_{eq}。该电流源和电导的并联组合称为诺顿等效电路,如图 3-17(b)所示。

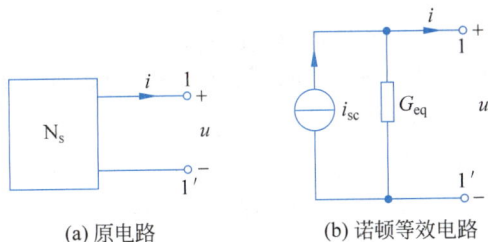

(a) 原电路

(b) 诺顿等效电路

图 3-17 诺顿等效定理

诺顿定理的证明如下:

利用电压源和电阻串联组合与电流源和电阻并联组合间的等效变换公式,可把图 3-11(b)所示的串联组合等效电源变换成图 3-17(b)所示的并联组合等效电源,于是诺顿定理得以证明。

例 3-8 求图 3-18(a)所示电路的诺顿等效电路。

解:将图 3-18(a)所示的电路中 a、b 两端短接,如图 3-18(b)所示,则短路电流 I_{sc} 为

$$I_{sc} = I_1 + I_2 - I_3 = \left(\frac{0.2}{2} + \frac{1}{2} - \frac{1}{2+1}\right)\text{A} = 0.267\,\text{A}$$

等效电阻 R_{eq} 按图 3-18(c)计算,有

$$R_{eq} = \left[(1+1) \mathbin{/\mkern-5mu/} (1+2) \mathbin{/\mkern-5mu/} 2\right]\Omega = \frac{3}{4}\Omega = 0.75\,\Omega$$

诺顿等效电路如图 3-18(d)所示。

戴维宁定理和诺顿定理使用说明:

(1) 在求开路电压、短路电流时可以使用叠加定理,有时很有效。

(2) 对于含源一端口,若 $R_{eq}=0$,只有戴维宁等效电路,而无诺顿等效电路;若 $G_{eq}=0$,

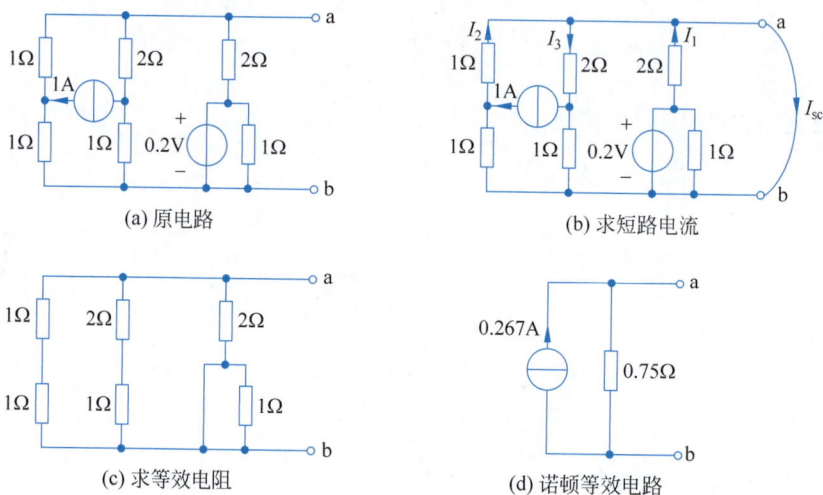

(a) 原电路   (b) 求短路电流

(c) 求等效电阻   (d) 诺顿等效电路

图 3-18　例 3-8 图

则只有诺顿等效电路,而无戴维宁等效电路。

(3) 如果含源一端口内含有受控源,R_{eq} 也可能是一个负电阻。

3.3.4　最大功率传输定理

一个含源线性一端口电路,当所接负载不同时,一端口电路传输给负载的功率就不同。电路的主要功能之一,就是为了实现电力的传输和分配,讨论负载为何值时能从电路获取最大功率及最大功率的值是多少的问题是有工程意义的。

最大功率传输定理指出,对于给定的电源(或线性含源一端口的等效电路),其负载获得最大功率的条件是,负载电阻必须等于电源内阻,此时称负载与电源匹配,而负载获得的最大功率为

$$p_{max} = \frac{u_{oc}^2}{4R_{eq}}$$

(3-4)

定理证明如下:

任何电路都可以表示为含源一端口与外电路连接的形式(如图 3-19(a)所示),因此都可以化为戴维宁等效电路与外电路相连的形式(如图 3-19(b)所示)。

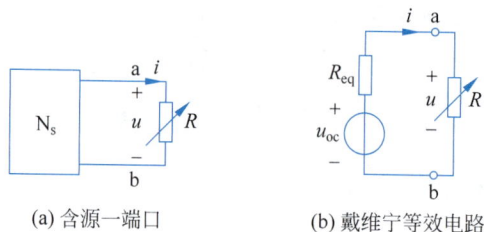

(a) 含源一端口   (b) 戴维宁等效电路

图 3-19　最大功率传输定理

在戴维宁等效电路中,电流 $i = \dfrac{u_{oc}}{R + R_{eq}}$,则电阻 R 吸收的功率为

$$p = Ri^2 = \frac{R}{(R + R_{eq})^2} u_{oc}^2$$

要使功率最大,则要满足公式

$$p_{\max} = p \Big|_{\frac{\mathrm{d}p}{\mathrm{d}R}=0}$$

而

$$\frac{\mathrm{d}p}{\mathrm{d}R} = \frac{\mathrm{d}\left[\dfrac{R}{(R+R_{eq})^2}\right]}{\mathrm{d}R} u_{oc}^2 = \frac{(R+R_{eq})^2 - 2R(R+R_{eq})}{(R+R_{eq})^4} u_{oc}^2 = \frac{(R_{eq}^2 - R^2)u_{oc}^2}{(R+R_{eq})^4} = 0$$

因此,有

$$R = R_{eq}$$

当 $R = R_{eq}$ 时,有

$$p_{\max} = \frac{R}{(R+R_{eq})^2} u_{oc}^2 \Big|_{R=R_{eq}} = \frac{u_{oc}^2}{4R_{eq}}$$

最大功率传输定理得以证明。

需要注意的是:

(1) 最大功率传输定理用于一端口网络给定而负载可调的情况。如果负载电阻一定,内阻可变的话,应该是内阻越小,负载获得功率越大,当内阻为零时,负载获得的功率最大。

(2) 计算最大功率的问题应用戴维宁定理或诺顿定理分析比较方便。

例 3-9 电路如图 3-20(a)所示,R_L 为何值时它获得最大功率? 并求此最大功率。

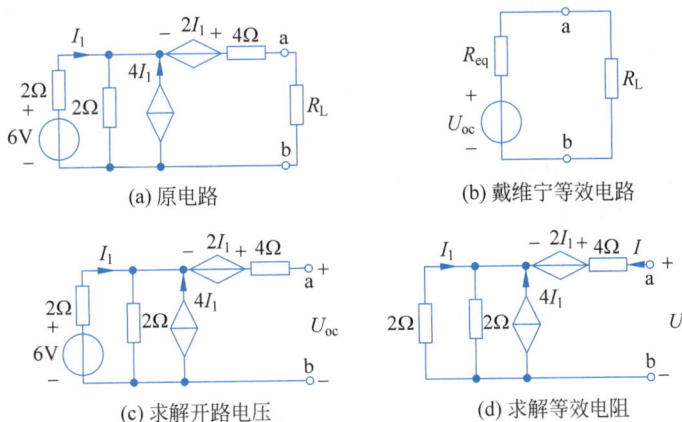

(a) 原电路   (b) 戴维宁等效电路

(c) 求解开路电压   (d) 求解等效电阻

图 3-20 例 3-9 图

解:将图 3-20(a)所示的电路中 a、b 端左侧一端口用戴维宁等效电路替代,如图 3-20(b)所示。其中开路电压 U_{oc} 按图 3-20(c)计算,有

$$2I_1 + 2(I_1 + 4I_1) = 6\,\mathrm{V}, \quad I_1 = \left(\frac{6}{12}\right)\mathrm{A} = 0.5\,\mathrm{A}$$

开路电压 U_{oc}

$$U_{oc} = 2I_1 + 2(I_1 + 4I_1) = 12I_1 = 6\,\mathrm{V}$$

等效电阻 R_{eq} 用外加电压电流法,按图 3-20(d)计算,有

$$U = 4I + 2I_1 - 2I_1 = 4I, \quad R_{eq} = \frac{U}{I} = 4\,\Omega$$

根据最大功率传输定理,当 $R_L = R_{eq} = 4\Omega$ 时,其获得最大功率。最大功率 P_{max} 为

$$P_{max} = \frac{U_{oc}^2}{4R_{eq}} = \left(\frac{6^2}{4 \times 4}\right) W = 2.25 W$$

3.4 特勒根定理

特勒根定理由荷兰学者特勒根于 1952 年提出,是电路理论中一个普遍适用的定理。特勒根定理包含特勒根定理 1 和特勒根定理 2。

3.4.1 特勒根定理 1

特勒根定理 1(功率守恒定理):对于一个具有 n 个结点和 b 条支路的电路(网络)N,设 $(i_1, i_2, \cdots, i_b)$ 和 $(u_1, u_2, \cdots, u_b)$ 分别表示 b 条支路的电压和电流,各支路的电流和电压的参考方向都是关联的(如图 3-21 所示),则对任意时间 t 有

$$\sum_{k=1}^{b} u_k i_k = 0 \qquad (3\text{-}5)$$

现以图 3-21 为例,来验证特勒根定理 1。

按照图中假定的各支路方向(各支路电流、电压的参考方向与各支路方向都一致),首先对结点①、②、③应用 KCL 有

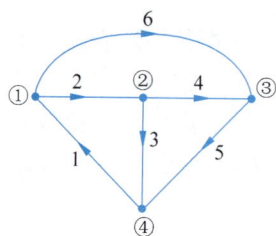

图 3-21　特勒根定理证明

$$-i_1 + i_2 + i_6 = 0$$
$$-i_2 + i_3 + i_4 = 0$$
$$-i_4 - i_6 + i_5 = 0$$

选择结点④为参考结点,则其他三个结点电压分别为 u_{n1}、u_{n2} 和 u_{n3}。

各支路电压用结点电压表示,可得

$$u_1 = -u_{n1}, \quad u_2 = u_{n1} - u_{n2}, \quad u_3 = u_{n2},$$
$$u_4 = u_{n2} - u_{n3}, \quad u_5 = u_{n3}, \quad u_6 = u_{n1} - u_{n3} \qquad (3\text{-}6)$$

则

$$\sum_{k=1}^{6} u_k i_k = u_1 i_1 + u_2 i_2 + u_3 i_3 + u_4 i_4 + u_5 i_5 + u_6 i_6$$

$$= -u_{n1} i_1 + (u_{n1} - u_{n2}) i_2 + u_{n2} i_3 + (u_{n2} - u_{n3}) i_4 + u_{n3} i_5 + (u_{n1} - u_{n3}) i_6$$

$$= u_{n1}(-i_1 + i_2 + i_6) + u_{n2}(-i_2 + i_3 + i_4) + u_{n3}(-i_4 + i_5 - i_6)$$

$$= u_{n1} \times 0 + u_{n2} \times 0 + u_{n3} \times 0$$

$$= 0$$

用上述类似的过程,对任何具有 n 个结点和 b 条支路的电路,均可证明 $\sum_{k=1}^{b} u_k i_k = 0$。

由于式(3-5)中每一项是同一支路电压和电流在关联参考方向下的乘积,表示支路吸收功率,因此特勒根定理所表达的是功率守恒,故又称功率守恒定理。该定理的证明只是根据电路的结构应用基尔霍夫定律,并未涉及元件性质,故此定理适用于任何集总参数电路。

3.4.2 特勒根定理2

特勒根定理2(拟功率守恒定理):设有两个具有 n 个结点和 b 条支路的电路 N 和 $\hat{N}$,二者具有相同的拓扑图,但由内容不同的支路组成。设各条支路电流和电压都取关联参考方向,分别用 $(i_1, i_2, \cdots, i_b)$、$(u_1, u_2, \cdots, u_b)$ 和 $(\hat{i}_1, \hat{i}_2, \cdots, \hat{i}_b)$、$(\hat{u}_1, \hat{u}_2, \cdots, \hat{u}_b)$ 表示 b 条支路的电压和电流,则对任意时间 t 有

$$\sum_{k=1}^{b} u_k \hat{i}_k = 0, \quad \sum_{k=1}^{b} \hat{u}_k i_k = 0 \tag{3-7}$$

下面验证特勒根定理2。

设两个电路的图均如图 3-21 所示,对电路1,用 KVL 可写出式(3-6)。对电路2的结点①、②、③应用 KCL 有

$$-\hat{i}_1 + \hat{i}_2 + \hat{i}_6 = 0$$
$$-\hat{i}_2 + \hat{i}_3 + \hat{i}_4 = 0$$
$$-\hat{i}_4 - \hat{i}_6 + \hat{i}_5 = 0$$

则

$$\sum_{k=1}^{6} u_k \hat{i}_k = u_1 \hat{i}_1 + u_2 \hat{i}_2 + u_3 \hat{i}_3 + u_4 \hat{i}_4 + u_5 \hat{i}_5 + u_6 \hat{i}_6$$
$$= u_{n1}(-\hat{i}_1 + \hat{i}_2 + \hat{i}_6) + u_{n2}(-\hat{i}_2 + \hat{i}_3 + \hat{i}_4) + u_{n3}(-\hat{i}_4 + \hat{i}_5 - \hat{i}_6)$$
$$= 0$$

此证明可推广到任何具有 n 个结点和 b 条支路的两个电路,只要它们具有相同的图。定理2涉及两个相同结构的电路(或者同一电路在不同时刻的支路电压和电流)所必然遵循的规律,所以不能用功率守恒来解释。它具有类似功率之和的形式,故有时称为拟功率守恒。同样,定理2适用于任何集总参数电路。

3.5 互易定理

互易性是一类特殊的线性网络的重要性质。一个具有互易性的网络在输入端(激励)与输出端(响应)互换位置后,同一激励所产生的响应并不改变。具有互易性的网络叫互易网络,互易定理是对电路的这种性质所进行的概括,它广泛应用于网络的灵敏度分析和测量技术等方面。

3.5.1 互易定理的一般形式

如图 3-22 所示,若 $i_1 = i'_1$,则端点 1 与 1′构成一个端口;若 $i_2 = i'_2$,则端点 2 与 2′构成一个端口,这样的网络 N 叫双口网络(或二端口)。

既无独立源也无受控源的线性电阻网络 N_R,两个端口分别接任意外电路时,在端口及内部各条支路将分别产生电流 i_k、$\hat{i}_k$ 及电压 u_k、$\hat{u}_k$,如果各端口及支路的电流、电压选取关联

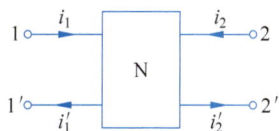

图 3-22 二端口

参考方向,如图 3-23 所示,由特勒根定理 2 可知

$$\sum_{k=1}^{b} u_k \hat{i}_k = u_1\hat{i}_1 + u_2\hat{i}_2 + \sum_{k=3}^{b} u_k \hat{i}_k = 0$$

$$\sum_{k=1}^{b} \hat{u}_k i_k = \hat{u}_1 i_1 + \hat{u}_2 i_2 + \sum_{k=3}^{b} \hat{u}_k i_k = 0$$

线性
电阻
网络
N_R
(a) 接外电路1
(b) 接外电路2

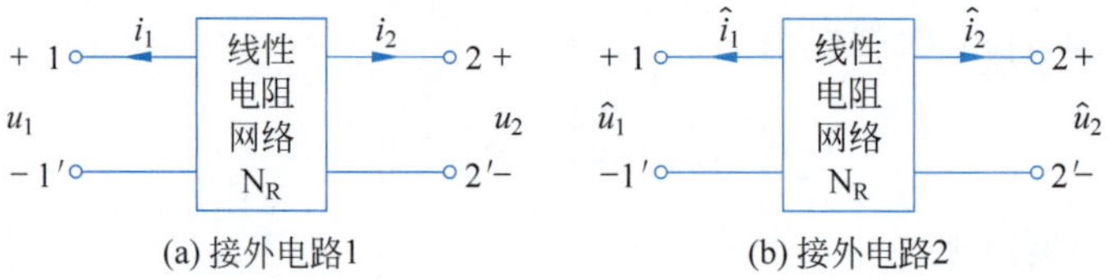

图 3-23 互易定理

又因为

$$\begin{cases} u_k = R_k i_k \\ \hat{u}_k = R_k \hat{i}_k \end{cases}$$

有

$$\begin{cases} u_k \hat{i}_k = R_k i_k \hat{i}_k \\ \hat{u}_k i_k = R_k \hat{i}_k i_k \end{cases}$$

所以,对双口电阻网络 N_R 有

$$u_1\hat{i}_1 + u_2\hat{i}_2 = \hat{u}_1 i_1 + \hat{u}_2 i_2 \tag{3-8}$$

式(3-8)即互易定理的一般形式。互易定理具有三种特殊形式。

3.5.2 互易定理形式 1

对一个仅由线性电阻组成的网络 N_R,在端口 1-1′间接入电压源 u_s,它在端口 2-2′间产生短路电流 i_2(见图 3-24(a));在端口 2-2′间接入电压源 $\hat{u}_s$,它在端口 1-1′间产生短路电流 $\hat{i}_1$(见图 3-24(b))。有

$$\frac{i_2}{u_s} = \frac{\hat{i}_1}{\hat{u}_s} \tag{3-9}$$

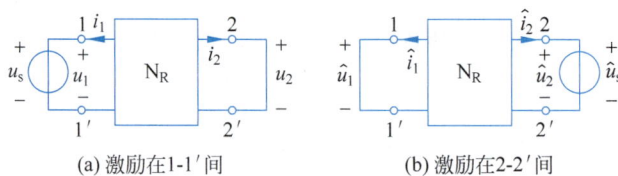

N_R
(a) 激励在1-1′间
(b) 激励在2-2′间

图 3-24 互易定理形式 1

证明:根据互易定理一般形式,即式(3-8)可知

$$u_1\hat{i}_1 + u_2\hat{i}_2 = \hat{u}_1 i_1 + \hat{u}_2 i_2$$

由图 3-24 可知,$u_2 = \hat{u}_1 = 0$,代入式(3-8)中有

$$u_1 \hat{i}_1 = \hat{u}_2 i_2$$

又因为 $u_1 = u_{s1}$，$\hat{u}_2 = \hat{u}_s$，则有

$$\frac{i_2}{u_s} = \frac{\hat{i}_1}{\hat{u}_s}$$

互易定理 1 得证。特殊情况，若 $u_s = \hat{u}_s$，则有 $i_2 = \hat{i}_1$。

3.5.3 互易定理形式 2

对于仅由线性电阻组成的网络 N_R，在端口 1-1′间接入电流源 i_s，它在端口 2-2′间产生开路电压 u_2，如图 3-25(a)所示；在端口 2-2′间接入电流源 $\hat{i}_s$，它在端口 1-1′间产生开路电压 $\hat{u}_1$，如图 3-25(b)所示，则有

$$\frac{u_2}{i_s} = \frac{\hat{u}_1}{\hat{i}_s} \tag{3-10}$$

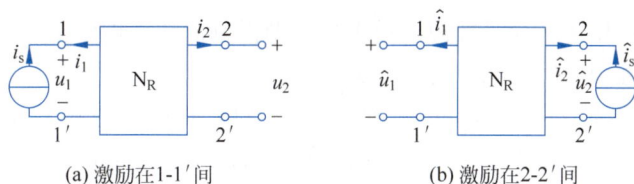

(a) 激励在1-1′间 (b) 激励在2-2′间

图 3-25 互易定理形式 2

证明：由互易定理一般形式，即式(3-8)可知

$$u_1 \hat{i}_1 + u_2 \hat{i}_2 = \hat{u}_1 i_1 + \hat{u}_2 i_2$$

由图 3-25 知 $i_2 = \hat{i}_1 = 0$，代入式(3-8)有

$$u_2 \hat{i}_2 = \hat{u}_1 i_1$$

又因为 $i_1 = -i_s$，$\hat{i}_2 = -\hat{i}_s$，故有

$$\frac{u_2}{i_s} = \frac{\hat{u}_1}{\hat{i}_s}$$

互易定理 2 得证。特殊情况，若 $i_s = \hat{i}_s$，则有 $u_2 = \hat{u}_1$。

3.5.4 互易定理形式 3

对于仅由线性电阻组成的网络 N_R，在端口 1-1′间接入电流源 i_s，它在端口 2-2′间产生短路电流 i_2（见图 3-26(a)）；在端口 2-2′间接入电压源 $\hat{u}_s$，它在端口 1-1′间产生开路电压 $\hat{u}_1$（见图 3-26(b)），则有

$$\frac{i_2}{i_s} = \frac{\hat{u}_1}{\hat{u}_s} \tag{3-11}$$

证明：由互易定理一般形式，即式(3-8)可知

$$u_1 \hat{i}_1 + u_2 \hat{i}_2 = \hat{u}_1 i_1 + \hat{u}_2 i_2$$

由图 3-26 知 $u_2 = \hat{i}_1 = 0$，代入式(3-8)有

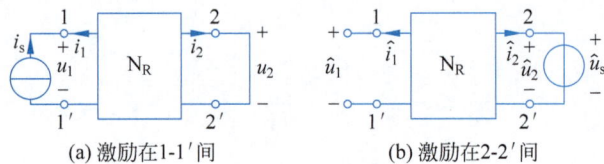

(a) 激励在1-1′间   (b) 激励在2-2′间

图 3-26 互易定理形式 3

$$\hat{u}_1 i_1 + \hat{u}_2 i_2 = 0$$

又因为 $i_1 = -i_s$, $\hat{u}_2 = \hat{u}_s$, 则有

$$\frac{i_2}{i_s} = \frac{\hat{u}_1}{\hat{u}_s}$$

互易定理 3 得证。特殊情况,若 i_s 和 $\hat{u}_s$ 在数值上相等,则 i_2 和 $\hat{u}_1$ 在数值上也相等。

总结互易定理的三种形式,可以得出以下结论:对于一个仅含线性电阻的电路,在单一激励下产生的响应,当激励和响应互换位置时,其比值保持不变。应用互易定理应注意以下几点:

(1) 该定理只适用于不含受控源的单个独立源激励的线性网络。

(2) 要注意定理中激励与响应的参考方向。

例 3-10 已知在图 3-27 所示的电路中,图 3-27(a)电路在电压源 u_{s1} 的作用下,电阻 R_2 上的电压为 u_2。求图 3-27(b)所示的电路在电流源 i_{s2} 的作用下,电流 i_1 的值。

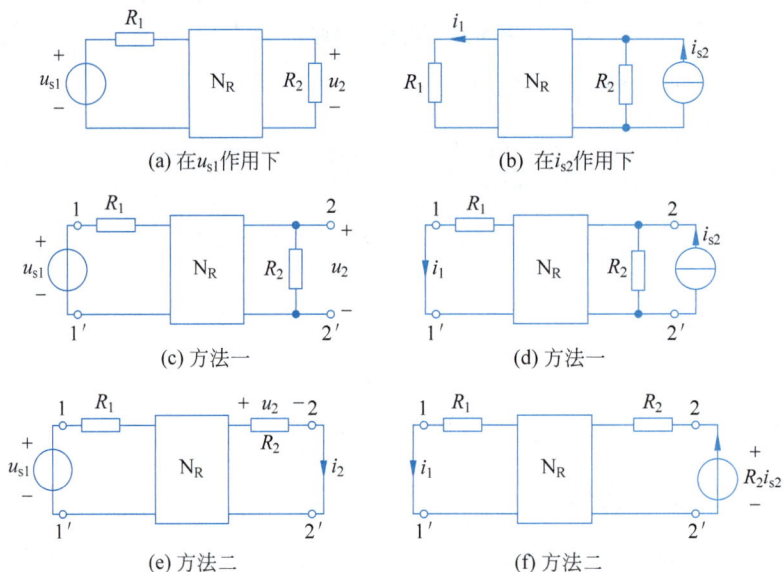

(a) 在 u_{s1} 作用下   (b) 在 i_{s2} 作用下

(c) 方法一   (d) 方法一

(e) 方法二   (f) 方法二

图 3-27 例 3-10 图

解:

方法一:

将电阻 R_1、R_2 和网络 N_R 当作一个新的电阻网络,如图 3-27(c)、图 3-27(d)所示。此时根据互易定理 3 的表达式(3-11),有

$$\frac{i_1}{i_{s2}} = \frac{u_2}{u_{s1}}$$

所以

$$i_1 = \frac{u_2}{u_{s1}} i_{s2}$$

方法二：

改变电路的画法，如图 3-27(e)、图 3-27(f)所示，可与互易定理 1 的电路对应起来。由式(3-9)有

$$\frac{i_2}{u_{s1}} = \frac{i_1}{R_2 i_{s2}}$$

$$i_2 = \frac{u_2}{R_2}$$

所以

$$i_1 = \frac{R_2 i_{s2}}{u_{s1}} \times \frac{u_2}{R_2} = \frac{u_2 i_{s2}}{u_{s1}}$$

例 3-11　图 3-28(a)所示的电路中，求电流 I。

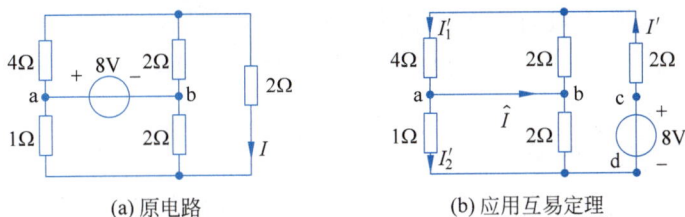

(a) 原电路　　　　　　　　　　(b) 应用互易定理

图 3-28　例 3-11 图

解：根据互易定理可知，具有互易性的电路，激励和响应互换位置后，同一激励所产生的响应不变。将 a、b 两点间 8V 独立电压源改接在电路 c、d 两点，如图 3-28(b)所示，利用互易定理形式 1，可知此时图 3-28(b)的响应 $\hat{I}$ 等于图 3-28(a)的响应电流 I。

由图 3-28(b)可知

$$I' = \left(\frac{8}{2 + 4 \; /\!/ \; 2 + 1 \; /\!/ \; 2} \right) \text{A} = 2\text{A}$$

$$I'_1 = I' \times \frac{2}{4+2} = \frac{2}{3}\text{A}$$

$$I'_2 = I' \times \frac{2}{1+2} = \frac{4}{3}\text{A}$$

所以

$$I = \hat{I} = I'_1 - I'_2 = -\frac{2}{3}\text{A}$$

习题 3

一、简答题

3-1　使用叠加定理求解电路问题时，不作用的独立电压源或者电流源置零的含义是什么？应该如何处理电路中的受控电源？

3-2　计算元件功率时可以直接使用叠加定理吗？为什么？

3-3　试述无源一端口与含源一端口的区别和输入电阻与等效电阻的区别。

3-4　如果含源一端口内部独立电源置零后,其相应的无源一端口内部仅包含电阻元件,应该如何求解其等效电阻？如果内部除了电阻元件外,还含有受控电源呢？

3-5　含源一端口的等效电阻可能为零或者负值吗？如果可能,试举例说明。

3-6　对于给定的含源一端口,当负载满足什么条件时,可得到最大传输功率？此时电路的效率(定义为负载吸收的功率/电源发出的功率)最高吗？

3-7　由线性电阻任意连接构成的二端口网络一定是互易网络吗？

3-8　分别说明本章五个定理是否适用于线性、非线性、时变和时不变电路。本章中例题、习题电路模型均为直流电源激励下的电阻电路为什么在各定理的论述过程中,电流和电压的符号采用了小写字母的形式？

二、选择题

3-9　题 3-9 图中的电路电流 I 等于(　　　)。

　　　A. $-2A$　　　　　　B. $2A$　　　　　　C. $-4A$　　　　　　D. $4A$

3-10　在题 3-10 图所示的电路中,电流 I 为(　　　)。

　　　A. $-2A$　　　　　　B. $12A$　　　　　　C. $-12A$　　　　　　D. $2A$

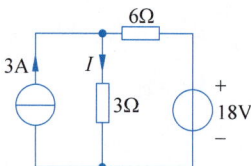

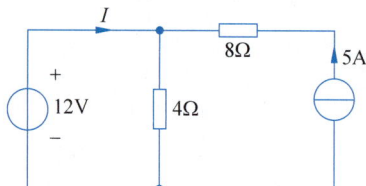

题 3-9 图　　　　　　　　　　　　　　题 3-10 图

3-11　题 3-11 图所示的电路中,已知 $U_s=15V$,当 I_s 单独作用时,3Ω 电阻中电流 $I_1=2A$,那么当 I_s、U_s 共同作用时,2Ω 电阻中电流 I 是(　　　)。

　　　A. $-1A$　　　　　　B. $5A$　　　　　　C. $6A$　　　　　　D. $-6A$

3-12　题 3-12 图所示的电路中 N_0 为无源线性电阻网络。已知电阻 R 消耗的功率 P 为 5W,若电流源电流增为 $5I_s$,且电流方向相反,则 P 将为(　　　)。

　　　A. $-25W$　　　　　　B. $125W$　　　　　　C. $-125W$　　　　　　D. $25W$

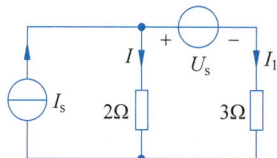

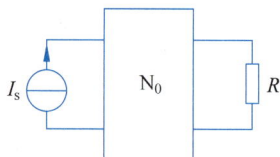

题 3-11 图　　　　　　　　　　　　　　题 3-12 图

3-13　如题 3-13 图所示的电路中,独立电压源和电流源单独作用于电路时,引起的电压 U 分别等于(　　　)。

　　　A. $6V,6V$　　　　　B. $8V,12V$　　　　　C. $8V,8V$　　　　　D. $6V,8V$

3-14　题 3-14 图所示一端口网络的等效电阻等于(　　　)。

　　　A. $2Ω$　　　　　　B. $4Ω$　　　　　　C. $6Ω$　　　　　　D. $-2Ω$

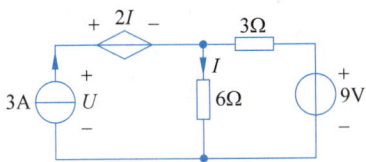

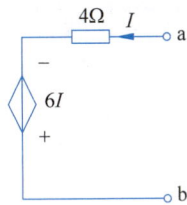

题 3-13 图　　　　　　　　　　　题 3-14 图

3-15　题 3-15 图所示二端网络的戴维宁等效电路为(　　)。

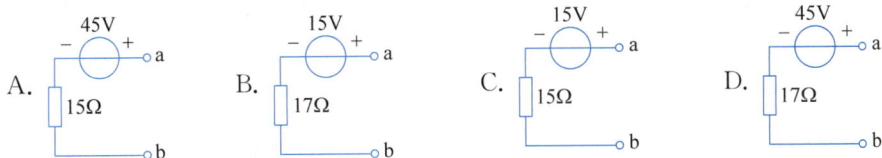

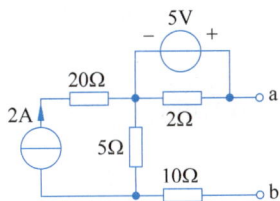

题 3-15 图

3-16　应用戴维宁定理可求得题 3-16 图所示的电路中支路电压 U_o 为(　　)。

A. $-2V$　　　　　B. $-3V$　　　　　C. $\dfrac{10}{3}V$　　　　　D. $-1.2V$

3-17　题 3-17 图所示二端网络的电压电流关系为(　　)。

A. $U=25+I$　　　　　　　　　　B. $U=25-I$

C. $U=-25-I$　　　　　　　　　D. $U=-25+I$

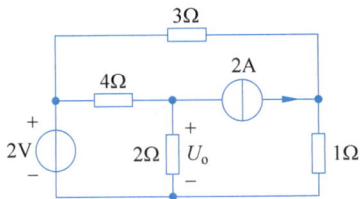

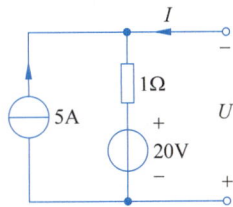

题 3-16 图　　　　　　　　　　　题 3-17 图

3-18　题 3-18 图中电流 I 为(　　)。

A. $1A$　　　　　B. $-1A$　　　　　C. $5A$　　　　　D. $-5A$

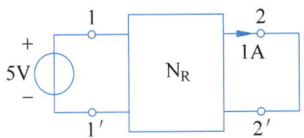

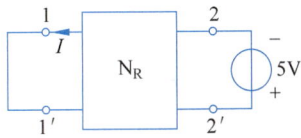

题 3-18 图

3-19　题 3-19 图中电流 I_s 为(　　)。

A. $3A$　　　　　B. $-3A$　　　　　C. $-1.5A$　　　　　D. $1.5A$

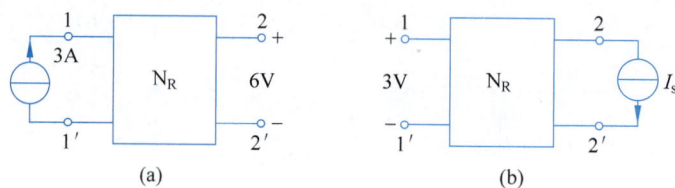

题 **3-19** 图

3-20 题 3-20 图中电压 U 为( )。

A. 2V   B. -2V   C. 1V   D. -1V

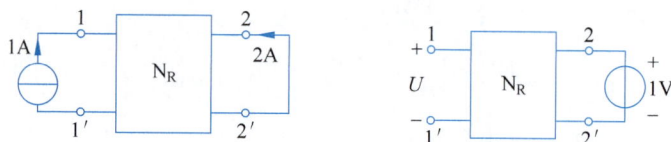

题 **3-20** 图

三、计算题

3-21 利用叠加定理求题 3-21(a)图中的 U_x 和 3-21(b)图中的 I_x。

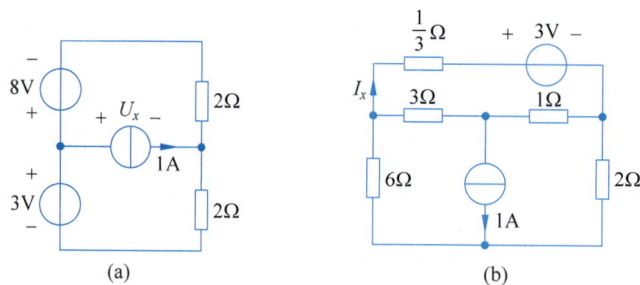

题 **3-21** 图

3-22 试用叠加定理求题 3-22 图中的 I_1。

3-23 电路如题 3-23 图所示,求电压 U_3。

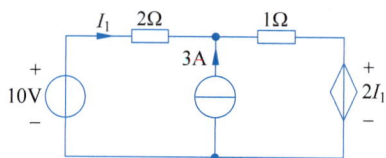

题 **3-22** 图

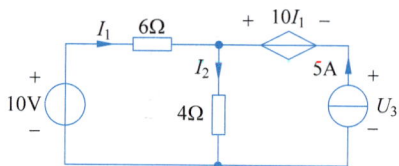

题 **3-23** 图

3-24 试求题 3-24 图所示的梯形电路中各支路电流、结点电压和 $\dfrac{U_o}{U_s}$,其中 $U_s=10$V。

3-25 电路如题 3-25 图所示。(1)N 仅由线性电阻组成时,当 $U_1=2$V,$U_2=3$V 时,$I_x=20$A;当 $U_1=-2$V,$U_2=1$V 时,$I_x=0$,求 $U_1=U_2=5$V 时,I_x 为何值。(2)N 中接入独立源,当 $U_1=U_2=0$ 时,$I_x=-10$A,且(1)的条件仍然适用,再求 $U_1=U_2=5$V 时,I_x 为何值。

3-26 求题 3-26 图所示的各电路在 a-b 端口的戴维宁等效电路或诺顿等效电路。

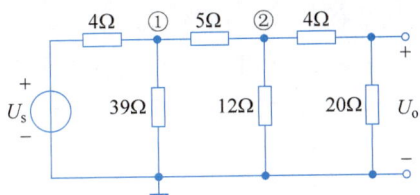

题 3-24 图

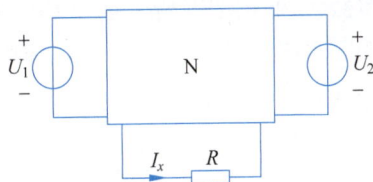

题 3-25 图

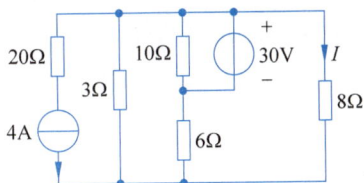

(a)

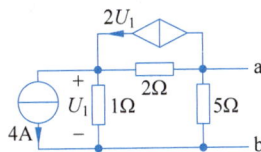

(b)

题 3-26 图

3-27 用戴维宁定理求题 3-27 图中的电流 I。

3-28 求题 3-28 图所示电路的戴维宁等效电路和诺顿等效电路。

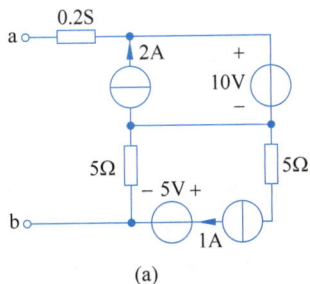

题 3-27 图

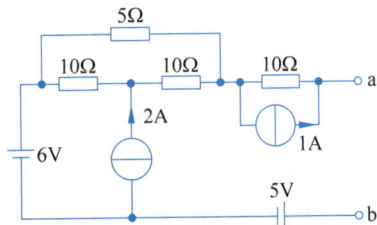

题 3-28 图

3-29 求题 3-29 图所示的电路中的电流 I_x。

3-30 题 3-30 图所示的电路中 R 可变，试问 R 为多大时，负载获得最大功率？并求此最大功率 $P_{\max}$。

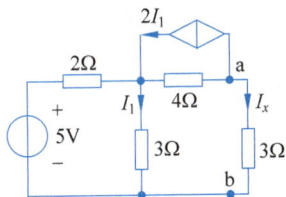

题 3-29 图

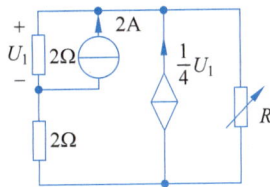

题 3-30 图

3-31 题 3-31 图所示的电路中 N_0 为无源线性电阻网络。题 3-31 图(a)中 $U_{s1}=20\mathrm{V}$，$I_1=10\mathrm{A}$，$I_2=2\mathrm{A}$；题 3-31 图(b)中，$I_1'=4\mathrm{A}$，那么 U_{s2} 应为何值？

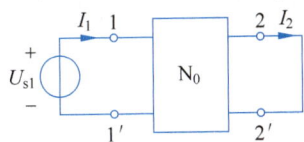

(a)

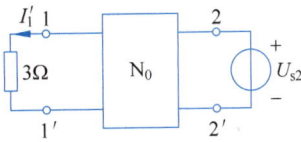

(b)

题 3-31 图

3-32　题 3-32 图所示的电路为线性电阻元件构成的二端口网络 N_R，当输入端口接 $U_s=10V$ 的电压源、输出端口短接时，输入端电流为 5A，输出端电流为 1A；如果把电压源移至输出端口，且输入端口接一个 2Ω 的电阻元件，试问 2Ω 电阻上电压 $\hat{U}_1$ 为多少？

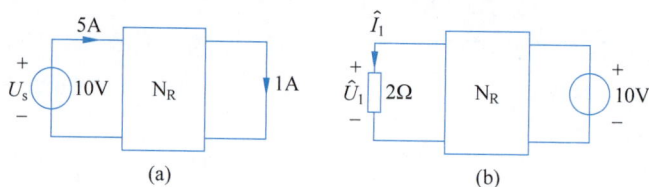

题 **3-32** 图

四、思考题

3-33　同一个电路问题，解决的方法可能有很多种，例如利用第 1 章介绍的元件 VCR 关系及 KCL、KVL 方程，第 2 章介绍的回路电流法、结点电压法等和本章介绍的电路定理。在面对一个具体电路问题时，应该如何选择合适的方法呢？

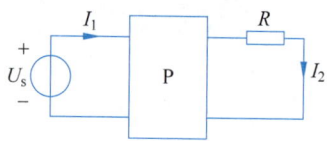

题 **3-34** 图

3-34　题 3-34 图所示电路中，P 为无源电阻网络。当 $R=R_1$ 时，$I_1=5A$，$I_2=2A$；当 $R=R_2$ 时，$I_1=4A$，$I_2=1A$。求 $R=\infty$ 时，电流 I_1 为何值？

3-35　求题 3-35 图所示一端口的戴维宁或诺顿等效电路，并解释所得结果。

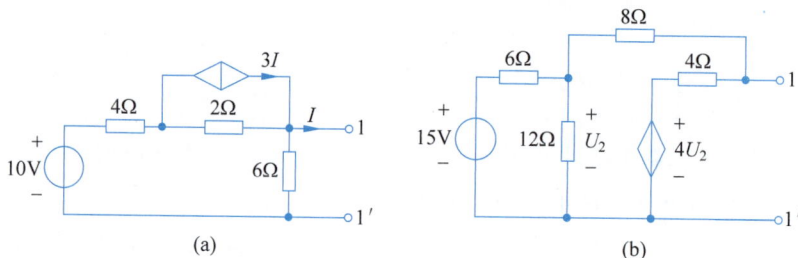

题 **3-35** 图

3-36　题 3-36 图所示的电路中 N_0 是仅由电阻组成的网络。根据题 3-36 图(a)和题 3-36 图(b)的已知数据，求题 3-36 图(c)中的电流 I_1 和 I_2。

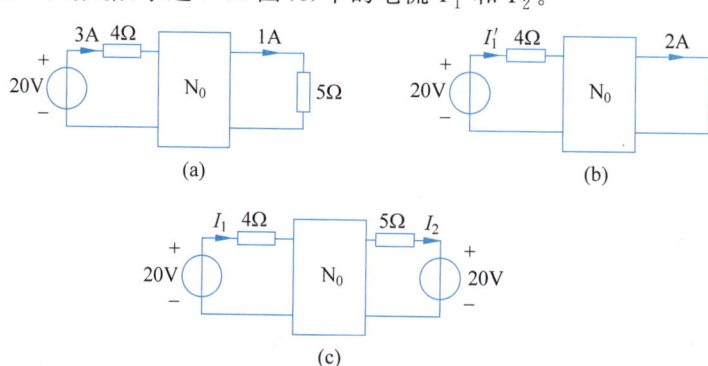

题 **3-36** 图

第 4 章

动态电路的时域分析

本章介绍动态电路的时域分析方法。首先介绍电容、电感两种储能元件,讨论其在电路中的 VCR、功率及能量表达式,然后介绍电容、电感在串、并联时的等效参数。重点分析直流激励作用下一阶电路的零输入响应、零状态响应、全响应、阶跃响应、冲激响应的概念及其求解过程。最后,介绍二阶电路的零输入响应、零状态响应、全响应等基本概念。

4.1 动态元件

4.1.1 电容元件

电容器(capacitor)应用广泛,它是由绝缘介质隔开的两块金属极板构成的。加上电源后,两块极板上分别聚集起等量的异性电荷,在介质中建立起电场,并储存电场能量。电源移去后,电荷继续聚集在极板上,电场继续存在,所以电容器是一种能够储存电场能量的实际器件。电容元件是实际电容器的理想化模型。

线性电容元件的图形符号如图 4-1 所示,$+q$ 和 $-q$ 是该元件正极板和负极板上的电荷量。若电容元件上电压的参考方向规定由正极板指向负极板,则任何时刻正极板上的电荷 q 与其两端的电压 u 有如下关系:

$$q = Cu \tag{4-1}$$

式中,C 称为该元件的电容,是一个正实常数。当电荷和电压的单位分别用库仑(C)和伏特(V)表示时,电容的单位为法拉(F)。图 4-2 以 q 和 u 为坐标轴,画出了电容元件的库伏特性,它是一条通过坐标原点的直线。

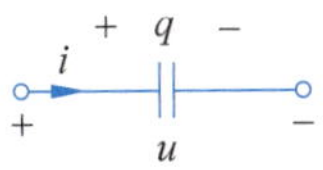

图 4-1　电容元件

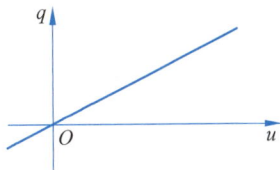

图 4-2　电容元件的库伏特性

库伏特性描述的是 q 和 u 的关系,但在电路分析中,我们感兴趣的是电容元件的伏安关系。如果电容元件的电流 i 和电压 u 取关联参考方向,如图 4-1 所示,则有

$$i = \frac{\mathrm{d}q}{\mathrm{d}t} = \frac{\mathrm{d}(Cu)}{\mathrm{d}t} = C\frac{\mathrm{d}u}{\mathrm{d}t} \tag{4-2}$$

式(4-2)就是电容元件的 VCR,该式表明电流和电压的变化率成正比,电容元件的电压与电流具有动态关系,因此电容元件是一个动态元件。若电容端电压 u 与电流 i 取非关联参考方向,则

$$i = -C\frac{\mathrm{d}u}{\mathrm{d}t} \tag{4-3}$$

当电压不随时间变化时,电流为零。故电容在直流情况下其两端电压值恒定,相当于开路,或者说电容有隔断直流(简称隔直)的作用。

式(4-2)的逆关系为

$$u = \frac{1}{C}\int_{-\infty}^{t} i(\xi)\mathrm{d}\xi = \frac{1}{C}\int_{-\infty}^{0} i(\xi)\mathrm{d}\xi + \frac{1}{C}\int_{0}^{t} i(\xi)\mathrm{d}\xi = u(0) + \frac{1}{C}\int_{0}^{t} i(\xi)\mathrm{d}\xi \tag{4-4}$$

该式表明,电容元件的电压除了与 0 到 t 的电流值有关外,还与 $u(0)$ 值有关,因此,电容元件是一种记忆元件。

当电压和电流为关联参考方向时,电容元件吸收的功率为

$$p = ui = Cu\frac{\mathrm{d}u}{\mathrm{d}t} \tag{4-5}$$

从 $-\infty$ 到 t 时刻,电容元件吸收的电场能量为

$$\begin{aligned} W_C &= \int_{-\infty}^{t} u(\xi)i(\xi)\mathrm{d}\xi = \int_{-\infty}^{t} Cu(\xi)\frac{\mathrm{d}u(\xi)}{\mathrm{d}\xi}\mathrm{d}\xi \\ &= C\int_{u(-\infty)}^{u(t)} u(\xi)\mathrm{d}u(\xi) = \frac{1}{2}Cu^2(t) - \frac{1}{2}Cu^2(-\infty) \end{aligned} \tag{4-6}$$

在时间 t_1 到 t_2 内电容元件吸收的能量为

$$W_C = C\int_{u(t_1)}^{u(t_2)} u\,\mathrm{d}u = \frac{1}{2}Cu^2(t_2) - \frac{1}{2}Cu^2(t_1) = W_C(t_2) - W_C(t_1) \tag{4-7}$$

电容元件在任何时刻 t 储存的电场能量将等于它吸收的能量。

由于在 $t = -\infty$ 时,$u(-\infty) = 0$,电容元件无电场能量。因此,从 $-\infty$ 到 t 的时间段内吸收的电场能量

$$W_C = \frac{1}{2}Cu^2 \tag{4-8}$$

当电压的绝对值 $|u|$ 增加时,$W_C(t_2) > W_C(t_1)$,$W_C > 0$,元件吸收能量,且全部转变为电场能;当电压的绝对值 $|u|$ 减小时,$W_C(t_2) < W_C(t_1)$,$W_C < 0$,元件将电场能量释放出来并转变成电能。可见它并不把吸收的能量消耗掉,而是以电场能量的形式储存起来,所以电容元件是一种储能元件。同时,电容元件不会释放出多于它吸收或储存的能量,所以它又是一种无源元件。

一般的电容器除有储能作用外,也会消耗一部分电能,这时,电容器的模型就必须是电容元件和电阻元件的组合。

如果电容元件的库伏特性在 $u\text{-}q$ 平面上不是通过原点的直线,此元件称为非线性电容元件;如果电容元件的库伏特性随时间改变,则此元件称为非线性时变电容元件。为了叙述方便,把线性电容元件简称为电容,所以本书中“电容”这个术语以及相应的符号 C 既表示一个电容元件,也表示该元件的参数。

4.1.2 电感元件

电感元件(inductor)是实际线圈的理想化模型。假设它是由无电阻的导线绕制而成，且周围无铁磁物质(铁、钴、镍及其合金)，线圈通过电流 i 时，将产生磁通 Φ_L，若磁通 Φ_L 与 N 匝线圈都交链，则磁通链 $\Psi_L = N\Phi_L$，如图 4-3 所示。

Φ_L 和 Ψ_L 都是由线圈本身的电流产生的，分别叫作自感磁通和自感磁通链。规定磁通 Φ_L 和磁通链 Ψ_L 的参考方向与电流 i 的参考方向之间满足右手螺旋定则，在这种参考方向下，任何时刻电感元件的自感磁通链 Ψ_L 与电流 i 是成正比的，即

$$\Psi_L = Li \tag{4-9}$$

式中，L 称为该元件的自感或电感，是一个正实常数。

在国际单位制中，磁通和磁通链的单位是 Wb(韦伯，简称韦)；当电流的单位采用 A 时，自感或电感的单位是 H(亨利，简称亨)。

线性电感元件的韦安特性是 Ψ_L-i 平面上的一条通过坐标原点的直线，如图 4-4 所示。

线性电感元件在电路中的图形符号如图 4-5 所示。

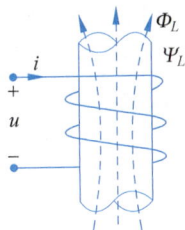

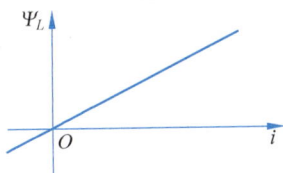

图 4-3　线圈　　　　图 4-4　线性电感元件的韦安特性　　　　图 4-5　电感元件

韦安特性描述的是 Ψ_L 和 i 的关系，但在电路分析中感兴趣的是电感元件的伏安关系。如果电感元件的电流 i 和电压 u 取关联参考方向，如图 4-5 所示。则当磁通链 Ψ_L 随时间变化时，在线圈的端子间产生感应电压 u。如果感应电压 u 的参考方向与 Ψ_L 成右螺旋关系，则根据电磁感应定律，有

$$u = \frac{\mathrm{d}\Psi_L}{\mathrm{d}t} \tag{4-10}$$

将 $\Psi_L = Li$ 代入式(4-10)，即得电感元件电压与电流的关系式

$$u = L\frac{\mathrm{d}i}{\mathrm{d}t} \tag{4-11}$$

若电感电压 u 与电流 i 取非关联参考方向，则有

$$u = -L\frac{\mathrm{d}i}{\mathrm{d}t} \tag{4-12}$$

式(4-11)的逆关系为

$$i = \frac{1}{L}\int u\,\mathrm{d}t \tag{4-13}$$

式(4-13)写成定积分形式为

$$i = \frac{1}{L}\int_{-\infty}^{t} u\,\mathrm{d}\xi = \frac{1}{L}\int_{-\infty}^{0} u\,\mathrm{d}\xi + \frac{1}{L}\int_{0}^{t} u\,\mathrm{d}\xi = i(0) + \frac{1}{L}\int_{0}^{t} u\,\mathrm{d}\xi \tag{4-14}$$

或

$$\Psi_L = \Psi_L(0) + \int_0^t u\,\mathrm{d}\xi$$

可以看出,电感元件是动态元件,也是记忆元件。

在电压、电流取关联参考方向时,电感元件吸收的功率为

$$p = ui$$

在时间 t_1 到 t_2 内,线性电感元件吸收的磁场能量为

$$W_L = L\int_{i(t_1)}^{i(t_2)} i\,\mathrm{d}i = \frac{1}{2}Li^2(t_2) - \frac{1}{2}Li^2(t_1) = W_L(t_2) - W_L(t_1) \tag{4-15}$$

由于在 $t = -\infty$ 时,$i(-\infty) = 0$,电感元件无磁场能量。因此,从 $-\infty$ 到 t 的时间段内吸收的磁场能量

$$W_L = \frac{1}{2}Li^2 \geqslant 0 \tag{4-16}$$

这是线性电感元件在任何时刻的磁场能量表达式。

当电流的绝对值 $|i|$ 增加时,$W_L(t_2) > W_L(t_1)$,$W_L > 0$,元件吸收能量并全部转变为磁场能量;当电流的绝对值 $|i|$ 减小时,$W_L(t_2) < W_L(t_1)$,$W_L < 0$,元件将磁场能量释放出来并转变成电能。可见它并不把吸收的能量消耗掉,而是以磁场能量的形式储存起来,所以电感元件是一种储能元件。同时,电感元件不会释放出多于它吸收或储存的能量,所以它又是一种无源元件。

一般的电感线圈除了储存能作用外,也会消耗一部分电能,这时,电感线圈的模型就必须是电感元件和电阻元件的组合。

如果电感元件的韦安特性在 $\psi_L\text{-}i$ 平面上不是通过原点的直线,此元件称为非线性电感元件;如果电感元件的韦安特性随时间改变,则此元件称为非线性时变电感元件。为了叙述方便,把线性电感元件简称为电感,所以本书中"电感"这个术语以及相应的符号 L 既表示一个电感元件,也表示该元件的参数。

4.1.3 动态元件的串并联

当电容、电感元件为串联或并联组合时,它们也可用一个等效电容或者等效电感来替代。先讨论电容串联的情况。图 4-6(a)为 n 个电容的串联,对于每一个电容,具有相同的电流,故 VCR 为

$$u_1 = u_1(t_0) + \frac{1}{C_1}\int_{t_0}^t i\,\mathrm{d}\xi$$

$$u_2 = u_2(t_0) + \frac{1}{C_2}\int_{t_0}^t i\,\mathrm{d}\xi$$

$$\vdots$$

$$u_n = u_n(t_0) + \frac{1}{C_n}\int_{t_0}^t i\,\mathrm{d}\xi$$

根据 KVL,总电压

$$u = u_1 + u_2 + \cdots + u_n = u_1(t_0) + \frac{1}{C_1}\int_{t_0}^t i\,\mathrm{d}\xi + \cdots + u_n(t_0) + \frac{1}{C_n}\int_{t_0}^t i\,\mathrm{d}\xi$$

$$= u_1(t_0) + u_2(t_0) + \cdots + u_n(t_0) + \left(\frac{1}{C_1} + \frac{1}{C_2} + \cdots + \frac{1}{C_n} \right) \int_{t_0}^{t} i \, \mathrm{d}\xi$$

$$= u(t_0) + \frac{1}{C_{eq}} \int_{t_0}^{t} i \, \mathrm{d}\xi$$

式中，C_{eq} 为等效电容，其值由下式决定，即

$$\frac{1}{C_{eq}} = \frac{1}{C_1} + \frac{1}{C_2} + \cdots + \frac{1}{C_n} \tag{4-17}$$

$u(t_0)$ 为 n 个串联电容的等效初始条件，其值为

$$u(t_0) = u_1(t_0) + u_2(t_0) + \cdots + u_n(t_0) \tag{4-18}$$

如果将 t_0 取为 $-\infty$，则各初始电压均为零，此时 $u(t_0) = 0$。

故 n 个电容串联的等效电路如图 4-6(b)所示。

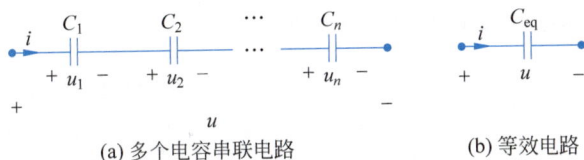

(a) 多个电容串联电路　　　　(b) 等效电路

图 4-6　串联电容的等效电路

图 4-7(a)所示为 n 个电容并联的情况，并且 $u_1(t_0) = u_2(t_0) = \cdots = u_n(t_0) = u(t_0)$，由于各电容电压相等，根据 KCL，有

$$i = i_1 + i_2 + \cdots + i_n = C_1 \frac{\mathrm{d}u}{\mathrm{d}t} + C_2 \frac{\mathrm{d}u}{\mathrm{d}t} + \cdots + C_n \frac{\mathrm{d}u}{\mathrm{d}t} = C_{eq} \frac{\mathrm{d}u}{\mathrm{d}t}$$

式中，C_{eq} 为并联的等效电容，其值为

$$C_{eq} = C_1 + C_2 + \cdots + C_n \tag{4-19}$$

且具有初始电压 $u(t_0)$。

故 n 个电容并联的等效电路如图 4-7(b)所示。

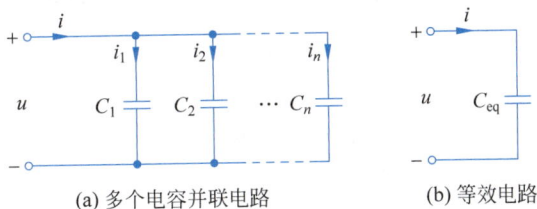

(a) 多个电容并联电路　　　(b) 等效电路

图 4-7　并联电容的等效电路

图 4-8(a)为 n 个具有相同初始电流的电感的串联，则有 $i_1(t_0) = i_2(t_0) = \cdots = i_n(t_0) = i(t_0)$。由于各电感中电流相等，根据 KVL，总电压

$$u = u_1 + u_2 + \cdots + u_n = L_1 \frac{\mathrm{d}i}{\mathrm{d}t} + L_2 \frac{\mathrm{d}i}{\mathrm{d}t} + \cdots + L_n \frac{\mathrm{d}i}{\mathrm{d}t}$$

$$= (L_1 + L_2 + \cdots + L_n) \frac{\mathrm{d}i}{\mathrm{d}t} = L_{eq} \frac{\mathrm{d}i}{\mathrm{d}t}$$

式中，等效电感

$$L_{eq} = L_1 + L_2 + \cdots + L_n \tag{4-20}$$

且具有初始电流 $i(t_0)$。

故 n 个电感串联的等效电路如图 4-8(b)所示。

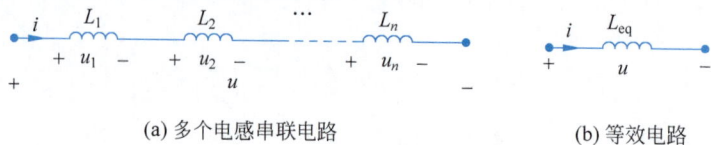

(a) 多个电感串联电路　　　　(b) 等效电路

图 4-8　串联电感的等效电路

对于具有初始电流分别为 $i_1(t_0), i_2(t_0), \cdots, i_n(t_0)$ 的 n 个电感 $L_1, L_2, \cdots, L_n$ 作并联组合时(见图 4-9(a)),读者不难根据 KCL 自行证得并联后的等效电感和初始电流分别为

$$\frac{1}{L_{eq}} = \frac{1}{L_1} + \frac{1}{L_2} + \cdots + \frac{1}{L_n} \tag{4-21}$$

$$i(t_0) = i_1(t_0) + i_2(t_0) + \cdots + i_n(t_0) \tag{4-22}$$

故 n 个电感并联的等效电路如图 4-9(b)所示。

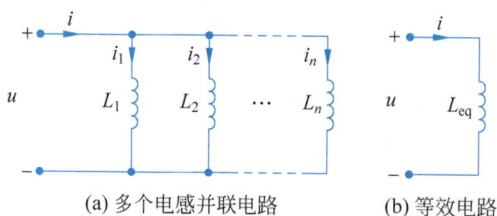

(a) 多个电感并联电路　　　　(b) 等效电路

图 4-9　并联电感的等效电路

4.2　动态电路的方程及其初始条件

4.2.1　动态电路的基本概念及方程的建立

前面几章所介绍的线性电阻电路,描述电路的方程是线性代数方程。但当电路中含有电容元件和电感元件(又称为动态元件或储能元件)时,由于它们的电压和电流之间的关系是通过导数(或积分)来表达的,因而根据 KVL、KCL 和 VCR 建立的电路方程将是微分方程或微分-积分方程。

当电路中仅含一个独立的动态元件时,电路的方程是一阶常系数微分方程,对应的电路称为一阶电路,如图 4-10(a)所示。当一阶电路中的动态元件为电容时称为一阶电阻电容电路(或简称 RC 电路);当动态元件为电感时称为一阶电阻电感电路(简称 RL 电路)。当电路中仅含有一个电容和一个电阻或一个电感和一个电阻时,称为最简 RC 电路或最简 RL 电路。如果不是最简,则可以把该动态元件以外的电阻电路用戴维宁定理进行等效,从而变化为最简 RC 电路或最简 RL 电路。

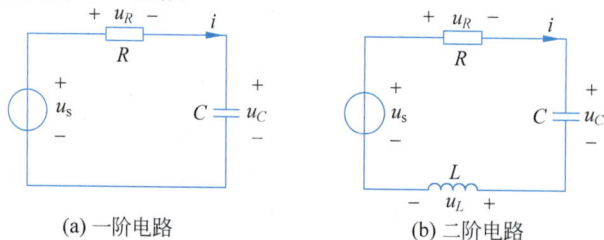

(a) 一阶电路　　　　　　(b) 二阶电路

图 4-10　动态电路的示例

当电路中含有两个独立的动态元件时,电路的方程是二阶常系数微分方程,对应的电路称为二阶电路,如图 4-10(b)所示。当电路中含有 n 个独立的动态元件时,电路的方程是 n 阶常系数微分方程,对应的电路为 n 阶电路。

动态电路的一个重要特征是存在过渡过程,所谓过渡过程是指电路从一种稳定工作状态转变到另一种稳定工作状态的过程。发生过渡过程的原因有两个:①电路中存在动态元件,由于动态元件中的储能是不能突变的,因而引起过渡过程;②电路的结构或元件参数发生变化(例如电路中电源或无源元件的断开或接入、信号的突然注入等),而迫使电路的工作状态发生变化。

由上述电路的结构或元件参数变化而引起的电路变化统称为"换路",并假设换路是在 $t=0$ 时刻进行的。把换路前的最终时刻记为 $t=0_-$,把换路后的最初时刻记为 $t=0_+$,换路经历的时间为 $0_- \sim 0_+$。

分析动态电路过渡过程的常用方法是:根据 KVL、KCL 和元件的 VCR 建立描述电路的方程,建立的方程是以时间为自变量的线性常微分方程,然后求解常微分方程,从而得到电路所求变量(电压或电流)。该方法称为经典法,由于这种方法是在时域中进行的,所以又称时域分析法。

例如图 4-10(a),根据 KVL,得

$$u_R + u_C = u_s$$

根据元件的 VCR 可得

$$u_R = iR, \quad i = C\frac{\mathrm{d}u_C}{\mathrm{d}t}$$

代入整理可得

$$RC\frac{\mathrm{d}u_C}{\mathrm{d}t} + u_C = u_s$$

例如图 4-10(b),根据 KVL,得

$$u_R + u_C + u_L = u_s$$

根据元件的 VCR 可得

$$u_R = iR, \quad i = C\frac{\mathrm{d}u_C}{\mathrm{d}t}, \quad u_L = L\frac{\mathrm{d}i}{\mathrm{d}t}$$

代入整理可得

$$LC\frac{\mathrm{d}^2 u_C}{\mathrm{d}t^2} + RC\frac{\mathrm{d}u_C}{\mathrm{d}t} + u_C = u_s$$

4.2.2 换路定律与初始条件的确定

用经典法求解常微分方程时,必须根据电路初始条件确定积分常数。设描述电路动态过程的微分方程为 n 阶,初始条件是指电路所要求变量及其 $(n-1)$ 阶导数在 $t=0_+$ 时刻的值。电容电压 u_C 和电感电流 i_L 的初始值,即 $u_C(0_+)$ 和 $i_L(0_+)$ 称为独立的初始条件,而其他则称为非独立的初始条件。

1. 独立的初始条件 $u_C(0_+)$ 和 $i_L(0_+)$ 的确定

对于线性电容,在任意时刻 t,它的电荷、电压与电流的关系为

$$q_C(t) = q_C(t_0) + \int_{t_0}^{t} i_C(\xi)\mathrm{d}\xi$$

$$u_C(t) = u_C(t_0) + \frac{1}{C}\int_{t_0}^{t} i_C(\xi)\mathrm{d}\xi$$

令 $t_0 = 0_-$，$t = 0_+$，得

$$q_C(0_+) = q_C(0_-) + \int_{0_-}^{0_+} i_C(\xi)\mathrm{d}\xi \tag{4-23a}$$

$$u_C(0_+) = u_C(0_-) + \frac{1}{C}\int_{0_-}^{0_+} i_C(\xi)\mathrm{d}\xi \tag{4-23b}$$

如果在 $0_- \sim 0_+$ 内，流过电容的电流 $i_C(t)$ 为有限值，则式(4-23a)和式(4-23b)中右边的积分项为零，此时电容上的电荷和电压不发生跃变，即

$$q_C(0_+) = q_C(0_-) \tag{4-24a}$$

$$u_C(0_+) = u_C(0_-) \tag{4-24b}$$

对于线性电感，在任意时刻 t，它的磁通链、电流与电压的关系为

$$\Psi_L(t) = \Psi_L(t_0) + \int_{t_0}^{t} u_L(\xi)\mathrm{d}\xi$$

$$i_L(t) = i_L(t_0) + \frac{1}{L}\int_{t_0}^{t} u_L(\xi)\mathrm{d}\xi$$

令 $t_0 = 0_-$，$t = 0_+$，得

$$\Psi_L(0_+) = \Psi_L(0_-) + \int_{0_-}^{0_+} u_L(\xi)\mathrm{d}\xi \tag{4-25a}$$

$$i_L(0_+) = i_L(0_-) + \frac{1}{L}\int_{0_-}^{0_+} u_L(\xi)\mathrm{d}\xi \tag{4-25b}$$

如果在 $0_- \sim 0_+$ 内，电感两端的电压 $u_L(t)$ 为有限值，则式(4-25a)和式(4-25b)中右边的积分项为零，此时电感中的磁通链和电流就不发生跃变，即

$$\psi_L(0_+) = \psi_L(0_-) \tag{4-26a}$$

$$i_L(0_+) = i_L(0_-) \tag{4-26b}$$

式(4-24a)、式(4-24b)和式(4-26a)、式(4-26b)称为换路定律。

2. 电路中其他非独立的初始条件的确定

对于电路中除 u_C 和 i_L 以外的其他变量的初始值可按下面的步骤确定：

（1）根据 $t = 0_-$ 的等效电路，确定 $u_C(0_-)$ 和 $i_L(0_-)$。对于直流激励电路，若 $t = 0_-$ 时电路处于稳态，则电感视为短路，电容视为开路，得到 $t = 0_-$ 时的等效电路，并用前面所讲的直流分析方法确定 $u_C(0_-)$ 和 $i_L(0_-)$。

（2）由换路定律得到 $u_C(0_+)$ 和 $i_L(0_+)$。

（3）画出 $t = 0_+$ 时的等效电路。在 $t = 0_+$ 时的等效电路中，电容用电压为 $u_C(0_+)$ 的电压源替代，电感用电流为 $i_L(0_+)$ 的电流源替代。

（4）根据 $t = 0_+$ 时的等效电路求其他变量的初始值。

例 4-1 电路如图 4-11(a)所示，开关动作前电路已达到稳态，$t = 0$ 时开关 S 打开。求 $u_C(0_+)$、$i_L(0_+)$、$i_C(0_+)$、$u_L(0_+)$、$i_R(0_+)$、$\left.\dfrac{\mathrm{d}u_C}{\mathrm{d}t}\right|_{0_+}$、$\left.\dfrac{\mathrm{d}i_L}{\mathrm{d}t}\right|_{0_+}$。

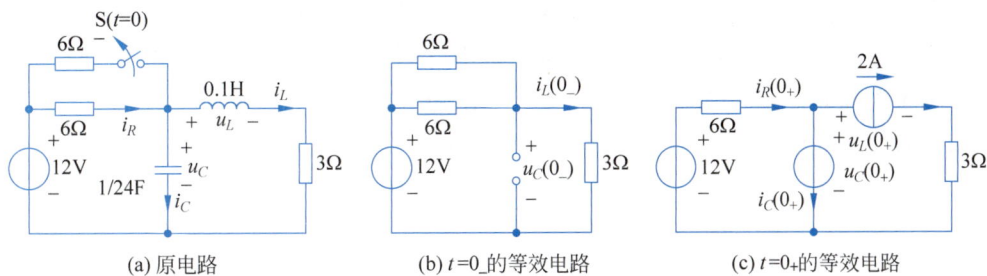

(a) 原电路　　　　　　　　(b) $t=0_-$ 的等效电路　　　　　(c) $t=0_+$ 的等效电路

图 4-11　例 4-1 图

解：由于开关动作前电路已达到稳态，作出 $t=0_-$ 的等效电路如图 4-11(b) 所示。有

$$i_L(0_-)=\left(\frac{12}{6 /\!/ 6+3}\right)\text{A}=2\text{A}, \quad u_C(0_-)=3i_L(0_-)=6\text{V}$$

由换路定律得 $u_C(0_+)=u_C(0_-)=6\text{V}, i_L(0_+)=i_L(0_-)=2\text{A}$。

画出 $t=0_+$ 的等效电路如图 4-11(c) 所示，由 KVL 有

$$6i_R(0_+)+6-12=0$$

所以，$i_R(0_+)=1\text{A}, i_C(0_+)=i_R(0_+)-2=-1\text{A}, u_L(0_+)=6-3\times2=0\text{V}$，

$$\left.\frac{\mathrm{d}u_C}{\mathrm{d}t}\right|_{0_+}=\frac{1}{C}i_C(0_+)=-24\text{V/s}, \quad \left.\frac{\mathrm{d}i_L}{\mathrm{d}t}\right|_{0_+}=\frac{1}{L}u_L(0_+)=0\text{A/s}。$$

4.3　一阶电路的零输入响应

零输入响应是指电路没有外加激励时，仅由储能元件（动态元件）的初始储能所引起的响应。

4.3.1　RC 电路的零输入响应

在图 4-12(a) 所示的 RC 电路中，开关原来在位置 1，电容已充电，其电压 $u_C(0_-)=U_0$，开关在 $t=0$ 时从 1 打到 2，由于电容电压不能跃变，$u_C(0_+)=u_C(0_-)=U_0$，此时电路中的电流最大，$i(0_+)=U_0/R$，即在换路瞬间，电路中的电流发生跃变。换路后，电容通过电阻 R 放电，u_C 减少，当 $t\rightarrow\infty$ 时，$u_C\rightarrow0, i\rightarrow0$。在这一过程中，电容所存储的能量逐渐被电阻所消耗，转化为热能，即电容通过电阻放电。

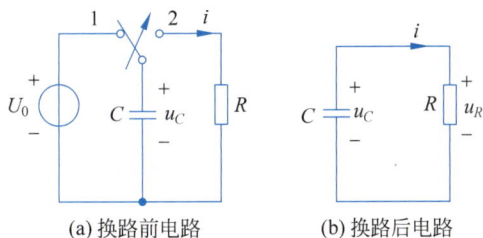

(a) 换路前电路　　　　(b) 换路后电路

图 4-12　RC 电路的零输入响应

当 $t\geqslant0$ 时，电路如图 4-12(b) 所示。由 KVL 得 $u_C-u_R=0$，而 $u_R=Ri, i=-C\dfrac{\mathrm{d}u_C}{\mathrm{d}t}$，

代入得

$$RC \frac{\mathrm{d}u_C}{\mathrm{d}t} + u_C = 0$$

这是一阶齐次微分方程,初始条件为 $u_C(0_+) = u_C(0_-) = U_0$。

相应的特征方程为

$$RCp + 1 = 0$$

特征根为

$$p = -\frac{1}{RC}$$

齐次微分方程的通解为

$$u_C = A\mathrm{e}^{pt} = A\mathrm{e}^{-\frac{1}{RC}t}$$

代入初始条件得

$$A = u_C(0_+) = U_0$$

所以微分方程的解为

$$u_C = u_C(0_+)\mathrm{e}^{-\frac{1}{RC}t} = U_0\mathrm{e}^{-\frac{1}{RC}t} \tag{4-27}$$

这就是放电过程中电容电压 u_C 的表达式。

电路中的电流为

$$i = -C\frac{\mathrm{d}u_C}{\mathrm{d}t} = \frac{U_0}{R}\mathrm{e}^{-\frac{1}{RC}t}$$

电阻上的电压为

$$u_R = u_C = U_0\mathrm{e}^{-\frac{1}{RC}t}$$

u_C 和 i 的波形分别如图 4-13(a)、图 4-13(b)所示。

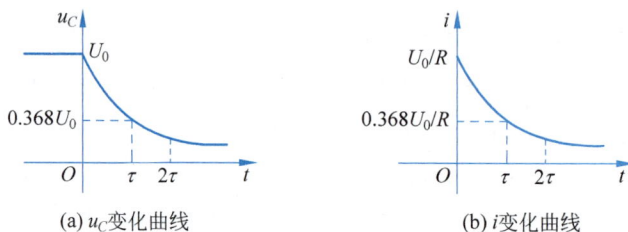

(a) u_C变化曲线   (b) i变化曲线

图 4-13 零输入响应 u_C 和 i 随时间变化的曲线

从上面的波形可以看出,在换路瞬间,$i(0_-) = 0$,$i(0_+) = U_0/R$,电流发生了跃变,而电容电压没有发生跃变。从它们的表达式可以看出,电压 u_C、u_R 和电流 i 都是按照相同的指数规律变化,它们衰减的快慢取决于指数中 $1/(RC)$ 的大小。

定义时间常数 τ 为一阶电路齐次方程特征根 p 的倒数的负值,即

$$\tau = -1/p$$

对于 RC 电路,则时间常数

$$\tau = -1/p = RC \tag{4-28}$$

τ 的单位为 $\Omega \cdot \mathrm{F} = \dfrac{\mathrm{V}}{\mathrm{A}} \cdot \dfrac{\mathrm{C}}{\mathrm{V}} = \dfrac{\mathrm{V}}{\mathrm{A}} \cdot \dfrac{\mathrm{A} \cdot \mathrm{s}}{\mathrm{A}} = \mathrm{s}(秒)$。

当电路的结构和元件的参数一定时,τ 为常数,又因为它具有时间的量纲,所以称 τ 为

时间常数。引入时间常数 τ 后，上述 u_C 和 i 又可以表示为

$$u_C = U_0 e^{-\frac{t}{\tau}}, \quad i = \frac{U_0}{R} e^{-\frac{t}{\tau}}$$

τ 的大小反映了一阶过渡过程的进展速度，它是反映过渡过程特性的一个重要的量。表 4-1 列出了 $t=0$、τ、2τ、3τ、$\cdots$ 时刻的电容电压 u_C 的值。

表 4-1 不同时刻的 u_C 的值

t	0	τ	2τ	3τ	4τ	5τ	$\cdots$	∞
$u_C(t)$	U_0	$0.368U_0$	$0.135U_0$	$0.05U_0$	$0.018U_0$	$0.0067U_0$	$\cdots$	0

从表 4-1 可以看出，经过一个时间常数 τ 后，电容电压衰减为初始值的 36.8% 或减少了 63.2%。理论上讲要经过无穷长的时间，u_C 才能衰减为零。但工程上一般认为经过 $3\tau \sim 5\tau$ 的时间，过渡过程结束。

时间常数 τ 可以根据电路参数或特征方程的特征根计算，也可以根据响应曲线确定。

（1）用电路参数计算

$$\tau = R_{eq}C \tag{4-29}$$

式中，R_{eq} 为从电容两端看进去的等效电阻。

例如，图 4-14 所示为一换路后的零输入电路，则 $R_{eq} = R_2 /\!/ R_3 + R_1$，电路的时间常数为

$$\tau = R_{eq}C = \left(\frac{R_2 R_3}{R_2 + R_3} + R_1\right)C$$

（2）用特征根计算

$$\tau = -1/p$$

（3）用图解法确定。在图 4-15 中，取电容电压曲线上任意一点 A，过 A 作切线 AC，则图中的次切距为

$$BC = \frac{AB}{\tan\alpha} = \frac{u_C(t_0)}{-\left.\dfrac{du_C}{dt}\right|_{t=t_0}} = \frac{U_0 e^{-\frac{t_0}{\tau}}}{\frac{1}{\tau}U_0 e^{-\frac{t_0}{\tau}}} = \tau$$

即在时间坐标上的次切距的长度等于时间常数 τ。

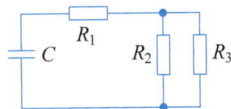

图 4-14 换路后的零输入电路

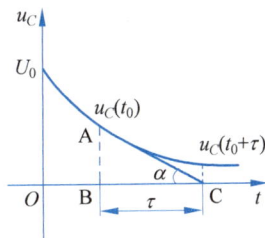

图 4-15 时间常数 τ 的几何意义

例 4-2 如图 4-16(a)所示的电路中，开关 S 原在位置 1，且电路已达稳态。$t=0$ 时开关由 1 合向 2，试求 $t \geq 0$ 时的 $u_C(t)$ 和 $i(t)$。

解：换路前电路已达稳态，则

$$u_C(0_+) = u_C(0_-) = \left(\frac{10}{2+4+4} \times 4\right)\text{V} = 4\text{V}$$

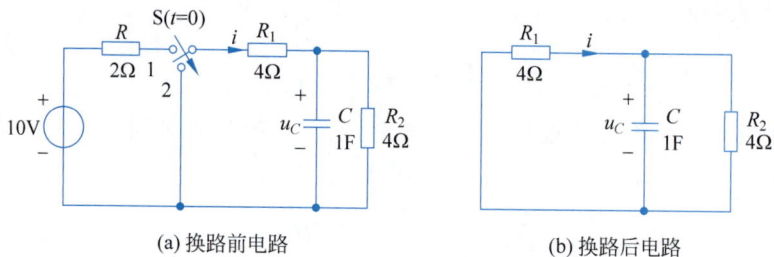

(a) 换路前电路   (b) 换路后电路

图 4-16   例 4-2 图

换路后电路如图 4-16(b)所示,电容经 R_1、R_2 放电,为零输入响应。

$$R_{eq} = (4 \mathbin{/\mkern-5mu/} 4)\Omega = 2\Omega, \quad \tau = R_{eq}C = 2 \times 1 = 2\mathrm{s}$$

所以

$$u_C(t) = u_C(0_+)\mathrm{e}^{-t/\tau} = 4\mathrm{e}^{-0.5t}\,\mathrm{V}, \quad i(t) = -u_C/4 = -\mathrm{e}^{-0.5t}\,\mathrm{A}$$

4.3.2   RL 电路的零输入响应

图 4-17(a)所示的 RL 电路中,开关 S 动作之前电压和电流恒定不变,$i_L(0_-) = U_0/R_0 = I_0$。$t = 0$ 时开关从 1 合到 2,由于电感电流不能跃变,$i_L(0_+) = i_L(0_-) = I_0$,这一电流将在 RL 回路中逐渐下降,最后为零。在这一过程中,初始时刻电感储存的磁场能量逐渐被电阻消耗,转化为热能,即电感通过电阻消磁。以上是物理概念上的定性分析。下面从数学上来分析电路中的电压和电流的变化规律。

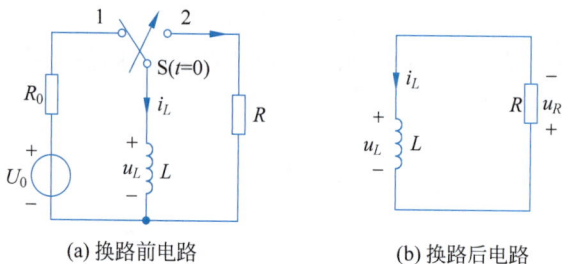

(a) 换路前电路   (b) 换路后电路

图 4-17   RL 电路的零输入响应

在图 4-17(b)所示的电路中,由 KVL 得

$$u_L + u_R = 0$$

而 $u_R = Ri_L$,$u_L = L\dfrac{\mathrm{d}i_L}{\mathrm{d}t}$,代入上式得

$$L\frac{\mathrm{d}i_L}{\mathrm{d}t} + Ri_L = 0$$

这也是一阶齐次微分方程,初始条件为 $i_L(0_+) = i_L(0_-) = I_0$。

相应的特征方程为

$$Lp + R = 0$$

特征根为

$$p = -R/L$$

RL 电路的时间常数为

$$\tau = -1/p = L/R \tag{4-30}$$

电感电流为

$$i_L = I_0 e^{-\frac{R}{L}t} = I_0 e^{-\frac{t}{\tau}} \tag{4-31}$$

电阻上的电压为

$$u_R = R i_L = R I_0 e^{-\frac{t}{\tau}}$$

电感上的电压为

$$u_L = L\frac{\mathrm{d}i_L}{\mathrm{d}t} = -R I_0 e^{-\frac{t}{\tau}}$$

RL 电路的零输入响应曲线如图 4-18 所示。

从上面的分析可知 RC 电路(或 RL 电路)的零输入响应都是从初始值开始,按同一指数规律变化。零输入响应的一般形式可写成

$$f(t) = f(0_+) e^{-\frac{t}{\tau}} \tag{4-32}$$

式中,$f(t)$ 为电路的零输入响应;$f(0_+)$ 为响应的初始值;τ 为时间常数(对于 RC 电路,$\tau = RC$;对于 RL 电路,$\tau = L/R$)。

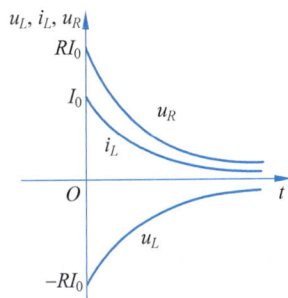

图 4-18 RL 电路的零输入响应曲线

例 4-3 如图 4-19(a)所示的电路,已知 $i_L(0_+) = 150\mathrm{mA}$,求 $t > 0$ 时的电压 $u(t)$。

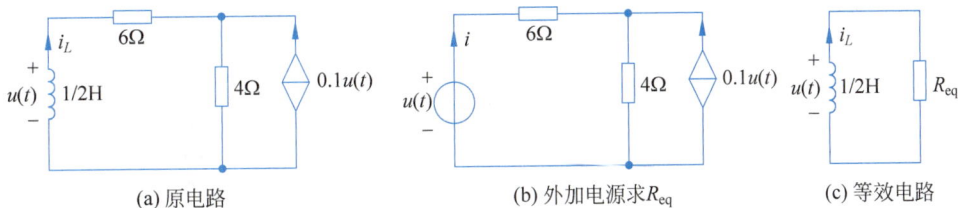

(a) 原电路

(b) 外加电源求 R_{eq}

(c) 等效电路

图 4-19 例 4-3 图

解:先求电感两端的等效电阻 R_{eq}。采用外加电源法,如图 4-19(b)所示。由 KVL 得

$$u = 6i + 4(i + 0.1u)$$

可得

$$R_{eq} = \frac{u}{i} = \left(\frac{50}{3}\right)\Omega$$

等效电路如图 4-19(c)所示,则

$$\tau = \frac{L}{R_{eq}} = \frac{1/2}{50/3} = \frac{3}{100}\mathrm{s}$$

$$u(0_+) = R_{eq}i_L(0_+) = \left(\frac{50}{3} \times 0.15\right)\mathrm{V} = 2.5\mathrm{V}$$

所以

$$u(t) = u(0_+) e^{-\frac{t}{\tau}} = 2.5 e^{-\frac{100t}{3}}\mathrm{V}$$

4.4 一阶电路的零状态响应

零状态响应是指电路在零初始状态(动态元件的初始储能为零)下,仅由外加激励所产生的响应。

4.4.1 RC 电路的零状态响应

如图 4-20 所示的 RC 电路,开关闭合前电路处于零初始状态,在 $t=0$ 时开关 S 闭合。其物理过程为:开关闭合瞬间,电容电压不能跃变,电容相当于短路,此时 $u_R(0_+)=U_s$,充电电流 $i(0_+)=U_s/R$ 为最大;随着电源对电容充电,u_C 增大,电流逐渐减小;当 $u_C=U_s$ 时,$i=0$,$u_R=0$,充电过程结束,电路进入另一种稳态。

下面从数学上来分析电路中的电压和电流是按何种规律变化的。

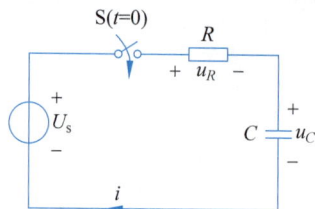

图 4-20 RC 电路的零状态响应

由 KVL 得 $u_R+u_C=U_s$,把 $u_R=Ri$,$i=C\dfrac{\mathrm{d}u_C}{\mathrm{d}t}$ 代入得

$$RC\frac{\mathrm{d}u_C}{\mathrm{d}t}+u_C=U_s$$

此方程为一阶线性非齐次微分方程,初始条件 $u_C(0_+)=u_C(0_-)=0$。方程的解由两个分量组成,即对应非齐次方程的特解 u'_C 和对应齐次方程的通解 u''_C,即

$$u_C=u'_C+u''_C$$

不难求得特解

$$u'_C=U_s$$

而对应的齐次方程 $RC\dfrac{\mathrm{d}u_C}{\mathrm{d}t}+u_C=0$ 的通解为

$$u''_C=A\mathrm{e}^{-\frac{t}{RC}}=A\mathrm{e}^{-\frac{t}{\tau}}$$

因此

$$u_C=U_s+A\mathrm{e}^{-\frac{t}{\tau}}$$

代入初始条件 $u_C(0_+)=u_C(0_-)=0$,得 $A=-U_s$。

所以

$$u_C=U_s-U_s\mathrm{e}^{-\frac{t}{\tau}}=U_s(1-\mathrm{e}^{-\frac{t}{\tau}}) \tag{4-33}$$

电路中电流为

$$i=C\frac{\mathrm{d}u_C}{\mathrm{d}t}=\frac{U_s}{R}\mathrm{e}^{-\frac{t}{\tau}}$$

u_C 和 i 的零状态响应波形如图 4-21 所示。

在这里说明几个概念。微分方程的特解 u'_C 称为强制分量,它与外加激励的变化有关。当强制分量为常量或周期函数时,该分量又称为稳态分量。微分方程的通解 u''_C,其变化规律取决于电路的结构和元件参数,与外加激励无关,随时间的增长而衰减为零,所以称为自由分量,又可称为暂态分量。

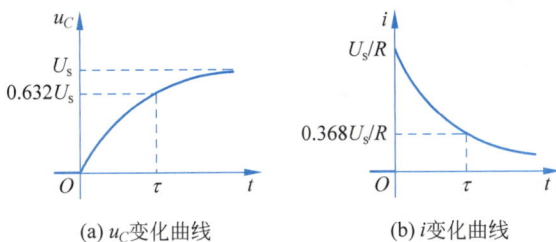

(a) u_C变化曲线　　　　　(b) i变化曲线

图 4-21　u_C 和 i 的零状态响应波形

RC 电路接通直流电源的过程也是电源通过电阻对电容充电的过程。在充电过程中电阻消耗的能量为

$$W_R = \int_0^\infty i^2 R \, \mathrm{d}t = \int_0^\infty \left(\frac{U_s}{R} \mathrm{e}^{-\frac{t}{\tau}} \right)^2 R \, \mathrm{d}t = \frac{U_s^2}{R} \left(-\frac{RC}{2} \right) \mathrm{e}^{-\frac{2}{RC}t} \Bigg|_0^\infty = \frac{1}{2} C U_s^2$$

电容的储能为

$$W_C = \frac{1}{2} C U_C^2 (\infty) = \frac{1}{2} C U_s^2 \tag{4-34}$$

可见,在充电过程中电源提供的能量只有一半转变成电场能量储存于电容中,而另一半则为电阻所消耗,即充电效率只有 50%。

4.4.2　RL 电路的零状态响应

如图 4-22 所示的 RL 电路,开关闭合前电路处于零初始状态,即 $i_L(0_-) = 0$。开关闭合瞬间,由于电感电流不能跃变,$i_L(0_+) = i_L(0_-) = 0$,电感相当于开路,电感两端的电压 $u_L(0_+) = U_s$;随着电流的增加,u_R 也增加,u_L 减小,由 $\dfrac{\mathrm{d}i_L}{\mathrm{d}t} = \dfrac{1}{L} u_L$,电流的变化率也减小,电流上升得越来越慢;最后,当 $i_L = U_s/R$,$u_R = U_s$,$u_L = 0$ 时电路进入另一种稳定状态。

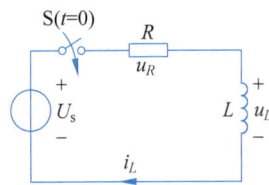

图 4-22　RL 电路的零状态响应

电路的微分方程为

$$L \frac{\mathrm{d}i_L}{\mathrm{d}t} + R i_L = U_s$$

这也是一个一阶齐次微分方程,初始条件为 $i_L(0_+) = i_L(0_-) = 0$,电流 i_L 的解为

$$i_L = i_L' + i_L'' = \frac{U_s}{R} + A \mathrm{e}^{-\frac{R}{L}t} = \frac{U_s}{R} + A \mathrm{e}^{-\frac{t}{\tau}}$$

代入初始条件得

$$A = -\frac{U_s}{R}$$

所以

$$i_L = \frac{U_s}{R} - \frac{U_s}{R} \mathrm{e}^{-\frac{t}{\tau}} = \frac{U_s}{R} (1 - \mathrm{e}^{-\frac{t}{\tau}}) \tag{4-35}$$

电感两端的电压为

$$u_L = L\frac{\mathrm{d}i_L}{\mathrm{d}t} = U_s \mathrm{e}^{-\frac{t}{\tau}}$$

i_L 和 u_L 的零状态响应波形如图 4-23 所示。

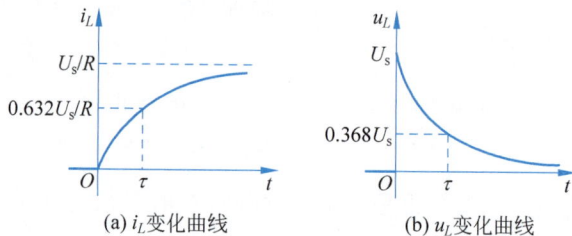

(a) i_L变化曲线　　　　(b) u_L变化曲线

图 4-23　i_L 和 u_L 的零状态响应波形

4.5　一阶电路的全响应

4.5.1　全响应

一个非零初始状态的一阶电路在外加激励下所产生的响应称为全响应。

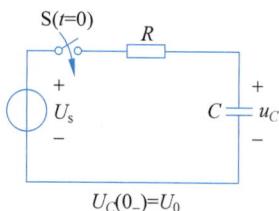

图 4-24　一阶电路的全响应

图 4-24 所示的电路中,设电容的初始电压为 U_0,$t=0$ 时开关 S 闭合。则根据 KVL 有

$$RC\frac{\mathrm{d}u_C}{\mathrm{d}t} + u_C = U_s$$

方程的通解为

$$u_C = u_C' + u_C''$$

方程的特解 u_C' 取电路进入稳定状态的电容电压,则 $u_C' = U_s$;对应的齐次方程的通解为 $u_C'' = A\mathrm{e}^{-t/\tau}$,所以

$$u_C = U_s + A\mathrm{e}^{-\frac{t}{\tau}}$$

代入初始条件 $u_C(0_+) = u_C(0_-) = U_0$,得 $A = U_0 - U_s$。

所以电容电压为

$$u_C = U_s + (U_0 - U_s)\mathrm{e}^{-\frac{t}{\tau}} \tag{4-36}$$

这就是电容电压的全响应表达式。

由式(4-36)可以看出,右边的第一项是稳态分量,它等于外施的直流电压,而第二项是暂态分量,它随时间的增长而衰减为零。它的全响应可以表示为

全响应 =(稳态分量)+(暂态分量)=(强制分量)+(自由分量)

若把式(4-36)改写为

$$u_C = U_s(1 - \mathrm{e}^{-\frac{t}{\tau}}) + U_0\mathrm{e}^{-\frac{t}{\tau}} \tag{4-37}$$

上式右边第一项为电路的零状态响应,因为它正好是 $u_C(0_-)=0$ 时的响应;第二项为电路的零输入响应,因为当 $U_s=0$ 时电路的响应正好等于 $U_0\mathrm{e}^{-t/\tau}$。这说明在一阶电路中,全响应是零输入响应和零状态响应的叠加,这是线性电路的叠加定理在动态电路中的体现。

上述对全响应的两种分析方法只是着眼点不同,前者着眼于反映线性动态电路在换路

后通常要经过一段过渡时间才能进入稳态,而后者则着眼于电路中的因果关系。并不是所有的线性电路都能分出暂态和稳态这两种工作状态,但只要是线性电路,全响应总是可以分解为零输入响应和零状态响应。

4.5.2 三要素法

从上面的分析可以看出,无论是零输入响应、零状态响应还是全响应,当初始值 $f(0_+)$、特解 $f'(t)$ 和时间常数 τ(称为一阶电路的三要素)确定后,电路的响应也就确定了。电路的响应可以按下面的公式求出

$$f(t) = f'(t) + [f(0_+) - f'(0_+)]e^{-\frac{t}{\tau}} \tag{4-38}$$

当电路的三要素确定后,根据式(4-38)可直接写出电路的响应,这种方法称为三要素法。在直流激励下,特解 $f'(t)$ 为常数,$f'(t) = f'(0_+) = f(\infty)$,式(4-38)又可写为

$$f(t) = f(\infty) + [f(0_+) - f(\infty)]e^{-\frac{t}{\tau}} \tag{4-39}$$

例 4-4 如图 4-25(a)所示的电路,开关打开以前电路已经稳定,$t=0$ 时开关 S 打开。求 $t \geqslant 0$ 时的 u_C、i_C。

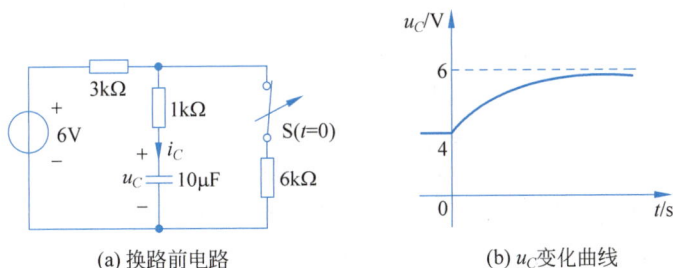

图 4-25 例 4-4 图

解:u_C 的初始值为 $u_C(0_+) = u_C(0_-) = \left(\dfrac{6}{6+3} \times 6\right)\text{V} = 4\text{V}$

特解为

$$u'_C = u_C(\infty) = 6\text{V}$$

时间常数为

$$\tau = R_{eq}C = [(1+3) \times 10^3 \times 10 \times 10^{-6}]\text{s} = 0.04\text{s}$$

由式(4-38)可得

$$u_C = 6 + (4-6)e^{-\frac{t}{0.04}} = (6 - 2e^{-25t})\text{V}$$

$$i_C = C\frac{du_C}{dt} = 0.5e^{-25t}\text{ mA}$$

u_C 的波形如图 4-25(b)所示。

例 4-5 如图 4-26(a)所示的电路,已知 $i_L(0_-) = 2\text{A}$,求 $t \geqslant 0$ 时的 $i_L(t)$、$i_1(t)$。

解:先求出电感两端的戴维宁等效电路,如图 4-26(b)所示,其中 $U_{oc} = 24\text{V}$,$R_{eq} = 6\Omega$。

$$i_L(0_+) = i_L(0_-) = 2\text{A}$$

$$i'_L = i_L(\infty) = \frac{U_{oc}}{R_{eq}} = 4\text{A}$$

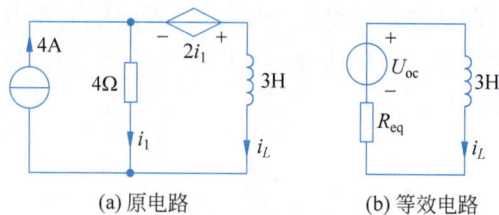

(a) 原电路 (b) 等效电路

图 4-26 例 4-5 图

$$\tau = \frac{L}{R_{eq}} = \frac{3}{6}s = 0.5s$$

所以

$$i_L = 4 + (2-4)e^{-2t} = 4 - 2e^{-2t} A$$

$$i_1 = 4 - i_L = 2e^{-2t} A$$

4.6 一阶电路的阶跃响应

一阶电路的
阶跃响应和
冲激响应

4.6.1 阶跃函数

单位阶跃函数是一种奇异函数,定义为

$$\varepsilon(t) = \begin{cases} 0, & t \leqslant 0_- \\ 1, & t \geqslant 0_+ \end{cases}$$

其函数图如图 4-27(a)所示,在$(0_-,0_+)$内发生了单位阶跃。该函数可以用来描述如图 4-27(b)所示的开关从 1 到 2 的动作,它表示了 $t=0$ 时把电路接到单位直流电压。阶跃函数可以作为开关的数学模型,所以有时也称为开关函数。

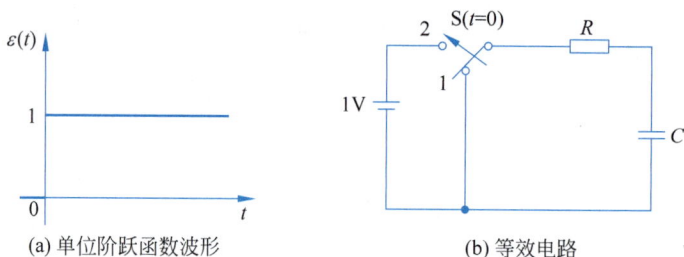

(a) 单位阶跃函数波形 (b) 等效电路

图 4-27 单位阶跃函数

若阶跃不是在 $t=0$ 时发生,而是在 $t=t_0$ 时,则由单位阶跃函数定义得

$$\varepsilon(t-t_0) = \begin{cases} 0, & t \leqslant t_{0_-} \\ 1, & t \geqslant t_{0_+} \end{cases}$$

该式为延迟的单位阶跃,它可看作是把 $\varepsilon(t)$ 在时间轴上移动 t_0 后的结果,如图 4-28 所示。

假设在 $t=t_0$ 时刻把电路接到 3A 的直流电流源上,则此电流源的电流可写成 $3\varepsilon(t-t_0)$A。

单位阶跃函数可以用来"起始"任意一个函数 $f(t)$,设 $f(t)$ 是对所有 t 都有定义的一个任意函数,如图 4-29(a)所示,则

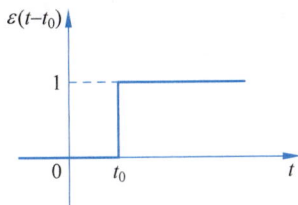

图 4-28　延迟的单位阶跃函数

$$f(t)\varepsilon(t-t_0)=\begin{cases} 0, & t\leqslant t_{0_-} \\ f(t), & t\geqslant t_{0_+} \end{cases}$$

它的波形如图 4-29(b)所示。

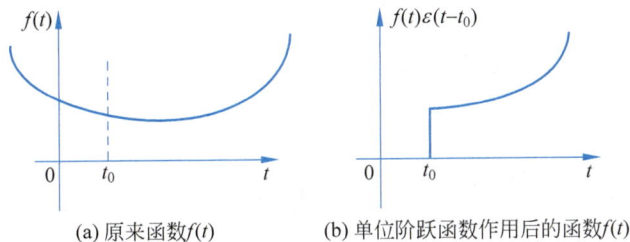

(a) 原来函数 $f(t)$　　　　(b) 单位阶跃函数作用后的函数 $f(t)$

图 4-29　单位阶跃函数的起始作用

单位阶跃函数可以用来描述矩形脉冲。对于如图 4-30(a)所示的脉冲信号,可以分解为两个阶跃函数之和,如图 4-30(b)、图 4-30(c)所示,即 $f(t)=\varepsilon(t)-\varepsilon(t-t_0)$。

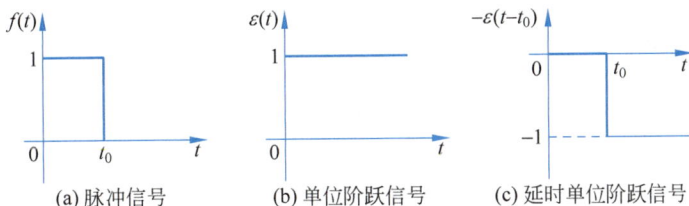

(a) 脉冲信号　　　　(b) 单位阶跃信号　　　　(c) 延时单位阶跃信号

图 4-30　矩形脉冲的分解

4.6.2　阶跃响应

电路对于单位阶跃函数输入的零状态响应称为单位阶跃响应,用 $s(t)$ 表示。阶跃响应的求法与在直流激励下的零状态响应相同。如果电路的输入是幅度为 A 的阶跃函数,则根据零状态响应的比例性可知,电路的零状态响应为 $As(t)$。由于非时变电路的电路参数不随时间变化,则在延迟的单位阶跃信号作用下的响应为 $s(t-t_0)$。这一性质称为非时变性(或定常性)。

例 4-6　如图 4-31(a)所示的电路中,$R=1\Omega,L=2\text{H},u_s$ 的波形如图 4-31(b)所示。计算 $t\geqslant0$ 时的零状态响应 i,并画出 i 的波形。

解:此题可用两种方法求解。

1) 分段计算

当 $t<0$ 时,$i=0$。

当 $0\leqslant t\leqslant 2\text{s}$ 时,$u_s=10\text{V}$,电路为零状态响应,用"三要素"法求解。

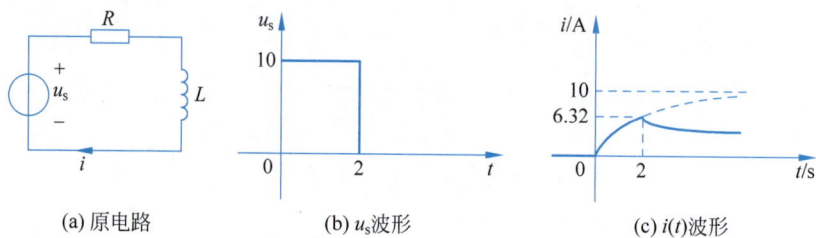

(a) 原电路　　　　　　(b) u_s波形　　　　　　(c) $i(t)$波形

图 4-31　例 4-6 图

$$i(0_+) = i(0_-) = 0, \quad i(\infty) = \frac{u_s}{R} = 10, \quad \tau = \frac{L}{R} = 2\text{s}$$

所以

$$i(t) = 10(1 - e^{-\frac{t}{2}})\text{A}$$

当 $t \geq 2$s 时，$u_s = 0$，电路为零输入响应。

$$i(2_+) = i(2_-) = 10(1 - e^{-1}) = 6.32\text{A}$$

所以

$$i(t) = 6.32 e^{-\frac{(t-2)}{2}}\text{A}$$

2）用阶跃函数表示激励

$$u_s = 10\varepsilon(t) - 10\varepsilon(t-2)$$

电路的单位阶跃响应为

$$s(t) = (1 - e^{-\frac{t}{2}})\varepsilon(t)$$

由零输入响应的比例性和非时变性可得

$$i(t) = 10(1 - e^{-\frac{t}{2}})\varepsilon(t) - 10(1 - e^{-\frac{(t-2)}{2}})\varepsilon(t-2)\text{A}$$

$i(t)$ 的波形如图 4-31(c)所示。

4.7　一阶电路的冲激响应

4.7.1　冲激函数

单位冲激函数也是一种奇异函数，其波形如图 4-32(a)所示，它定义为

$$\delta(t) = 0, t \neq 0; \quad \int_{-\infty}^{+\infty} \delta(t)\mathrm{d}t = 1$$

单位冲激函数又称 δ 函数。它在 $t \neq 0$ 时为零，但在 $t = 0$ 处是奇异的。

单位冲激函数可以看作是单位阶跃函数的极限。图 4-32(b)所示为一个单位矩形脉冲函数 $p_\Delta(t)$ 的波形，它的高为 $1/\Delta$，宽为 Δ。当 Δ 减小时，它的脉冲函数高度 $1/\Delta$ 增加，而矩形面积 $\frac{1}{\Delta} \cdot \Delta = 1$ 总保持不变。当 $\Delta \to 0$ 时，脉冲高度 $1/\Delta \to \infty$，在此极限情况下，可以得到一个宽度趋于零、幅度趋于无穷大但具有单位面积的脉冲，这就是单位冲激函数 $\delta(t)$，可记为

$$\lim_{\Delta \to 0} p_\Delta(t) = \delta(t)$$

强度为 1 的冲激函数在箭头旁边注明 1，强度为 K 的冲激函数如图 4-32(c)所示，此时

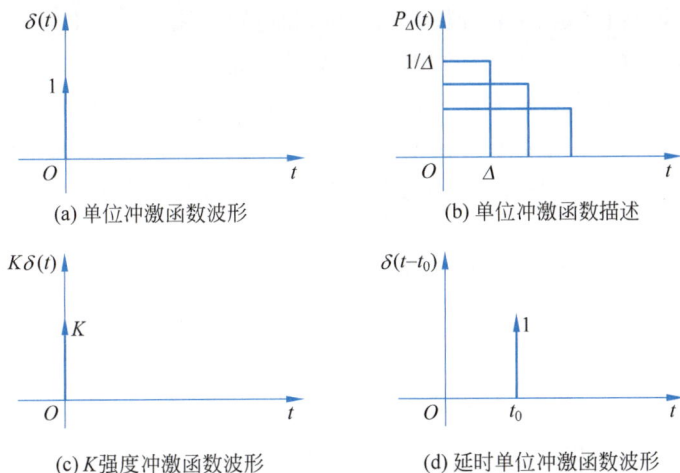

(a) 单位冲激函数波形   (b) 单位冲激函数描述

(c) K 强度冲激函数波形   (d) 延时单位冲激函数波形

图 4-32 单位冲激函数

箭头旁边注明 K。

单位延迟冲激函数定义为

$$\delta(t-t_0)=0, t \neq t_0; \qquad \int_{-\infty}^{+\infty} \delta(t-t_0)\mathrm{d}t=1$$

如图 4-32(d)所示。

发生在 $t=t_0$ 时刻，冲激强度为 K 的冲激函数则表示为 $K\delta(t-t_0)$。

冲激函数有如下两个主要性质：

(1) 单位冲激函数是单位阶跃函数的导数，即 $\dfrac{\mathrm{d}\varepsilon(t)}{\mathrm{d}t}=\delta(t)$；反之，单位阶跃函数是单位冲激函数的积分，即 $\displaystyle\int_{-\infty}^{t} \delta(t)\mathrm{d}t=\varepsilon(t)$。

(2) 单位冲激函数的"筛分"性质。由于在 $t \neq 0$ 时，$\delta(t)=0$，所以对任意在 $t=0$ 时连续的函数 $f(t)$，有 $f(t)\delta(t)=f(0)\delta(t)$，所以

$$\int_{-\infty}^{+\infty} f(t)\delta(t)\mathrm{d}t = \int_{-\infty}^{+\infty} f(0)\delta(t)\mathrm{d}t = f(0)\int_{-\infty}^{+\infty} \delta(t)\mathrm{d}t = f(0)$$

同理可得

$$\int_{-\infty}^{+\infty} f(t)\delta(t-t_0)\mathrm{d}t = f(t_0)$$

这就是说，冲激函数能把函数 $f(t)$ 在冲激存在时刻的函数值筛选出来，所以称为"筛分"性质，又称取样性质。

4.7.2 冲激响应

电路在单位冲激函数 $\delta(t)$ 的激励下的零状态响应称为单位冲激响应，用 $h(t)$ 表示。

冲激函数作用于零状态的电路，在 $(0_-, 0_+)$ 的区间内使电容电压或电感电流发生跃变，$t \geqslant 0_+$ 后，冲激函数为零，电路相当于在初始状态所引起的零输入响应。所以，冲激响应的一种求法是：先计算由 $\delta(t)$ 作用下的 $u_C(0_+)$ 或 $i_L(0_+)$，然后求解由这一初始状态所产生的零输入响应，即为 $t>0$ 时的冲激响应。

现在的关键是如何确定 $t=0_+$ 时的电容电压和电感电流。由于电容和电感的储能能力为有限值,因此电容两端不应出现冲激电压,电感中不能流过冲激电流。也就是说,在冲激电源作用于电路的瞬间,电容应看作短路,电感应看作开路。据此可作出冲激电源作用瞬间的等效电路,从而确定冲激电流和冲激电压的分布情况。如有冲激电流流过电容处,电容电压将发生跃变;如有冲激电压出现于电感两端,电感电流将发生跃变。利用式(4-23b)和式(4-25b)可求得 $u_C(0_+)$ 和 $i_L(0_+)$。

例 4-7 求图 4-33(a)所示的电路中的电容电压的冲激响应 u_C。

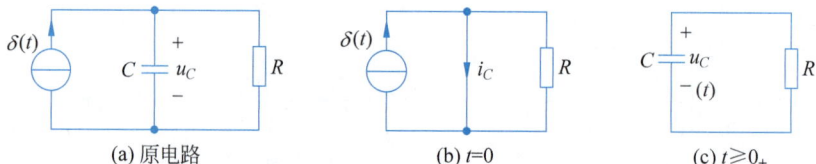

图 4-33 例 4-7 图

解:把电容看作短路,$t=0$ 时的等效电路如图 4-33(b)所示。可见电流源的冲激电流全部流过电容,这个冲激电流使电容电压发生跃变,即

$$u_C(0_+) = u_C(0_-) + \frac{1}{C}\int_{0_-}^{0_+} i_C \,\mathrm{d}t = \frac{1}{C}\int_{0_-}^{0_+} \delta(t)\,\mathrm{d}t = \frac{1}{C}$$

当 $t \geqslant 0_+$ 时,$\delta(t)=0$,电路如图 4-33(c)所示,电容电压的冲激响应为

$$h(t) = \frac{1}{C}\mathrm{e}^{-\frac{t}{\tau}}$$

式中,$\tau = RC$。上式适用于 $t \geqslant 0_+$ 时,所以又可以写为

$$h(t) = \frac{1}{C}\mathrm{e}^{-\frac{t}{\tau}}\varepsilon(t)$$

例 4-8 如图 4-34(a)所示的电路,$i_L(0_-)=0$,$R_1=6\Omega$,$R_2=4\Omega$,$L=100\mathrm{mH}$。求冲激响应 i_L 和 u_L。

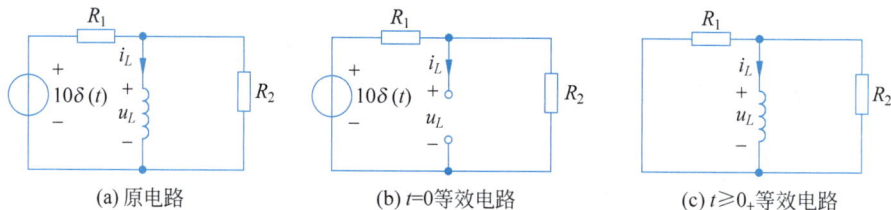

图 4-34 例 4-8 图

解:在冲激电压源的作用下,电感相当于开路,$t=0$ 时的等效电路如图 4-34(b)所示,可见电感两端的电压为

$$u_L = \frac{R_2}{R_1+R_2} \times 10\delta(t) = \frac{4}{6+4} \times 10\delta(t) = 4\delta(t)\mathrm{V}$$

这个冲激电压使电感电流发生跃变,有

$$i_L(0_+) = i_L(0_-) + \frac{1}{L}\int_{0_-}^{0_+} u_L \,\mathrm{d}t = \frac{1}{100\times 10^{-3}}\int_{0_-}^{0_+} 4\delta(t)\,\mathrm{d}t = 40\mathrm{A}$$

当 $t \geqslant 0_+$ 时,等效电路如图 4-34(c)所示,有

$$\tau=\frac{L}{R_1 /\!/ R_2}=\left(\frac{100\times10^{-3}}{2.4}\right)\text{s}=\frac{1}{24}\text{s}$$

电感电流为

$$i_L=i_L(0_+)\text{e}^{-\frac{t}{\tau}}=40\text{e}^{-24t}\varepsilon(t)\text{A}$$

电感电压为

$$u_L=L\frac{\text{d}i_L}{\text{d}t}=100\times10^{-3}\times40[-24\text{e}^{-24t}\varepsilon(t)+\text{e}^{-24t}\delta(t)]$$

$$=4\delta(t)-96\text{e}^{-24t}\varepsilon(t)\text{V}$$

i_L 和 u_L 的波形如图 4-35 所示。注意 i_L 和 u_L 的冲激和跃变情况。

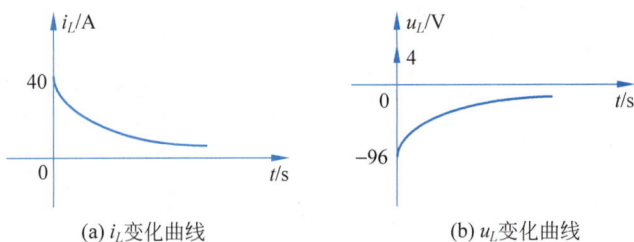

i_L/A
40
0
t/s
(a) i_L变化曲线
u_L/V
4
0
t/s
−96
(b) u_L变化曲线

图 4-35 i_L 和 u_L 的波形

冲激函数是阶跃函数的导数，冲激响应也是阶跃响应的导数，即

$$h(t)=\frac{\text{d}s(t)}{\text{d}t}$$

由此可得求冲激响应的另一种方法，即先求出阶跃响应 $s(t)$，然后再求阶跃响应的导数，便可得冲激响应 $h(t)$。

例 4-9 利用冲激响应是阶跃响应的导数求例 4-7 中的 u_C。

解：电压 u_C 的阶跃响应为

$$s(t)=R(1-\text{e}^{-\frac{t}{RC}})\varepsilon(t)$$

由于 $h(t)=\frac{\text{d}s(t)}{\text{d}t}$，则电容电压 u_C 的冲激响应为

$$h(t)=R\frac{\text{d}}{\text{d}t}[(1-\text{e}^{-\frac{t}{RC}})\varepsilon(t)]=R\left[\frac{1}{RC}\text{e}^{-\frac{t}{RC}}\varepsilon(t)+(1-\text{e}^{-\frac{t}{RC}})\delta(t)\right]=\frac{1}{C}\text{e}^{-\frac{t}{RC}}\varepsilon(t)$$

上式计算过程中利用了$(1-\text{e}^{-\frac{t}{RC}})\delta(t)=0$。可见上述结果与例 4-7 相同。

4.8 二阶电路的分析

前面所讲的一阶电路的分析中，三要素是一个有效的方法，但在二阶电路的分析中，三要素已不适用。本节对于二阶电路的分析，采用的是经典法。在二阶电路中，由于所列的方程是二阶微分方程，因而需要两个初始条件，它们均由储能元件的初始值决定。

4.8.1 二阶电路的零输入响应

图 4-36 所示的 RLC 串联电路，假定电容已充电，其电压为 U_0，电感中的初始电流为

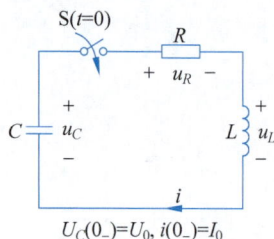

图 4-36   RLC 电路的零输入响应

I_0。$t=0$ 时,开关 S 闭合,此电路的放电过程即二阶电路的零输入响应。

根据 KVL,有 $-u_C+u_R+u_L=0$,又 $u_R=Ri$,$i=-C\dfrac{\mathrm{d}u_C}{\mathrm{d}t}$,$u_L=L\dfrac{\mathrm{d}i}{\mathrm{d}t}=-LC\dfrac{\mathrm{d}^2u_C}{\mathrm{d}t^2}$,代入得

$$LC\frac{\mathrm{d}^2u_C}{\mathrm{d}t^2}+RC\frac{\mathrm{d}u_C}{\mathrm{d}t}+u_C=0 \qquad (4\text{-}40)$$

式(4-40)是以 u_C 为变量的二阶线性常系数齐次微分方程。

相应的特征方程为

$$LCp^2+RCp+1=0$$

特征根为

$$p_{1,2}=-\frac{R}{2L}\pm\sqrt{\left(\frac{R}{2L}\right)^2-\frac{1}{LC}}$$

设电容电压为

$$u_C=A_1\mathrm{e}^{p_1t}+A_2\mathrm{e}^{p_2t} \qquad (4\text{-}41)$$

式中

$$p_1=-\frac{R}{2L}+\sqrt{\left(\frac{R}{2L}\right)^2-\frac{1}{LC}},\quad p_2=-\frac{R}{2L}-\sqrt{\left(\frac{R}{2L}\right)^2-\frac{1}{LC}} \qquad (4\text{-}42)$$

从式(4-42)可见,特征根 p_1 和 p_2 仅与电路的结构和元件的参数有关,它们又被称为电路的固有频率。注意,在二阶电路中,没有时间常数的概念。

给定的初始条件为 $u_C(0_+)=u_C(0_-)=U_0$,$i(0_+)=i(0_-)=I_0$。由于 $i=-C\dfrac{\mathrm{d}u_C}{\mathrm{d}t}$,因此有 $\dfrac{\mathrm{d}u_C}{\mathrm{d}t}\bigg|_{0_+}=-\dfrac{1}{C}i(0_+)=-\dfrac{I_0}{C}$。将初始条件代入式(4-40)得

$$\left.\begin{array}{l} A_1+A_2=U_0 \\[2mm] A_1p_1+A_2p_2=-\dfrac{I_0}{C} \end{array}\right\} \qquad (4\text{-}43)$$

由式(4-43)可解出常数 A_1 和 A_2,从而求出 u_C。

为了简化分析,下面仅讨论 $U_0\neq0$ 而 $I_0=0$ 的情况,即已充电的电容 C 经 R、L 放电的情况。此时可解得

$$A_1=\frac{p_2U_0}{p_2-p_1},\quad A_2=\frac{-p_1U_0}{p_2-p_1}$$

代入式(4-41)可得电容电压 u_C 的零输入响应的表达式。

由于电路中 R、L、C 参数的不同,特征根可能是:①不相等的负实根;②一对实部为负的共轭复根;③一对相等的负实根。下面分三种情况加以讨论。

1. $R>2\sqrt{\dfrac{L}{C}}$,非振荡放电过程

在这种情况下,特征根 p_1 和 p_2 为两个不相等的负实根。

电容上的电压为

$$u_C = \frac{U_0}{p_2 - p_1}(p_2 e^{p_1 t} - p_1 e^{p_2 t}) \tag{4-44}$$

电路中的电流为

$$i = -C\frac{du_C}{dt} = -\frac{CU_0 p_1 p_2}{p_2 - p_1}(e^{p_1 t} - e^{p_2 t}) = -\frac{U_0}{L(p_2 - p_1)}(e^{p_1 t} - e^{p_2 t}) \tag{4-45}$$

式中,利用了 $p_1 p_2 = 1/(LC)$ 的关系。

电感电压为

$$U_L = L\frac{di}{dt} = -\frac{U_0}{p_2 - p_1}(p_1 e^{p_1 t} - p_2 e^{p_2 t}) \tag{4-46}$$

从 u_C、i、u_L 的表达式可以看出,它们都是由随时间衰减的指数函数项来表示的,这表明电路的响应是非振荡的,又称为过阻尼情况。图 4-37 给出 u_C、i、u_L 的非振荡响应曲线。从图中可以看出,u_C、i 的方向始终不变,并且 $u_C \geq 0$,$i \geq 0$,表明电容在整个过程中一直释放储存的电场能量,最后 $u_C = 0$,$i = 0$。由于电流的初始值和稳态值均为零,因此在某一时刻 t_m 电流达到最大值,此时 $\frac{di}{dt} = 0$,得

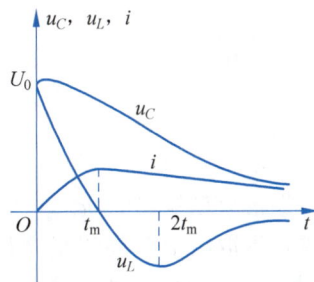

图 4-37 u_C、u_L、i 的非振荡响应曲线

$$t_m = \frac{\ln(p_2/p_1)}{p_1 - p_2}$$

当 $t < t_m$ 时,电感吸收能量,建立磁场;当 $t > t_m$ 时,电感释放能量,磁场逐渐消失;当 $t = t_m$ 时,正是电感电压过零点。

从物理意义上来说,开关合上后,电容通过 R、L 放电,它的电场能量的一部分转变成磁场能量储存于电感中,另一部分则为电阻所消耗。由于电阻较大,电阻迅速消耗能量。当 $t = t_m$ 时,电流达到最大值,以后磁场能量不再增加,并随电流的下降而逐渐放出,同继续放出的电场能量一起供给电阻的能量消耗,直到 $u_C = 0$,$i = 0$,$u_L = 0$。

2. $R < 2\sqrt{L/C}$,振荡放电过程

在这种情况下,特征根 p_1 和 p_2 为一对共轭复数。令 $\delta = \frac{R}{2L}$,$\omega_0 = \frac{1}{\sqrt{LC}}$,$\omega = \sqrt{\frac{1}{LC} - \left(\frac{R}{2L}\right)^2} = \sqrt{\omega_0^2 - \delta^2}$,其相互关系如图 4-38 所示。

特征根为

$$p_1 = -\delta + j\omega, \quad p_2 = -\delta - j\omega \quad (j^2 = -1)$$

设齐次方程的通解为

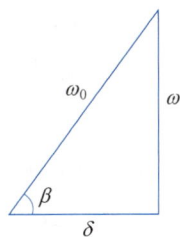

图 4-38 表示 ω_0、δ、ω、β 相互关系的三角形

$$u_C = A e^{-\delta t}\sin(\omega t + \beta)$$

代入初始条件 $u_C(0_+) = U_0$,$\left.\frac{du_C}{dt}\right|_{0_+} = 0$,得

$$A\sin\beta = U_0, \quad -A\delta\sin\beta + A\omega\cos\beta = 0$$

解得 $A = \dfrac{\omega_0 U_0}{\omega}$，$\beta = \arctan \dfrac{\omega}{\delta}$。则电容电压为

$$u_C = \frac{\omega_0 U_0}{\omega} \mathrm{e}^{-\delta t} \sin(\omega t + \beta)$$

电流为

$$i = -C \frac{\mathrm{d}u_C}{\mathrm{d}t} = \frac{U_0}{\omega L} \mathrm{e}^{-\delta t} \sin \omega t$$

电感电压为

$$u_L = L \frac{\mathrm{d}i}{\mathrm{d}t} = -\frac{\omega_0 U_0}{\omega} \mathrm{e}^{-\delta t} \sin(\omega t - \beta)$$

在求 i、u_L 时要用到 ω_0、δ、ω、β 之间的关系。

振荡放电过程中，u_C、i、u_L 的波形如图 4-39(a)所示。它们的振幅随时间作指数衰减，衰减快慢取决于 δ，所以把 δ 称为衰减系数，δ 越大，衰减越快；ω 是衰减振荡角频率，ω 越大，振荡周期越小，振荡越快。当电路中的电阻较小时，响应是振荡性的，称为欠阻尼情况。

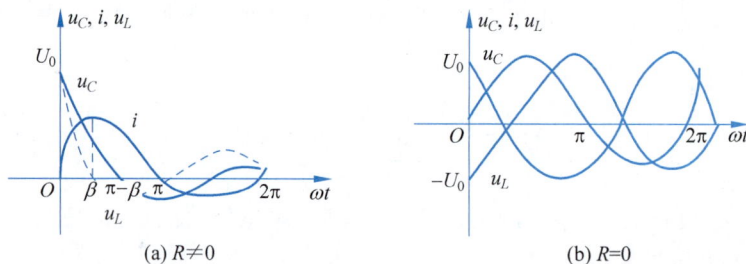

图 4-39　振荡电路放电过程中 u_C、i、u_L 的波形

从上述表达式还可以得出：

(1) $\omega t = k\pi$，$k = 0, 1, 2, \cdots$ 为电流的过零点，即 u_C 的极值点；

(2) $\omega t = k\pi + \beta$，$k = 0, 1, 2, \cdots$ 为电感电压的过零点，即电流 i 的极值点；

(3) $\omega t = k\pi - \beta$，$k = 0, 1, 2, \cdots$ 为电容电压的过零点。

根据上述过零点的情况可以看出元件之间的能量吸收、转换的情况，如表 4-2 所示。

表 4-2　振荡放电过程中元件之间的能量关系

元　　件	$0 < \omega t < \beta$	$\beta < \omega t < \pi - \beta$	$\pi - \beta < \omega t < \pi$
电感	吸收	释放	释放
电容	释放	释放	吸收
电阻	消耗	消耗	消耗

当 $\delta = 0$，即 $R = 0$ 时，特征根 $p_1 = +\mathrm{j}\omega_0$，$p_2 = -\mathrm{j}\omega$，为一对共轭虚数，$\omega_0$ 称为电路的谐振角频率。此时，$\omega_0 = \omega$，$\beta = 90°$，可得

$$u_C = U_0 \cos \omega_0 t, \quad i = \frac{U_0}{\omega_0 L} \sin \omega_0 t, \quad u_L = -U_0 \cos \omega_0 t$$

可见电路中的振荡为等幅振荡，又称为无阻尼振荡。u_C、i、u_L 的波形如图 4-39(b)所示。

3. $R=2\sqrt{L/C}$,临界情况

在这种情况下,特征值为一对相等的负实根,$p_1=p_2=-\dfrac{R}{2L}=-\delta$。设微分方程的通解为

$$u_C=(A_1+A_2t)\mathrm{e}^{-\delta t}$$

代入初始条件得 $A_1=U_0$,$A_2=\delta U_0$。所以可得

$$u_C=U_0(1+\delta t)\mathrm{e}^{-\delta t},\quad i=-C\frac{\mathrm{d}u_C}{\mathrm{d}t}=\frac{U_0}{L}t\mathrm{e}^{-\delta t},\quad u_L=L\frac{\mathrm{d}i}{\mathrm{d}t}=U_0\mathrm{e}^{-\delta t}(1-\delta t)$$

从上面的表达式可以看出,u_C、i、u_L 不做振荡变化,即具有非振荡的性质,其波形与图 4-37 相似。然而,这种过程是振荡与非振荡过程的分界线,所以称为临界非振荡过程,这时的电阻为临界电阻。上述临界情况的计算公式还可根据非振荡情况的计算公式由洛必达法则求极限得出。

上述讨论的具体公式,仅适用于串联 RLC 电路在 $u_C(0_-)=U_0$ 和 $i(0_-)=0$ 时的情况。对于一般的二阶电路,则需根据特征值的形式,写出微分方程的通解,然后根据初始条件求出通解中的常数。对于并联 RLC 电路的零输入响应,则可根据对偶定理由串联 RLC 电路得出。

例 4-10 图 4-36 所示的电路中,已知 $L=1\mathrm{H}$,$C=0.25\mathrm{F}$,$u_C(0_-)=4\mathrm{V}$,$i(0_-)=-2\mathrm{A}$。求以下几种情况的电容电压 u_C。

(1) $R=5\Omega$;(2) $R=4\Omega$;(3) $R=2\Omega$;(4) $R=0\Omega$。

解:(1) $R=5\Omega$ 时,临界电阻 $R_0=2\sqrt{L/C}=4<R$,电路为过阻尼情况。特征根为

$$p_1=-\frac{R}{2L}+\sqrt{\left(\frac{R}{2L}\right)^2-\frac{1}{LC}}=-\frac{5}{2}+\sqrt{\left(\frac{5}{2}\right)^2-4}=-1$$

$$p_2=-\frac{R}{2L}-\sqrt{\left(\frac{R}{2L}\right)^2-\frac{1}{LC}}=-\frac{5}{2}-\sqrt{\left(\frac{5}{2}\right)^2-4}=-4$$

设电容电压为

$$u_C=A_1\mathrm{e}^{-t}+A_2\mathrm{e}^{-4t}$$

代入初始条件 $u_C(0_+)=u_C(0_-)=4$,$\left.\dfrac{\mathrm{d}u_C}{\mathrm{d}t}\right|_{0_+}=-\dfrac{1}{C}i(0_+)=8$,得 $A_1+A_2=4$,$-A_1-4A_2=8$,解得

$$A_1=8,\quad A_2=-4$$

因此

$$u_C=8\mathrm{e}^{-t}-4\mathrm{e}^{-4t}\mathrm{V}$$

(2) $R=4\Omega$ 时,电路为临界阻尼的情况。

特征根为

$$p_1=p_2=-\frac{R}{2L}=-2$$

设电容电压为

$$u_C=(A_1+A_2t)\mathrm{e}^{-2t}$$

代入初始条件得 $A_1=4$,$A_2-2A_1=8$,解得 $A_1=4$,$A_2=16$。因此

$$u_C = (4 + 16t)\mathrm{e}^{-2t}\,\mathrm{V}$$

（3）$R = 2\Omega$ 时，电路为欠阻尼情况。

特征根

$$p_{1,2} = -\frac{R}{2L} \pm \sqrt{\left(\frac{R}{2L}\right)^2 - \frac{1}{LC}} = -1 \pm \mathrm{j}\sqrt{3}$$

设电容电压为

$$u_C = A\mathrm{e}^{-t}\sin(\sqrt{3}\,t + \beta)$$

代入初始条件得 $A\sin\beta = 4$，$-A\sin\beta + \sqrt{3}\,A\cos\beta = 8$，解得

$$A = 8, \quad \beta = 30°$$

则

$$u_C = 8\mathrm{e}^{-t}\sin(\sqrt{3}\,t + 80°)\,\mathrm{V}$$

（4）$R = 0$ 时，电路为无阻尼振荡。

特征根为

$$p_{1,2} = \pm\mathrm{j}2$$

设电容电压为

$$u_C = A\sin(2t + \beta)$$

代入初始条件得 $A\sin\beta = 4$，$2A\cos\beta = 8$，解得

$$A = 4\sqrt{2}, \quad \beta = 45°$$

所以

$$u_C = 4\sqrt{2}\sin(2t + 45°)\,\mathrm{V}$$

4.8.2　二阶电路的零状态响应与全响应

二阶电路的初始储能为零（即电容电压为零和电感电流为零）时，仅由外加激励所产生的响应，称为二阶电路的零状态响应。

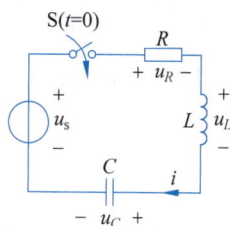

如图 4-40 所示的 RLC 串联电路，$u_C(0_-) = 0$，$i(0_-) = 0$。$t = 0$ 时，开关闭合，根据 KVL 有 $u_R + u_C + u_L = u_s$，又

$$u_R = Ri, \quad i = C\frac{\mathrm{d}u_C}{\mathrm{d}t}, \quad u_L = L\frac{\mathrm{d}i}{\mathrm{d}t} = LC\frac{\mathrm{d}^2 u_C}{\mathrm{d}t^2}，$$

代入上式得

$$LC\frac{\mathrm{d}^2 u_C}{\mathrm{d}t^2} + RC\frac{\mathrm{d}u_C}{\mathrm{d}t} + u_C = u_s$$

图 4-40　二阶电路的零状态响应

这是以 u_C 为变量的二阶线性常系数非齐次微分方程。方程的解由非齐次方程的特解 u_C' 和对应齐次方程的通解 u_C'' 组成，即

$$u_C = u_C' + u_C''$$

取稳态时的解为特解 u_C'，而通解 u_C'' 与零输入响应相同，再根据初始条件确定积分系数，从而得到全解。

二阶电路的全响应是指二阶电路的初始储能不为零时，由外加激励所产生的响应。它可利用全响应是零输入响应和零状态响应的叠加求得，也可通过列电路的微分方程求得。

例 4-11　如图 4-40 所示的电路，$L = 1\mathrm{H}$，$C = 1/3\mathrm{F}$，$R = 4\Omega$，$u_s = 16\mathrm{V}$，初始状态为零。

求 $u_C(t)$、$i(t)$。

解：电路方程为

$$LC \frac{d^2 u_C}{dt^2} + RC \frac{du_C}{dt} + u_C = u_s$$

代入已知条件得

$$\frac{d^2 u_C}{dt^2} + 4 \frac{du_C}{dt} + 3u_C = 48$$

特征根为

$$p_1 = -\frac{R}{2L} + \sqrt{\left(\frac{R}{2L}\right)^2 - \frac{1}{LC}} = -2 + \sqrt{4-3} = -1$$

$$p_2 = -\frac{R}{2L} - \sqrt{\left(\frac{R}{2L}\right)^2 - \frac{1}{LC}} = -2 - \sqrt{4-3} = -3$$

设电容电压为

$$u_C = u'_C + u''_C$$

特解 $u'_C = 16$，对应齐次方程的通解

$$u''_C = A_1 e^{-t} + A_2 e^{-3t}$$

所以通解为 $u_C = A_1 e^{-t} + A_2 e^{-3t} + 16$。代入初始条件 $u_C(0_+) = u_C(0_-) = 0$，$\left.\dfrac{du_C}{dt}\right|_{0_+} = \dfrac{1}{C} i(0_+) = 0$，得

$$A_1 + A_2 + 16 = 0, \quad -A_1 - 3A_2 = 0$$

解得 $A_1 = 24$，$A_2 = 8$。因此

$$u_C = -24 e^{-t} + 8 e^{-3t} + 16 \text{V}$$

$$i = C \frac{du_C}{dt} = 8 e^{-t} - 8 e^{-3t} \text{A}$$

习题 4

一、简答题

4-1 若电容和电感元件端口电压、电流参考方向非关联,则它们的端口伏安关系应该写为何种形式?

4-2 判断下列命题是否正确,并说明理由。

(1) 电感电压为有限值时,电感电流不能跃变。

(2) 电感电流为有限值时,电感电压不能跃变。

(3) 电容电压为有限值时,电容电流可以跃变。

(4) 电容电流为有限值时,电容电压可以跃变。

(5) 由于电阻、电感、电容元件都能从外部电路吸收功率,所以它们都是耗能元件。

4-3 为什么电容和电感称为储能元件和无源元件?

4-4 电容和电感储存的能量和什么有关?

4-5 如果一个电感元件两端的电压为零,其储能是否也一定等于零? 如果一个电容元件中电流为零,其储能是否也一定等于零?

4-6 电感元件通过恒定电流时可视为短路,此时电感 L 是否为零? 电容元件两端加恒定电压时可视为开路,此时电容 C 是否为无穷大?

4-7 "在电感电压为有限值时,电感电流不能跃变,实质上也就是电感的储能不能跃变的反映。"你认为这种说法正确吗? 为什么?

4-8 "在电容电流为有限值时,电容电压不能跃变,实质上也就是电容的储能不能跃变的反映。"你认为这种说法正确吗? 为什么?

4-9 试证明零输入响应 u_C 曲线在 $t=0$ 处的切线交时间轴于 τ,这一结果说明了什么?

4-10 "电路的全响应为零输入响应和零状态响应的叠加。若电路的初始状态或输入有所变化时,只需对有关的零输入响应分量或零状态响应分量作出相应的变更即可。"你认为这种说法正确吗? 为什么?

4-11 常用万用表"R×1000"挡来检查电容器(电容量较大)的质量好坏。如在检查时发现下列现象,试解释之,并说明电容器的好坏:(1)指针满偏转;(2)指针不动;(3)指针很快偏转后又返回原刻度处;(4)指针偏转后不能返回原刻度处;(5)指针偏转后返回速度很慢。

4-12 直流一阶电路的全响应可以用三要素法求解,那么零输入响应和零状态响应能否用三要素法求解? 如果能,怎样求?

4-13 单位阶跃响应和单位冲激响应存在什么关系?

二、选择题

4-14 如题 4-14 图所示的电路,换路前电路已处于稳态,$t=0$ 时开关由 1 合向 2,则电流 $i(0_+)=$( )。

    A. 1A   B. -1A   C. -2A   D. 4A

4-15 如题 4-15 图所示的电路,电路的时间常数 $\tau=$( )s。

    A. 0.08   B. 0.1   C. 3   D. 2.5

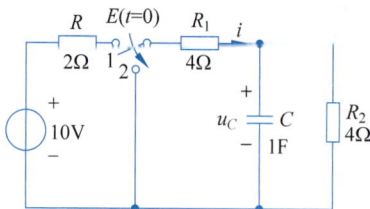

题 4-14 图

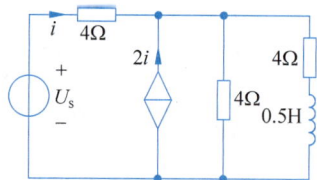

题 4-15 图

4-16 某 RC 串联电路中,u_C 随时间的变化曲线如题 4-16 图所示,则 $t \geq 0$ 时 $u_C(t)=$( )V。

    A. $3+6e^{-\frac{t}{2}}$ B. $3+3e^{-\frac{t}{4}}$ C. $3+3e^{-\frac{t}{2}}$ D. $3+6e^{-\frac{t}{4}}$

4-17 换路后瞬间($t=0_+$),电容可用( )等效替代,电感可用( )等效替代。若储能元件初值为零,则电容相当于( ),电感相当于( )。

    A. 电流源,电压源,短路,开路   B. 电流源,电压源,开路,短路

C. 电压源,电流源,开路,短路　　　　D. 电压源,电流源,短路,开路

4-18　如题 4-18 图所示的电路,开关在 $t=0$ 时刻动作,开关动作前电路已处于稳态,则 $i_1(0_+)=(\quad)$A。

A. 0.25　　　　B. 1　　　　C. 0.14　　　　D. 1.25

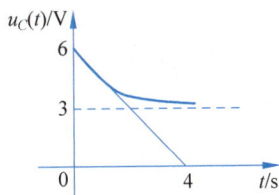

题 4-16 图

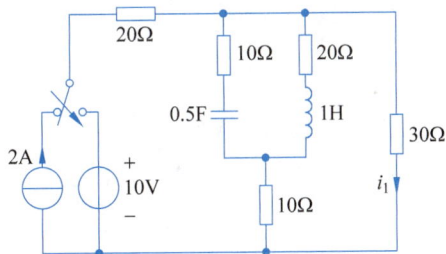

题 4-18 图

三、计算题

4-19　已知 $C=6\mu$F,流过该电容的电流波形如题 4-19 图所示,求初始电压为 0V 时

(1) 电容电压 $u(t)$ 的波形;

(2) 电容吸收的功率 $p(t)$;

(3) $t=1$s、2s、∞时的电容的储能。

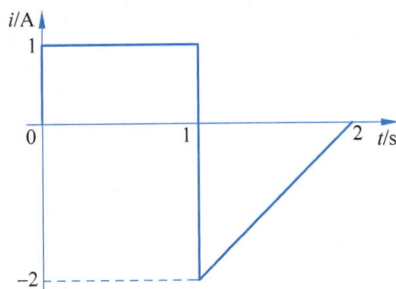

题 4-19 图

4-20　如题 4-20 图所示,图(a)中 $L=4$H,且 $i(0)=0$,电压波形如图(b)所示。试求当 $t=1$s、$t=2$s、$t=3$s 和 $t=4$s 时电感电流 i。

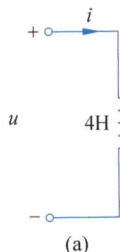

(a)

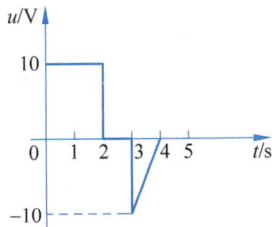

(b)

题 4-20 图

4-21　如题 4-21 图所示的电路,分别求图中 a、b 端的等效电容与等效电感。

4-22　如题 4-22 图所示的电路,开关 S 在 $t=0$ 时动作,试求各电路在 $t=0_+$ 时刻电压、电流的初始值。

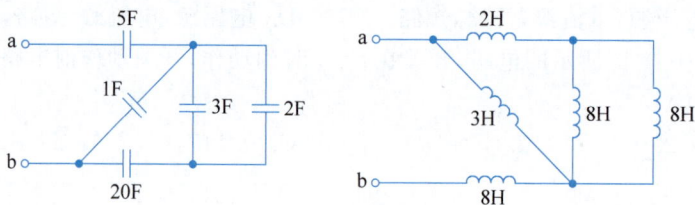

题 **4-21** 图

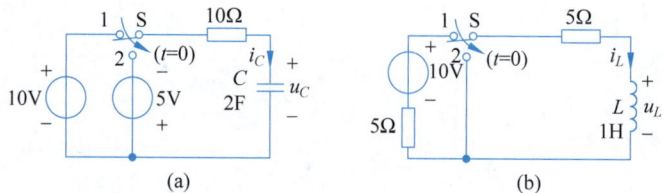

题 **4-22** 图

4-23 如题 4-23 图所示的电路,开关 S 在 $t=0$ 时动作,试求各电路在 $t=0_+$ 时刻的电压、电流。已知图(d)中的 $e(t)=100\sin\left(\omega t+\dfrac{\pi}{3}\right)\mathrm{V}$,$u_C(0_-)=20\mathrm{V}$。

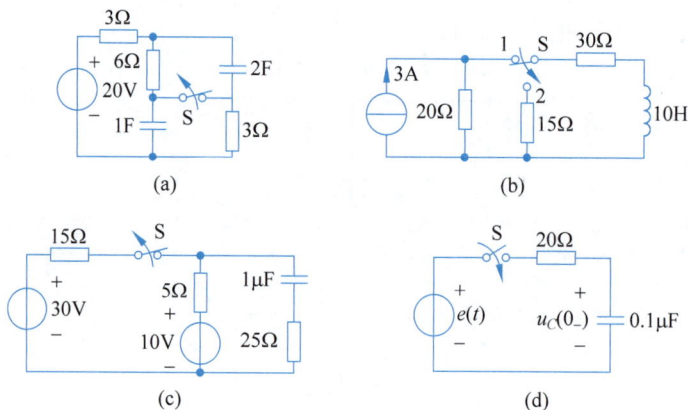

题 **4-23** 图

4-24 如题 4-24 图所示的电路,换路前已处稳态,$t=0$ 闭合开关。求 $t=0_+$ 时各支路电流的初值和电感电压的初值。

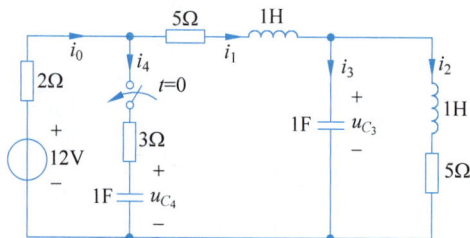

题 **4-24** 图

4-25 如题 4-25 图所示的电路,在 $t=0$ 时闭合开关,已知 $u_C(0_-)=0$,$i_L(0_-)=0$。求:

（1）$t=0_+$ 时的 u_1 和 u_2；

（2）$t=0_+$ 时的 $\dfrac{\mathrm{d}u_1}{\mathrm{d}t}$ 和 $\dfrac{\mathrm{d}u_2}{\mathrm{d}t}$；

（3）$t=0_+$ 时的 $\dfrac{\mathrm{d}^2 u_2}{\mathrm{d}t^2}$。

4-26　如题 4-26 图所示的电路，开关 S 原在位置 1 已久，$t=0$ 时合向位置 2，求 $u_C(t)$ 和 $i(t)$。

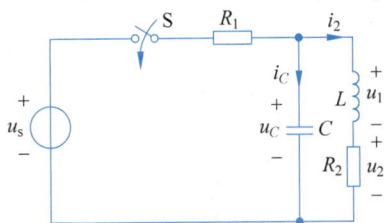 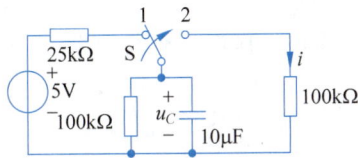

题 4-25 图　　　　　　　　　　题 4-26 图

4-27　一个高压电容器原先已充电，其电压为 10kV，从电路中断开后，经过 15min，它的电压降低为 3.2kV，问：

（1）再经过 15min 电压将降低为多少？

（2）如果电容 $C=15\mu F$，那么它的绝缘电阻是多少？

（3）需经多长时间可使电压降至 30V 以下？

（4）如果以一根电阻为 0.2Ω 的导线将电容接地放电，最大放电电流是多少？若认为在 5τ 时间内放电完毕，那么放电的平均功率是多少？

（5）如果以 100kΩ 的电阻将其放电，应放电多少时间？并重答（4）。

4-28　如题 4-28 图所示的电路，电容原未充电，$U_s=100V$，$R=500\Omega$，$C=10\mu F$。$t=0$ 时开关 S 闭合，求：

（1）$t\geqslant 0$ 时的 u_C 和 i；

（2）u_C 达到 80V 时所需的时间。

4-29　如题 4-29 图所示的电路，若 $t=0$ 时开关 S 闭合，求电流 i。

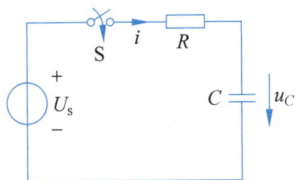 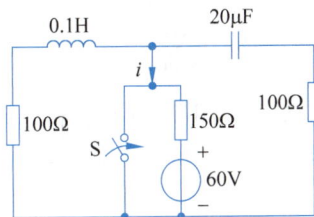

题 4-28 图　　　　　　　　　　题 4-29 图

4-30　如题 4-30 图所示的电路，开关 S 打开前已处稳定状态。$t=0$ 时开关 S 打开，求 $t\geqslant 0$ 时的 $u_L(t)$ 和电压源发出的功率。

4-31　如题 4-31 图所示的电路，开关闭合前电容无初始储能，$t=0$ 时开关 S 闭合，求 $t\geqslant 0$ 时的电容电压 $u_C(t)$。

4-32　如题 4-32 图所示的电路，$t=0$ 时开关 S 闭合，求 i_L 和电源发出的功率。

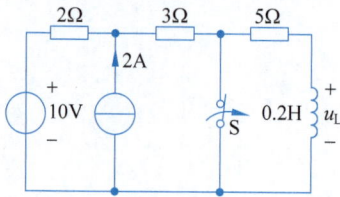

题 4-30 图

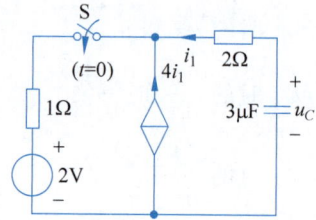

题 4-31 图

4-33 如题 4-33 图所示的电路,直流电压源的电压为 24V,且电路原已达稳态,$t=0$ 时合上开关 S,求:

(1)电感电流 i_L;

(2)直流电压源发出的功率。

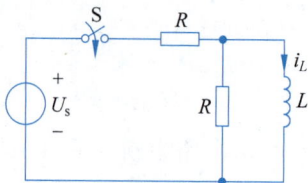

题 4-32 图

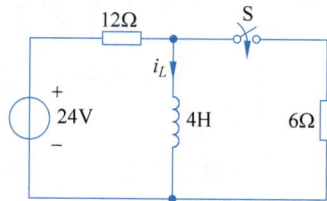

题 4-33 图

4-34 如题 4-34 图所示的电路,电路原来处于稳态,$t=0$ 时开关打开,$R_1=2\Omega$,$R_2=3\Omega$,$R_3=2\Omega$,$R_4=4\Omega$,$R_5=\dfrac{8}{3}\Omega$,$C=1$F,$U_s=8$V。求 $t>0$ 时的 $u_C(t)$。

4-35 如题 4-35 图所示的电路,换路前已处于稳态,$t=0$ 时闭合开关。求 $t>0$ 时的电流 $i(t)$。

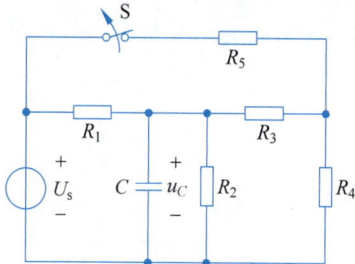

题 4-34 图

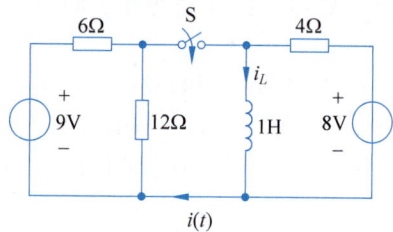

题 4-35 图

4-36 如题 4-36 图所示的电路,$i_L(0_-)=0$。求 $t>0$ 时的 $i_L(t)$ 和 $i_1(t)$。

4-37 如题 4-37 图所示的电路,开关 S 在 $t=0$ 时刻闭合,开关动作前电路已处于稳态,求 $t\geqslant0$ 时的 $i(t)$。

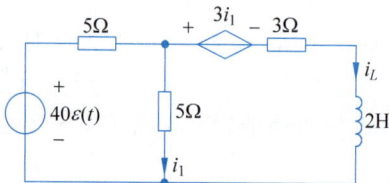

题 4-36 图

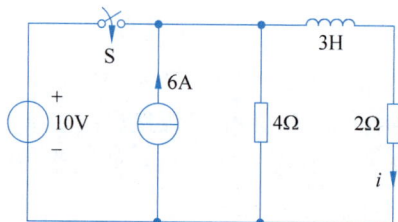

题 4-37 图

4-38 如题 4-38 图所示的电路,开关 S 在 $t=0$ 时刻从 a 掷向 b,开关动作前电路已处于稳态。求:

(1) $i_L(t)(t\geqslant 0)$;

(2) $i_1(t)(t\geqslant 0)$。

4-39 如题 4-39 图所示的电路,开关 S 在 $t=0$ 时刻打开,开关动作前电路已处于稳态。求 $t\geqslant 0$ 时的 $u_C(t)$。

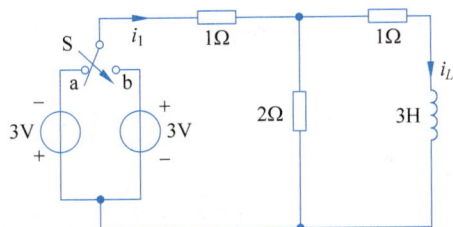

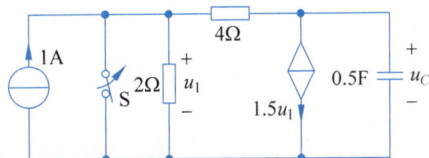

题 4-38 图   题 4-39 图

4-40 如题 4-40 图所示的电路,已知 $i_s=10\varepsilon(t)\text{A},R_1=1\Omega,R_2=2\Omega,C=1\mu\text{F},u_C(0_-)=2\text{V},g=0.25\text{s}$。求全响应 $i_1(t)$、$i_C(t)$、$u_C(t)$。

4-41 如题 4-41 图所示的电路,RC 电路中电容 C 原未充电,所加 $u(t)$ 的波形如右图所示,其中 $R=1000\Omega,C=10\mu\text{F}$,求电容电压 u_C。

(1) 用分段形式写出 u_C;

(2) 用一个表达式写出 u_C。

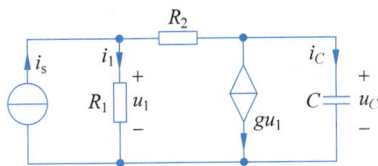

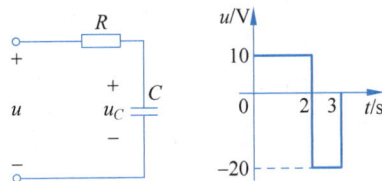

题 4-40 图   题 4-41 图

4-42 如题 4-42 图所示的电路,激励 u_s 的波形如右图所示,求响应 u_C。

4-43 如题 4-43 图所示的电路,电容原来未充电,求当 i_s 给定为下列情况时的 u_C 和 i_C:

(1) $i_s=25\varepsilon(t)\text{mA}$;

(2) $i_s=\delta(t)\text{mA}$。

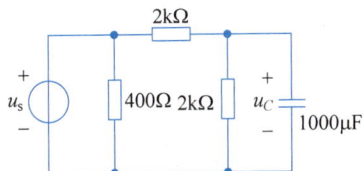

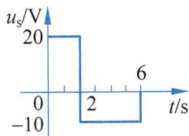

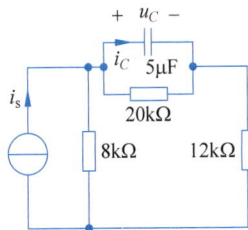

题 4-42 图   题 4-43 图

4-44 如题 4-44 图所示的电路,激励为单位冲激函数 $\delta(t)\text{A}$,求零状态响应 $i_L(t)$。

4-45　如题 4-45 图所示的电路，$i_s = 5\delta(t)\mu A$，$u_s = 6\varepsilon(t)V$，求 $t \geq 0$ 时的响应 u。

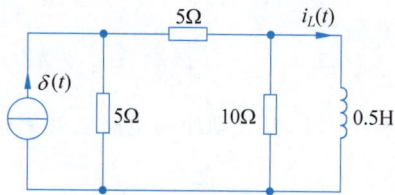

题 4-44 图

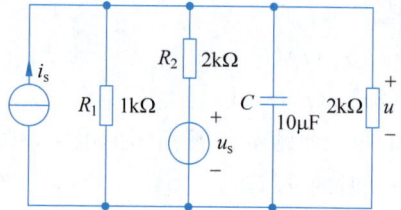

题 4-45 图

四、思考题

4-46　如题 4-46 图所示的电路，已知全响应 $u = (20 - 5e^{-0.5t})V$，$t > 0$。求网络 N 的戴维宁等效电路。

4-47　如题 4-47 图所示的电路，当开关在位置 1 时，$i = 3A$，$u_o = 6V$；当开关在位置 2 时，$u = 15V$，$u_o = 11V$。开关在 $t = 0$ 时接在位置 3，且 $u_C(0_-) = 5V$，求 $t > 0$ 时的 $u_o(t)$。

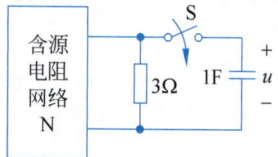

题 4-46 图

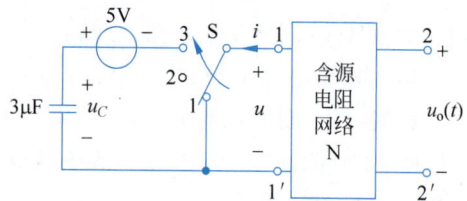

题 4-47 图

4-48　如题 4-48 图所示的电路，$C = 0.2F$ 时零状态响应 $u_C = 20(1 - e^{-0.5t})V$。若电容 C 改为 $0.05F$，且 $u_C(0_-) = 5V$，其他条件不变，再求 $u_C(t)$。

4-49　如题 4-49 图所示的电路，开关动作前电路已处于稳态，$t = 0$ 时开关 S 打开，求 $t \geq 0$ 时的 $i(t)$。

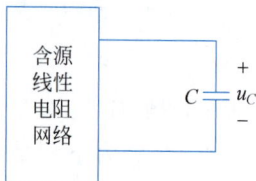

题 4-48 图

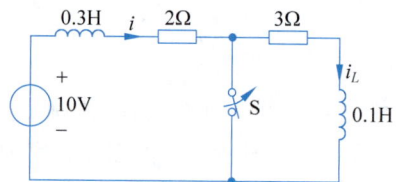

题 4-49 图

第 5 章

CHAPTER 5

正弦稳态分析

电路中的电流和电压都按同一频率的正弦规律变化,处于这种稳定状态的电路称为正弦稳态电路,又称为正弦电流电路。本章首先介绍正弦量的相量表示,导出基尔霍夫定律和元件特性的相量表示;其次引入阻抗、导纳等概念,并通过实例说明如何利用相量法进行线性电路的正弦稳态分析;再介绍正弦电流电路的瞬时功率、有功功率、无功功率、视在功率和复功率;最后进行微谐振电路和互感耦合电路的分析。

5.1 正弦电路的基本概念

正弦电路的
基本概念

5.1.1 周期电压和电流

随时间变化的电压和电流,称为时变电压和电流,如图 5-1 中各图所示。时变电压和电流在任一时刻的数值称为瞬时值,用 $u(t)$ 和 $i(t)$ 表示。图 5-2 中,"＋""－"极性表示电压 u 的参考方向,箭头表示电流 i 的参考方向。根据电压或电流瞬时值的正负,结合参考方向便可以确定电压或电流的真实方向。

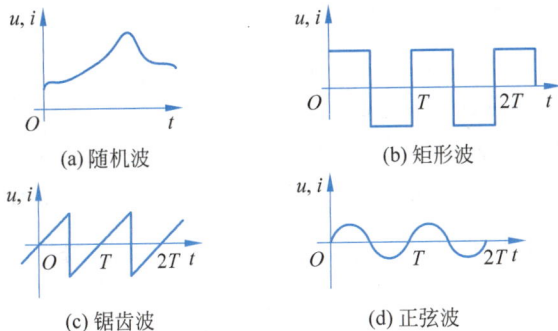

(a) 随机波   (b) 矩形波

(c) 锯齿波   (d) 正弦波

图 5-1　时变电压和电流

图 5-2　电路的参考方向

如果时变电压和电流的每个值经过相等的时间后重复出现,这种时变电压和电流便是周期性的,称为周期电压和电流,如图 5-1(b)、图 5-1(c)、图 5-1(d)所示。以电压为例,周期电压应满足

$$u(t) = u(t + nT) \tag{5-1}$$

式中,n 为整数;T 为周期,是波形(函数)再次重复出现所需要的最短时间间隔,单位为秒(s)。

单位时间内的循环(周期)数称为频率,用 f 表示,有

$$f = \frac{1}{T} \tag{5-2}$$

频率的单位为赫(兹),用符号 Hz 表示。实际工程中,还常用千赫(kHz)、兆赫(MHz)和吉赫(GHz)等单位,并常以频率区分电路,如低频电路、高频电路、甚高频电路等。

在一个周期内平均值等于零的周期电压(电流),称为交变电压(电流),也叫作交流电压(电流)。图 5-1(b)、图 5-1(c)和图 5-1(d)所示的矩形波、锯齿波和正弦波就是交流电压(电流)的例子。

在交流电路中,电压和电流随时间不断变化,会引起直流电路中没有的现象。例如,电容上电压的周期性变化,会引起电容周期性充电和放电,因而在电容中形成稳态的位移电流;电感中电流的周期性变化,会引起周期性感应电动势的产生,因而在电感两端形成稳态的周期性电压。因此,交流电路的分析除了考虑电阻的作用外,还必须同时考虑电容和电感的作用。

5.1.2 正弦电压和电流

随时间按正弦规律变化的电压和电流称为正弦电压和正弦电流,统称为正弦量。对正弦量的数学描述,既可以用时间的正弦函数表示,也可以用时间的余弦函数表示。用相量法分析时,要注意采用的是哪一种形式,不要二者混用。本书采用余弦函数。

图 5-3(a)所示的正弦电流 i,在图示参考方向下,其瞬时值表达式为

$$i = I_m \cos(\omega t + \psi_i) \tag{5-3}$$

式中, I_m 是正弦电流的最大值、振幅或幅值。 $(\omega t + \psi_i)$ 是正弦电流的辐角,称为相位,它表示正弦量随时间的变化进程,单位为弧度(rad)。相位 $(\omega t + \psi_i)$ 对时间的变化率 ω 称作正弦量的角频率,它反映了正弦量相位变化的快慢程度,单位为 rad/s。

$$\frac{d(\omega t + \psi_i)}{dt} = \omega$$

角频率 ω 、频率 f 和周期 T 的关系为

$$\omega T = 2\pi, \quad \omega = 2\pi f$$

我国电力系统提供的正弦电压,频率为 50Hz(称为工频),角频率为 100πrad/s,约 314rad/s。在作波形图时,常把横坐标定为 ωt ,而并不一定是时间 t,二者的差别就在于比例常数 ω 。

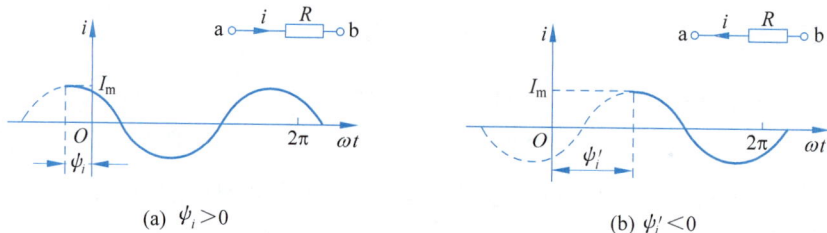

(a) $\psi_i > 0$ (b) $\psi_i' < 0$

图 5-3 正弦电流 i 的波形

ψ_i 称作正弦量的初相位(角),简称为初相,它代表正弦量在 $t = 0$ 时刻的相位,反映了正弦波初始值的大小。初相与计时起点的选择有关,还与该正弦量参考方向的选择有关,通

常取 $|\psi_i| \leqslant \pi$。图 5-3(a)中,在图示参考方向下,$i = I_m \cos(\omega t + \psi_i)$,其中 $\psi_i > 0$。如果把电流的参考方向反过来,如图 5-3(b)所示,其瞬时值反号,$i = -I_m \cos(\omega t + \psi_i)$,波形图与原波形图关于横轴成镜像,其表达式可以写为 $i = I_m \cos(\omega t + \psi_i - \pi) = I_m \cos(\omega t + \psi_i')$,式中的初相改变了 π,$\psi_i' < 0$。

正弦量的振幅、角频率 ω 和初相 ψ_i 是决定正弦量表达式的三个常数,称作正弦量的三要素。正弦量有个十分重要的性质,即同频正弦量的代数和、正弦量乘以常数、正弦量的微分、积分等运算,其结果仍为一个同频率的正弦量。

工程上常将周期电流(或电压)在一个周期内产生的平均效应换算为在效应上与之相等的直流量,以衡量和比较周期电流(或电压)的效应,这一直流量就称为周期量的有效值,用相对应的大写字母表示。下面以周期电流为例加以说明。

设周期电流为 i,当其通过电阻 R 时,该电阻在一个周期 T 内吸收的电能为

$$w = \int_0^T R i^2 \, dt$$

而同一电阻 R 通以直流电流 I 时,在 T 的时间内吸收的电能为

$$w' = R I^2 T$$

根据周期电流有效值的定义,令 $w = w'$,则有

$$R I^2 T = \int_0^T R i^2 \, dt$$

即

$$I = \sqrt{\frac{1}{T} \int_0^T i^2(t) \, dt} \tag{5-4}$$

上式表示周期电流的有效值等于其瞬时值的平方在一个周期内的平均值的平方根,因此有效值又称为方均根值。上式虽然是以周期电流为例讨论的,但所得结论也适用于其他周期量。当电流 i 是正弦量时,有

$$I = \sqrt{\frac{1}{T} \int_0^T I_m^2 \cos^2(\omega t + \psi_i) \, dt}$$

$$= \sqrt{\frac{1}{T} I_m^2 \int_0^T \left[\frac{1 + \cos 2(\omega t + \psi_i)}{2} \right] dt}$$

$$= \frac{I_m}{\sqrt{2}} \approx 0.707 I_m$$

或

$$I_m = \sqrt{2} I \approx 1.414 I$$

所以正弦量的最大值与其有效值之间有 $\sqrt{2}$ 倍的关系,但是正弦量的有效值与其频率和初相无关。根据这一关系,正弦电流表达式可以写为

$$i = \sqrt{2} I \cos(\omega t + \psi_i)$$

正弦量的有效值、角频率 ω 和初相 ψ_i 也可以用来表示正弦量的三要素。交流电气设备铭牌上标出的额定电压、电流的数值,交流电压表、电流表上读出的数字都是有效值。

两个同频率的正弦量的相位之差,称作相位差 φ。对于同频率正弦电压 u 和正弦电流

i ,设

$$\begin{cases} u(t) = \sqrt{2}\,U\cos(\omega t + \psi_u) \\[2mm] i(t) = \sqrt{2}\,I\cos(\omega t + \psi_i) \end{cases}$$

它们的相位差 φ 为

$$\varphi = (\omega t + \psi_u) - (\omega t + \psi_i) = \psi_u - \psi_i$$

即 u 与 i 的相位差等于其初相之差,是与时间无关的常数。如图 5-4(a)所示, $\varphi > 0$ 时,称 u 超前 i ,超前相角为 φ ,即电压 u 先于电流 i 达到极值点;如图 5-4(b)所示, $\varphi < 0$ 时,称 u 落后 i ,落后的相角为 $|\varphi|$,即电压 u 晚于电流 i 达到极值点;如图 5-4(c)所示, $\varphi = 0$ 时,称 u 与 i 同相,即电压 u 和电流 i 同时达到极值点;如图 5-4(d)所示, $\varphi = \pm\pi$ 时,称 u 与 i 反相;如图 5-4(e)所示, $\varphi = \pm\pi/2$ 时,称 u 与 i 正交。

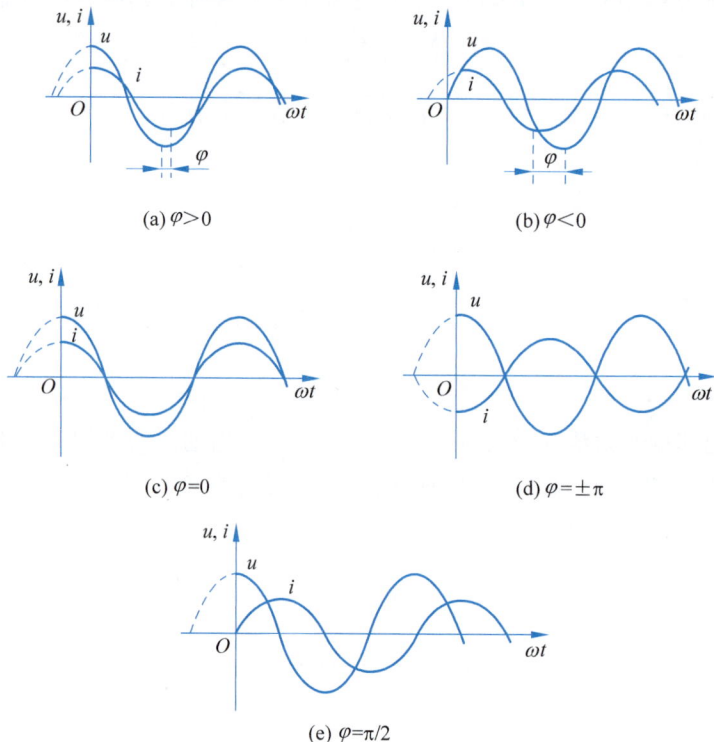

(a) $\varphi > 0$　　(b) $\varphi < 0$

(c) $\varphi = 0$　　(d) $\varphi = \pm\pi$

(e) $\varphi = \pi/2$

图 5-4　不同相位差时 u 和 i 的波形

不同频率的两个正弦量的相位差不是常数,而是随时间变化的。今后谈到相位差,一般都是指同频率正弦量间的相位差。

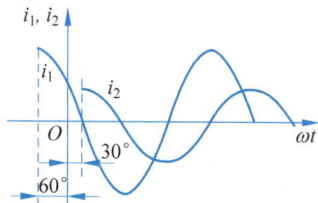

图 5-5　例 5-1 图

例 5-1　正弦电流 $i_1 = 20\cos(314t + 60°)$ A, $i_2 = 10\cos(314t - 30°)$ A,画出它们的波形图,并判断哪一个电流超前,超前角度为多少?

解: i_1 和 i_2 的波形图如图 5-5 所示。因为 $\varphi = \psi_1 - \psi_2 = 60° - (-30°) = 90°$,所以 i_1 超前 i_2 ,超前角度为 $90°$ 。

5.2 正弦量的相量表示

在线性电路中,如果激励是某一频率的正弦量,则电路中各支路的电压和电流的稳态响应将是同频正弦量。如果电路中有多个激励,并且都是同一频率的正弦量,则根据线性电路的叠加性质,电路全部稳态响应将是同一频率的正弦量。

正弦量是由它的三要素(振幅、角频率和初相)决定的,而在正弦稳态电路中,电流和电压都是同频率正弦量,所以在分析此类电路时,只要计算出电流和电压的幅值和初相就可以了。一个正弦量的幅值和初相可以用一个复数表示出来,这就是正弦量的相量表示法。

在介绍正弦量的相量表示法之前,先对复数及其四则运算进行复习。

5.2.1 复数

1. 复数的表示形式

一个复数有多种表示形式。复数的代数形式为

$$F = a + jb \tag{5-5}$$

式中,a、b 是两个实数,a 叫做复数的实部,记作 $a = \text{Re}[F]$;b 叫做复数的虚部,记作 $b = \text{Im}[F]$;j 为虚部单位,$j^2 = -1$。

复数 F 在复平面上可以用一个从原点 O 指向 F 对应坐标点的有向线段(向量)来表示,如图 5-6 所示。线段的长度记作 $|F|$,称为复数 F 的模,模总取正值。有向线段和实轴正方向的夹角记作 θ,称为复数 F 的辐角。根据这一表示方式,可以得到复数的三角形式

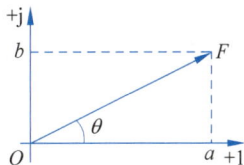

图 5-6 复数的表示

$$F = |F|(\cos\theta + j\sin\theta) \tag{5-6}$$

$|F|$ 和 θ 与 a 和 b 之间的关系为

$$\begin{cases} a = |F|\cos\theta \\ b = |F|\sin\theta \end{cases}$$

或

$$\begin{cases} |F| = \sqrt{a^2 + b^2} \\ \theta = \arctan\left(\dfrac{b}{a}\right), -\pi < \theta < \pi \end{cases}$$

注意,必须根据复数实部、虚部的正负号来判断 θ 所在象限。

根据欧拉公式

$$e^{j\theta} = \cos\theta + j\sin\theta$$

将复数的三角形式变换为指数形式,即

$$F = |F|e^{j\theta} \tag{5-7}$$

式(5-6)可以简写为极坐标形式,即

$$F = |F|\underline{/\theta} \tag{5-8}$$

运用复数计算正弦稳态电路时,常常需要进行直角坐标形式和极坐标形式之间的相互转换。

例 5-2 设复数 $F_1 = 4 + j3$,$F_2 = -4 + j3$,求它们的极坐标形式。

解: 复数的极坐标形式分别为

$$F_1 = 4 + j3 = 5 \underline{/36.9°}$$

$$F_2 = -4 + j3 = -(4 - j3) = -5 \underline{/-36.9°} = 5 \underline{/143.19°}$$

2. 复数的代数运算

设复数 $F_1 = a_1 + jb_1$,$F_2 = a_2 + jb_2$,复数的加、减运算,就是把它们的实部和虚部分别相加、减,可表示为

$$F_1 \pm F_2 = (a_1 + jb_1) \pm (a_2 + jb_2) = (a_1 \pm a_2) + j(b_1 \pm b_2)$$

复数的相加和相减也可以按平行四边形法则在复平面上用向量的相加和相减求得,如图 5-7 所示。

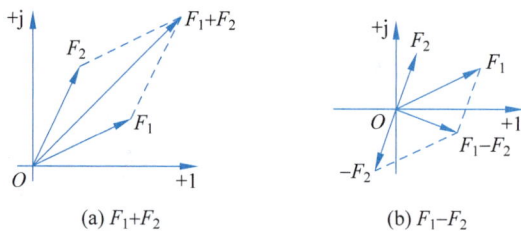

图 5-7 复数代数和图解法

两个复数相乘和相除一般用极坐标形式表示。例如,设复数 $F_1 = |F_1| \underline{/\theta_1}$,$F_2 = |F_2| \underline{/\theta_2}$,则

$$F_1 \cdot F_2 = |F_1| \underline{/\theta_1} \cdot |F_2| \underline{/\theta_2} = |F_1| e^{j\theta_1} |F_2| e^{j\theta_2}$$

$$= |F_1||F_2| e^{j(\theta_1 + \theta_2)} = |F_1||F_2| \underline{/(\theta_1 + \theta_2)}$$

$$\frac{F_1}{F_2} = \frac{|F_1| \underline{/\theta_1}}{|F_2| \underline{/\theta_2}} = \frac{|F_1| e^{j\theta_1}}{|F_2| e^{j\theta_2}} = \frac{|F_1|}{|F_2|} e^{j(\theta_1 - \theta_2)} = \frac{|F_1|}{|F_3|} \underline{/(\theta_1 - \theta_2)}$$

即复数相乘时,其模相乘,辐角相加;复数相除时,其模相除,辐角相减。

两个复数相等,必须满足它们的实部和虚部分别相等,或者是模和辐角分别相等。实部相同而虚部符号相反的两个复数称为共轭复数,复数 $F = a + jb$ 的共轭复数记为 $F^* = a - jb$;用极坐标表示时,共轭复数的模相等而辐角等值异号。复数与其共轭复数相乘

$$F \cdot F^* = a^2 + b^2$$

例 5-3 设复数 $F_1 = 3 - j4$,$F_2 = 1.2 \underline{/-152°}$,$F_3 = 5 \underline{/90°}$,求 $F_1 + F_2 + F_3$,$F_1 \cdot F_2$,$\frac{F_1}{F_3}$。

解: $F_2 = 1.2 \underline{/-152°} = -1.06 - j0.563$,$F_3 = 5 \underline{/90°} = j5$,所以有

$$F_1 + F_2 + F_3 = 3 - j4 - 1.06 - j0.563 + j5$$

$$= (3 - 1.06) + j(-4 - 0.563 + 5) = 1.94 + j0.437$$

$$F_1 \cdot F_2 = (3-j4) \cdot 1.2\underline{/-152°} = 5\underline{/-53.1°} \cdot 1.2\underline{/-152°}$$

$$= 5 \cdot 1.2\underline{/-(53.1°+152°)} = 6\underline{/154.9°}$$

$$\frac{F_1}{F_3} = \frac{3-j4}{5\underline{/90°}} = \frac{5\underline{/-53.1°}}{5\underline{/90°}} = 1\underline{/(-53.1°-90°)} = 1\underline{/-143.1°}$$

3. 旋转因子

复数 $e^{j\theta} = 1\underline{/\theta}$ 是一个模等于 1,辐角为 θ 的复数。任意复数乘以 $e^{j\theta}$ 等于将该复数逆时针旋转一个角度 θ,而该复数模保持不变,因此称 $e^{j\theta}$ 为旋转因子。

根据欧拉公式,有 $e^{j\frac{\pi}{2}} = j$,$e^{-j\frac{\pi}{2}} = -j$,$e^{\pm j\pi} = -1$。因此,$\pm j$ 和 -1 都可以看成旋转因子。例如,一个复数乘以 j,相当于在复平面上将该复数逆时针旋转 $\pi/2$;一个复数除以 j,等于乘以 $-j$,相当于在复平面上将该复数顺时针旋转 $\pi/2$。

5.2.2 相量

正弦稳态响应是与激励同频的正弦量,所以在对电路进行正弦稳态分析时,只需要确定稳态响应的幅值(或有效值)和初相,由幅值和初相完全可以确定一个已知频率的正弦量。用复数来表示正弦量可以为电路的正弦稳态分析提供一种有效的方法——相量法。

下面介绍如何用复数来表示正弦量。设正弦电流为

$$i = I_m\cos(\omega t + \psi_i)$$

构造一个复指数函数 $I_m e^{j(\omega t + \psi_i)}$,由欧拉公式可知

$$I_m e^{j(\omega t + \psi_i)} = I_m\cos(\omega t + \psi_i) + jI_m\sin(\omega t + \psi_i)$$

从上式可以看出,该复指数函数的实部恰好是正弦电流 i 的表示式,即

$$i = I_m\cos(\omega t + \psi_i) = \mathrm{Re}[I_m e^{j(\omega t + \psi_i)}] \tag{5-9}$$

式(5-9)表明,通过这种数学方法,得到了一个实数域的正弦函数与一个复数域的复指数函数的一一对应关系。将式(5-9)进一步整理,可以得到

$$i = \mathrm{Re}[I_m e^{j\psi_i} e^{j\omega t}] = \mathrm{Re}[\sqrt{2}Ie^{j\psi_i} e^{j\omega t}] = \mathrm{Re}[\sqrt{2}\dot{I}e^{j\omega t}]$$

其中,$Ie^{j\psi_i}$ 是一个复常数,这个复常数定义为正弦电流 i 的有效值相量,简写为

$$\dot{I} = I\underline{/\psi_i} \tag{5-10}$$

字母上的小圆点用来表示相量,并将相量与一般复数加以区别,强调相量是代表一个正弦时间函数的复数。

幅值(最大值)相量,记作

$$\dot{I}_m = I_m\underline{/\psi_i} = \sqrt{2}\dot{I} \tag{5-11}$$

用相量表示正弦量时,必须把正弦量和相量加以区分。正弦量是时间的函数,而相量只包含了正弦量的有效值和初相,它只能代表正弦量,而并不等于正弦量。在实际应用中,不必经过上述变换步骤,可以直接根据正弦量写出与之对应的相量;反之,由一已知的相量及其所代表的正弦量的频率,可以写出与之对应的正弦量。

例 5-4 已知正弦电流 $i = 10\cos(314t + 30°)$A,求相量 $\dot{I}$。

解：先将正弦电流统一为余弦函数，有

$$i = 10\cos(314t + 30°) = \text{Re}[\sqrt{2} \cdot 5\sqrt{2}\,e^{j30°} \cdot e^{j314t}] = \text{Re}[\sqrt{2} \cdot 5\sqrt{2}\underline{/30°} \cdot e^{j314t}]$$

因此有

$$\dot{I} = 5\sqrt{2}\underline{/30°}\,\text{A}$$

例 5-5　设电压相量 $\dot{U} = 5\underline{/45°}\,\text{V}$，求它所代表的正弦电压。已知电压的角频率为 $\omega = 314\,\text{rad/s}$。

解：$u = \text{Re}[5\sqrt{2}\underline{/45°} \cdot e^{j314t}] = \text{Re}[5\sqrt{2}\,e^{j45°} \cdot e^{j314t}] = 5\sqrt{2}\cos(314t + 45°)\,\text{V}$

5.2.3　相量图

复数可以用复平面上的有向线段表示，相量作为复数，也可以在复平面上用有向线段来表示，此有向线段的长度为相量的模，它和实轴的夹角为相量的辐角。在复平面上用有向线段表示的相量图形称为相量图，如图 5-8 所示。图中画出了代表电压相量 $\dot{U} = U\underline{/\psi_u}$ 和电流相量 $\dot{I} = I\underline{/\psi_i}$ 的两个相量。只有同频率正弦量的相量才可以画在同一相量图中。

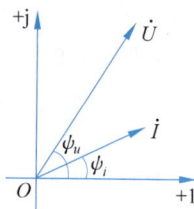

图 5-8　相量图

下面讨论式(5-9)的几何意义。复指数函数 $I_m e^{j(\omega t + \psi_i)}$ 在复平面上可以用旋转相量来表示。旋转因子 $e^{j\omega t} = 1\underline{/\omega t}$ 是一个模等于 1，辐角为 ωt 的复数。因为 ωt 是 t 的函数，所以 $e^{j\omega t}$ 是以角速度 ω 逆时针方向旋转的单位长度的有向线段，在复平面中形成单位圆。相量 $\dot{I}$ 乘以 $\sqrt{2}$，再乘以 $e^{j\omega t}$，即 $\dot{I}_m e^{j\omega t}$ 就成为一个旋转相量。它是以角速度 ω 逆时针方向旋转的长度为 I_m 的有向线段，如图 5-9(a)所示。从几何图形来看，旋转相量每一时刻在实轴上的投影等于该时刻的正弦电流 i。若以 ωt 为横轴，以该投影为纵轴，可以得到正弦电流波形，如图 5-9(b)所示。

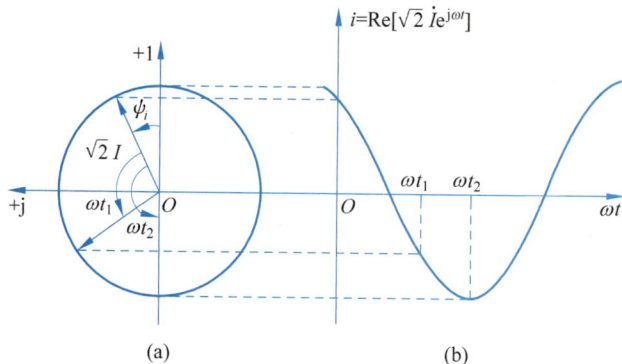

图 5-9　旋转相量与正弦量

对于多个同频率的正弦量，由于表示它们旋转相量的角速度相同，任何时刻它们之间的相对位置保持不变，因此，当考虑它们的大小和相位时，就可以不考虑它们在旋转，而只需要指明它们的初始位置，画出各正弦量的相量就可以了，这样画出的图就是图 5-8 所示的相量图。从相量图上可以清晰地看出各相量的大小和相位关系。

例 5-6　已知正弦电流 $i_1=5\sin(314t+45°)\mathrm{A}$，$i_2=-7\cos(314t-120°)\mathrm{A}$，画出它们的相量图，并求它们之间的相位差。

解： 先将正弦电流统一为余弦函数，有

$$i_1=5\sin(314t+45°)=5\cos(314t+45°-90°)=5\cos(314t-45°)\mathrm{A}$$

$$i_2=-7\cos(314t-120°)=7\cos(314t-120°+180°)=7\cos(314t+60°)\mathrm{A}$$

各正弦量的幅值相量分别为

$$\dot I_{1m}=5\underline{/-45°}\mathrm{A},\quad \dot I_{2m}=7\underline{/60°}\mathrm{A}$$

相位差为

$$\varphi=\psi_1-\psi_2=-45°-60°=-105°$$

相量图如图 5-10 所示，电流 i_1 滞后电流 i_2 105°。

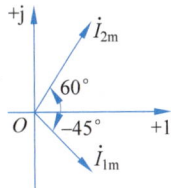

图 5-10　例 5-6 图

5.2.4　同频率正弦量的代数和

设 $i_1=\sqrt2 I_1\cos(\omega t+\psi_1)$，$i_2=\sqrt2 I_2\cos(\omega t+\psi_2)$，…，这些正弦量的代数和设为 $i=\sqrt2 I\cos(\omega t+\psi_i)$，则

$$i=i_1+i_2+\cdots=\sqrt2 I_1\cos(\omega t+\psi_1)+\sqrt2 I_2\cos(\omega t+\psi_2)+\cdots$$
$$=\mathrm{Re}[\sqrt2\dot I_1\mathrm e^{\mathrm j\omega t}]+\mathrm{Re}[\sqrt2\dot I_2\mathrm e^{\mathrm j\omega t}]+\cdots$$
$$=\mathrm{Re}[\sqrt2(\dot I_1+\dot I_2+\cdots)\mathrm e^{\mathrm j\omega t}]$$
$$=\mathrm{Re}[\sqrt2\dot I\mathrm e^{\mathrm j\omega t}]$$

由于上式对任何时间 t 都成立，因此

$$\dot I=\dot I_1+\dot I_2+\cdots \tag{5-12}$$

例 5-7　设正弦电流 $i_1=5\cos(314t+36.9°)\mathrm{A}$，$i_2=5\sqrt2\cos(314t+135°)\mathrm{A}$，求 $i=i_1+i_2$。

解： i_1 和 i_2 的幅值相量分别是 $\dot I_{1m}=5\underline{/36.9°}\mathrm{A}$，$\dot I_{2m}=5\sqrt2\underline{/135°}\mathrm{A}$。利用相量加法，有

$$\dot I_m=\dot I_{1m}+\dot I_{2m}=5\underline{/36.9°}+5\sqrt2\underline{/135°}=4+\mathrm j3-5+\mathrm j5=-1+\mathrm j8=8.06\underline{/97.1°}\mathrm{A}$$

因此有

$$i=i_1+i_2=8.06\cos(314t+97.1°)\mathrm{A}$$

5.3　电路定律的相量形式

5.3.1　正弦电路中的电路元件

本节讨论用相量表示电路元件的电压、电流关系。这种表示方法非常简便，而且能使有关计算大为简化。设电路元件上的电压和电流参考方向是关联的，在此条件下得出元件在正弦稳态下的以相量表示的电路元件模型。

1. 电阻元件

设通过图 5-11(a)所示电阻 R 的电流为

电路定律的相量形式

$$i_R = \sqrt{2}\, I_R \cos(\omega t + \psi_i) = \mathrm{Re}[\sqrt{2}\, \dot{I}_R\, \mathrm{e}^{\mathrm{j}\omega t}]$$

则电阻两端的电压为

$$u_R = R i_R = R \cdot \mathrm{Re}[\sqrt{2}\, \dot{I}_R\, \mathrm{e}^{\mathrm{j}\omega t}] = \mathrm{Re}[\sqrt{2}\, R\dot{I}_R\, \mathrm{e}^{\mathrm{j}\omega t}] = \mathrm{Re}[\sqrt{2}\, \dot{U}_R\, \mathrm{e}^{\mathrm{j}\omega t}]$$

因此,有

$$\dot{U}_R = R\dot{I}_R \tag{5-13}$$

其中,$\dot{U}_R = U_R\underline{/\psi_u}$,$\dot{I}_R = I_R\underline{/\psi_i}$。上式就是电阻元件的伏安关系的相量形式,按照该式画出的电阻的相量模型如图 5-11(b)所示。该式和欧姆定律表示式相似,但它是一个复数关系式,它既能表明电压、电流有效值之间的关系,又能表明电压、电流相位之间的关系。式(5-13)改写为

$$U_R\underline{/\psi_u} = R I_R\underline{/\psi_i}$$

比较上式等号两边,得到

$$U_R = R I_R, \quad \psi_u = \psi_i$$

前者表明电压有效值和电流有效值符合欧姆定律,后者表明电阻元件上的电压和电流同相。图 5-11(c)、图 5-11(d)分别为电阻上电压和电流的相量图与波形图。显然电压振幅和电流振幅也是符合欧姆定律的。

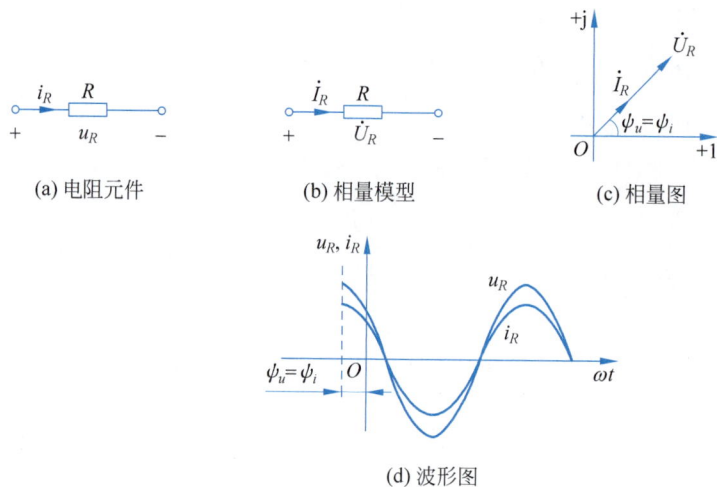

(a) 电阻元件　　　　(b) 相量模型　　　　(c) 相量图

(d) 波形图

图 5-11　电阻元件

2. 电感元件

设通过图 5-12(a)所示的电感 L 的电流为

$$i_L = \sqrt{2}\, I_L \cos(\omega t + \psi_i) = \mathrm{Re}[\sqrt{2}\, \dot{I}_L\, \mathrm{e}^{\mathrm{j}\omega t}]$$

则电感两端的电压为

$$u_L = L\frac{\mathrm{d}i}{\mathrm{d}t} = L\frac{\mathrm{d}}{\mathrm{d}t}\mathrm{Re}[\sqrt{2}\, \dot{I}_L\, \mathrm{e}^{\mathrm{j}\omega t}] = L\,\mathrm{Re}\left[\frac{\mathrm{d}}{\mathrm{d}t}(\sqrt{2}\, \dot{I}_L\, \mathrm{e}^{\mathrm{j}\omega t})\right]$$

$$= \mathrm{Re}[\sqrt{2}\,(\mathrm{j}\omega L)\dot{I}_L\, \mathrm{e}^{\mathrm{j}\omega t}] = \mathrm{Re}[\sqrt{2}\, \dot{U}_L\, \mathrm{e}^{\mathrm{j}\omega t}]$$

因此,有

$$\dot{U}_L = \mathrm{j}\omega L\dot{I}_L \tag{5-14}$$

或

$$U_L\underline{/\psi_u} = \omega L I_L\underline{\Big/\left(\psi_i + \frac{\pi}{2}\right)}$$

式(5-14)就是电感元件的伏安关系的相量形式,按照该式画出的电感的相量模型如图 5-12(b)所示。它表明

$$U_L = \omega L I_L, \quad \psi_u = \psi_i + \frac{\pi}{2}$$

式中,ωL 称为电感的电抗,简称感抗,用符号 X_L 表示,单位为欧姆,具有与电阻相同的量纲。该式表明电感元件上电压有效值和电流有效值符合欧姆定律,且电压超前电流 $\frac{\pi}{2}$。感抗具有限制电流大小的作用,在电感 L 一定的条件下,感抗 X_L 与频率成正比,即电流频率越高,感抗越大。当 $\omega = 0$ 时,$X_L = 0$,此时电感相当于短路。图 5-12(c)、图 5-12(d)分别为电感上电压和电流的相量图与波形图。

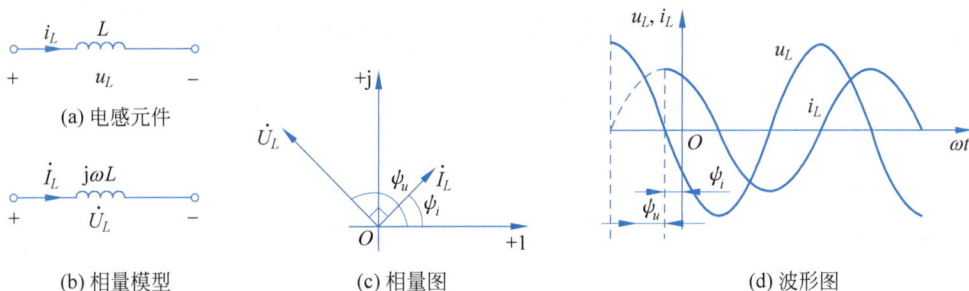

图 5-12 电感元件

3. 电容元件

设通过图 5-13(a)所示的电容 C 的电流为

$$i_C = \sqrt{2}\,I_C\cos(\omega t + \psi_i) = \mathrm{Re}[\sqrt{2}\,\dot{I}_C\,\mathrm{e}^{\mathrm{j}\omega t}]$$

则电容两端的电压为

$$u_C = \frac{1}{C}\int i_C\,\mathrm{d}t = \frac{1}{C}\int\mathrm{Re}[\sqrt{2}\,\dot{I}_C\,\mathrm{e}^{\mathrm{j}\omega t}]\mathrm{d}t = \frac{1}{C}\mathrm{Re}\left[\int\sqrt{2}\,\dot{I}_C\,\mathrm{e}^{\mathrm{j}\omega t}\,\mathrm{d}t\right]$$

$$= \mathrm{Re}\left[\sqrt{2}\left(\frac{\dot{I}_C}{\mathrm{j}\omega C}\right)\mathrm{e}^{\mathrm{j}\omega t}\right] = \mathrm{Re}[\sqrt{2}\,\dot{U}_C\,\mathrm{e}^{\mathrm{j}\omega t}]$$

因此,有

$$\dot{U}_C = \frac{\dot{I}_C}{\mathrm{j}\omega C} = -\mathrm{j}\,\frac{1}{\omega C}\dot{I}_C \tag{5-15}$$

或

$$U_C\underline{/\psi_u} = \frac{I_C}{\omega C}\underline{\Big/\left(\psi_i - \frac{\pi}{2}\right)}$$

式(5-15)就是电容元件的伏安关系的相量形式,按照该式画出的电容的相量模型如图 5-13(b)所示。它表明

$$U_C = \frac{1}{\omega C} I_C \quad 和 \quad \psi_u = \psi_i - \frac{\pi}{2}$$

式中，$-\dfrac{1}{\omega C}$ 称为电容的电抗，简称容抗，用符号 X_C 表示，单位为欧姆，具有与电阻相同的量纲。该式表明电容元件上电压有效值和电流有效值符合欧姆定律，且电压落后电流 $\dfrac{\pi}{2}$。容抗也具有限制电流大小的作用，在电容 C 一定的条件下，容抗 X_C 与频率成反比，即电流频率越高，容抗越小。当 $\omega=0$ 时，容抗为无限大，此时电容相当于开路。图 5-13(c)、图 5-13(d) 分别为电容上电压和电流的相量图与波形图。

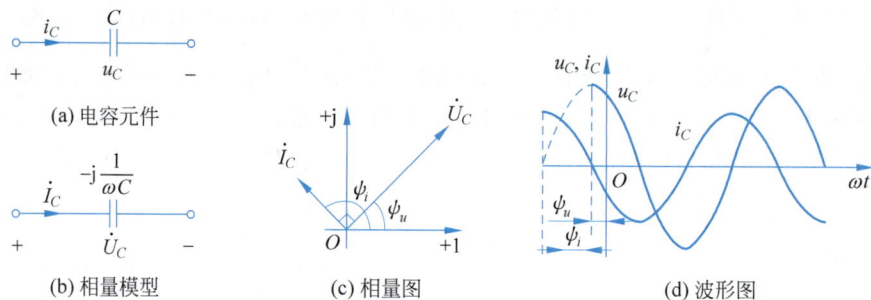

图 5-13　电容元件

4. 受控源

如果(线性)受控源的控制电压或电流是正弦量，则受控源的电压或电流将是同频率的正弦量。

设图 5-14(a)所示 VCCS 的控制电压为

$$u_1 = \sqrt{2} U_1 \cos(\omega t + \psi_u) = \mathrm{Re}[\sqrt{2} \dot{U}_1 \mathrm{e}^{\mathrm{j}\omega t}]$$

VCCS 的电流为

$$i_2 = g_m u_1 = g_m \mathrm{Re}[\sqrt{2} \dot{U}_1 \mathrm{e}^{\mathrm{j}\omega t}] = \mathrm{Re}[\sqrt{2}(g_m \dot{U}_1)\mathrm{e}^{\mathrm{j}\omega t}] = \mathrm{Re}[\sqrt{2} \dot{I}_2 \mathrm{e}^{\mathrm{j}\omega t}]$$

因此，有

$$\dot{I}_2 = g_m \dot{U}_1 \tag{5-16}$$

其中，g_m 为控制系数，称作转移电导，具有电导的量纲。

图 5-14(b)为其相量形式的示意图。

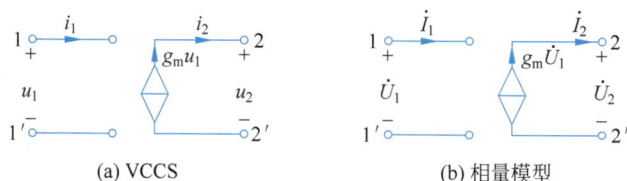

图 5-14　受控源

5.3.2　基尔霍夫定律的相量形式

基尔霍夫电流定律(KCL)指出，在任一时刻，流出(或流入)一个结点的所有支路电流代数和等于零。当电路处于正弦稳态时，各支路电流都是同频率的正弦量，因此，对任一结

点,KCL 可以表示为

$$\sum i = \sum \mathrm{Re}[\sqrt{2}\,\dot{I}\,\mathrm{e}^{\mathrm{j}\omega t}] = \mathrm{Re}\Big[\sqrt{2}\sum \dot{I}\,\mathrm{e}^{\mathrm{j}\omega t}\Big] = 0$$

因为上式对任何时间 t 都成立,因此有

$$\sum \dot{I} = 0 \tag{5-17}$$

这就是 KCL 定律的相量形式。它表明在正弦电流电路中,流出(或流入)任一结点的各支路电流相量的代数和等于零。

同理可得基尔霍夫电压定律(KVL)的相量形式

$$\sum \dot{U} = 0 \tag{5-18}$$

它表明在正弦电流电路中,沿着电路中任一回路的所有支路电压相量代数和等于零。

5.3.3 相量模型

我们以前所用的电路模型,例如图 5-15(a),称为时域模型,它反映了电压与电流的时间函数之间的关系。根据时域模型,可以列出电路的微分方程,从而解出未知的时间函数。相量模型是一种运用相量能够方便地对正弦稳态电路进行分析、计算的假想模型。它和原正弦稳态电路具有相同的拓扑结构,原电路中各正弦量都用对应的相量表示,所有元件都用对应的相量模型代替。图 5-15(a)的相量模型如图 5-15(b)所示。

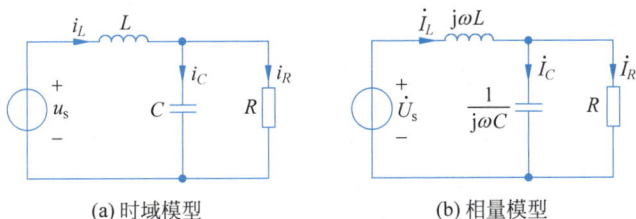

(a) 时域模型 (b) 相量模型

图 5-15 时域模型与相量模型

根据相量模型,就可以仿照电阻电路的分析方法对正弦稳态电路进行分析计算。

例 5-8 图 5-16(a)所示的电路中,$i_s = 5\sqrt{2}\cos(314t + 30°)\,\mathrm{A}$,$R = 5\Omega$,$X_C = -40\Omega$,$X_L = 20\Omega$。求 u_R、u_L 和 u。

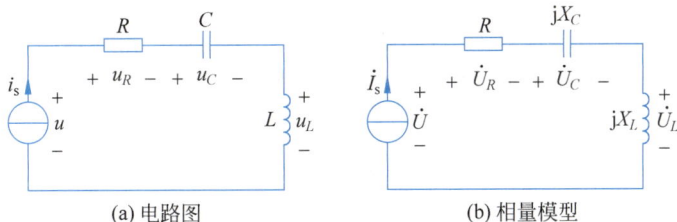

(a) 电路图 (b) 相量模型

图 5-16 例 5-8 图

解:图 5-16(a)的相量模型如图 5-16(b)所示,其中 $\dot{I}_s = 5\underline{/30°}\,\mathrm{A}$,并且有

$$\dot{U}_R = R\dot{I}_s = 5 \cdot 5\underline{/30°} = 25\underline{/30°}\,\mathrm{V}$$

$$\dot{U}_C = \mathrm{j}X_C\dot{I}_s = -\mathrm{j}40 \cdot 5\underline{/30°} = 200\underline{/-60°}\,\mathrm{V}$$

$$\dot{U}_L = jX_L\dot{I}_s = j20 \cdot 5\underline{/30°} = 100\underline{/120°}V$$

$$\dot{U} = \dot{U}_R + \dot{U}_C + \dot{U}_L = 25\underline{/30°} + 200\underline{/-60°} + 100\underline{/120°} = 103.08\underline{/-46°}V$$

因此求得

$$u_R = 25\sqrt{2}\cos(314t + 30°)V$$

$$u_L = 100\sqrt{2}\cos(314t + 120°)V$$

$$u = 103.08\sqrt{2}\cos(314t - 46°)V$$

5.4 阻抗、导纳及其等效变换

5.4.1 阻抗

图 5-17(a)所示为一个含有线性电阻、电感或电容等元件,但不含独立源的一端口网络 N_0。在正弦稳态下,其端口的电压相量和电流相量是同频率的正弦量。设端口电压相量 $\dot{U} = U\underline{/\psi_u}$,端口电流相量 $\dot{I} = I\underline{/\psi_i}$,则电压相量 $\dot{U}$ 与电流相量 $\dot{I}$ 的比值定义为该无源一端口网络的阻抗 Z,即

$$Z = \frac{\dot{U}}{\dot{I}} = \frac{U}{I}\underline{/\psi_u - \psi_i} = |Z|\underline{/\varphi_Z} \tag{5-19}$$

式中,$|Z| = \dfrac{U}{I}$ 称为阻抗模,$\varphi_Z = \psi_u - \psi_i$ 称为阻抗角。

Z 又称为一端口 N_0 的等效阻抗、输入阻抗、驱动点阻抗或复阻抗,其图形符号如图 5-17(b)所示,阻抗的单位是欧姆(Ω)。阻抗 Z 可表示为代数形式

$$Z = R + jX$$

式中,R 称为 Z 的电阻,X 称为 Z 的电抗,且有

$$R = |Z|\cos\varphi_Z, \quad X = |Z|\sin\varphi_Z$$

或

$$|Z| = \sqrt{R^2 + X^2}, \quad \varphi_Z = \arctan\frac{X}{R}$$

以上各关系式可以由阻抗三角形表示,如图 5-17(c)所示。此三角形是底边为 R,对边为 X,斜边为 $|Z|$ 的直角三角形,斜边与底边的夹角为阻抗角 φ_Z。

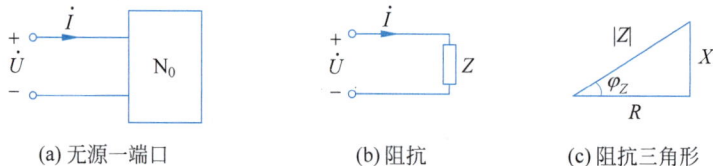

(a) 无源一端口　　　(b) 阻抗　　　(c) 阻抗三角形

图 5-17　无源一端口及阻抗三角形

对于电阻、电感和电容元件,它们的阻抗分别为

$$Z_R = R, \quad Z_L = j\omega L, \quad Z_C = -j\frac{1}{\omega C}$$

所以电阻 R 的阻抗虚部为零；电感 L 和电容 C 的阻抗实部为零。

如果 N_0 内部为 RLC 串联电路，如图 5-18 所示，其阻抗 Z 为

$$Z = \frac{\dot{U}}{\dot{I}} = R + j\omega L - j\frac{1}{\omega C} = R + j\left(\omega L - \frac{1}{\omega C}\right) = R + j(X_L + X_C) = R + jX$$

当 $\omega L > \frac{1}{\omega C}$ 时，称 Z 是感性的；当 $\omega L < \frac{1}{\omega C}$ 时，称 Z 是容性的；当 $\omega L = \frac{1}{\omega C}$ 时，称 Z 是电阻性的。

由 n 个阻抗串联组成的电路，其等效阻抗为

$$Z = Z_1 + Z_2 + \cdots + Z_n = \sum_{k=1}^{n} Z_k \tag{5-20}$$

各阻抗上的电压为

$$\dot{U}_k = \frac{Z_k}{Z}\dot{U}, \quad k = 1, 2, \cdots, n$$

例 5-9 图 5-19 所示的无源正弦电路，已知 $u = 20\cos(\omega t + 15°)\text{V}, i = 2\cos(\omega t + 15°)\text{A}$，则网络 N 的入端阻抗 Z_N 为何值？

解：根据题意，可知 $\dot{U} = \frac{20}{\sqrt{2}}\underline{/15°}\text{V}, \dot{I} = \frac{2}{\sqrt{2}}\underline{/15°}\text{A}$。电路总阻抗 Z 为

$$Z = \frac{\dot{U}}{\dot{I}} = 10\,\Omega$$

根据图 5-19 所示，Z 可表示为 Z_N 与 5Ω 电阻和 j5Ω 电感的串联，因此有

$$Z_N = Z - 5 - j5 = (5 - j5)\,\Omega$$

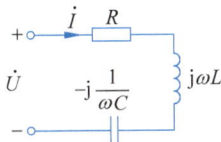

图 5-18 串联电路

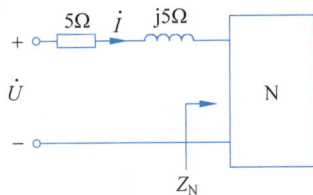

图 5-19 例 5-9 图

5.4.2 导纳

对图 5-17(a)所示不含独立源的一端口 N_0，端口电流相量 $\dot{I}$ 与电压相量 $\dot{U}$ 之比值定义为该一端口的导纳，即

$$Y = \frac{\dot{I}}{\dot{U}} = \frac{I}{U}\underline{/\psi_u - \psi_i} = |Y|\underline{/\varphi_Y} \tag{5-21}$$

式中，$|Y| = \frac{I}{U}$ 称为导纳模；$\varphi_Y = \psi_i - \psi_u$ 称为导纳角。

Y 又称一端口 N_0 的等效导纳、输入导纳、驱动点导纳或复导纳，其图形符号如图 5-20(a) 所示，导纳的单位是西门子(S)。导纳 Y 还可表示为代数形式

$$Y = G + jB$$

式中，G 称为 Y 的电导；B 称为 Y 的电纳。且有

$$G = |Y| \cos\varphi_Y, \quad B = |Y| \sin\varphi_Y$$

或

$$|Y| = \sqrt{G^2 + B^2}, \quad \varphi_Y = \arctan\frac{B}{G}$$

以上各关系式可以由导纳三角形表示，如图 5-20(b)所示。此三角形是底边为 G，对边为 B，斜边为 $|Y|$ 的直角三角形，斜边与底边的夹角为导纳角 φ_Y。

对于电阻、电感和电容元件，它们的导纳分别为

$$Y_R = \frac{1}{R}, \quad Y_L = -j\frac{1}{\omega L}, \quad Y_C = j\omega C$$

式中，$-\dfrac{1}{\omega L}$ 称作电感的感纳，记作 B_L；ωC 称作电容的容纳，记作 B_C。

如果 N_0 内部为 RLC 并联电路，如图 5-21 所示，其导纳 Y 为

$$Y = \frac{\dot{I}}{\dot{U}} = \frac{1}{R} - j\frac{1}{\omega L} + j\omega C = \frac{1}{R} + j\left(\omega C - \frac{1}{\omega L}\right) = G + j(B_C + B_L) = G + jB$$

当 $\omega C > \dfrac{1}{\omega L}$ 时，称 Y 是电容性的；当 $\omega C < \dfrac{1}{\omega L}$ 时，称 Y 是电感性的；当 $\omega C = \dfrac{1}{\omega L}$ 时，称 Y 是电阻性的。

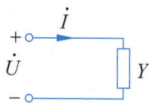
(a) 导纳

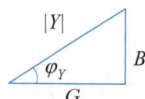
(b) 导纳三角形

图 5-20　一端口的导纳

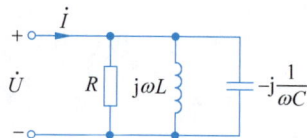

图 5-21　并联电路

由 n 个导纳并联组成的电路，其等效导纳为

$$Y = Y_1 + Y_2 + \cdots + Y_n = \sum_{k=1}^{n} Y_k \tag{5-22}$$

各导纳中的电流为

$$\dot{I}_k = \frac{Y_k}{Y}\dot{I}, \quad k = 1, 2, \cdots, n$$

只有两个阻抗并联时，其等效阻抗为

$$Z = \frac{Z_1 Z_2}{Z_1 + Z_2}$$

两阻抗中的电流为

$$\dot{I}_1 = \frac{Z_2}{Z_1 + Z_2}\dot{I}, \quad \dot{I}_2 = \frac{Z_1}{Z_1 + Z_2}\dot{I}$$

5.4.3　阻抗和导纳的等效变换

对于同一个不含独立源的一端口 N_0，阻抗与导纳的关系为

$$Y = \frac{1}{Z}$$

设阻抗 $Z = |Z| \underline{/\varphi_Z}$，导纳 $Y = |Y| \underline{/\varphi_Y}$，可以得到

$$|Y| = \frac{1}{|Z|}, \quad \varphi_Y = -\varphi_Z$$

设阻抗 $Z = R + jX$，它对应的导纳为

$$Y = \frac{1}{Z} = \frac{1}{R + jX} = \frac{R - jX}{R^2 + X^2} = G + jB$$

由上式可知

$$G = \frac{R}{R^2 + X^2}, \quad B = -\frac{X}{R^2 + X^2}$$

设阻抗 $Y = G + jB$，它对应的阻抗为

$$Z = \frac{1}{Y} = \frac{1}{G + jB} = \frac{G - jB}{G^2 + B^2} = R + jX$$

由上式可知

$$R = \frac{G}{G^2 + B^2}, \quad X = -\frac{B}{G^2 + B^2}$$

例 5-10 图 5-22 所示的正弦电流电路中，已知 $u_s(t) = 16\sqrt{2}\cos(10t)\text{V}$，求电流 $i_1(t)$ 和 $i_2(t)$。

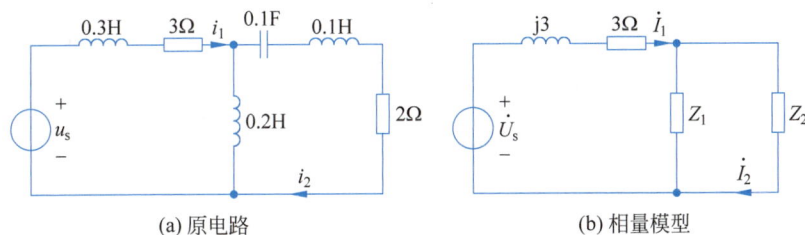

(a) 原电路   (b) 相量模型

图 5-22 例 5-10 图

解：根据已知条件，有 $\omega = 10\text{rad/s}$，作出图 5-22 (a)的相量模型如图 5-22(b)所示，则并联部分的阻抗为

$$Z_{\text{并}} = \frac{Z_1 Z_2}{Z_1 + Z_2} = \frac{j\omega 0.2 \cdot \left(\frac{1}{j\omega 0.1} + j\omega 0.1 + 2\right)}{j\omega 0.2 + \left(\frac{1}{j\omega 0.1} + j\omega 0.1 + 2\right)} = \frac{j2 \cdot 2}{j2 + 2} = (1 + j1)\Omega$$

$$\dot{I}_1 = \frac{\dot{U}_s}{3 + j\omega 0.3 + Z_{\text{并}}} = \frac{16}{3 + j3 + 1 + j1} = 2 - j2 = 2\sqrt{2}\underline{/-45°}\text{A}$$

$$\dot{I}_2 = \frac{Z_1}{Z_1 + Z_2}\dot{I}_1 = \frac{j2}{j2 + 2} \cdot 2\sqrt{2}\underline{/-45°} = 2\text{A}$$

根据求得的相量，可写出相应的瞬时值表达式

$$i_1 = 4\cos(10t - 45°)\text{A}$$

$$i_2 = 2\sqrt{2}\cos(10t)\text{A}$$

5.5　正弦稳态电路的相量分析

由于正弦稳态电路中 KCL、KVL 的相量形式及阻抗(导纳)的特性方程与线性电阻电路中 KCL、KVL 及电阻的欧姆定律形式的相似性,可将线性电阻电路的所有分析方法和定理(网孔法、回路法、结点法和等效电路定理等)推广到正弦稳态电路的分析中,区别仅在于这里得到的电路方程是复数代数方程。

正弦稳态电路的分析步骤为:首先作出正弦稳态电路的相量模型,即把电路中的正弦量用相量表示,电路参数用阻抗或导纳表示;其次是选用适当的分析方法列写出电路的相量方程;最后是解相量方程,求得电压或电流的相量,并把相量形式的电压或电流变成正弦量。

例 5-11　图 5-23 所示的电路中的独立源全都是同频正弦量。试列出该电路的结点电压方程和回路电流方程。

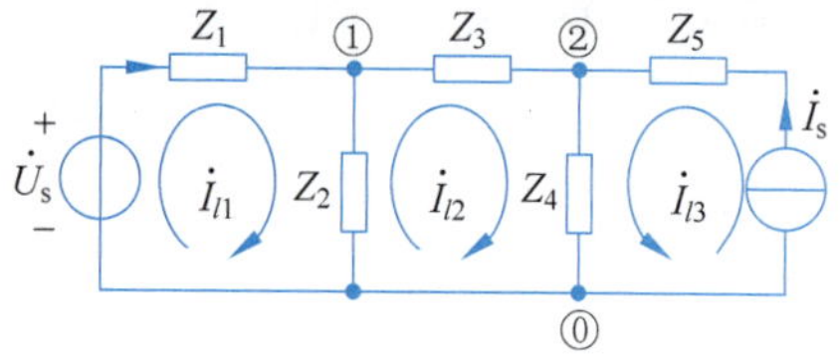

解：选结点⓪为参考点,该电路的结点电压方程为

图 5-23　例 5-11 图

$$\begin{cases} \left(\dfrac{1}{Z_1}+\dfrac{1}{Z_2}+\dfrac{1}{Z_3}\right)\dot{U}_{n1}-\dfrac{1}{Z_3}\dot{U}_{n2}=\dfrac{\dot{U}_s}{Z_1} \\[2mm] -\dfrac{1}{Z_3}\dot{U}_{n1}+\left(\dfrac{1}{Z_3}+\dfrac{1}{Z_4}\right)\dot{U}_{n2}=\dot{I}_s \end{cases}$$

该电路回路电流的参考方向如图 5-23 所示,分别为 $\dot{I}_{l1}$、$\dot{I}_{l2}$ 和 $\dot{I}_{l3}$。电路的回路电流方程为

$$(Z_1+Z_2)\dot{I}_{l1}-Z_2\dot{I}_{l2}=\dot{U}_s$$

$$-Z_2\dot{I}_{l1}+(Z_2+Z_3+Z_4)\dot{I}_{l2}+Z_4\dot{I}_{l3}=0$$

$$\dot{I}_{l3}=\dot{I}_s$$

例 5-12　图 5-24(a)所示的电路中,已知电流 $i_L=5\sqrt{2}\cos 10t$ A,$R=1\,\Omega$,$L=0.1$ H,$C=0.1$ F。

(1) 求电源电压 u_s;

(2) 将 u_s 变为 $u_s=10\sqrt{2}\cos 10t$ V,再求电流 i_L。

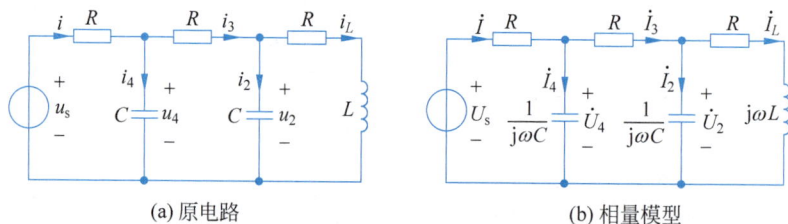

(a)原电路　　　　　　　　(b)相量模型

图 5-24　例 5-12 图

解：(1) 图 5-24(a)所示为梯形电路,故采用倒推法,相量模型如图 5-24(b)所示。

$$\dot{I}_L = 5\text{A}$$

$$\dot{U}_2 = (R + \text{j}\omega L)\dot{I}_L = (5 + \text{j}5)\text{V}$$

$$\dot{I}_2 = \text{j}\omega C\dot{U}_2 = (-5 + \text{j}5)\text{A}$$

$$\dot{I}_3 = \dot{I}_2 + \dot{I}_L = \text{j}5\text{A}$$

$$\dot{U}_4 = R\dot{I}_3 + \dot{U}_2 = (5 + \text{j}10)\text{V}$$

$$\dot{I}_4 = \text{j}\omega C\dot{U}_4 = (-10 + \text{j}5)\text{A}$$

$$\dot{I} = \dot{I}_4 + \dot{I}_3 = (-10 + \text{j}10)\text{A}$$

$$\dot{U}_s = R\dot{I} + \dot{U}_4 \approx 20.62\underline{/104°}\text{V}$$

$$u_s = 20.62\sqrt{2}\cos(10t + 104°)\text{V}$$

（2）由齐性定理得

$$\dot{I}_L = \frac{10}{20.62\angle 104°} \times 5 \approx 2.43\underline{/-104°}\text{A}$$

$$i_L = 2.43\sqrt{2}\cos(10t - 104°)\text{A}$$

例 5-13 图 5-25（a）所示的电路中，$Z_1 = (1 - \text{j}1)\Omega$，$Z_2 = \text{j}0.4\Omega$，$Z_3 = 2\Omega$，$\dot{U}_s = 10\underline{/-45°}\text{V}$。求一端口的戴维宁等效电路。

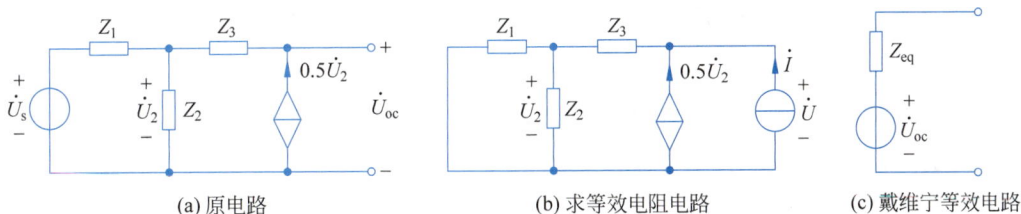

图 5-25 例 5-13 图

解： 应用戴维宁电路的开路电压 $\dot{U}_{oc}$ 和等效阻抗 Z_{eq} 的求解方法与电阻电路相似。

（1）求开路电压 $\dot{U}_{oc}$。图 5-25（a）中受控源的控制量 $\dot{U}_2$ 为

$$\dot{U}_2 = \frac{\dfrac{\dot{U}_s}{Z_1} + 0.5\dot{U}_2}{\dfrac{1}{Z_1} + \dfrac{1}{Z_2}} = \frac{\dfrac{10\underline{/-45°}}{1 - \text{j}1} + 0.5\dot{U}_2}{\dfrac{1}{1 - \text{j}} + \dfrac{1}{\text{j}0.4}} = \text{j}\frac{5}{\sqrt{2}}\text{V}$$

开路电压 $\dot{U}_{oc}$ 为

$$\dot{U}_{oc} = \dot{U}_2 + Z_3 \times (0.5\dot{U}_2) = 2\dot{U}_2 = \text{j}5\sqrt{2}\text{V}$$

（2）求戴维宁等效阻抗 Z_{eq}。将图 5-25（a）中的独立电压源 $\dot{U}_s$ 置零，外加电流源 $\dot{I}$，求电压 $\dot{U}$，如图 5-25（b）所示。

图中受控源的控制量 $\dot{U}_2$ 为

$$\left(\frac{1}{Z_1}+\frac{1}{Z_2}\right)\dot{U}_2=0.5\dot{U}_2+\dot{I}$$

即

$$\left(\frac{1}{1-\text{j}1}+\frac{1}{\text{j}0.4}\right)\dot{U}_2=0.5\dot{U}_2+\dot{I}$$

$$\dot{U}_2=\text{j}0.5\dot{I}$$

电压 $\dot{U}$ 为

$$\dot{U}=Z_3(0.5\dot{U}_2+\dot{I})+\dot{U}_2=2(0.5\dot{U}_2+\dot{I})+\dot{U}_2=(2+\text{j}1)\dot{I}$$

则戴维宁等效阻抗 Z_{eq} 为

$$Z_{\text{eq}}=\frac{\dot{U}}{\dot{I}}=(2+\text{j}1)\Omega$$

（3）作出一端口的戴维宁等效电路图，如图 5-25(c)所示。

例 5-14 图 5-26(a)所示的正弦稳态电路中，$U=193\text{V}$，$U_1=60\text{V}$，$U_2=180\text{V}$，$R_1=20\Omega$，$f=50\text{Hz}$。求电阻 R 和电容 C 的值。

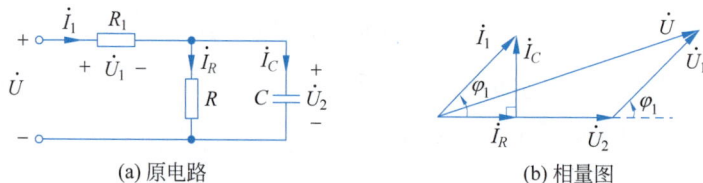

图 5-26　例 5-14 图

解：对图 5-26(a)所示串并联电路画相量图，应从并联部分开始。设 $\dot{U}_2=180\angle0°\text{V}$，作出电压、电流相量图，如图 5-26(b)所示。

对电压 $\dot{U}$、$\dot{U}_1$ 和 $\dot{U}_2$ 构成的三角形，由余弦定理有

$$U^2=U_1^2+U_2^2-2U_1U_2\cos(180°-\varphi_1)$$

所以

$$\cos\varphi_1=\frac{U^2-U_1^2-U_2^2}{2U_1U_2}=\frac{193^2-60^2-180^2}{2\times60\times180}=0.0578$$

$$\varphi_1=86.69°$$

电流三角形是一直角三角形，并且电流 $\dot{I}_1$ 与 $\dot{U}_1$ 同相，因此有

$$I_1=\frac{U_1}{R_1}=\left(\frac{60}{20}\right)\text{A}=3\text{A}$$

电流 I_R 和 I_C 为

$$I_R=I_1\cos\varphi_1=3\cos86.69°=0.1735\text{A}$$

$$I_C=I_1\sin\varphi_1=3\sin86.69°=2.995\text{A}$$

因此电阻 R 和电容 C 的值为

$$R=\frac{U_2}{I_R}=\frac{180}{0.1735}=1037.5\Omega$$

$$C = \frac{I_C}{\omega U_2} = \frac{2.995}{314 \times 180} = 53 \mu\text{F}$$

对简单电路画相量图，一般遵循以下原则：若是串联电路，以电流相量为参考；若是并联电路，以电压相量为参考；若对串并联电路画相量图，则从并联部分开始。

例 5-15　图 5-27(a)所示的电路中，已知 $U = 100\text{V}$，$R_2 = 6.5\Omega$，$R = 20\Omega$，当调节触点 c 使 $R_{ac} = 4\Omega$ 时，电压表的读数最小为 30V。求阻抗 Z。

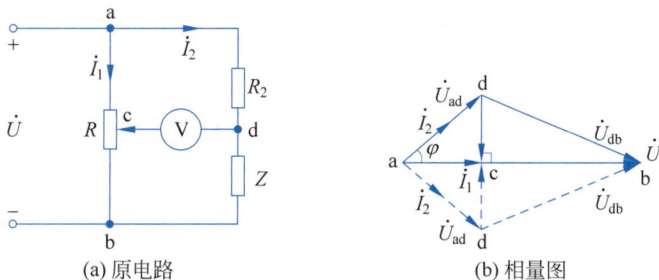

(a) 原电路　　　(b) 相量图

图 5-27　例 5-15 图

解：定性画出图 5-27(a)的相量图，如图 5-27(b)所示。

设 $\dot{U} = 100\underline{/0°}\text{V}$，若 Z 为容性，设 $Z = R + jX_C$。根据相量图上实线部分所示，可得

$$U_{ad} = \sqrt{U_{ac}^2 + U_{dc}^2} = \left[\sqrt{\left(\frac{4 \times 100}{20}\right)^2 + 30^2}\right]\text{V} = 36.05\text{V}, \quad I_2 = \frac{U_{ad}}{R_2} = \left(\frac{36.05}{6.5}\right)\text{A} = 5.5\text{A}$$

$\varphi = \arctan\dfrac{U_{dc}}{U_{ac}} = \arctan\dfrac{30}{20} = 56.3°$。因此，有

$$\dot{I}_2 = 5.5\underline{/56.3°}\text{A}, \quad \dot{U}_{ad} = 36.05\underline{/56.3°}\text{V}$$

$$\dot{U}_{db} = \dot{U} - \dot{U}_{ad} = 100\underline{/0°} - 36.05\angle 56.3° = 85.44\underline{/(-20.6°)}\text{V}$$

则有

$$Z = \frac{\dot{U}_{db}}{\dot{I}_2} = \frac{85.44\underline{/(-20.6)°}}{5.5\underline{/56.3°}} = 15.53\underline{/(-76.9°)} = (3.5 - j15)\Omega$$

同理，若为感性，根据相量图上虚线部分所示，可得 $Z = (3.5 + j15)\Omega$。

5.6　正弦稳态电路的功率

有关功率和能量的基本概念已经在第 1 章中介绍过，在此基础上将讨论正弦稳态电路的功率的特点。

5.6.1　功率及功率因数

图 5-28(a)所示为一个含有线性电阻、电感和电容等元件，但不含独立源的一端口 N_0。设端口电压和电流分别为

$$u = \sqrt{2}U\cos(\omega t + \psi_u)$$

正弦稳态
电路的
功率

$$i = \sqrt{2}\,I\cos(\omega t + \psi_i)$$

一端口 N_0 吸收的瞬时功率 p 等于电压 u 和电流 i 的乘积,即

$$p = ui = \sqrt{2}\,U\cos(\omega t + \psi_u) \times \sqrt{2}\,I\cos(\omega t + \psi_i)$$
$$= 2UI\cos(\omega t + \psi_u)\cos(\omega t + \psi_i)$$
$$= UI\cos(\psi_u - \psi_i) + UI\cos(2\omega t + \psi_u + \psi_i)$$

令 $\varphi = \psi_u - \psi_i$,$\varphi$ 为电压与电流的相位差,也是该一端口的等效阻抗的阻抗角。则瞬时功率为

$$p = UI\cos\varphi + UI\cos(2\omega t + 2\psi_u - \varphi)$$

由上式可知,瞬时功率有两个分量,第一项 $UI\cos\varphi$ 不随时间而变化,为恒定量;第二项 $UI\cos(2\omega t + 2\psi_u + \varphi)$ 为正弦量,其频率是电压或电流频率的二倍。瞬时功率 p 的波形如图 5-28(b)所示。

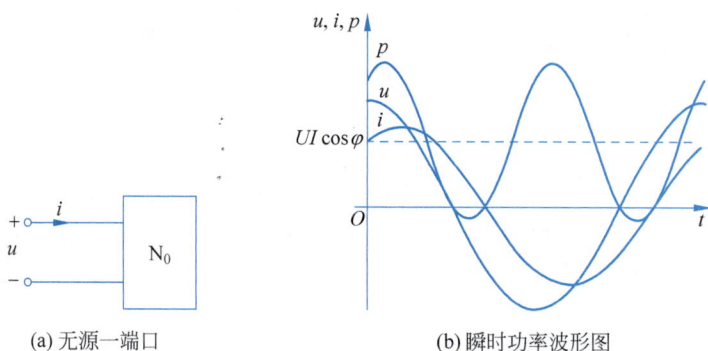

(a) 无源一端口　　　　　(b) 瞬时功率波形图

图 5-28　无源一端口瞬时功率

当 u 和 i 的符号相同时,瞬时功率 p 为正值,表明此时电路从外部吸收功率;当 u 和 i 的符号相异时,瞬时功率 p 为负值,表明此时电路在向外输出功率。瞬时功率的这种变化表明,外电路与一端口 N_0 之间存在能量交换的现象,此现象是由一端口内部的储能元件所引起的。

一端口吸收的平均功率 P 为瞬时功率 p 在一个周期内的平均值,即

$$P = \frac{1}{T}\int_0^T p\,\mathrm{d}t = \frac{1}{T}\int_0^T [UI\cos\varphi + UI\cos(2\omega t + 2\psi_u - \varphi)]\,\mathrm{d}t = UI\cos\varphi \qquad (5\text{-}23)$$

式中,$\cos\varphi$ 称作功率因数,用 λ 表示。平均功率又称为有功功率,简称功率,代表一端口实际消耗的功率,单位是瓦特(W)。

一端口无功功率 Q 定义为

$$Q = UI\sin\varphi \qquad (5\text{-}24)$$

无功功率的大小反映了一端口与电源之间能量交换的程度。无功功率并不是元件实际做功的功率,它的单位也应与功率的单位有所不同。无功功率的单位为乏(Var)。

在实际工程中,引入视在功率的概念。一端口的视在功率 S 定义为

$$S = UI \qquad (5\text{-}25)$$

视在功率的单位为伏安(V·A)。

视在功率常用于表示电力设备的容量。例如,容量为 117 500kV·A 的发电机,就是指

这台发电机的额定视在功率为 $117\,500\text{kV} \cdot \text{A}$。在使用时,如果电压、电流超过额定值,发电机就可能遭到损坏。至于一个发电机对负载提供多大的功率,还取决于负载的功率因数 λ。当 $\lambda = 0.85$ 时,该发电机能发出 $100\,000\text{kW}$ 的功率;当 $\lambda = 0.6$ 时,该发电机只能发出 $70\,500\text{kW}$ 的功率。负载的功率因数太低使发电机的容量不能充分利用。

　　视在功率、有功功率和无功功率的关系可以用一个直角三角形表示。这个三角形的两条直角边分别用 P 和 Q 表示,斜边则用 S 表示。感性电路的功率三角形如图 5-29 所示。由功率三角形可得

$$S = \sqrt{P^2 + Q^2}, \quad \varphi = \arctan \frac{Q}{P}$$

$$P = S\cos\varphi, \quad Q = S\sin\varphi$$

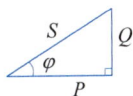

图 5-29　功率三角形

　　如果一端口 N_0 仅为电阻 R,则电压和电流同相,阻抗角 $\varphi = \psi_u - \psi_i = 0$,所以瞬时功率

$$p = UI\cos 0 + UI\cos(2\omega t + 2\psi_u - 0) = UI[1 + \cos(2\omega t + 2\psi_u)]$$

上式表明,电阻的瞬时功率恒为非负值,说明电阻一直吸收能量。电阻的有功功率、无功功率与视在功率分别为

$$P = UI\cos\varphi = UI = RI^2 = \frac{U^2}{R}$$

$$Q = UI\sin\varphi = 0$$

$$S = P$$

　　如果一端口 N_0 仅为电感 L,则有 $\varphi = \psi_u - \psi_i = \dfrac{\pi}{2}$,所以瞬时功率

$$p = UI\cos\frac{\pi}{2} + UI\cos\left(2\omega t + 2\psi_u - \frac{\pi}{2}\right) = UI\sin(2\omega t + 2\psi_u)$$

上式表明电感的瞬时功率正负交替变化,说明有能量的反复交换。电感的有功功率、无功功率与视在功率分别为

$$P = UI\cos\varphi = 0$$

$$Q = UI\sin\varphi = UI = \omega L I^2 = X_L I^2$$

$$S = Q$$

　　如果一端口 N_0 仅为电感 C,则有 $\varphi = \psi_u - \psi_i = -\dfrac{\pi}{2}$,所以瞬时功率

$$p = UI\cos\left(-\frac{\pi}{2}\right) + UI\cos\left(2\omega t + 2\psi_u + \frac{\pi}{2}\right) = -UI\sin(2\omega t + 2\psi_u)$$

上式表明电容的瞬时功率正负交替变化,说明有能量的反复交换。电感的有功功率、无功功率与视在功率分别为

$$P = UI\cos\varphi = 0$$

$$Q = UI\sin\varphi = -UI = -\frac{I^2}{\omega C} = X_C I^2$$

$$S = |Q|$$

电感和电容的有功功率为零,表明电抗元件不消耗能量。

　　如果 N_0 内部为 RLC 串联电路,则一端口的等效阻抗为

$$Z = \frac{\dot{U}}{\dot{I}} = R + j\left(\omega L - \frac{1}{\omega C}\right) = R + jX = |Z| \underline{/\varphi}$$

其中，$|Z| = \dfrac{U}{I}$，$R = |Z|\cos\varphi$，$X = |Z|\sin\varphi$。此一端口的有功功率、无功功率与视在功率分别为

$$P = UI\cos\varphi = |Z| I^2 \cos\varphi = RI^2$$

$$Q = UI\sin\varphi = |Z| I^2 \sin\varphi = XI^2 = X_L I^2 + X_C I^2 = Q_L + Q_C$$

$$S = UI = |Z| I^2$$

例 5-16 求图 5-30 所示的电路中 4Ω 电阻吸收的功率，并求出各电源发出的功率。

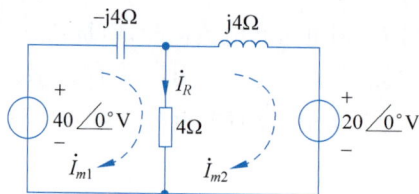

图 5-30 例 5-16 图

解：设网孔电流 $\dot{I}_{m1}$ 和 $\dot{I}_{m2}$ 分别如图 5-30 所示。列网孔电流方程

$$\begin{cases} (4 - j4)\dot{I}_{m1} - 4\dot{I}_{m2} = 40\underline{/0^\circ} \\ -4\dot{I}_{m1} + (4 + j4)\dot{I}_{m2} = -20\underline{/0^\circ} \end{cases}$$

解得

$$\dot{I}_{m1} = 5 + j10 = 11.18\underline{/63.4^\circ}\,\text{A}$$

$$\dot{I}_{m2} = 5 + j5 = 7.07\underline{/45^\circ}\,\text{A}$$

$$\dot{I}_R = \dot{I}_{m1} - \dot{I}_{m2} = j5 = 5\underline{/90^\circ}\,\text{A}$$

4Ω 电阻吸收的功率为

$$P_R = RI_R^2 = (4 \cdot 5^2)\,\text{W} = 100\,\text{W}$$

40V 电源的功率为

$$P_{40\text{V}} = -40I_{m1}\cos\varphi_1 = -40 \times 11.18 \times \cos(0^\circ - 63.4^\circ) = -200\,\text{W}(\text{发出})$$

20V 电源的功率为

$$P_{20\text{V}} = 20I_{m2}\cos\varphi_2 = 20 \times 7.07 \times \cos(0^\circ - 45^\circ) = 100\,\text{W}(\text{吸收})$$

可以证明，正弦稳态电路中总的有功功率是电路各部分有功功率之和，总的无功功率是电路各部分无功功率之和，即有功功率和无功功率分别守恒。

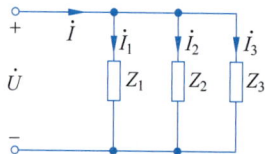

图 5-31 例 5-17 图

例 5-17 图 5-31 所示的正弦稳态电路中，电源有效值为 220V，感性负载 Z_1 的功率和电流为 $P_1 = 4.4\text{kW}$，$I_1 = 44.7\text{A}$；感性负载 Z_2 的功率和电流为 $P_2 = 8.8\text{kW}$，$I_2 = 50\text{A}$；容性负载 Z_3 的功率和电流为 $P_3 = 6.6\text{kW}$，$I_3 = 60\text{A}$。试求电源供给的总电流和总功率因数。

解:

方法一:

设 $\dot{U} = 220\underline{/0°}\text{V}$, Z_1 的功率为

$$P_1 = UI_1\cos\varphi_1 = 220 \times 44.7 \times \cos\varphi_1 = 4.4\text{kW}$$

Z_1 为感性负载,因此 $\varphi_1 > 0$,有

$$\varphi_1 = \arccos\frac{4.4 \times 10^3}{220 \times 44.7} = 63.4°, \quad \dot{I}_1 = 44.7\underline{/(0-\varphi_1)} = 44.7\underline{/-63.4°}\text{A}$$

同理,可以求得

$$\cos\varphi_2 = \frac{P_2}{UI_2} = \frac{8.8 \times 10^3}{220 \times 50} = 0.8, \quad \varphi_2 = \arccos 0.8 = 36.9°(\text{感性})$$

$$\dot{I}_2 = 50\underline{/-36.9°}\text{A}$$

$$\cos\varphi_3 = \frac{P_3}{UI_3} = \frac{6.6 \times 10^3}{220 \times 60} = 0.5, \quad \varphi_3 = \arccos 0.5 = -60°(\text{容性})$$

$$\dot{I}_3 = 60\underline{/60°}\text{A}$$

根据 KCL,有

$$\dot{I} = \dot{I}_1 + \dot{I}_2 + \dot{I}_3 = 44.7\underline{/-63.4°} + 50\underline{/-36.9°} + 60\underline{/60°} = 91.8\underline{/-11.3°}\text{A}$$

则总功率因数为

$$\lambda = \cos\varphi = \cos(11.3°) = 0.98$$

即电源供给的总电流为 91.8A,总功率因数为 0.98。

方法二:

根据电路的有功功率和无功功率的守恒性,电源供给的有功功率和无功功率为

$$P = P_1 + P_2 + P_3 = (4.4 \times 10^3 + 8.8 \times 10^3 + 6.6 \times 10^3)\text{W} = 19.8 \times 10^3\text{W}$$

$$Q = Q_1 + Q_2 + Q_3 = (8794.3 + 6600 - 11431.5)\text{Var} = 3963\text{Var}$$

电路总的功率因数 λ 为

$$\tan\varphi = \frac{Q}{P} = \frac{3963}{19.8 \times 10^3} = 0.2, \quad \varphi = \arctan 0.2 = 11.3°$$

$$\lambda = \cos\varphi = \cos(11.3°) = 0.98$$

电源供给的总电流 I 为

$$I = \frac{P}{U\cos\varphi} = \frac{19.8 \times 10^3}{220 \times 0.98}\text{A} = 91.8\text{A}$$

5.6.2 复功率

为了将相量引入功率,设一个一端口的电压相量和电流相量为

$$\dot{U} = U\underline{/\psi_u}, \quad \dot{I} = I\underline{/\psi_i}$$

且 $\dot{I}^* = I\underline{/-\psi_i}$ 为电流相量的共轭复数。一端口的复功率 $\overline{S}$ 定义为

$$\overline{S} = \dot{U}\dot{I}^* = UI\underline{/(\psi_u - \psi_i)} = UI\underline{/\varphi} = UI\cos\varphi + jUI\sin\varphi = P + jQ \quad (5\text{-}26)$$

$\overline{S}$ 只是一个用于辅助计算功率的复数,不代表任何正弦量,因此不能看成相量。复功率的单

位为伏安(V·A)。

当一端口内部不含有独立源时,有 $\dot{U}=Z\dot{I}$ 或 $\dot{I}=Y\dot{U}$,其中 Z 和 Y 分别为一端口的等效阻抗和等效导纳,则复功率可以表示为

$$\overline{S}=\dot{U}\dot{I}^{*}=Z\dot{I}\dot{I}^{*}=ZI^{2}$$

或

$$\overline{S}=\dot{U}\dot{I}^{*}=\dot{U}(Y\dot{U})^{*}=\dot{U}\dot{U}^{*}Y^{*}=Y^{*}U^{2}$$

式中,Y^{*} 为等效导纳的共轭复数。

正弦稳态电路中有功功率和无功功率分别守恒,因此电路中的复功率也守恒,但视在功率不守恒。

5.6.3 功率因数的提高

在实际应用中,电力系统一般都采用并联供电的方式,即用电设备(负载)并连接到供电线路上。由输电线传输到用户的总功率 $P=UI\cos\varphi$,除了与电压和电流有关外,还与负载的功率因数 $\lambda=\cos\varphi$ 有关。在实际用电设备中,一小部分是纯电阻负载,大部分是感性负载,这些感性负载工作时的 λ 一般为 $0.75\sim0.85$,有时可能更低。在相同传送功率的情况下,负载的 λ 低,必然会导致电源设备向负载提供更高的电流,而输电线路具有一定的阻抗,电流增大会使线路上电压降和功率损失增大,这会引起负载的用电电压降低和较大的电能损耗;如果电源设备(发电机)的电压和电流为定值,则 λ 越低,电源的输出功率也越低,从而限制了电源输出功率的能力。因此,实际应用中有必要提高负载的功率因数。

例 5-18 图 5-32(a)所示的电路中,电源的角频率为 ω,电动机(感性负载)的功率为 P_1,功率因数为 $\cos\varphi_1$。为了使电路的功率因数提高到 $\cos\varphi_2$,需并联多大的电容?

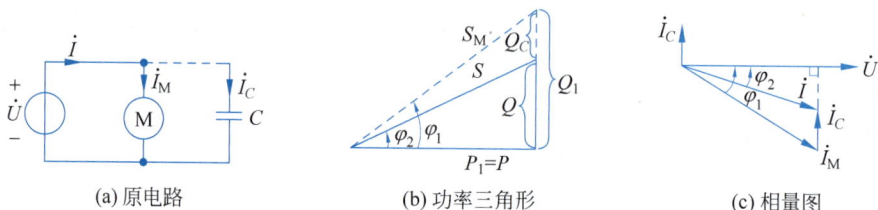

| (a) 原电路 | (b) 功率三角形 | (c) 相量图 |

图 5-32   例 5-18 图

解:

方法一:

功率三角形如图 5-32(b)所示。并联电容前,设电动机的复功率为 $\overline{S}_M$,有

$$\overline{S}_M=P_1+jQ_1=P_1+jP_1\tan\varphi_1$$

并联电容不会影响电动机所在支路的电压和电流,因此电动机的复功率 $\overline{S}_M$ 不变。并联电容后电路的复功率为 $\overline{S}$,电容的复功率为 $\overline{S}_C$。因此,有

$$\overline{S}=\overline{S}_M+\overline{S}_C=P+jQ$$

并联电容后因数提高为 $\cos\varphi_2$,而有功功率没有改变,故

$$P=P_1, \quad Q=P\tan\varphi_2=P_1\tan\varphi_2$$

故电容的复功率为

$$\overline{S}_C = \overline{S} - \overline{S}_M = j(Q - Q_1) = j(P_1 \tan\varphi_2 - P_1 \tan\varphi_1)$$

又

$$\overline{S}_C = -j\omega CU^2$$

代入前式,得

$$C = \frac{P_1}{\omega U^2}(\tan\varphi_1 - \tan\varphi_2)$$

方法二:

以电源电压为参考相量,画出并联电容前后电路的相量图,如图 5-32(c)所示。并联电容前,电源提供的电流 $\dot{I}$ 就是流过电动机的电流 $\dot{I}_M$。接入电容后,$\dot{I}$ 为 $\dot{I}_M$ 和 $\dot{I}_C$ 之和,它与电源电压之间的相位差为 φ_2。从图中可见 $\varphi_2 < \varphi_1$,因此电路的功率因数得以提高。

由图 5-32(b),可知

$$I_M \cos\varphi_1 = I \cos\varphi_2 = \frac{P_1}{U}$$

通过电容的电流为

$$I_C = I_M \sin\varphi_1 - I \sin\varphi_2 = \frac{P_1}{U}(\tan\varphi_1 - \tan\varphi_2)$$

又

$$I_C = \omega CU$$

代入前式,得

$$C = \frac{P_1}{\omega U^2}(\tan\varphi_1 - \tan\varphi_2)$$

5.6.4 最大功率传输定理

负载电阻从具有内阻的直流电源获得最大功率的问题已在第 3 章中讨论过。下面将讨论在正弦稳态电路中,负载从电源获得最大功率的条件。

图 5-33(a)所示的电路为一外接可变阻抗(导纳)的含源一端口。根据戴维宁定理,图 5-33(a)所示的电路可以简化为图 5-33(b)所示的等效电路。

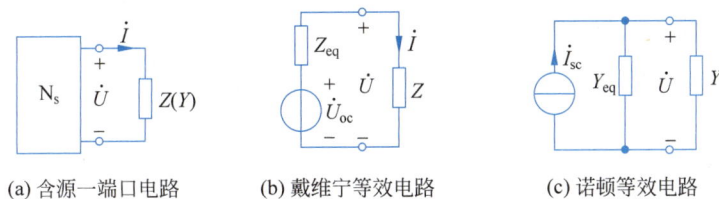

(a) 含源一端口电路　　　　(b) 戴维宁等效电路　　　　(c) 诺顿等效电路

图 5-33　外接可变阻抗(导纳)的含源一端口

设 $Z_{eq} = R_{eq} + jX_{eq}$,$Z = R + jX$,则电路中的电流相量为

$$\dot{I} = \frac{\dot{U}_{oc}}{Z + Z_{eq}} = \frac{\dot{U}_{oc}}{(R + R_{eq}) + j(X + X_{eq})}$$

电流有效值为

$$I = \frac{U_{oc}}{|Z + Z_{eq}|} = \frac{U_{oc}}{\sqrt{(R + R_{eq})^2 + (X + X_{eq})^2}}$$

负载吸收的有功功率为

$$P = RI^2 = \frac{RU_{oc}^2}{(R + R_{eq})^2 + (X + X_{eq})^2}$$

如果 R 和 X 可以任意改变,而其他参数不变,则分析上式以求出最大功率 P_{max} 所对应的 R 和 X。由于 X 只出现在分母中,显然对于任何 R 来说,当 $X = -X_{eq}$ 时分母的值最小,因此可先选出 X 值。在 X 选定后,P 变成

$$P = \frac{RU_{oc}^2}{(R + R_{eq})^2}$$

为确定 R 值,将 P 对 R 求导并使之为零,即

$$\frac{d}{dR}\left[\frac{RU_{oc}^2}{(R + R_{eq})^2}\right] = 0$$

解得

$$R = R_{eq}$$

因而能获得最大功率的负载阻抗为

$$Z = R_{eq} - jX_{eq} = Z_{eq}^*$$

此时,获得最大功率为

$$P_{max} = \frac{U_{oc}^2}{4R_{eq}}$$

当用诺顿等效电路时,如图 5-33(c)所示,获得最大功率的负载导纳为

$$Y = Y_{eq}^*$$

获得最大功率为

$$P_{max} = \frac{I_{sc}^2}{4G_{eq}}$$

上述获得最大功率的条件,称为共轭或最佳匹配。

例 5-19　电路如图 5-34(a)所示,$Z_1 = (1 - j1)\Omega$,$Z_2 = j0.4\Omega$,$Z_3 = 2\Omega$,$\dot{U}_s = 10\underline{/-45°}$V。求最佳匹配时负载 Z 获得的最大功率。

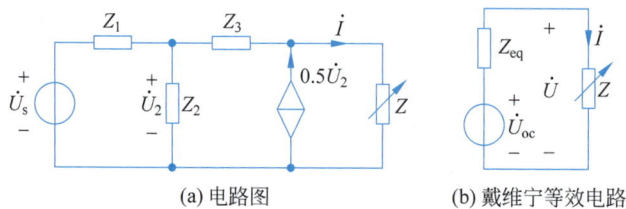

(a) 电路图　　　　(b) 戴维宁等效电路

图 5-34　例 5-19 图

解：先求出一端口的戴维宁等效电路,如图 5-34(b)所示,其中开路电压 $\dot{U}_{oc}$ 和等效阻抗 Z_{eq} 已在例 5-13 求出。

$$\dot{U}_{oc} = j5\sqrt{2}\,\text{V}, \quad Z_{eq} = (2 + j1)\Omega$$

最佳匹配时 $Z = Z_{eq}^* = (2 - j1)\Omega$，有最大功率

$$P_{max} = \frac{U_{oc}^2}{4R_{eq}} = \left[\frac{(5\sqrt{2})^2}{4 \times 2} \right] W = 6.25 W$$

5.7　谐振电路

谐振现象是正弦电流电路的一种特定的工作状态，一方面谐振现象在无线电和电工技术中得到广泛的应用，另一方面在某些情况下谐振又可能破坏系统的正常工作。所以对谐振现象的研究具有重要的实际意义。

工程中通常采用的谐振电路是由电阻、电感和电容组成的串联谐振电路和并联谐振电路。本节的重点是掌握电路的谐振频率的求法，以及利用谐振电路的特点（发生谐振的电路端口的电压电流同相）求解处于谐振状态的电路。

5.7.1　串联谐振电路

图 5-35 为 RLC 串联电路，在正弦激励下，该电路的输入阻抗为

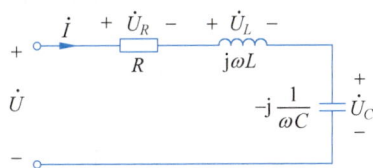

图 5-35　串联电路

$$Z = \frac{\dot{U}}{\dot{I}} = R + j\left(\omega L - \frac{1}{\omega C} \right) = R + jX$$

由于串联电路中感抗与容抗具有相互抵消的作用，因此当 $X = \omega L - \frac{1}{\omega C} = 0$，有

$$Z = R, \quad \frac{\dot{U}}{\dot{I}} = R$$

此时，电压 $\dot{U}$ 与电流 $\dot{I}$ 同相，整个串联电路相当于一个电阻，工程上将这种工作状态称为谐振，由于是在 RLC 串联电路中发生的谐振，故称为串联谐振。

发生串联谐振的角频率称为串联谐振角频率，记作 ω_0，有

$$\omega_0 L - \frac{1}{\omega_0 C} = 0$$

所以

$$\omega_0 = \frac{1}{\sqrt{LC}} \tag{5-27}$$

谐振频率为

$$f_0 = \frac{1}{2\pi\sqrt{LC}} \tag{5-28}$$

谐振频率又称为电路的固有频率，它是由电路的结构和参数决定的。改变电路中的 L 或 C 都能改变电路的固有频率，因为调节电容值比较方便，通常是调节电容使电路在某一频率下发生谐振或避免谐振。

下面讨论谐振现象的一些特征。RLC 串联电路发生谐振时，电抗 $X = 0$，输入阻抗 $Z =$

R,阻抗的模 $|Z|$ 最小。谐振电流 $I = \dfrac{U}{R}$,电压 U 一定时,电流 I 最大。电流的最大值完全取决于电阻值,而与电感和电容值无关,这是串联谐振电路的一个重要特征,可据此判断电路是否发生了谐振。

虽然谐振电路的电抗 $X = 0$,但感抗和容抗均不为零,有

$$\omega_0 L = \frac{1}{\omega_0 C} = \sqrt{\frac{L}{C}} = \rho \qquad (5\text{-}29)$$

ρ 称作串联谐振电路的特性阻抗。特性阻抗 ρ 与电阻 R 之比称作串联谐振电路的品质因数 Q,有

$$Q = \frac{\rho}{R} = \frac{\omega_0 L}{R} = \frac{1}{\omega_0 CR} = \frac{1}{R}\sqrt{\frac{L}{C}} \qquad (5\text{-}30)$$

Q 是一个无量纲的量,Q 值的大小可反映谐振电路的性能。

谐振时各元件上的电压分别为

$$\dot{U}_R = R\dot{I} = R\frac{\dot{U}}{R} = \dot{U}$$

$$\dot{U}_L = \mathrm{j}\omega_0 L\dot{I} = \mathrm{j}\omega_0 L\frac{\dot{U}}{R} = \mathrm{j}Q\dot{U}$$

$$\dot{U}_C = -\mathrm{j}\frac{1}{\omega_0 C}\dot{I} = -\mathrm{j}\frac{1}{\omega_0 C}\frac{\dot{U}}{R} = -\mathrm{j}Q\dot{U}$$

并有

$$\dot{U} = \dot{U}_R + \dot{U}_L + \dot{U}_C$$

图 5-36 为串联谐振电路的相量图,$\dot{U}_L + \dot{U}_C = 0$,可见 $\dot{U}_L$ 和 $\dot{U}_C$ 有效值相等,方向相反,互相抵消。串联的 L 和 C 相当于短路,故串联谐振又称电压谐振。这时电源电压全部加到电阻上,电阻电压 U_R 达到最大值。由于谐振时感和电容电压有效值为

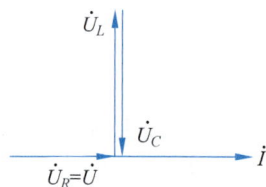

图 5-36 串联谐振电路的相量图

$$U_L = U_C = QU = \frac{\omega_0 L}{R}U = \omega_0 LI$$

因此可以利用测量谐振时电容电压 U_C 的方法来获得谐振回路的品质因数 Q。即

$$Q = \frac{U_C}{U}$$

当 $\rho \gg R$ 时,$Q \gg 1$,U_L 和 U_C 有效值将远大于外加电压 U。在电力系统中,出现高电压是不允许的,因为会引起某些电器设备的损坏,所以要避免这一现象出现。而在无线电技术中,则利用串联谐振的这一特性,将微弱信号输入到串联谐振回路中来获得较高的电压,例如在收音机中就采用串联谐振来选择要收听的电台的广播。

例 5-20 已知一接收器中的 RLC 串联调谐回路的参数为 $C = 150\mathrm{pF}$,$L = 250\mu\mathrm{H}$,$R = 20\Omega$。(1)求电路的谐振频率和品质因数;(2)若电源电压 $U = 10\mathrm{V}$,求谐振时电路的电流和电容电压。

解：（1）电路的谐振频率和品质因数为

$$f_0 = \frac{1}{2\pi\sqrt{LC}} = \left(\frac{1}{2\pi\sqrt{250\times10^{-6}\times150\times10^{-12}}}\right)\mathrm{kHz} = 820\mathrm{kHz}$$

$$Q = \frac{\omega_0 L}{R} = \frac{2\pi f_0 L}{R} = \frac{2\pi\times820\times10^3\times250\times10^{-6}}{20} = 65$$

（2）谐振时电路的电流和电容电压分别为

$$I_0 = \frac{U}{R} = \left(\frac{10}{20}\right)\mathrm{A} = 0.5\mathrm{A}$$

$$U_C = QU = (65\times10)\mathrm{V} = 650\mathrm{V}$$

谐振时电压与电流同相，阻抗角 $\varphi=0$，功率因数 $\lambda=\cos\varphi=1$，电路的有功功率与无功功率分别为

$$P = UI\cos\varphi = UI = RI^2$$

$$Q = Q_L + Q_C = \omega_0 L I^2 - \frac{1}{\omega_0 C}I^2 = 0$$

整个电路的复功率 $\overline{S} = P + \mathrm{j}Q = P$，但 $Q_L = \omega_0 L I^2$，$Q_C = -\dfrac{1}{\omega_0 C}I^2$ 都不为零。

设谐振时电源电压 $u = \sqrt{2}U\cos(\omega_0 t)$，则电路中的电流和电容电压分别为

$$i = \sqrt{2}\frac{U}{R}\cos(\omega_0 t)$$

$$u_C = \sqrt{2}QU\sin(\omega_0 t) = \sqrt{2}\frac{1}{\omega_0 CR}U\sin(\omega_0 t)$$

所以电感中的磁场能量和电容中的电场能量分别为

$$W_L = \frac{1}{2}Li^2 = \frac{1}{2}L\left[\sqrt{2}\frac{U}{R}\cos(\omega_0 t)\right]^2 = \frac{L}{R^2}U^2\cos^2(\omega_0 t)$$

$$W_C = \frac{1}{2}Cu^2 = \frac{1}{2}C\left[\sqrt{2}\frac{1}{\omega_0 CR}U\sin(\omega_0 t)\right]^2 = \frac{1}{\omega_0^2 CR^2}U^2\sin^2(\omega_0 t)$$

由于谐振时有 $L = \dfrac{1}{\omega_0^2 C}$，因此 W_L 和 W_C 的幅值相等。所以电感中的磁场能量和电容中的电场能量之和为

$$W = W_L + W_C = \frac{1}{2}Li^2 + \frac{1}{2}Cu^2 = \frac{L}{R^2}U^2 = CQ^2U^2 = 常量$$

即谐振时电路中的电磁场能量总和是一常量，该常量与品质因数 Q 值的平方成正比。这表明能量的交换只在电感与电容之间进行而不与电源交换能量，电源只向电路电阻提供能量。

例 5-21　图 5-37 所示的正弦稳态电路中，$U_1 = U_2$，$R_2 = 10\Omega$，$\dfrac{1}{\omega C_2} = 10\Omega$。阻抗 Z_1 为感性，若 $\dot{U}$ 与 $\dot{I}$ 同相，求阻抗 Z_1。

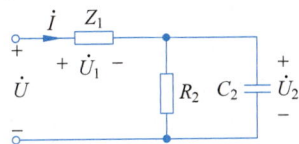

图 5-37　例 5-21 图

解：设 $Z_1 = R_1 + jX_1 (X_1 > 0)$。$R_2$ 与 C_2 的并联阻抗 Z_2 为

$$Z_2 = \frac{-j \dfrac{R_2}{\omega C_2}}{R_2 - j \dfrac{1}{\omega C_2}} = \frac{-j100}{10 - j10} = \frac{10}{\sqrt{2}} \underline{/-45°} = (5 - j5)\Omega$$

电路的输入阻抗 Z_{in} 为

$$Z_{in} = Z_1 + Z_2 = R_1 + jX_1 + 5 - j5 = (R_1 + 5) + j(X_1 - 5)$$

若 $\dot{U}$ 与 $\dot{I}$ 同相，则输入阻抗 Z_{in} 为正实数，其虚部等于零。即

$$X_1 - 5 = 0, \quad X_1 = 5\Omega$$

另外 $U_1 = U_2$，则有 $|Z_1| = |Z_2|$，即

$$R_1^2 + X_1^2 = 5^2 + 5^2$$

解得

$$R_1 = 5\Omega$$

则

$$Z_1 = (5 + j5)\Omega$$

下面研究 RLC 串联电路的频率特性。频率特性是指电路中电流、电压和阻抗(导纳)等量随电源频率变化的关系。在正弦激励下，该电路的输入阻抗为

$$Z = \frac{\dot{U}}{\dot{I}} = R + j\left(\omega L - \frac{1}{\omega C}\right) = R + jX$$

当 ω 变动时，感抗随频率成正比变化，容抗随频率成反比变化，电抗随频率变化的特性曲线如图 5-38(a)所示。图 5-38(b)为阻抗随频率变化时在复平面上的图形，其末端轨迹是一条与纵轴平行的直线。

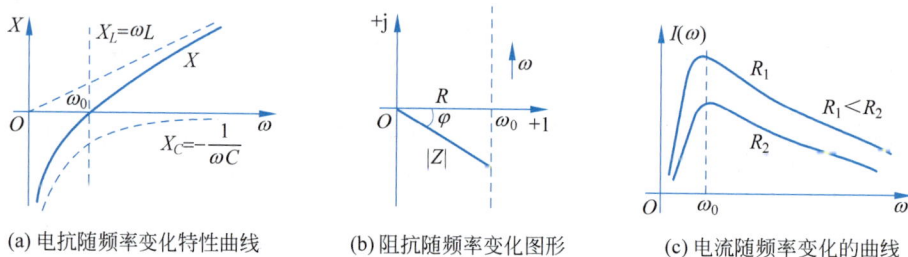

(a) 电抗随频率变化特性曲线   (b) 阻抗随频率变化图形   (c) 电流随频率变化的曲线

图 5-38　RLC 串联电路的频率特性

当外加电压的有效值 U 不变时，电流的频率特性为

$$I(\omega) = \frac{U}{|Z|} = \frac{U}{\sqrt{R^2 + \left(\omega L - \dfrac{1}{\omega C}\right)^2}}$$

定性绘出电流 $I(\omega)$ 随频率变化的曲线，如图 5-38(c)所示。两条曲线对应两个具有不同大小的电阻 R_1 和 R_2，但是 L 和 C 相同的电路。由谐振曲线可知，当 $\omega = \omega_0$ 时，电流 $I(\omega)$ 最大；随着 ω 偏离 ω_0，电流 I 逐渐减小，直到 $\omega = 0$ 或 ω 趋向 ∞，I 趋向零。因此，如果 RLC 串联电路中有若干不同频率的电源电压同时作用时，则接近于 ω_0 的电流成分将可能大于其他偏离谐振频率的电流成分而被选择出来，这种性能在无线电技术上称为选择性。

电路选择性的好坏与电流谐振曲线在谐振频率附近的尖锐程度有关,下面通过电流谐振曲线与品质因数的关系来说明 RLC 电路的选择性。

$$I(\omega) = \frac{U}{\mid Z \mid} = \frac{U}{\sqrt{R^2 + \left(\omega L - \dfrac{1}{\omega C}\right)^2}}$$

$$= \frac{U}{\sqrt{R^2 + R^2 \left(\dfrac{\omega_0 L}{R} \cdot \dfrac{\omega}{\omega_0} - \dfrac{1}{\omega_0 CR} \cdot \dfrac{\omega_0}{\omega}\right)^2}}$$

$$= \frac{U/R}{\sqrt{1 + Q^2 \left(\dfrac{\omega}{\omega_0} - \dfrac{\omega_0}{\omega}\right)^2}}$$

设 $\dfrac{\omega}{\omega_0} = \eta$,则有

$$I(\eta) = \frac{I_0}{\sqrt{1 + Q^2 \left(\eta - \dfrac{1}{\eta}\right)^2}}$$

式中,$I_0 = \dfrac{U}{R}$ 为谐振时的电流,最后可得

$$\frac{I(\eta)}{I_0} = \frac{1}{\sqrt{1 + Q^2 \left(\eta - \dfrac{1}{\eta}\right)^2}}$$

图 5-39 给出以 $\dfrac{I(\eta)}{I_0}$ 为纵坐标,以 η 为横坐标,3 个不同 Q 值($Q_3 > Q_2 > Q_1$)的谐振曲线,该谐振曲线称为通用谐振曲线。这一组曲线表明,Q 值越大,曲线就越尖锐,电路对非谐振频率电流的抑制能力也越强,电路的选择性越好;反之,Q 值越小,曲线就越平坦,选择性越差。工程上为了定量地衡量选择性,称

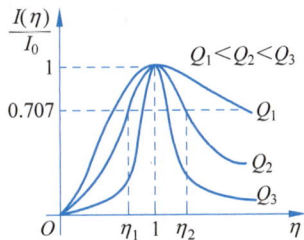

图 5-39 不同 Q 值的谐振曲线

$\dfrac{I(\eta)}{I_0} = \dfrac{1}{\sqrt{2}} = 0.707$ 所对应的两个频率之间宽度为通频带,它规定了谐振电路允许通过信号的频率范围。

同理可以分析电压的频率特性。

5.7.2 并联谐振电路

图 5-40(a)为 GLC 并联电路,是另一种典型的谐振电路,分析方法与 RLC 串联谐振电路相同。其输入导纳为

$$Y = \frac{\dot{I}}{\dot{U}} = G + j\left(\omega C - \frac{1}{\omega L}\right) = G + jB$$

当 $B = \omega C - \dfrac{1}{\omega L} = 0$ 时,有

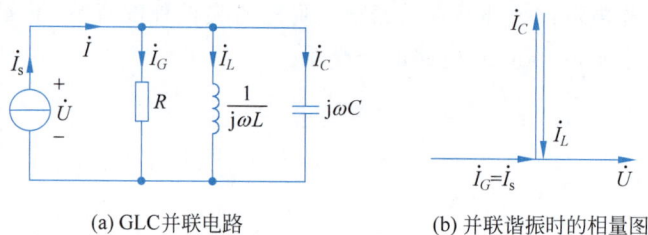

(a) GLC 并联电路　　　　(b) 并联谐振时的相量图

图 5-40　GLC 并联电路

$$Y = G, \quad \dot{I} = G\dot{U}$$

此时,电压 $\dot{U}$ 与电流 $\dot{I}$ 同相,这种工作状态称为谐振,由于是在 GLC 并联电路中发生的谐振,故称为并联谐振。满足这一条件的角频率和频率为

$$\omega_0 = \frac{1}{\sqrt{LC}}$$

$$f_0 = \frac{1}{2\pi\sqrt{LC}}$$

并联谐振电路的品质因数 Q 为

$$Q = \frac{\omega_0 C}{G} = \frac{1}{\omega_0 LG} = \frac{1}{G}\sqrt{\frac{C}{L}}$$

并联谐振时,输入导纳的模 $|Y| = G$ 最小,或者说输入阻抗的模 $|Z| = \dfrac{1}{G} = R$ 最大。端电压 $U = RI_s$,I_s 一定时,则端电压 U 最大。可以根据这一现象判别并联电路谐振与否。

并联谐振时电压、电流的相量图如图 5-40(b)所示。$\dot{I}_L + \dot{I}_C = 0$,电感电流和电容电流互相抵消,故并联谐振又称电流谐振。电感电流和电容电流有效值分别为

$$I_L = I_C = \omega_0 CU = \frac{U}{\omega_0 L} = QI$$

谐振时,无功功率 $Q_L = \dfrac{1}{\omega_0 L}U^2$,$Q_C = -\omega_0 CU^2$,所以 $Q_L + Q_C = 0$,表明在谐振时,电感的磁场能量和电容的电场能量彼此相互交换,两种能量的总和为

$$W = \frac{1}{2}Li^2 + \frac{1}{2}Cu^2 = LQ^2 I_s^2 = 常量$$

图 5-41(a)为一种工程上常用的并联电路,当 $\dot{U}$ 与 $\dot{I}$ 同相时称电路发生并联谐振。其输入导纳为

$$Y(j\omega) = \frac{1}{R + j\omega L} + j\omega C = \frac{R}{R^2 + (\omega L)^2} + j\left(\omega C - \frac{\omega L}{R^2 + (\omega L)^2}\right) = G + jB$$

当电路发生谐振时,有 $B = \omega_0 C - \dfrac{\omega_0 L}{R^2 + (\omega_0 L)^2} = 0$,则谐振角频率为

$$\omega_0 = \frac{1}{\sqrt{LC}}\sqrt{1 - \frac{CR^2}{L}}$$

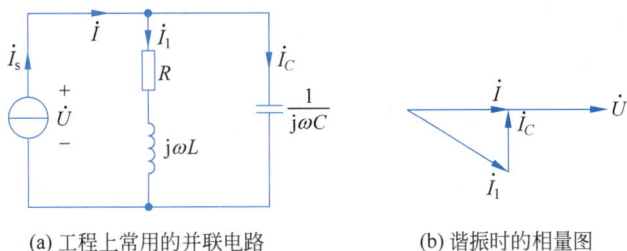

(a) 工程上常用的并联电路   (b) 谐振时的相量图

图 5-41 一种并联电路

由上式可见,电路的谐振角频率完全由电路参数决定,只有当 $1-\dfrac{CR^2}{L}>0$,即 $R<\sqrt{\dfrac{L}{C}}$ 时,

ω_0 才为实数,电路才能发生谐振;而当 $R>\sqrt{\dfrac{L}{C}}$ 时,电路不会发生谐振。

并联谐振时,输入导纳为

$$Y=\frac{R}{R^2+(\omega_0 L)^2}=\frac{CR}{L}$$

此时整个电路相当于一个阻值为 $\dfrac{L}{CR}$ 的纯电阻,电路的相量图如图 5-41(b)所示。当电源频率一定时,改变电容 C,总可使电路发生并联谐振。如图 5-41(a)所示的电路,只有当 $R\ll$

$\sqrt{\dfrac{L}{C}}$ 时,它发生谐振时的特点才与图 5-40(a)所示的 GLC 电路并联谐振的特点接近。

例 5-22 求图 5-42 所示的电路的谐振角频率和谐振时的输入阻抗 Z_{in}。

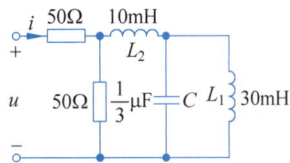

图 5-42 例 5-22 图

解:(1) 电容和 30mH 电感并联谐振,其输入导纳

$$Y=\text{j}\Big(\omega C-\frac{1}{\omega L_1}\Big)$$

当 $Y=0$ 时,电路发生并联谐振,此时谐振部分相当于开路,所以电路输入阻抗 $Z_{\text{in}}=(50+50)\Omega=100\Omega$。因此,有

$$\omega=\frac{1}{\sqrt{L_1 C}}=\frac{1}{\sqrt{30\times 10^{-3}\times\frac{1}{3}\times 10^{-6}}}=10^4\,\text{rad/s}$$

(2) 电容和 30mH 电感并联呈容性,并且容抗的绝对值等于 10mH 电感的感抗时,电路发生串联谐振,故

$$\text{j}\omega L_2=-\frac{\text{j}\omega L_1\dfrac{1}{\text{j}\omega C}}{\text{j}\omega L_1+\dfrac{1}{\text{j}\omega C}}$$

$$\omega=2\times 10^4\,\text{rad/s}$$

此时谐振部分电路相当于短路,因此电路输入阻抗 $Z_{\text{in}}=50\Omega$。

5.8 耦合电感

5.8.1 耦合电感的伏安关系

载流线圈中的电流 i 会在其周围产生磁场。两个邻近的载流线圈,其中一个线圈中的电流所产生的磁通有一部分穿过另一个线圈,在两个线圈之间形成磁耦合,这两个线圈称为一对耦合线圈。

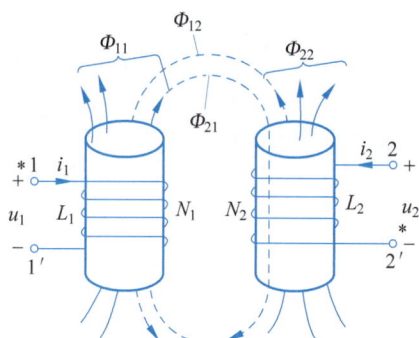

图 5-43 载流线圈

在图 5-43 中,载流线圈中的电流 i_1 和 i_2 称为施感电流,线圈的匝数分别为 N_1 和 N_2。线圈 1 中的电流 i_1 产生的磁通设为 Φ_{11},磁通 Φ_{11} 的参考方向与电流 i_1 的参考方向符合右手螺旋定则。Φ_{11} 在穿越自身的线圈时,所产生的磁通链设为 ψ_{11},此磁通链称为自感磁通链 $\psi_{11} = N_1 \Phi_{11}$。$\Phi_{11}$ 中的一部分与线圈 2 相交链,称为线圈 1 对线圈 2 的互感磁通,用 Φ_{21} 表示。它与线圈 2 相交链而形成的磁通链设为 ψ_{21},此磁通链称为互感磁通链 $\psi_{21} = N_2 \Phi_{21}$。同样,线圈 2 中的电流 i_2 也产生自感磁通链 ψ_{22} 和互感磁通链 ψ_{12}。两个有磁耦合的线圈,每个线圈的磁链分别为

$$\Psi_1 = \Psi_{11} \pm \Psi_{12}$$
$$\Psi_2 = \pm \Psi_{21} + \Psi_{22}$$

互感磁链前取"+"号表示两线圈磁场相互增强;取"−"号表示两线圈磁场相互削弱。

两线圈中磁通链是由两线圈中的电流产生的,当线圈周围只存在线性磁介质,并且磁链的参考方向和产生它的电流参考方向符合右手螺旋法则时,有

$$\Psi_1 = \Psi_{11} \pm \Psi_{12} = L_1 i_1 \pm M_{12} i_2$$
$$\Psi_2 = \pm \Psi_{21} + \Psi_{22} = \pm M_{21} i_1 + L_2 i_2 \tag{5-31}$$

式中,$L_1 = \dfrac{\Psi_{11}}{i_1}$ 为线圈 1 的自感系数;$L_2 = \dfrac{\Psi_{22}}{i_2}$ 为线圈 2 的自感系数;$M_{12} = \dfrac{\Psi_{12}}{i_2}$,$M_{21} = \dfrac{\Psi_{21}}{i_1}$,称作互感系数,简称互感。可以证明 $M_{12} = M_{21}$,因此去掉下标,只用 M 表示。自感系数和互感系数的单位为亨利(H)。

两个线圈的磁耦合的紧密程度用耦合系数 k 表示。k 的定义为

$$k = \sqrt{\frac{\Psi_{21} \cdot \Psi_{12}}{\Psi_{11} \cdot \Psi_{22}}} = \frac{M}{\sqrt{L_1 L_2}} \tag{5-32}$$

耦合系数越大,两个线圈的磁耦合越紧密,并且有 $0 \leqslant k \leqslant 1$。$k = 0$,表明两个线圈没有磁耦合;$k = 1$,则两个线圈为全耦合,即每个线圈产生的磁通将全部穿过另一线圈。k 的大小与两个线圈的结构、相对位置以及周围的磁介质有关。

当两个线圈中的电流发生变化时,在两个线圈上引起感应电压。设每个线圈的端电压和电流的参考方向是关联的,则两线圈的电压和电流关系为

$$u_1 = \frac{d\Psi_1}{dt} = \frac{d\Psi_{11}}{dt} \pm \frac{d\Psi_{12}}{dt} = L_1 \frac{di_1}{dt} \pm M \frac{di_2}{dt}$$

$$u_2 = \frac{d\Psi_2}{dt} = \pm \frac{d\Psi_{21}}{dt} + \frac{d\Psi_{22}}{dt} = \pm M \frac{di_1}{dt} + L_2 \frac{di_2}{dt}$$

(5-33)

令 $u_{11} = L_1 \dfrac{di_1}{dt}$, $u_{22} = L_2 \dfrac{di_2}{dt}$, u_{11} 和 u_{22} 是线圈 1 和 2 的自感电压；令 $u_{12} = M \dfrac{di_2}{dt}$, $u_{21} = M \dfrac{di_1}{dt}$, u_{12} 和 u_{21} 是线圈 1 和 2 的互感电压。

互感电压 u_{12} 和 u_{21} 前取"＋"号还是取"－"号取决于两耦合线圈的磁场是相互增强还是相互抵消。为了便于反映"增强"或"减弱"作用和简化图形表示，采用同名端标记方法。对两个有耦合的线圈各取一个端子，用星号"＊"标记，当两线圈的电流从标有"＊"号的端钮流入(或流出)线圈时，两个线圈的磁场是相互增强的，这一对端子称为同名端。引入同名端概念后，两个耦合线圈可以用带有同名端标记的电感 L_1 和 L_2 表示，如图 5-44(a)和图 5-44(b)所示，其中 M 表示互感。这种耦合线圈的电路模型称作耦合电感。

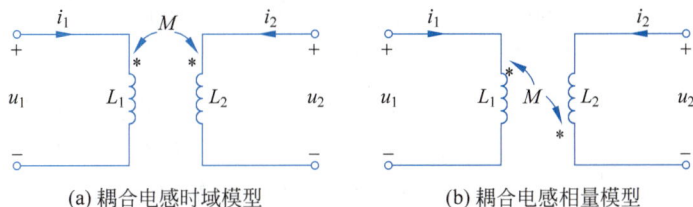

(a) 耦合电感时域模型　　　　　　(b) 耦合电感相量模型

图 5-44　耦合电感

耦合电感可以看作是一个具有 4 个端子的电路元件。当有 2 个以上电感彼此之间存在耦合时，同名端应当一对一对地加以标记，每一对宜用不同符号。

对图 5-44(a)所示的耦合电感，电流参考方向都是从"＊"号端流入两个线圈的，其伏安特性为

$$u_1 = L_1 \frac{di_1}{dt} + M \frac{di_2}{dt}$$

$$u_2 = M \frac{di_1}{dt} + L_2 \frac{di_2}{dt}$$

对图 5-44(b)所示的耦合电感，电流是从异名端流入两个线圈的，其伏安特性为

$$u_1 = L_1 \frac{di_1}{dt} - M \frac{di_2}{dt}$$

$$u_2 = -M \frac{di_1}{dt} + L_2 \frac{di_2}{dt}$$

在正弦稳态的情况下，图 5-45(a)和图 5-45(b)分别是图 5-44(a)和图 5-44(b)的相量模型，所示耦合电感的伏安特性方程为

$$\dot{U}_1 = j\omega L_1 \dot{I}_1 \pm j\omega M \dot{I}_2$$

$$\dot{U}_2 = \pm j\omega M \dot{I}_1 + j\omega L_2 \dot{I}_2$$

对于耦合电感电路，还可以将互感电压的作用看作是电流控制的电压源(CCVS)，此时

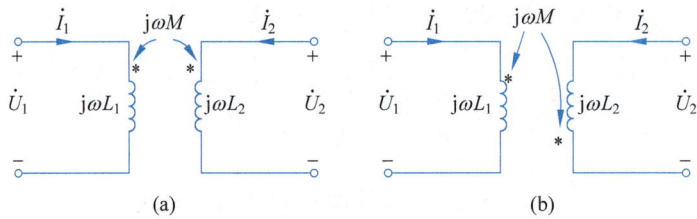

图 5-45 两种耦合电感模型

可以用含有受控源的电路模型来等效。图 5-46(a)和图 5-46(b)分别为图 5-45(a)和图 5-45(b)的等效模型。

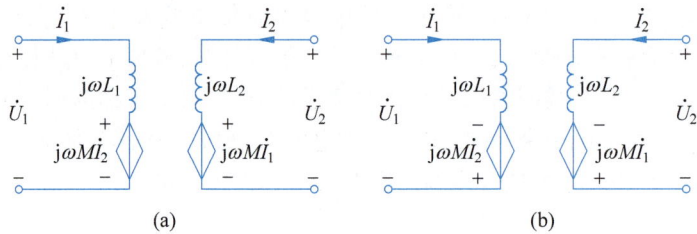

图 5-46 含受控源的耦合电感模型

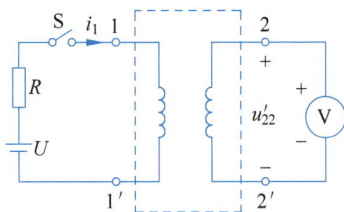

图 5-47 同名端的实验确定法
示意图

给定一对线圈,如何标出它们的同名端呢?可以采用图 5-47 所示的实验装置,用实验的方法确定。线圈 1经过一个开关 S 接到直流电压源(如干电池)上,串接一个电阻以限流;线圈 2 接到一个直流电压表上,极性如图 5-47 所示。开关 S 闭合后,有电流 $i_1 = \dfrac{U}{R}(1 - \mathrm{e}^{-\frac{t}{\tau}})$ 由零随时间逐渐增大到一个稳态值。在 S 闭合瞬间,有 $\dfrac{\mathrm{d}i_1}{\mathrm{d}t} >$ 0,此时线圈 2 中会产生互感电压,使电压表指针发生偏转。如果电压表指针正偏,说明 $u_{22'} = M \dfrac{\mathrm{d}i_1}{\mathrm{d}t} > 0$,因此可以判定端钮 1 和端钮 2 为同名端。

5.8.2 含有耦合电感电路的计算

耦合电感的串联分为顺接和反接。两线圈的异名端相联,称为顺接,如图 5-48(a)所示。按图示参考方向,列 KVL 方程为

$$u_1 = R_1 i + L_1 \frac{\mathrm{d}i}{\mathrm{d}t} + M \frac{\mathrm{d}i}{\mathrm{d}t} = R_1 i + (L_1 + M) \frac{\mathrm{d}i}{\mathrm{d}t}$$

$$u_2 = R_2 i + L_2 \frac{\mathrm{d}i}{\mathrm{d}t} + M \frac{\mathrm{d}i}{\mathrm{d}t} = R_2 i + (L_2 + M) \frac{\mathrm{d}i}{\mathrm{d}t}$$

$$u = u_1 + u_2 = (R_1 + R_2) i + (L_1 + L_2 + 2M) \frac{\mathrm{d}i}{\mathrm{d}t}$$

由上式可知,顺接时的等效电感为 $L_{\mathrm{eq}} = L_1 + L_2 + 2M$。

两线圈的同名端相联,称为反接,如图 5-48(b)所示,反接时的等效电感为 $L_{\mathrm{eq}} = L_1 + L_2 - 2M$。这说明反接时互感有削弱自感的作用,称为互感的"容性"效应。每一耦合电感

支路的等效电感分别为(L_1-M)和(L_2-M)，有可能其中之一为负值，但根据耦合系数 $k=\dfrac{M}{\sqrt{L_1L_2}}\leqslant1$，可以证明$L_{eq}=L_1+L_2-2M\geqslant0$，所以整个电路仍呈感性。

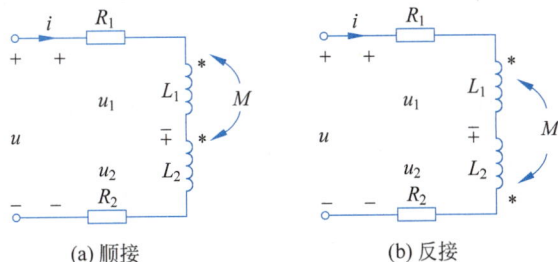

(a) 顺接　　　　　　(b) 反接

图 5-48　耦合电感的串联

在正弦稳态下，对图 5-48(a)所示的电路，端口电压为

$$\dot{U}=\dot{U}_1+\dot{U}_2=R_1\dot{I}+(j\omega L_1\dot{I}+j\omega M\dot{I})+R_1\dot{I}+(+j\omega M\dot{I}+j\omega L_2\dot{I})$$
$$=(R_1+R_2)\dot{I}+j\omega(L_1+L_2+2M)\dot{I}$$

相量图如图 5-49(a)所示。

在正弦稳态下，对图 5-48(b)所示的电路，端口电压为

$$\dot{U}=\dot{U}_1+\dot{U}_2=R_1\dot{I}+(j\omega L_1\dot{I}-j\omega M\dot{I})+R_1\dot{I}+(-j\omega M\dot{I}+j\omega L_2\dot{I})$$
$$=(R_1+R_2)\dot{I}+j\omega(L_1+L_2-2M)\dot{I}$$

相量图如图 5-49(b)所示。

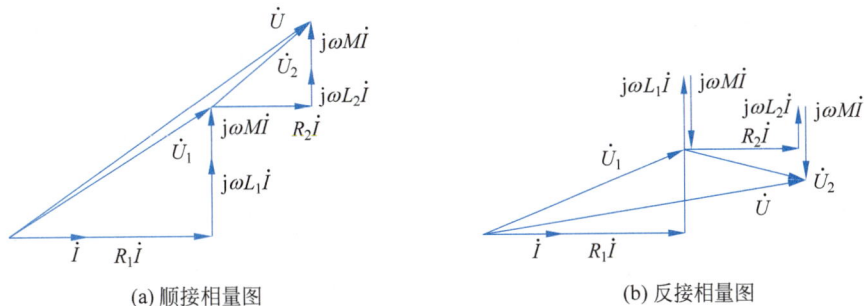

(a) 顺接相量图　　　　　　(b) 反接相量图

图 5-49　耦合电感串联电路的相量图

具有互感的线圈也可以并联连接。两线圈的同名端在同一侧的并联，称为同侧并联，如图 5-50(a)所示。两线圈的异名端在同一侧的并联称为异侧并联，如图 5-50(b)所示。在正弦稳态下，电路的方程为

$$\dot{I}=\dot{I}_1+\dot{I}_2$$
$$\dot{U}=j\omega L_1\dot{I}_1\pm j\omega M\dot{I}_2$$
$$\dot{U}=\pm j\omega M\dot{I}_1+j\omega L_2\dot{I}_2$$

联立求解上面的方程，可得输入端阻抗

$$Z=\frac{\dot{U}}{\dot{I}}=j\omega\frac{L_1L_2-M^2}{L_1+L_2\mp2M}$$

(a) 同侧并联　　　　　　　　(b) 异侧并联

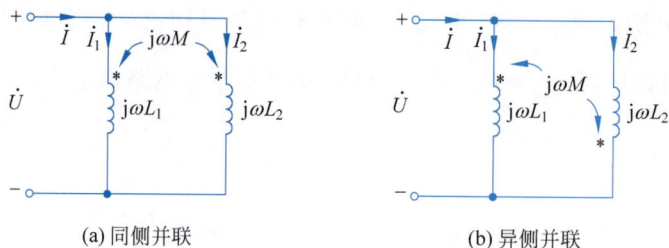

图 5-50　耦合电感的并联

即并联等效电感为

$$L_{eq} = \frac{Z}{j\omega} = \frac{L_1 L_2 - M^2}{L_1 + L_2 \mp 2M}$$

图 5-51(a)所示的耦合电感的连接情况称作同侧 T 形连接。列 KCL 和 KVL 方程为

$$\dot{I} = \dot{I}_1 + \dot{I}_2$$

$$\dot{U}_{13} = j\omega L_1 \dot{I}_1 + j\omega M \dot{I}_2$$

$$\dot{U}_{23} = j\omega M \dot{I}_1 + j\omega L_2 \dot{I}_2$$

用 $\dot{I}_2 = \dot{I} - \dot{I}_1$ 消去支路 1 方程中的 $\dot{I}_2$，用 $\dot{I}_1 = \dot{I} - \dot{I}_2$ 消去支路 1 方程中的 $\dot{I}_1$，有

$$\dot{U}_{13} = j\omega L_1 \dot{I}_1 + j\omega M(\dot{I} - \dot{I}_1) = j\omega M \dot{I} + j\omega(L_1 - M)\dot{I}_1$$

$$\dot{U}_{23} = j\omega M(\dot{I} - \dot{I}_2) + j\omega L_2 \dot{I}_2 = j\omega M \dot{I} + j\omega(L_2 - M)\dot{I}_2$$

根据上式可获得无互感的等效电路，如图 5-51(b)所示。图 5-51(c)为异侧 T 形连接，图 5-51(d)为其去耦等效电路。

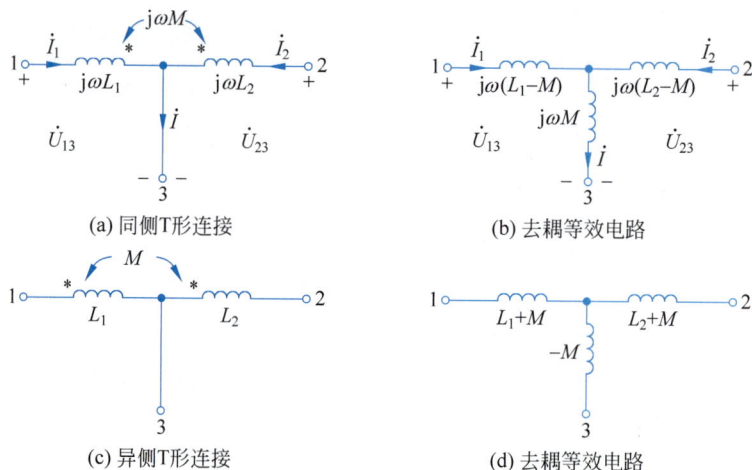

(a) 同侧T形连接　　　　　　(b) 去耦等效电路

(c) 异侧T形连接　　　　　　(d) 去耦等效电路

图 5-51　耦合电感的 T 形连接

在正弦稳态下，含耦合电感电路的计算原则上可采用一般正弦稳态电路的方法。但考虑到耦合电感伏安特性的特殊性，一般以支路电流法为宜。但若对含有耦合电感的电路预先去耦，则可以采用一般正弦稳态电路的分析方法进行计算。

例 5-23　列写图 5-52(a)所示的电路的方程。

(a) 原电路

(b) 去耦等效电路

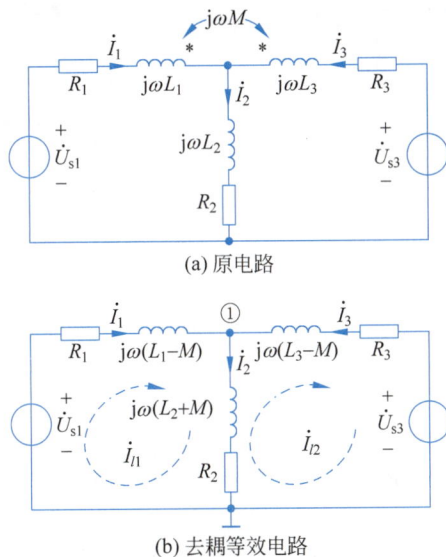

图 5-52 例 5-23 图

解：

方法一：

直接利用支路电流法列方程，有

$$\dot{I}_2 = \dot{I}_1 + \dot{I}_3$$

$$R_1 \dot{I}_1 + j\omega L_1 \dot{I}_1 + j\omega M \dot{I}_3 + j\omega L_2 \dot{I}_2 + R_2 \dot{I}_2 = \dot{U}_{s1}$$

$$R_3 \dot{I}_3 + j\omega L_3 \dot{I}_3 + j\omega M \dot{I}_1 + j\omega L_2 \dot{I}_2 + R_2 \dot{I}_2 = \dot{U}_{s3}$$

方法二：

图 5-52(a)中耦合电感为同侧 T 形连接，去耦等效电路如图 5-52(b)所示，并在图中设出回路电流，列回路电流方程，有

$$[R_1 + j\omega(L_1 - M) + R_2 + j\omega(L_2 + M)]\dot{I}_{l1} - [R_2 + j\omega(L_2 + M)]\dot{I}_{l2} = \dot{U}_{s1}$$

$$-[R_2 + j\omega(L_2 + M)]\dot{I}_{l1} + [R_3 + j\omega(L_3 - M) + R_2 + j\omega(L_2 + M)]\dot{I}_{l2} = -\dot{U}_{s3}$$

方法三：

在去耦等效的基础上利用结点电压法列方程。如图 5-52(b)所示，选取最下面的结点为参考点，独立结点只有一个，列方程为

$$\left(\frac{1}{R_1 + j\omega(L_1 - M)} + \frac{1}{R_2 + j\omega(L_2 + M)} + \frac{1}{R_3 + j\omega(L_3 - M)} \right) \dot{U}_n = \frac{\dot{U}_{s1}}{R_1 + j\omega(L_1 - M)} + \frac{\dot{U}_{s3}}{R_3 + j\omega(L_3 - M)}$$

例 5-24 在图 5-53(a)所示的正弦稳态电路中，两耦合线圈同侧并联，其中 $R_1 = R_2 = 100\Omega, L_1 = 3\text{H}, L_2 = 10\text{H}, M = 5\text{H}$，正弦电压 $U = 220\text{V}, \omega = 100\text{rad/s}$。求图中两功率表的读数。

解：图 5-53(b)是图 5-53(a)所示的电路的含受控电压源的无互感等效电路。取 $\dot{U} = 220\underline{/0°}\text{V}$，电路的方程为

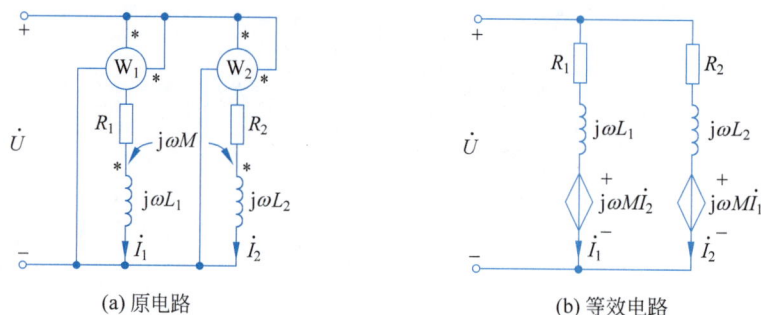

(a) 原电路　　　　　(b) 等效电路

图 5-53　例 5-24 图

$$
\begin{cases}
(R_1 + j\omega L_1)\dot{I}_1 + j\omega M \dot{I}_2 = \dot{U} \\
j\omega M \dot{I}_1 + (R_2 + j\omega L_2)\dot{I}_2 = \dot{U}
\end{cases}
$$

代入数据,得

$$
\begin{cases}
(100 + j300) + j500\dot{I}_2 = 220\underline{/0^\circ} \\
j500\dot{I}_1 + (100 + j1000)\dot{I}_2 = 220\underline{/0^\circ}
\end{cases}
$$

解得

$$
\dot{I}_1 = 0.825\underline{/-28.41^\circ}\text{A}, \quad \dot{I}_2 = 0.362\underline{/-170.56^\circ}\text{A}
$$

两个功率表的读数分别为

$$
P_1 = \text{Re}[\dot{U}\dot{I}_1^*] = \text{Re}[220\underline{/0^\circ} \times 0.825\underline{/28.41^\circ}] = 159.64\text{W}
$$

$$
P_2 = \text{Re}[\dot{U}\dot{I}_2^*] = \text{Re}[220\underline{/0^\circ} \times 0.362\underline{/170.56^\circ}] = -78.56\text{W}
$$

图 5-53(b)中两受控电压源吸收的功率分别为

$$
P_{M1} = \text{Re}[j\omega M \dot{I}_2 \dot{I}_1^*] = \text{Re}[j500 \times 0.362\underline{/-170.56^\circ} \times 0.825\underline{/28.41^\circ}] = 91.625\text{W}(\text{吸收})
$$

$$
P_{M2} = \text{Re}[j\omega M \dot{I}_1 \dot{I}_2^*] = \text{Re}[j500 \times 0.825\underline{/28.41^\circ} \times 0.362\underline{/170.56^\circ}] = -91.625\text{W}(\text{发出})
$$

线圈 1 的电阻 R_1 和线圈 2 的电阻 R_2 消耗的功率为

$$
P_{R_1} = R_1 I_1^2 = (100 \times 0.825^2)\text{W} = 68.06\text{W}
$$

$$
P_{R_2} = R_2 I_2^2 = (100 \times 0.362^2)\text{W} = 13.1\text{W}
$$

电路中的功率传输情况如下:线圈 1 从电压源 $\dot{U}$ 吸收功率 159.64W(功率表 W_1 显示的值),除去其电阻 R_1 消耗的 68.06W,剩余的功率 91.625W(P_{M1})通过互感磁场传输给线圈 2。线圈 2 从线圈 1 得到的功率($-P_{M2}$)为 91.625W,除去其电阻 R_2 消耗的 13.1W,剩余的 78.56W 则返还给电压源 $\dot{U}$。这就是 $P_2 = -78.56$W(功率表 W_2 显示的值),为发出功率的原因。

5.9　空心变压器与理想变压器

5.9.1　空心变压器

变压器是电工、电子技术中常用的电气设备,这里着重分析空心变压器的电路。这种变压器有两个绕在同一非铁磁材料芯柱上的线圈,其中一个线圈接入电源,称为原边;另一个线圈接入负载,称为副边,它通过磁耦合将电能由电源一侧传到负载一侧。

空心变压器的电路模型如图 5-54 所示,在正弦稳态下,空心变压器的电路方程为

$$\begin{cases} (R_1 + j\omega L_1)\dot{I}_1 + j\omega M\dot{I}_2 = \dot{U}_1 \\ j\omega M\dot{I}_1 + (R_2 + j\omega L_2 + Z_L)\dot{I}_2 = 0 \end{cases}$$

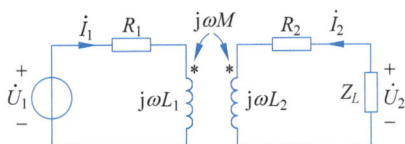

图 5-54 空心变压器

令 $Z_{11} = R_1 + j\omega L$,$Z_{22} = R_2 + j\omega L_2 + Z_L$ 分别称作原边阻抗和副边阻抗,$Z_M = j\omega M$ 称作原副边之间的互阻抗。则有

$$Z_{11}\dot{I}_1 + Z_M\dot{I}_2 = \dot{U}_1$$

$$Z_M\dot{I}_1 + Z_{22}\dot{I}_2 = 0$$

由上述方程解得

$$\dot{I}_1 = \frac{\dot{U}_1}{Z_{11} + \dfrac{(\omega M)^2}{Z_{22}}} = \frac{\dot{U}_1}{Z_{11} + Z_{f1}}$$

$$\dot{I}_2 = -\frac{Z_M}{Z_{22}}\dot{I}_1 = \frac{-j\omega M \dfrac{\dot{U}_1}{Z_{11}}}{Z_{22} + \dfrac{(\omega M)^2}{Z_{11}}} = \frac{-j\omega M \dfrac{\dot{U}_1}{Z_{11}}}{Z_{22} + Z_{f2}}$$

其中,$Z_{f1} = \dfrac{(\omega M)^2}{Z_{22}}$,称作副边到原边的引入阻抗。$Z_{f2} = \dfrac{(\omega M)^2}{Z_{11}}$,称作原边到副边的引入阻抗。令 $\dot{U}_{oc} = j\omega M \dfrac{\dot{U}_1}{Z_{11}}$,是副边的开路电压;令 $Z_{eq} = \dfrac{(\omega M)^2}{Z_{11}} + R_2 + j\omega L_2$,为等效阻抗。按上面两式,可作出空心变压器电路的原边等效电路和副边等效电路,分别如图 5-55(a)和图 5-55(b)所示。

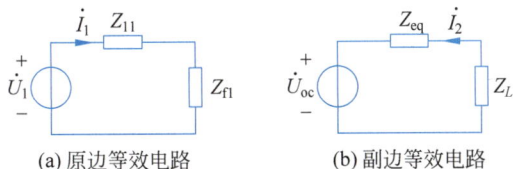

(a)原边等效电路   (b)副边等效电路

图 5-55 空心变压器的原、副边等效电路

例 5-25 图 5-56 所示的正弦稳态电路中有全耦合变压器,$\dot{U}_s = 1\underline{/0°}\text{V}$,$R = 8\Omega$,$j\omega L_1 = j2\Omega$,$j\omega L_2 = j8\Omega$。求电流 $\dot{I}_1$ 和电压 $\dot{U}_2$。

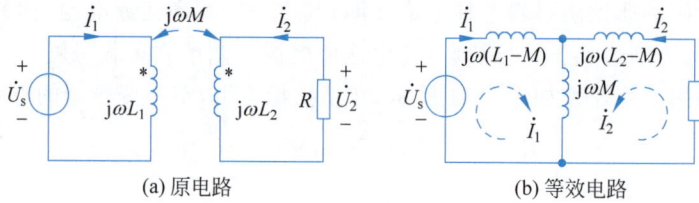

图 5-56 例 5-25 图

解：

方法一：由于空心变压器是全耦合的，$k=1$，则

$$\omega M = \sqrt{\omega L_1 \times \omega L_2} = (\sqrt{2 \times 8})\,\Omega = 4\,\Omega$$

电路的方程为

$$\begin{cases} \mathrm{j}\omega L_1 \dot{I}_1 + \mathrm{j}\omega M \dot{I}_2 = \dot{U}_\mathrm{s} \\ \mathrm{j}\omega M \dot{I}_1 + (R + \mathrm{j}\omega L_2)\dot{I}_2 = 0 \end{cases}$$

代入数据，有

$$\begin{cases} \mathrm{j}2\dot{I}_1 + \mathrm{j}4\dot{I}_2 = 1\underline{/0^\circ} \\ \mathrm{j}4\dot{I}_1 + (8+\mathrm{j}8)\dot{I}_2 = 0 \end{cases}$$

解得

$$\dot{I}_1 = \frac{1\underline{/0^\circ}}{\mathrm{j}2 + \dfrac{4^2}{8+\mathrm{j}8}} = \frac{1\underline{/0^\circ}}{1+\mathrm{j}1} = \frac{1}{\sqrt{2}}\underline{/-45^\circ}\,\mathrm{A}$$

$$\dot{I}_2 = -\frac{\mathrm{j}4\dot{I}_1}{8+\mathrm{j}8} = -\frac{\mathrm{j}4 \times \dfrac{1}{\sqrt{2}}\underline{/-45^\circ}}{8+\mathrm{j}8} = \frac{1}{4}\underline{/180^\circ}\,\mathrm{A}$$

电压 $\dot{U}_2$ 为

$$\dot{U}_2 = -R\dot{I}_2 = 8 \times \frac{1}{4} = 2\underline{/0^\circ}\,\mathrm{V}$$

方法二：空心变压器电路模型也可以用 T 形等效电路来替代，如图 5-56(b)所示。列网孔电流方程

$$\begin{cases} \mathrm{j}\omega(L_1 - M + M)\dot{I}_1 + \mathrm{j}\omega M \dot{I}_2 = \dot{U}_\mathrm{s} \\ \mathrm{j}\omega M \dot{I}_1 + [R + \mathrm{j}\omega(L_2 - M + M)]\dot{I}_2 = 0 \end{cases}$$

解得

$$\begin{cases} \dot{I}_1 = \dfrac{1}{\sqrt{2}}\underline{/-45^\circ}\,\mathrm{A} \\ \dot{U}_2 = 2\underline{/0^\circ}\,\mathrm{V} \end{cases}$$

例 5-26　电路如图 5-57(a)所示，已知 $U_\mathrm{s}=20\mathrm{V}$，且原边等效电路的引入阻抗 $Z_\mathrm{f}=(10-\mathrm{j}10)\,\Omega$。求 Z_L 和 $\dot{I}_2$。

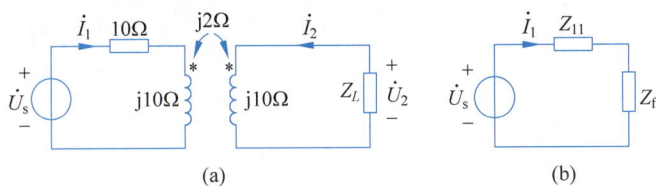

图 5-57 例 5-26 图

解：空心变压器电路的原边等效电路如图 5-54(b)所示，其中 $Z_{11}=(10+j10)\Omega$，$Z_{22}=Z_L+j10$，$Z_M=j\omega M=j2\Omega$，原边等效电路的引入阻抗为

$$Z_f=\frac{(\omega M)^2}{Z_{22}}=\frac{4}{Z_L+j10}=(10-j10)\Omega$$

可以求得

$$Z_L=\frac{4}{10-j10}-j10=(0.2-j9.8)\Omega$$

设 $\dot{U}_s=20\underline{/0°}V$，有

$$\dot{I}_1=\frac{\dot{U}_s}{Z_{11}+Z_f}=\frac{20\underline{/0°}}{10+j10+10-j10}=1\underline{/0°}A$$

$$\dot{I}_2=-\frac{Z_M}{Z_{22}}\dot{I}_1=-\frac{j2}{0.2-j9.8+j10}\times 1\underline{/0°}=7.07\underline{/-135°}A$$

5.9.2 理想变压器

理想变压器的电路模型如图 5-58 所示，N_1 和 N_2 分别是原边和副边的匝数，其参数变比 $n=\dfrac{N_1}{N_2}$。理想变压器的特性方程为

$$\begin{cases}u_1=nu_2\\i_1=-\dfrac{1}{n}i_2\end{cases} \tag{5-34}$$

上式是根据图 5-58 中所示的参考方向和同名端列出的，此特性方程表明理想变压器的变压作用和变流作用。若电压、电流参考方向或者同名端改变，则方程也不一样。从理想变压器的特性方程还可知道，副边短路时原边短路，副边开路时原边开路。

理想变压器的瞬时功率为

$$p=u_1i_1+u_2i_2=u_1i_1+\frac{1}{n}u_1\times(-ni_1)=0$$

由此可以看出，理想变压器既不储能，也不耗能，在电路中只起传递信号和能量的作用。

在正弦稳态下，理想变压器的特性方程为

$$\begin{cases}\dot{U}_1=n\dot{U}_2\\\dot{I}_1=-\dfrac{1}{n}\dot{I}_2\end{cases}$$

当理想变压器的副边接有阻抗 Z_L 时，如图 5-59 所示。

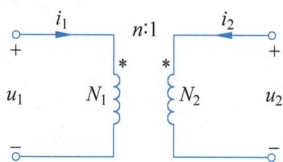

图 5-58 理想变压器

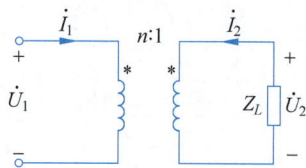

图 5-59 副边接阻抗 Z_L 的理想变压器

则从原边看的输入阻抗为

$$Z_{\mathrm{in}} = \frac{\dot{U}_1}{\dot{I}_1} = \frac{n\dot{U}_2}{-\frac{1}{n}\dot{I}_2} = n^2\frac{\dot{U}_2}{-\dot{I}_2} = n^2 Z_L$$

这就是理想变压器的变阻抗作用。

应该指出,阻抗的 n^2 倍与元件的 n^2 倍是不一样的,电阻和电感意义相同;而电容意义刚好相反:$n^2 R = (n^2 R)$,$n^2\mathrm{j}\omega L = \mathrm{j}\omega(n^2 L)$,$n^2\dfrac{1}{\mathrm{j}\omega C} = \dfrac{1}{\mathrm{j}\omega\left(\dfrac{1}{n^2}C\right)}$。

含有理想变压器的电路的计算,可采用支路法、回路法和结点法。在列写电路方程时要利用理想变压器的特性方程,也可利用理想变压器的变阻抗作用,把电路简化为原边等效电路。

例 5-27　电路如图 5-60(a)所示,求电压 $\dot{U}_2$。

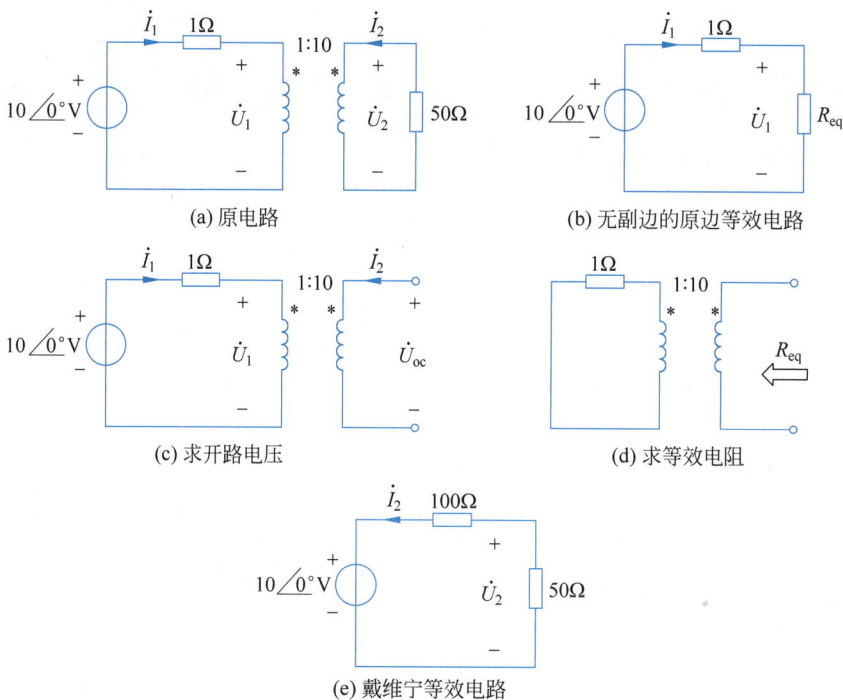

(a) 原电路

(b) 无副边的原边等效电路

(c) 求开路电压

(d) 求等效电阻

(e) 戴维宁等效电路

图 5-60　例 5-27 图

解：

方法一：

原、副边列 KVL 方程，有

$$1 \times \dot{I}_1 + \dot{U}_1 = 10 \underline{/0^\circ}$$

$$\dot{U}_2 = -50 \dot{I}_2$$

根据理想变压器的 VCR，有

$$\dot{U}_1 = \frac{1}{10} \dot{U}_2$$

$$\dot{I}_1 = -10 \dot{I}_2$$

联立求解以上 4 个式子，得

$$\dot{U}_2 = 33.33 \underline{/0^\circ} \text{V}$$

方法二：

理想变压器无副边的原边等效电路如图 5-60(b)所示，其中等效电阻为

$$R_{eq} = \left[\left(\frac{1}{10}\right)^2 \times 50 \right] \Omega = 0.5\Omega$$

因此，有

$$\dot{U}_1 = \frac{10 \underline{/0^\circ}}{1 + 0.5} \times 0.5 = 3.333 \underline{/0^\circ} \text{V}$$

$$\dot{U}_2 = 10 \dot{U}_1 = 33.33 \underline{/0^\circ} \text{V}$$

方法三：

利用戴维宁等效电路的方法进行求解。首先求开路电压，如图 5-60(c)所示。由于 $\dot{I}_2 = 0$，因此 $\dot{I}_1 = 0$，有

$$\dot{U}_{oc} = 10 \dot{U}_1 = 100 \underline{/0^\circ} \text{V}$$

将电路中独立源置零，求等效电阻，电路如图 5-60(d)所示，有

$$R_{eq} = (10^2 \times 1)\Omega = 100\Omega$$

戴维宁等效电路如图 5-60(e)所示。因此，求得

$$\dot{U}_2 = \frac{100 \underline{/0^\circ}}{100 + 50} \times 50 = 33.33 \underline{/0^\circ} \text{V}$$

例 5-28 在图 5-61(a)所示的电路中，已知 $\dot{U}_s = 8 \underline{/0^\circ} \text{V}$，内阻 $R_s = 2\Omega$，负载电阻 $R_L = 8\Omega$，求 $n = ?$ 时，负载电阻与电源达到最大功率匹配？此时，负载获得的最大功率为多少？

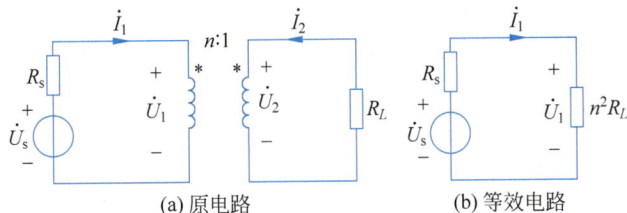

(a) 原电路   (b) 等效电路

图 5-61 例 5-28 图

解：将次级折合到初级，如图 5-61(b)所示。由于理想变压器既不能耗能也不能储能，故等效电路中 $n^2 R_L$ 吸收的功率就是 R_L 原电路获得的功率。根据最大功率匹配条件有

$$R_s = n^2 R_L$$

$$n = \sqrt{\frac{R_s}{R_L}} = 0.5$$

故

$$P_{max} = \frac{U_s^2}{4R_s} = 8W$$

习题 5

一、简答题

5-1 正弦交流电的三要素是指什么？

5-2 电源电压不变，当电路的频率变化时，通过电感元件的电流发生变化吗？

5-3 某电容器额定耐压值为 450V，能否把它接在交流 380V 的电源上使用？为什么？

5-4 感抗、容抗和电阻有何相同点？有何不同点？

5-5 无功功率和有功功率有什么区别？能否从字面上把无功功率理解为无用之功？为什么？

5-6 正弦量的初相值有什么规定？相位差有什么规定？

5-7 直流情况下，电容的容抗等于多少？容抗与哪些因素有关？

5-8 额定电压相同、额定功率不等的两个白炽灯，能否串联使用？

5-9 并联电容器可以提高电路的功率因数，并联电容器的容量越大，功率因数是否被提高得越高？为什么？会不会使电路的功率因数为负值？是否可以用串联电容器的方法提高功率因数？

5-10 相量等于正弦量的说法对吗？正弦量的解析式和相量式之间能用等号吗？

5-11 电压、电流相位如何时只吸收有功功率？只吸收无功功率时二者相位又如何？

5-12 阻抗三角形和功率三角形是相量图吗？电压三角形呢？

5-13 何谓串联谐振？串联谐振时电路有哪些重要特征？

5-14 发生并联谐振时，电路具有哪些特征？

5-15 串联谐振电路的品质因数与并联谐振电路的品质因数相同吗？

5-16 试述同名端的概念。当两互感线圈串联和并联时，为什么必须要注意它们的同名端？

5-17 何谓耦合系数？什么是全耦合？

5-18 如果误把串联顺接的两互感线圈反接，会发生什么现象？为什么？

5-19 空心变压器无副边的原边等效电路中引入阻抗的表达式是什么？

二、选择题

5-20 在正弦交流电路中，电感元件的瞬时值伏安关系可表达为（　　　）。

A. $u = iX_L$　　　　B. $u = j\omega L$　　　　C. $u = L\dfrac{di}{dt}$　　　　D. $u = L\displaystyle\int i\,dt$

5-21 元件 P 两端的电压和电流为关联参考方向,若

(1) $u=5\cos(314t+45°)$V, $i=3\sin(314t+135°)$A 时,P 为( )元件;

(2) $u=-5\cos(314t-120°)$V, $i=3\cos(314t+150°)$A 时,P 为( )元件;

(3) $u=-5\cos314t$ V, $i=-3\sin314t$ A 时,P 为( )元件。

      A. 电阻   B. 电感   C. 电容   D. 以上都不是

5-22 一个电热器,接在 10V 的直流电源上,产生的功率为 P。把它改接在正弦交流电源上,使其产生的功率为 $P/2$,则正弦交流电源电压的最大值为( )。

      A. 7.07V   B. 5V   C. 10V   D. 15V

5-23 实验室中的交流电压表和电流表,其读值是交流电的( )。

      A. 最大值   B. 有效值   C. 瞬时值   D. 平均值

5-24 某电阻元件的额定数据为"1kΩ、2.5W",正常使用时允许流过的最大电流为( )。

      A. 50mA   B. 2.5mA   C. 250mA   D. 300mA

5-25 $u=-100\sin(6\pi t+10°)$V 超前 $i=5\cos(6\pi t-15°)$A 的相位差是( )。

      A. 25°   B. 95°   C. 115°   D. 145°

5-26 周期 $T=1$s 的正弦波是( )。

      A. $4\cos314t$ B. $6\sin(5t+17°)$ C. $4\cos2\pi t$ D. $6\cos2\pi t$

5-27 在 RL 串联的交流电路中,R 上端电压为 16V,L 上端电压为 12V,则总电压为( )。

      A. 28V   B. 20V   C. 4V   D. 2V

5-28 已知电路复阻抗 $Z=(3-j4)Ω$,则该电路一定呈( )。

      A. 电感性   B. 电容性   C. 电阻性   D. 以上都不是

5-29 电感、电容相串联的正弦交流电路,消耗的有功功率为( )。

      A. UI B. I^2X C. 0   D. 以上都不是

5-30 每只日光灯的功率因数为 0.5,当 N 只日光灯相并联时,总的功率因数( );若再与 M 只白炽灯并联,则总功率因数( )。

      A. 大于 0.5   B. 小于 0.5   C. 等于 0.5   D. 以上都不是

5-31 处于谐振状态的 RLC 串联电路,当电源频率升高时,电路将呈现出( )。

      A. 电阻性   B. 电感性   C. 电容性   D. 以上都不是

5-32 下列说法中,( )是正确的。

      A. 串联谐振时阻抗最小   B. 并联谐振时阻抗最小

      C. 电路谐振时阻抗最小   D. 以上都不是

5-33 下列说法中,( )是不正确的。

      A. 并联谐振时电流最大   B. 并联谐振时电流最小

      C. 理想并联谐振时总电流为零   D. 以上都不是

5-34 发生串联谐振的电路条件是( )。

      A. $\dfrac{\omega_0 L}{R}$ B. $f_0=\dfrac{1}{\sqrt{LC}}$ C. $\omega_0=\dfrac{1}{\sqrt{LC}}$ D. $\omega_0=\sqrt{LC}$

5-35 两互感线圈的耦合系数 $K=$( )。

A. $\dfrac{\sqrt{M}}{L_1 L_2}$　　　　B. $\dfrac{M}{\sqrt{L_1 L_2}}$　　　　C. $\dfrac{M}{L_1 L_2}$　　　　D. $\dfrac{M^2}{L_1 L_2}$

5-36　题 5-36 图所示的电路中,其伏安特性为(　　)。

A. $u_1 = L_1 \dfrac{\mathrm{d}i_1}{\mathrm{d}t} + M \dfrac{\mathrm{d}i_2}{\mathrm{d}t}$, $u_2 = M \dfrac{\mathrm{d}i_1}{\mathrm{d}t} + L_2 \dfrac{\mathrm{d}i_2}{\mathrm{d}t}$

B. $u_1 = L_1 \dfrac{\mathrm{d}i_1}{\mathrm{d}t} + M \dfrac{\mathrm{d}i_2}{\mathrm{d}t}$, $u_2 = -M \dfrac{\mathrm{d}i_1}{\mathrm{d}t} + L_2 \dfrac{\mathrm{d}i_2}{\mathrm{d}t}$

C. $u_1 = L_1 \dfrac{\mathrm{d}i_1}{\mathrm{d}t} + M \dfrac{\mathrm{d}i_2}{\mathrm{d}t}$, $u_2 = -M \dfrac{\mathrm{d}i_1}{\mathrm{d}t} - L_2 \dfrac{\mathrm{d}i_2}{\mathrm{d}t}$

D. $u_1 = L_1 \dfrac{\mathrm{d}i_1}{\mathrm{d}t} - M \dfrac{\mathrm{d}i_2}{\mathrm{d}t}$, $u_2 = M \dfrac{\mathrm{d}i_1}{\mathrm{d}t} + L_2 \dfrac{\mathrm{d}i_2}{\mathrm{d}t}$

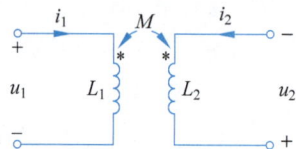

题 5-36 图

三、计算题

5-37　已知 $i_1 = 5\sqrt{2}\cos(314t - 30°)\,\mathrm{A}$, $i_2 = 10\sqrt{2}\cos(314t + 60°)\,\mathrm{A}$。(1)画出上述电流的波形图,并求其相位差,指出哪个超前,哪个滞后;(2)写出它们对应的相量并画出相量图。

5-38　设元件 P 的电压、电流为关联参考方向,已知元件 P 的正弦电压 $u = 220\sqrt{2}\cos(314t + 30°)\,\mathrm{V}$,若 P 分别为(1)电阻,且 $R = 4\mathrm{k\Omega}$;(2)电感,且 $L = 20\mathrm{mH}$;(3)电容,且 $C = 1\mu\mathrm{F}$ 时,求流过元件 P 的电流 i。

5-39　已知题 5-39 图(a)中电压表 V_1 的读数为 15V,电压表 V_2 的读数为 20V;题 5-39 图(b)中电压表 V_1 的读数为 30V,电压表 V_2 的读数为 40V,电压表 V_3 的读数为 80V。求电压 U_s。

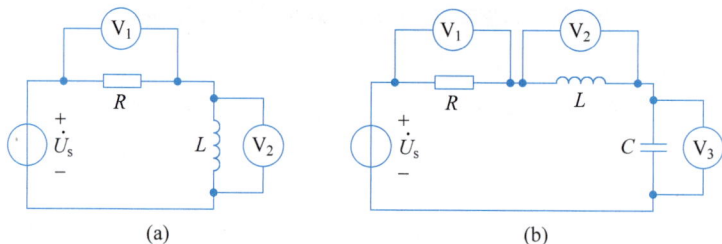

(a)　　　　　　　(b)

题 5-39 图

5-40　题 5-40 图所示的电路中,电流表 A_1 的读数为 15A,电流表 A_2 的读数为 40A,电流表 A_3 的读数为 20A。(1)求电路中电流表 A 的读数;(2)如果维持 A_1 的读数不变,而把电路的频率提高一倍,则其他表的读数有何变化?

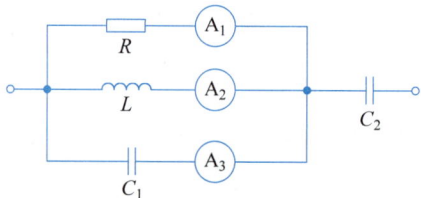

题 5-40 图

5-41 某一电路中电流为

$$i = 8.5\cos(314t - 30°) + 5\cos(314t - 90°) + 4\sin(314t + 45°) + 10\cos(314t + \phi)\,\text{A}$$

求 i 的幅值最大时的 ϕ 值。

5-42 题 5-42 图所示的电路，在不同频率下测得 U 和 I 值如下：$f_1 = 0\text{Hz}$ 时，$U_1 = 90\text{V}$，$I_1 = 3\text{A}$；$f_2 = 50\text{Hz}$ 时，$U_2 = 90\text{V}$，$I_2 = 1.8\text{A}$。求该电路的 R 和 L 的值。

5-43 题 5-43 图所示的电路中，已知 $R = 150\Omega$，$X_L = 100\Omega$，$X_C = -200\Omega$，$\dot{U}_C = 20\underline{/0°}\text{V}$，求 $\dot{U}_s$ 和 $\dot{I}$，并画出相量图。

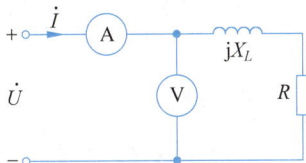
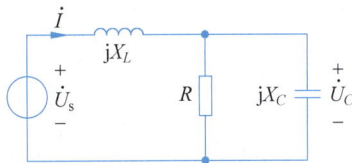

题 5-42 图　　　　　　　题 5-43 图

5-44 求题 5-44 图所示的各电路的输入阻抗，其中 $Z_1 = 2 + j3\Omega$，$Z_2 = 50 - j20\Omega$，$Z_3 = j5.9\Omega$。

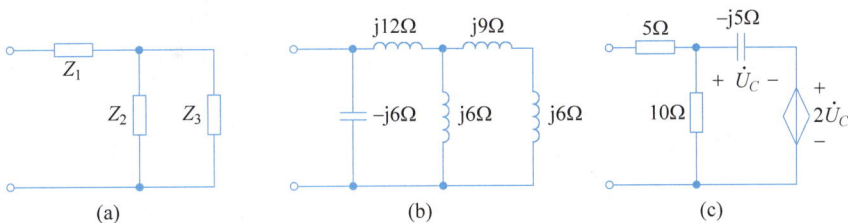

(a)　　　　　　(b)　　　　　　(c)

题 5-44 图

5-45 串联电容可用于交流电压的分压。题 5-45 图所示的电路由三个电容串联构成。

（1）若 $u = \sqrt{2}U\cos\omega t\,\text{V}$，求 i；

（2）电容 C_3 上电压 U_3 为多大？

（3）若 $U = 35\text{kV}$，$\omega = 314\text{rad/s}$，$C_1 = C_2 = 1\mu\text{F}$，$C_3 = 0.5\mu\text{F}$，则 i 和 u_3 分别为何值？三个电容的耐压应各不低于多少？

5-46 题 5-46 图所示的正弦稳态电路中，$i_1 = 5\sqrt{2}\cos(2t + 36.9°)\text{A}$，$i_2 = \sqrt{2}I_2\cos(2t - 53.1°)\text{A}$，$i_3 = 10\cos(2t + \phi_3)\text{A}$。求电流 i_2 的有效值 I_2。

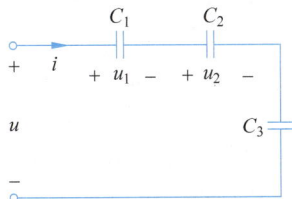
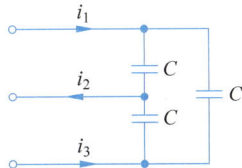

题 5-45 图　　　　　　　题 5-46 图

5-47 改变交流电动机的端电压 U_M 可以调节电动机的转速。如题 5-47 图所示，通过在线路中串入可调电感（实际上为一磁放大器），改变该电感，使 U_M 发生变化，就可以控制电动机的转速。已知电动机端电压 $U_M = 110\text{V}$，$\cos\varphi = 0.8$（滞后），电源电压 $U = 220\text{V}$。求

电感 L 两端的电压 U_L。

5-48 题 5-48 图所示的正弦稳态电路可以用来测量电感线圈的等效参数。已知电源电压 $u_s = 220\text{V}$，频率 $f = 50\text{Hz}$。开关 S 断开时，电流表 A_1 的读数为 2A；开关 S 闭合后，电流表 A_1 的读数为 0.8A，电流表 A_2 的读数为 1.5A（读数均为有效值）。求参数 R 和 L。

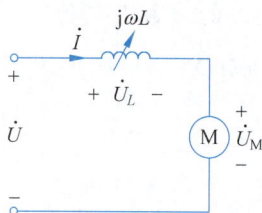

题 5-47 图

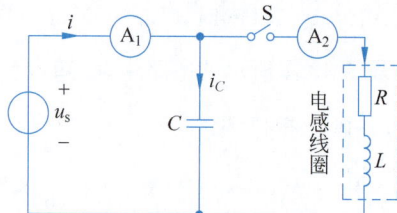

题 5-48 图

5-49 题 5-49 图所示的电路中，已知 $U = 100\text{V}$，$U_C = 100\sqrt{3}\text{ V}$，$X_C = -100\sqrt{3}\ \Omega$，阻抗 Z_X 的阻抗角 $|\varphi_X| = 60°$。求 Z_X 和电路的输入阻抗。

5-50 如果题 5-50 图所示的电路中，R 改变时电流 I 保持不变，则 L、C 应满足什么条件？

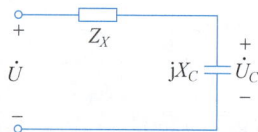

题 5-49 图

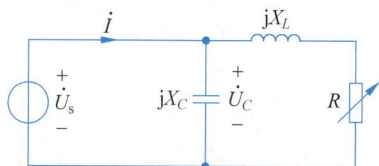

题 5-50 图

5-51 题 5-51 图所示的电路中 u_s 为正弦电压源，$\omega = 2000\text{rad/s}$。问电容 C 为何值才能使电流 i 的有效值达到最大？

5-52 题 5-52 图所示的正弦稳态电路中，$u_s = 12\sqrt{2}\cos 100t\text{ V}$，$i_s = 2\sqrt{2}\cos(100t + 30°)\text{A}$。求电流 i 和电压 u。

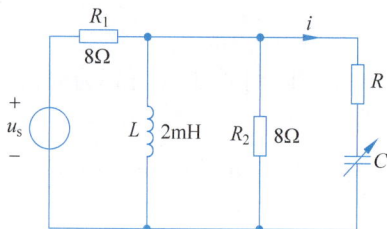

题 5-51 图

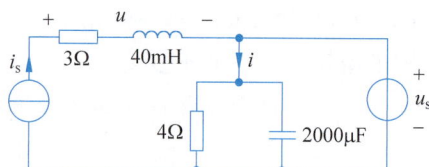

题 5-52 图

5-53 电路如题 5-53 图所示，其中电源为角频率为 ω 的正弦交流电源，$L = 1\text{mH}$，$R = 1\text{k}\Omega$，$Z_L = 3 + \text{j}5\ \Omega$。当 Z_L 中电流为零时，电容 C 应是多大？

5-54 题 5-54 图所示电路中电源为同频正弦量，当 S 打开时电压表的读数为 25V。电路中的阻抗 $Z_1 = (6 + \text{j}12)\Omega$，$Z_2 = 2Z_1$。求 S 闭合后电压表的读数。

5-55 题 5-55 图所示的正弦稳态电路中，$u_s = 2\cos 2t\text{ V}$。求电流 i_2。

5-56 题 5-56 图所示的正弦稳态电路中，已知当 $i_s(t) = 0$ 时，$u(t) = 3\cos\omega t\text{ V}$；当 $i_s(t) = 3\cos(\omega t + 30°)\text{A}$ 时，$u(t) = 3\sqrt{2}\cos(\omega t + 45°)\text{V}$；求 $i_s(t) = 4\cos(\omega t - 150°)\text{A}$ 时 $u(t)$ 为多少？

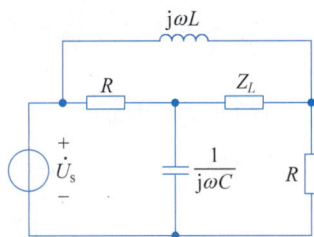

题 5-53 图

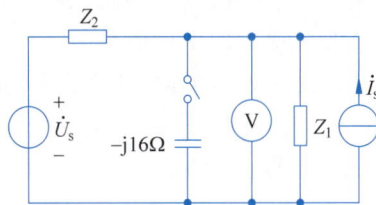

题 5-54 图

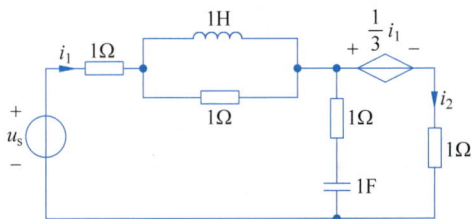

题 5-55 图

题 5-56 图

5-57 题 5-57 图(a)所示的电路中,$\dot{U}_1 = 220\underline{/0°}\text{V}$,$\dot{I}_1 = 5\underline{/-30°}\text{A}$,$\dot{U}_2 = 110\underline{/-45°}\text{V}$。题 5-57 图(b) 所示的电路中,$\dot{I}'_2 = 10\underline{/0°}\text{A}$,阻抗 $Z_1 = 40 + \text{j}30\Omega$,试计算图中电流 $\dot{I}'_1$。

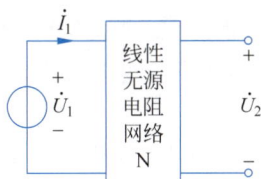

(a)

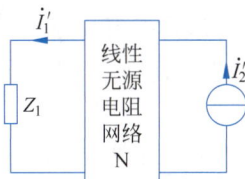

(b)

题 5-57 图

5-58 题 5-58 图所示的正弦稳态电路中,N 为无源线性网络,已知当 $\dot{I}_s = 0$,$\dot{U}_{s1} = 2\underline{/0°}\text{V}$,$\dot{U}_{s2} = 2\underline{/0°}\text{V}$ 时,$\dot{U}_{ab} = 2\underline{/0°}\text{V}$;当 $\dot{I}_s = 1\underline{/0°}\text{A}$,$\dot{U}_{s1} = 1\underline{/0°}\text{V}$,$\dot{U}_{s2} = 1\underline{/0°}\text{V}$ 时,$\dot{U}_{ab} = 2\underline{/0°}\text{V}$;当 $\dot{I}_s = \text{j}1\text{A}$,$\dot{U}_{s1} = 3\underline{/0°}\text{V}$,$\dot{U}_{s2} = 2\underline{/0°}\text{V}$ 时,$\dot{U}_{ab} = 2\underline{/0°}\text{V}$;求当 $\dot{I}_s = 5\underline{/0°}\text{A}$,$\dot{U}_{s1} = 4\underline{/0°}\text{V}$,$\dot{U}_{s2} = 3\underline{/0°}\text{V}$ 时,$\dot{U}_{ab} = ?$

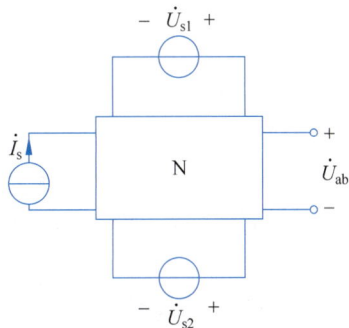

题 5-58 图

5-59　题 5-59 图所示的正弦稳态电路,$R=100\Omega,U_1=U_R=100\mathrm{V},\dot{U}_R$ 滞后 $\dot{U}_1$ 60°。求二端网络 N 吸收的平均功率。

5-60　题 5-60 图所示的正弦稳态电路中,已知含源网络 N_s 的两端电压 $u=10\cos(10^3 t+60°)\mathrm{V}$,电容两端电压 $u_C=5\cos(10^3 t-30°)\mathrm{V}$,且电容在此频率下阻抗的模为 10Ω。求无源网络 N_2 的阻抗和平均功率 P_2。

5-61　一台额定功率为 $20\mathrm{kW},\cos\varphi=0.8$(滞后)的电动机,经 $R=0.5\Omega,X_L=0.5\Omega$ 的导线接到正弦交流电源(如题 5-61 图所示)。若要保证电动机的额定工作电压 220V,则电源电压 U 应为多少?

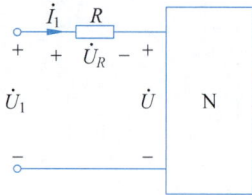
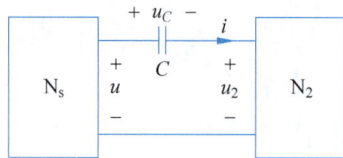
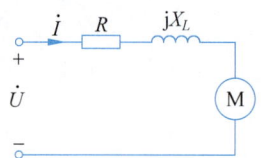

题 5-59 图　　　　　题 5-60 图　　　　　题 5-61 图

5-62　题 5-62 图所示的电路中,已知 $u_s(t)=7.07\sqrt{2}\cos(1000t+90°)\mathrm{V}$,求电压源 $u_s(t)$ 发出的功率。

5-63　功率为 60W,功率因数为 0.5 的日光灯(感性)与功率为 100W 的白炽灯各 50 只并联在 220V 的正弦电源上($f=50\mathrm{Hz}$)。如果要把电路的功率因数提高到 0.92,应并联多大的电容?

5-64　电压为 220V 的工频电源给一组动力负载供电,负载电流 $I=318\mathrm{A}$,功率 $P=42\mathrm{kW}$。现在要在此电源上再接上一组功率为 20kW 的照明设备(白炽灯),并希望照明设备接入后电路总电流不超过 325A,为此需要并联电容,求此电容的无功功率和电容值,并计算此时电路的总功率因数。

5-65　题 5-65 图所示的正弦稳态电路中,$\dot{I}_s=10\underline{/0°}\mathrm{A}$。求图中各支路吸收的复功率,并验证复功率守恒。

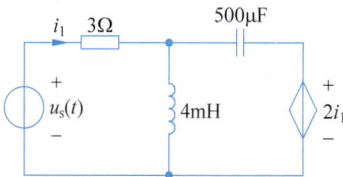
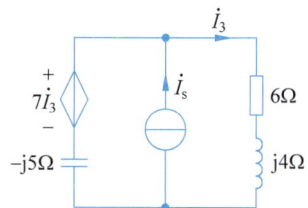

题 5-62 图　　　　　　　　　题 5-65 图

5-66　题 5-66 图所示的电路中,Z_L 为何值时可获得最大功率?此最大功率 P_{max} 为多少?

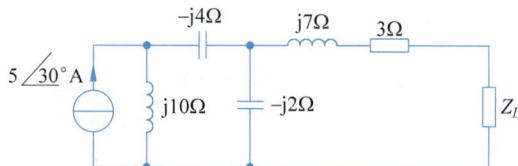

题 5-66 图

5-67 题 5-67 图所示的正弦稳态电路中，$R=8\Omega$，电流 i、i_1 和 i_2 的有效值 $I=I_1=I_2=10A$。求电路的无功功率。

5-68 题 5-68 图所示的正弦稳态电路中，电压 $u=220\sqrt{2}\cos\omega t\ V$，$\omega=314rad/s$，电流 $i_1=2\sqrt{2}\cos(\omega t-30°)A$，$i_2=1.82\sqrt{2}\cos(\omega t-60°)A$。欲使 u 与 i 同相，求电容的电抗 X_C 为何值。

5-69 题 5-69 图所示的正弦稳态电路中，$R_1=10\Omega$，$X_C=-17.32\Omega$，$I_1=5A$，$U=120V$，$U_L=50V$，且电压 $\dot{U}$ 与电流 $\dot{I}$ 同相。求 R、R_2 和 X_L。

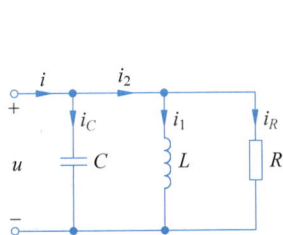

题 **5-67** 图

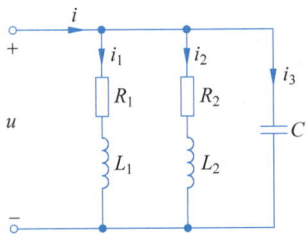

题 **5-68** 图

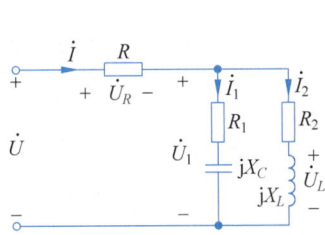

题 **5-69** 图

5-70 已知题 5-70 图中正弦电压有效值 $U=210V$，电流有效值 $I=3A$，且 $\dot{U}$ 与 $\dot{I}$ 同相，容抗 $X_C=-15\Omega$。求 R_2 及 X_L。

5-71 题 5-71 图所示的正弦稳态电路处于谐振状态，$R_1=1\Omega$，$R_2=3\omega L=2\dfrac{1}{\omega C_2}$，$U_s=20V$，电流表 A_1 的读数是 $30A$，求电流表 A_2 和功率表 W 的读数，并求电容 C_2 的容抗。

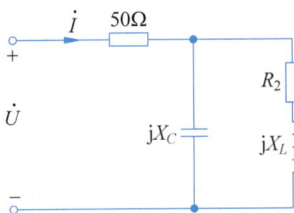

题 **5-70** 图

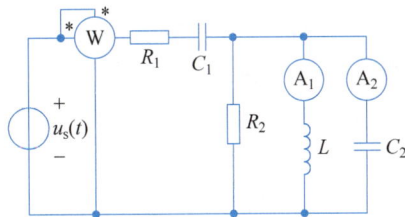

题 **5-71** 图

5-72 标出题 5-72 图中耦合线圈的同名端。

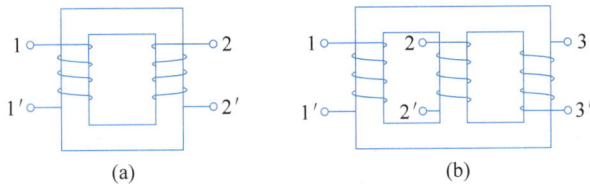

(a)　　　　　　　　　　(b)

题 **5-72** 图

5-73 求题 5-73 图所示的电路的等效电感。

5-74 若要求题 5-74 图所示的电路中的电流 i_1 和 i_2，试列出该电路的方程。

5-75 题 5-75 图所示的电路中，已知 $R_1=50\Omega$，$L_1=70mH$，$L_2=25mH$，$M=25mH$，$C=1\mu F$，电源电压 $U=500V$，$\omega=10^4 rad/s$，求各支路电流。

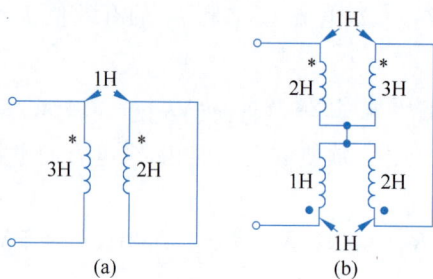

题 5-73 图

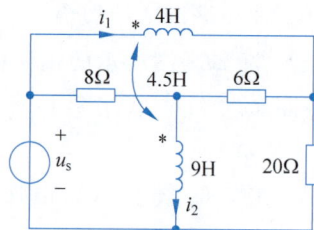

题 5-74 图

5-76 题 5-76 图所示的正弦稳态电路中，$\dot{U}=110\underline{/0°}\,\mathrm{V}$，$\omega L_1=\omega L_2=10\Omega$，$\omega M=6\Omega$，$\omega=10^6\,\mathrm{rad/s}$。问 C 为何值时 $\dot{I}_1=0$，此时 $\dot{I}_2$ 的值为多少？

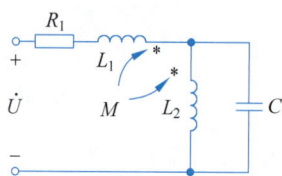

题 5-75 图

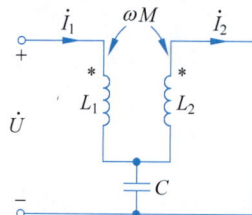

题 5-76 图

5-77 题 5-77 图所示的正弦稳态电路中 $\omega L_1=\omega L_2=10\Omega$，$\omega M=5\Omega$，$R_1=R_2=6\Omega$，$U_s=6\mathrm{V}$，求其戴维宁等效电路。

5-78 题 5-78 图所示的正弦稳态电路中，$i_{s1}=5\cos40t\,\mathrm{A}$，$i_{s2}=2\cos40t\,\mathrm{A}$。求电流 i 和电压 u。

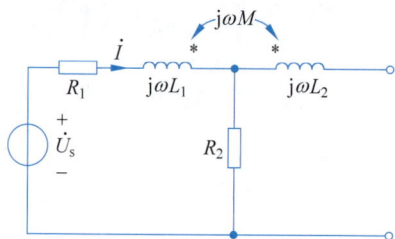

题 5-77 图

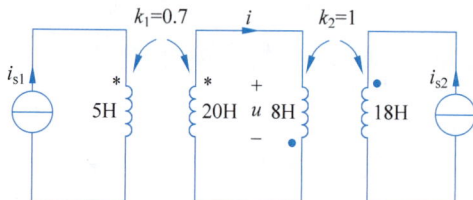

题 5-78 图

5-79 题 5-79 图所示为含耦合电感的正弦稳态电路，其中自感 $L_1=L_2=L$，互感 M 和电源频率 f 已知。试问 Z_L 改变时 $\dot{I}_L$ 不变，阻抗 Z 应取什么性质的元件并计算其参数。

5-80 题 5-80 图中 $u_s=100\sqrt{2}\cos10^3t\,\mathrm{V}$，问 L_1 为多少时副边开路电压 u_2 比 u_s 滞后 $135°$？并求出 u_2。

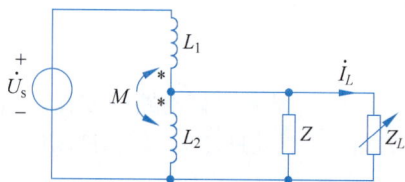

题 5-79 图

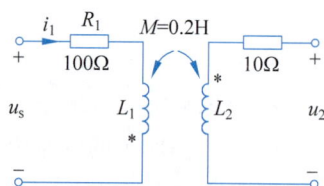

题 5-80 图

5-81 题 5-81 图所示的电路中,电压 $\dot{U}_s = 100\underline{/0°}\text{V}$。求 4Ω 电阻的功率。

5-82 题 5-82 图所示的正弦稳态电路中,$u_s = 10\cos t \text{V}$,若 $R_1 = 2\Omega$,试求理想变压器次级电阻 R_2 获得的功率 P_L;若使 $R_2 = 1\Omega$ 电阻获得最大功率,试求 R_1 应取何值?

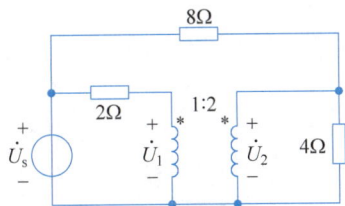

题 5-81 图

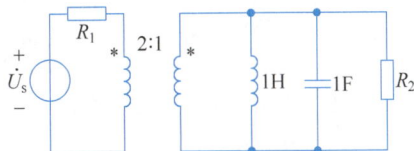

题 5-82 图

5-83 求题 5-83 图所示的正弦稳态电路中的电流 $\dot{I}_2$。

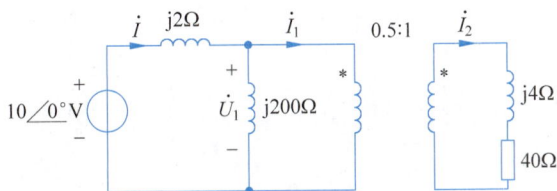

题 5-83 图

5-84 题 5-84 图所示的正弦稳态电路中,$u_s = 8\sqrt{2}\cos\omega t \text{V}$,$R_1 = 1\Omega$,$R_2 = 3\Omega$,$L_1 = 1\text{H}$,$C_1 = 1\mu\text{F}$,$C_2 = 250\mu\text{F}$,且已知电流 i_1 为零,电压 u_s 与电流 i 同相。试求:(1)电路中电感 L_2 的值;(2)支路电流 i_{C1}。

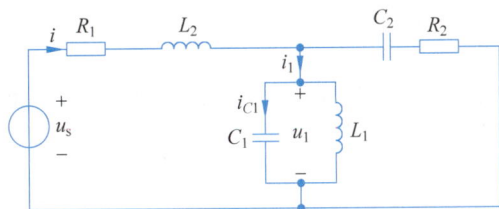

题 5-84 图

5-85 已知题 5-85 图所示的电路中,$R_s = 1\text{k}\Omega$,$R_L = 10\Omega$。为使 R_L 获得最大功率,求理想变压器的变比 n。

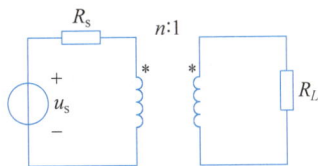

题 5-85 图

四、思考题

5-86 电路如题 5-86 图所示,输入信号 $u_s = A\cos(\omega_1 t + \varphi_1) + B\cos(\omega_2 t + \varphi_2)$,$\omega_1 < \omega_2$,设计一个电路 N,使得在输出信号 u_o 中只含有频率为 ω_1 的成分。

5-87 在题 5-87 图所示的正弦稳态电路中,已知电源的电压 $U_s = 100\text{V}$,$\omega = 10^3 \text{rad/s}$,

内阻抗 $Z_s = R_s + jX_s = (50+j75)\Omega$，负载阻抗 $R = 100\Omega$。现手上只有电容元件，试求在 R 与电源之间（即 N 内部）接上一个什么样的电路，才能使 R 获得最大功率，画出电路图并计算出元件参数及负载电阻获得的最大功率。

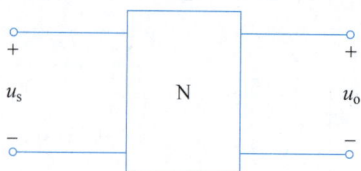

题 5-86 图

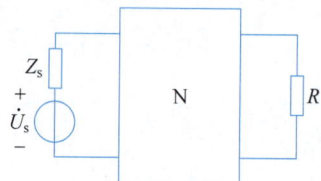

题 5-87 图

5-88 在正弦稳态电路中有全耦合变压器，全耦合变压器等效电路模型如题 5-88 图(b) 所示，其中 $n = \sqrt{L_2/L_1}$。若 $\dot{U}_s = 1\underline{/0°}\text{V}$，$R = 8\Omega$，$j\omega L_1 = j2\Omega$，$j\omega L_2 = j8\Omega$，利用图(b)求电流 $\dot{I}_1$ 和电压 $\dot{U}_2$。

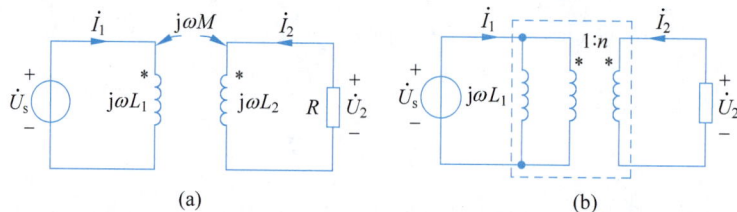

(a)   (b)

题 5-88 图

三 相 电 路

6.1　三相电路的基本知识

本章在学习三相电路基本概念的基础上,主要介绍三相电源、三相负载以及三相电路的计算等内容。

三相制供电系统自问世以来,已在世界各国的电力系统广泛使用,包括发电、传输、配电和动力用电等各个方面。三相电路的重要性主要在于:①几乎所有的供电厂产生配送的都是三相电,其工作频率在世界上的很多地区是 50Hz(美国是 60Hz);②三相系统的瞬时功率是恒定的(而非波动的),这样可以实现均匀的功率传输,并减少三相机器的震动;③在相同电压与相同吸收功率的条件下,三相系统所用的材料比单相系统节约 33%。基于以上原因,三相制供电系统得到了广泛应用。

6.1.1　三相电源

三相电压一般由三相交流发电机产生(常被称为交流发电机(alternator)),交流发电机的横截面如图 6-1 所示。发电机主要由转动磁铁(转子)及其周围环绕的静止绕组(定子)组成,a-a′、b-b′和 c-c′的三个分离的绕组或线圈,围绕定子相隔 120° 等间隔排列。例如,绕组a-a′表示线圈的一端进入纸面,另一端从纸面出来。随着转子的转动,其磁场"切割"来自三个线圈的磁通而在线圈中产生感应电压。因为线圈彼此间隔 120°,因此线圈中产生的感应电压的幅度相等,频率相同,相位相差 120°,如图 6-1 所示。由于每个线圈本身可以看作一个单向发电机,所以三相发电机既可以给单相负载供电,也可以给三相负载供电。

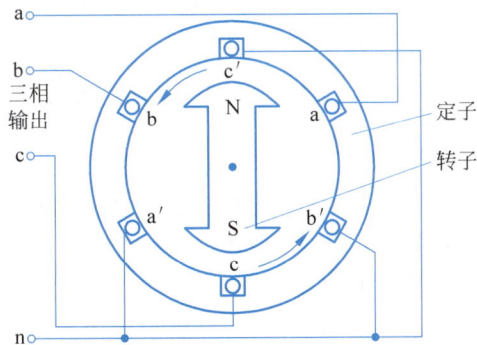

图 6-1　三相发电机

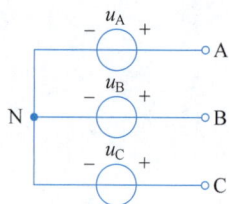
图 6-2 对称三相电源

电路分析中,三相电源符号如图 6-2 所示,电压 u_A、u_B、u_C 构成一组三相电源,三个电源依次称为 A 相、B 相和 C 相,它们的瞬时电压为

$$u_A = \sqrt{2}U\cos(\omega t)$$

$$u_B = \sqrt{2}U\cos(\omega t - 120°)$$

$$u_C = \sqrt{2}U\cos(\omega t - 240°) = \sqrt{2}U\cos(\omega t + 120°)$$

上述对称三相电压的相量表达式为

$$\dot{U}_A = Ue^{j0°} = U\underline{/0°}$$

$$\dot{U}_B = Ue^{-j120°} = U\underline{/-120°}$$

$$\dot{U}_C = Ue^{-j240°} = Ue^{j120°} = U\underline{/120°}$$

设单位旋转相量 $\alpha = 1\underline{/120°}$,则有 $\dot{U}_B = \alpha^2\dot{U}_A$,$\dot{U}_C = \alpha\dot{U}_A$。上式所表示的对称三相电压的相角关系为 B 相滞后于 A 相 120°,C 相又滞后于 B 相 120°,称为正序或顺序。反之,若 C 相超前 B 相 120°,B 相超前 A 相 120°,这种相序称为反序或逆序。本书中如无特殊说明,一般均为正序。图 6-3 所示是用波形图和相量图表示以上对称三相电压。

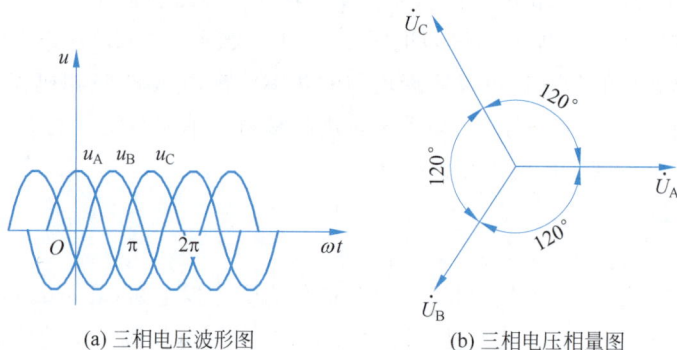

(a) 三相电压波形图   (b) 三相电压相量图

图 6-3 对称三相电压波形图和相量图

对称三相电压满足

$$\dot{U}_A + \dot{U}_B + \dot{U}_C = 0 \quad 或 \quad u_A + u_B + u_C = 0$$

对称三相电流也是一组频率相同、幅值相等而相角互差 120° 的正弦电流。因此,对称三相电流的相量的代数和及时间函数式之和必然也恒等于零。

三相电源有星形连接和三角形连接两种方式。将对称三相电源的负极性端子连接在一起,再由每个正极性端子分别引出导线,如图 6-4(a)所示,就形成了对称三相电源的星形连接方式,简称星形或丫形电源。

由三相电源的正极性端子引出的导线称为端线。星形连接中,三个电源的负极性端子连接在一起构成中性点 N,由中性点引出的导线称为中线。图 6-4(a)所示的供电方式称为三相四线制(三条端线和一条中线),如果没有中线,就称为三相三线制。

将对称三相电源中的三个单相电源首尾相接,由三个连接点引出三条端线就形成三角形连接的对称三相电源,如图 6-4(b)所示,称为三角形电源或△形电源。三角形电源不能引出中线。

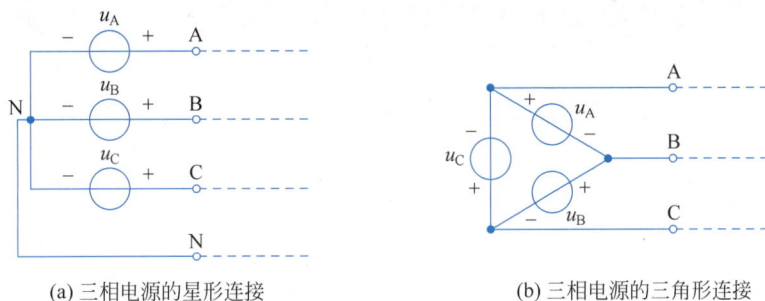

(a) 三相电源的星形连接　　　　　　(b) 三相电源的三角形连接

图 6-4　星形连接和三角形连接的三相电源

6.1.2　三相负载

三相电路的连接方式比单相电路要复杂,这是因为三相电源可看成三个单相电源,而三相负载又可当作三个单相负载。通常在三相电路中,无论是电源或负载,均可接成星形或三角形。三个负载按一定方式连到三相电源上,构成三相负载。与三相电源相似,三相负载也有星形和三角形两种基本接法(如图 6-5 所示),图 6-5(a)为星形连接负载,图 6-5(b)为三角形连接负载,每个负载被称作三相负载的一相。丫形负载中,三相负载的公共连接点称作三相负载的中性点,如图 6-5(a)中的结点 N′。从端钮 A′、B′、C′引出三相负载的端线。丫形连接的三相负载,分别称为 A 相、B 相和 C 相负载,记为 Z_A、Z_B 和 Z_C;△形负载中的三相负载,分别称为 AB 相、BC 相和 CA 相负载,记为 Z_{AB}、Z_{BC} 和 Z_{CA}。如果三个负载都相同,则称为对称三相负载,否则就是不对称三相负载。

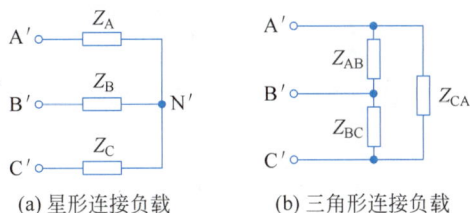

(a) 星形连接负载　　　　(b) 三角形连接负载

图 6-5　三相负载连接

6.1.3　三相电路的连接

三相电路就是由三相电源和三相负载用导线连接起来所组成的系统。由于三相电源和负载可连接成丫形或△形。因此,三相电路可根据实际需要组成四种类型的连接,如图 6-6(a)所示为丫(电源)-丫(负载)连接系统,图 6-6(b)、(c)和(d)分别为丫-△连接系统、△-丫连接系统和△-△连接系统。图 6-6(e)称为三相四线制系统,其中 NN′称为中线,有时以大地作为中线,所以又称地线。

当三相电源和三相负载都是对称的,如果端线阻抗不能忽略,端线的三个复阻抗也相等时,这时的三相电路称为对称三相电路。实际三相电路中,三相电源是对称的,3 条端线阻抗是相等的,但是负载通常不一定是对称的。在三相电路中,电源、负载和线路阻抗只要有一部分不对称,就称为不对称三相电路。

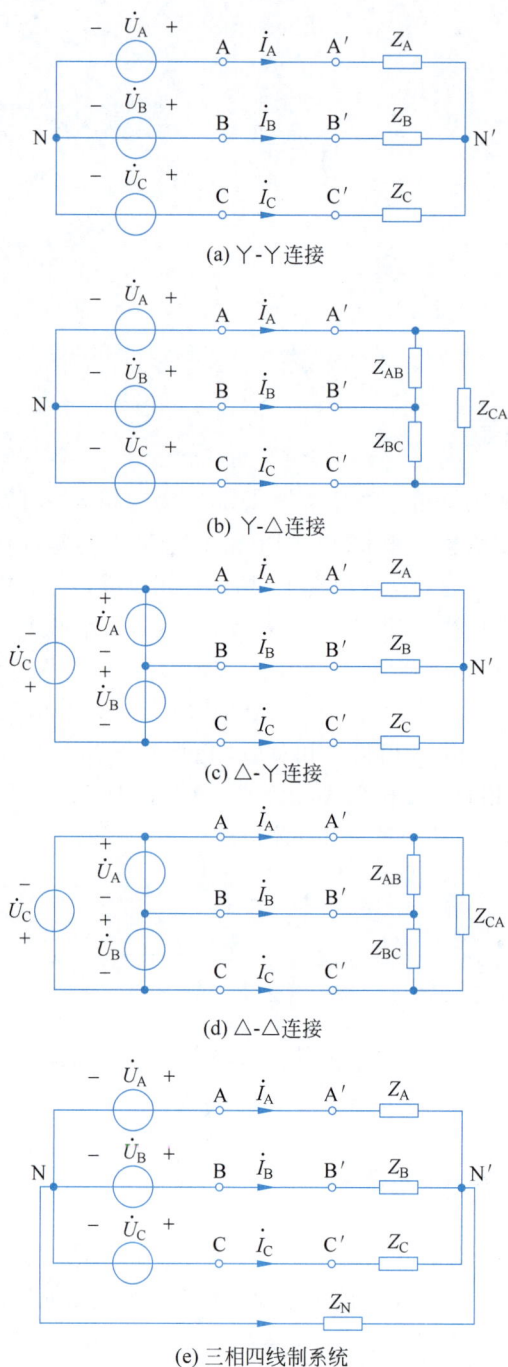

(a) Y-Y 连接

(b) Y-△连接

(c) △-Y 连接

(d) △-△连接

(e) 三相四线制系统

图 6-6　三相电路的连接方式

6.2　对称三相电路

三相电路中,电源有星形和三角形接法,负载也有星形和三角形接法,因而实际应用中这些电源之间、负载之间、电源与负载之间会有各种不同的连接方式,而不同的连接又会导致各电压、电流之间有不同的关系。本节主要研究三相电路不同连接方式中相电压、线电压、相电流、线电流之间的关系。

6.2.1 相电压与线电压

三相电路中,每一相电源,或每一相负载上的电压称为相电压。如图 6-7(a)所示,$\dot{U}_{AN}$、$\dot{U}_{BN}$、$\dot{U}_{CN}$ 分别为每一相电源上的电压,称为电源相电压,$\dot{U}_{A'N'}$、$\dot{U}_{B'N'}$、$\dot{U}_{C'N'}$ 分别为每一相负载上的电压,称为负载相电压。三相电路中,端线之间的电压称为线电压。如图 6-7(a)所示,$\dot{U}_{AB}$、$\dot{U}_{BC}$ 和 $\dot{U}_{CA}$ 都是线电压。

下面研究不同连接方式时,相电压、线电压之间的关系。如图 6-7(a)所示,$\dot{U}_A$、$\dot{U}_B$、$\dot{U}_C$ 表示星形连接时三个电源的电压,即相电压,$\dot{U}_{AB}$、$\dot{U}_{BC}$、$\dot{U}_{CA}$ 表示三个线电压。根据 KVL,有

$$\begin{cases} \dot{U}_{AB} = \dot{U}_A - \dot{U}_B \\ \dot{U}_{BC} = \dot{U}_B - \dot{U}_C \\ \dot{U}_{CA} = \dot{U}_C - \dot{U}_A \end{cases} \tag{6-1}$$

对于对称三相电源,设 $\dot{U}_A = U\underline{/0°}$,$\dot{U}_B = \alpha^2 \dot{U}_A$,$\dot{U}_C = \alpha\dot{U}_A$,代入式(6-1)可以得

$$\begin{cases} \dot{U}_{AB} = \sqrt{3}\dot{U}_A\underline{/30°} \\ \dot{U}_{BC} = \sqrt{3}\dot{U}_B\underline{/30°} \\ \dot{U}_{CA} = \sqrt{3}\dot{U}_C\underline{/30°} \end{cases} \tag{6-2}$$

对称星形三相电源端线的线电压和相电压之间的关系,还可以用电压相量图表示,如图 6-7(b)所示。

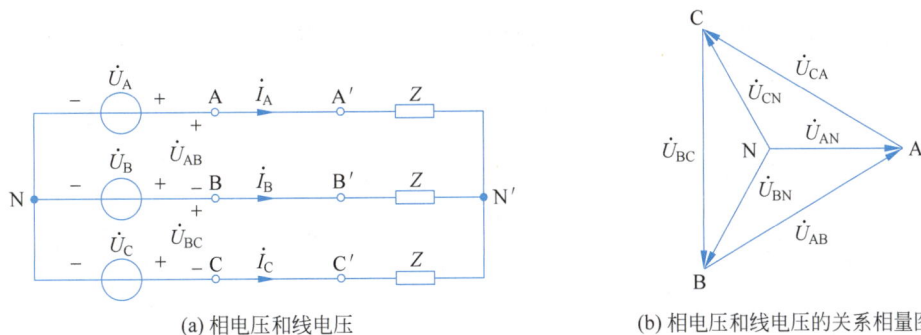

(a) 相电压和线电压   (b) 相电压和线电压的关系相量图

图 6-7　线电压和相电压之间的关系

这一结果表明,当星形连接的相电压对称时,线电压也对称,即 $\dot{U}_{BC} = \alpha^2 \dot{U}_{AB}$,$\dot{U}_{CA} = \alpha\dot{U}_{AB}$。而且在相位上,线电压超前于对应的相电压30°,在数值上,线电压为相电压的 $\sqrt{3}$ 倍。星形电源若只将三条端线引出对外供电,即为三相三线制,此时对外只提供线电压这一种电压。若由中性点再引出一线,则为三相四线制,此时对外可提供线电压和相电压两种电压。

对于三角形电源,如图 6-4(b)所示,各电源的电压仍称相电压,三条端线之间的电压仍

称线电压。由图 6-4(b)可知,此时线电压和相电压是一致的,即 $\dot{U}_{AB}=\dot{U}_A$,$\dot{U}_{BC}=\dot{U}_B$,$\dot{U}_{CA}=\dot{U}_C$。所以相电压对称时,线电压也一定对称,三角形电源只有(三相)三线制一种方式。

以上有关线电压和相电压的关系也适用于对称星形负载和三角形负载。

6.2.2　相电流与线电流

三相电路中,端线中的电流称为线电流,各相电压源和负载中的电流称为相电流。对于星形连接,线电流和相电流是一致的,如图 6-6(a)所示,$\dot{I}_A$、$\dot{I}_B$ 和 $\dot{I}_C$ 既是相电流又是线电流。而对于三角形连接则不同,以图 6-8 中的三相负载为例,每相负载中的对称相电流分别为 $\dot{I}_{A'B'}$、$\dot{I}_{B'C'}$、$\dot{I}_{C'A'}$,线电流分别为 $\dot{I}_{A'}$、$\dot{I}_{B'}$、$\dot{I}_{C'}$,电流参考方向如图 6-8 所示。

根据 KCL,有

$$\begin{cases} \dot{I}_{A'}=\dot{I}_{A'B'}-\dot{I}_{C'A'} \\ \dot{I}_{B'}=\dot{I}_{B'C'}-\dot{I}_{A'B'} \\ \dot{I}_{C'}=\dot{I}_{C'A'}-\dot{I}_{B'C'} \end{cases} \tag{6-3}$$

由于负载对称,根据线电压的对称性,有 $\dot{I}_{A'B'}=\dot{U}_{A'B'}/Z$,$\dot{I}_{B'C'}=\dot{U}_{B'C'}/Z=\alpha^2\dot{I}_{A'B'}$,$\dot{I}_{C'A'}=\dot{U}_{C'A'}/Z=\alpha\dot{I}_{A'B'}$,代入式(6-3),可得

$$\begin{cases} \dot{I}_{A'}=\sqrt{3}\dot{I}_{A'B'}\underline{/-30°} \\ \dot{I}_{B'}=\sqrt{3}\dot{I}_{B'C'}\underline{/-30°} \\ \dot{I}_{C'}=\sqrt{3}\dot{I}_{C'A'}\underline{/-30°} \end{cases} \tag{6-4}$$

可以看出,此时线电流也满足对称性,即 $\dot{I}_{B'}=\alpha^2\dot{I}_{A'}$,$\dot{I}_{C'}=\alpha\dot{I}_{A'}$,另有 $\dot{I}_{A'}+\dot{I}_{B'}+\dot{I}_{C'}=0$。线电流与对称相电流之间的关系,可以用电流相量图表示,如图 6-9 所示。从图中可以看出,相电流对称时,线电流也一定对称,它是相电流的 $\sqrt{3}$ 倍,依次滞后 $\dot{I}_{A'B'}$、$\dot{I}_{B'C'}$、$\dot{I}_{C'A'}$ 的相位为 30°。

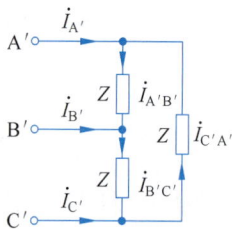

图 6-8　三相负载中的线电流和相电流

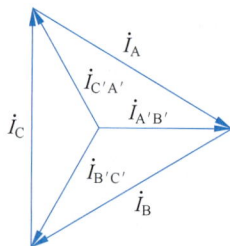

图 6-9　线电流和相电流之间的关系

上述分析方法也适用于三角形电源。

6.2.3　对称三相电路的计算

三相电路从结构上看是一个多电源多回路的交流网络,因此可以利用前面所学的电路理论中的方法分析计算。但是,对于对称的三相电路,由于对称的电源加在对称的负载上,

无论接法如何,其各处的相电压、相电流和线电压、线电流都具有对称性。因此,由对称性可以简化对称三相电路的分析计算。

1. 电源与负载均作星形连接的对称三相电路(Y-Y)

以对称三相四线制的Y-Y系统为例,如图 6-10 所示,图中 Z_l 为端线的复阻抗,Z_N 为中线复阻抗,以电源中性点 N 为参考结点,对负载中性点 N′列出结点电压方程,可得

$$\left(\frac{1}{Z_N} + \frac{3}{Z + Z_l}\right)\dot{U}_{N'N} = \frac{\dot{U}_A}{Z + Z_l} + \frac{\dot{U}_B}{Z + Z_l} + \frac{\dot{U}_C}{Z + Z_l} \tag{6-5}$$

得

$$\dot{U}_{N'N} = \frac{\dfrac{1}{Z + Z_l}(\dot{U}_A + \dot{U}_B + \dot{U}_C)}{\dfrac{1}{Z_N} + \dfrac{3}{Z + Z_l}}$$

由于三相电源对称,$\dot{U}_A + \dot{U}_B + \dot{U}_C = 0$,故 $\dot{U}_{N'N} = 0$,即 N′点与 N 点等电位。因此各相电流(亦为线电流)分别是

$$\dot{I}_A = \frac{\dot{U}_A - \dot{U}_{N'N}}{Z + Z_l} = \frac{\dot{U}_A}{Z + Z_l}$$

$$\dot{I}_B = \frac{\dot{U}_B}{Z + Z_l} = \dot{I}_A \underline{/-120°} = a^2 \dot{I}_A$$

$$\dot{I}_C = \frac{\dot{U}_C}{Z + Z_l} = \dot{I}_A \underline{/120°} = a\dot{I}_A$$

中线的电流为

$$\dot{I}_N = \dot{I}_A + \dot{I}_B + \dot{I}_C = 0$$

所以在对称Y-Y三相电路中,中线如同开路。

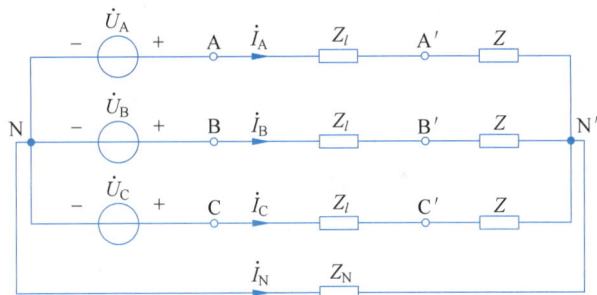

图 6-10 对称三相四线制Y-Y电路

从上述分析可以看出,对称的Y-Y三相电路中,各相电流相互独立,相电流构成对称组。根据各相的独立性,在分析计算时,只要分析计算其中一相的电流、电压就可以了,其他两相可根据对称性直接写出,这就是对称三相Y-Y电路归结为一相计算的方法。由 $\dot{U}_{N'N} = 0$ 可知,在Y-Y对称三相电路中,无论有无中线,以及中线阻抗 Z_N 为何值,负载中性点与电源中性点之间的电流恒为零。图 6-11 所示为一相计算电路(A 相)。

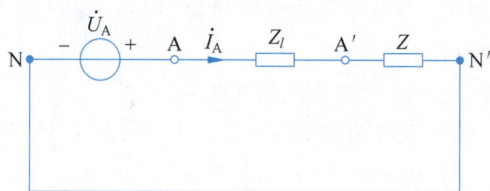

图 6-11　一相计算电路(A 相)

2. 星形三相电源与三角形负载连接的对称三相电路(Y-△)

对于这种电路,可先将三角形负载化成等效的Y形负载。这样,电路就成了Y-Y系统,然后可用归结为一相的计算方法进行计算分析。下面通过一具体的例子来说明。

例 6-1　对称三相Y-△电路,如图 6-12(a)所示,已知 $Z=19.2+\mathrm{j}14.4\Omega$, $Z_l=3+\mathrm{j}4\Omega$, 电源相电压为 220V,求负载端线电压和线电流。

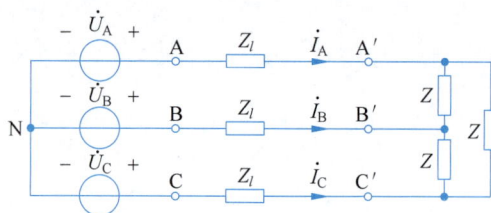

(a) 例6-1图

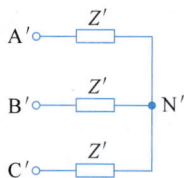

(b) △-Y变换后负载电路图

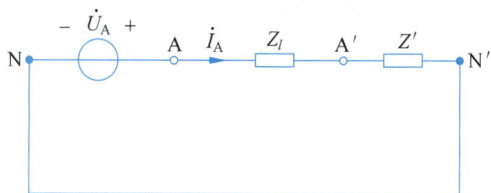

(c) 三相归一相电路图

图 6-12　例 6-1 图

解:该电路可以变换为对称的Y-Y电路,如图 6-12(b)所示。图中 Z' 为

$$Z'=\frac{Z}{3}=\frac{19.2+\mathrm{j}14.4}{3}\Omega=(6.4+\mathrm{j}4.8)\Omega$$

设 $\dot{U}_\mathrm{A}=220\underline{/0°}\mathrm{V}$,根据对称三相电路归结为一相的方法,电路可变形为图 6-12(c)所示。根据一相计算电路有

$$\dot{I}_\mathrm{A}=\frac{\dot{U}_\mathrm{A}}{Z_l+Z'}=17.1\underline{/-43.2°}\mathrm{A}$$

而

$$\dot{I}_{B} = \dot{I}_{A}\underline{/-120°} = 17.1\underline{/-163.2°}\,\text{A}$$

$$\dot{I}_{C} = \dot{I}_{A}\underline{/120°} = 17.1\underline{/76.8°}\,\text{A}$$

此电流即负载端的线电流。再求出负载端的相电压,利用相电压与线电压的关系就可得负载端的线电压。因此,$\dot{U}_{A'N'}$ 为

$$\dot{U}_{A'N'} = \dot{I}_{A}Z' = 136.8\underline{/-6.3°}\,\text{V}$$

由式(6-2),有

$$\dot{U}_{A'B'} = \sqrt{3}\dot{U}_{A'N'}\underline{/30°} = 236.9\underline{/23.7°}\,\text{V}$$

根据对称性可得

$$\dot{U}_{B'C'} = \dot{U}_{A'B'}\underline{/-120°} = 236.9\underline{/-96.3°}\,\text{V}$$

$$\dot{U}_{C'A'} = \dot{U}_{A'B'}\underline{/120°} = 236.9\underline{/143.7°}\,\text{V}$$

根据负载端的线电压可以求出负载中的相电流,有

$$\dot{I}_{A'B'} = \frac{\dot{U}_{A'B'}}{Z} = 9.9\underline{/-13.2°}\,\text{A}$$

$$\dot{I}_{B'C'} = \dot{I}_{A'B'}\underline{/-120°} = 9.9\underline{/-133.2°}\,\text{A}$$

$$\dot{I}_{C'A'} = \dot{I}_{A'B'}\underline{/120°} = 9.9\underline{/106.8°}\,\text{A}$$

也可以利用式(6-4)计算负载中的相电流。

3. 三角形三相电源与星形负载连接的对称三相电路(△-Y)

对于这种连接,可以将三角形电源化为等效Y形电源,然后再归结为一相计算方法分析计算。

例 6-2 对称 △-Y 电路如图 6-13(a)所示,已知 $Z = 5 + \text{j}6\,\Omega$,$Z_{l} = 1 + \text{j}2\,\Omega$,$u_{A} = 380\sqrt{2}\cos(\omega t + 30°)\,\text{V}$,试求负载中各电流相量。

解:将电路化成对称Y-Y系统来计算。三角形电源的相电压即线电压,现在将三角形电源化为等效的Y形电源,如图 6-13(b)所示,等效Y形电源的线电压与三角形电源的线电压相等,由Y形电源的线电压求得其相电压。由式(6-2)得

$$\dot{U}_{AB} = \dot{U}_{A} = 380\underline{/30°}\,\text{V}$$

$$\dot{U}'_{A} = \frac{\dot{U}_{AB}}{\sqrt{3}}\underline{/-30°} = \frac{380\underline{/30°}}{\sqrt{3}}\underline{/-30°} = 220\underline{/0°}\,\text{V}$$

根据对称关系,得

$$\dot{U}'_{B} = 220\underline{/-120°}\,\text{V}$$

$$\dot{U}'_{C} = 220\underline{/120°}\,\text{V}$$

据此可以画出如图 6-13(c)所示的一相计算电路,求得负载相电流,即线电流为

$$\dot{I}_{A} = \frac{\dot{U}'_{A}}{Z_{l} + Z} = \frac{220\underline{/0°}}{1 + \text{j}2 + 5 + \text{j}6} = 22\underline{/-53.1°}\,\text{A}$$

根据对称性得

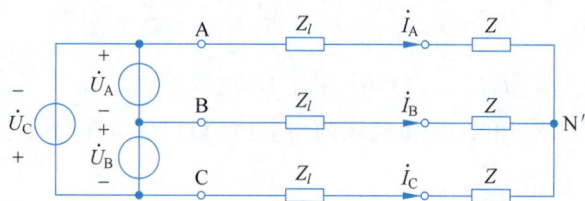

(a) 例6-2图

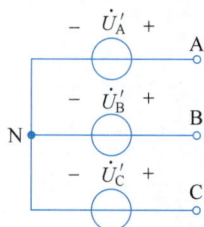

(b) △-丫变换后的电源图

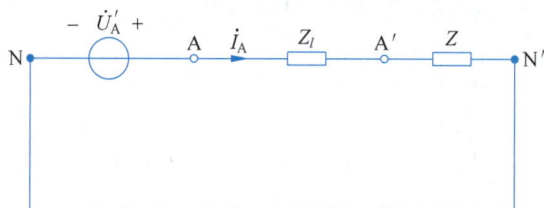

(c) 三相归一相电路图

图 6-13 例 6-2 图

$$\dot{I}_B = \dot{I}_A \underline{/-120°} = 22\underline{/-173.1°}\,\text{A}$$

$$\dot{I}_C = \dot{I}_A \underline{/120°} = 22\underline{/66.9°}\,\text{A}$$

4. 三角形三相电源与三角形负载连接的对称三相电路(△-△)

根据以上分析方法,可将三角形电源和三角形负载分别化为等效的丫形电源和等效的丫形负载,整个电路就成了丫-丫系统,这样就可归结为一相电路来计算。

6.3 不对称三相电路

6.3.1 不对称三相电路的计算

三相电路中,若三相电源不对称,或三相负载不对称,或三条传输线上的复阻抗不相等时,都叫做不对称三相电路。显然不对称三相电路中,各相电流、线电流,各相电压及各线电压一般不存在对称关系。因此,不对称三相电路进行计算时,就不能使用简化为一相的计算方法。

在图 6-14 所示的电路中,假设星形连接的电源对称,但三个负载互不相等。不接中线时,用结点电压法,可以求得结点电压 $\dot{U}_{N'N}$ 为

$$\dot{U}_{N'N} = \frac{\dfrac{\dot{U}_A}{Z_A} + \dfrac{\dot{U}_B}{Z_B} + \dfrac{\dot{U}_C}{Z_C}}{\dfrac{1}{Z_A} + \dfrac{1}{Z_B} + \dfrac{1}{Z_C}} \tag{6-6}$$

尽管三相电源是对称的,但由于负载不对称,所以此时 $\dot{U}_{N'N} \neq 0$,即两中性点 N' 和 N 的电位不相等。不对称三相电路的电压相量图如图 6-15 所示,由相量关系可以看出,N' 和 N 点不重合,这一现象称为中性点位移。

三相负载上的相电压分别为

$$\dot{U}_{AN'} = \dot{U}_{AN} - \dot{U}_{N'N}$$

$$\dot{U}_{BN'} = \dot{U}_{BN} - \dot{U}_{N'N}$$

$$\dot{U}_{CN'} = \dot{U}_{CN} - \dot{U}_{N'N}$$

引起中性点位移的原因是负载阻抗不对称,负载不对称的程度越大则中性点位移越大。由图 6-15 所示的相量图还可以看出,中性点位移较大时,将引起负载中有的相电压过高,有的相电压过低,例如 $\dot{U}_{BN'}$ 大于 $\dot{U}_{AN'}$,这种情况可能导致负载工作不正常,并且任何一相负载的变动都会同时影响到其他各相的工作状况。

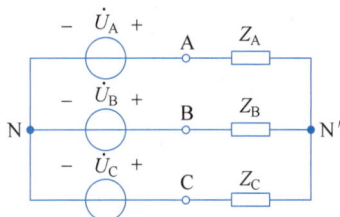

图 6-14 不对称三相电路

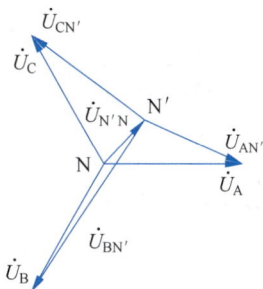

图 6-15 不对称三相电路的相量关系

三相负载的电流分别为

$$\dot{I}_A = \frac{\dot{U}_{AN'}}{Z_A}, \quad \dot{I}_B = \frac{\dot{U}_{BN'}}{Z_B}, \quad \dot{I}_C = \frac{\dot{U}_{CN'}}{Z_C}$$

对于上述电路,如果接上中线,如图 6-16 所示,假设中线阻抗为零,则可强使 $\dot{U}_{N'N} = 0$。尽管电路是不对称的,但在这个条件下,可使各相保持独立性,各相的工作互不影响,因而各相可以分别独立计算。中线的存在,克服了无中线时引起的缺点。因此负载不对称时,中线的存在是非常重要的。

此时,各相电流为

$$\dot{I}_A = \frac{\dot{U}_A}{Z_A}, \quad \dot{I}_B = \frac{\dot{U}_B}{Z_B}, \quad \dot{I}_C = \frac{\dot{U}_C}{Z_C}$$

由于相电流的不对称,中线电流一般不为零,即

$$\dot{I}_N = \dot{I}_A + \dot{I}_B + \dot{I}_C \neq 0$$

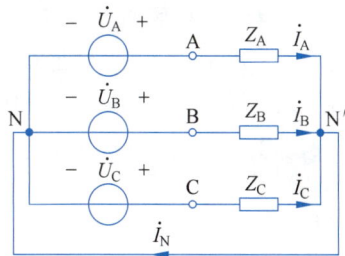

图 6-16 不对称电路三相四线制

6.3.2 不对称三相电路的常见问题

下面看两个例子,讨论不对称三相电路的相关问题。

例 6-3　在图 6-17 所示的电路中,R 为两只功率相同的灯泡,若 $\frac{1}{\omega C} = R$,求在电源对称

的条件下,两个灯泡哪个较亮?

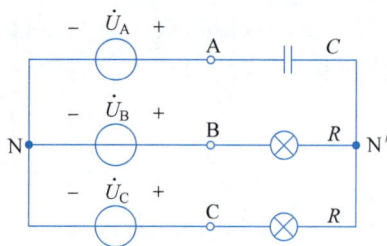

图 6-17 例 6-3 图

解:设 $\dot{U}_A = U\angle 0°$V,则 N-N′两点间电压为

$$\dot{U}_{N'N} = \frac{j\omega C\dot{U}_A + \dfrac{\dot{U}_B}{R} + \dfrac{\dot{U}_C}{R}}{j\omega C + \dfrac{2}{R}}$$

将 $\dfrac{1}{\omega C} = R$ 代入,可得

$$\dot{U}_{N'N} = (-0.2 + j0.6)U = 0.63U\underline{/108.4°}\text{V}$$

B 相灯泡所承受的电压为

$$\dot{U}_{BN'} = \dot{U}_B - \dot{U}_{N'N} = 1.5U\underline{/-101.6°}\text{V}$$

C 相灯泡所承受的电压为

$$\dot{U}_{CN'} = \dot{U}_C - \dot{U}_{N'N} = 0.4U\underline{/133.4°}\text{V}$$

根据上述结果,承受电压较高的 B 相灯泡较亮。

图 6-17 所示的电路实际上是一个最简单的相序指示器,可以用来测定相序。当把它接在相序未知的三相电源上时,如果认定接电容的一端为 A 相,则灯泡亮的一端接的就是 B 相,灯泡暗的一端接的就是 C 相,即按电容、亮、暗排定的相序为正序。实际相序器为避免灯泡损坏,每相可采用两只 220V 灯泡串联。相序不同,将导致三相电动机的旋转方向不同,这一点在实际工作中应该注意。

例 6-4 单相照明灯接在三相四线制电路上,每相装有 220V、40W 的灯泡 20 只,电源线电压为 380V,求:(1)灯泡全亮时各相电流、线电流和中线电流;(2)A 相灯半数亮,B、C 相灯全亮时各相电流、线电流和中线电流;(3)中线断开时,上述两种情况下各负载相电压。

解:(1)各相灯泡全亮时,电路为对称三相电路。令 $\dot{U}_{AB} = 380\underline{/30°}\text{V}$,则

$$\dot{U}_A = 220\underline{/0°}\text{V}$$

$$\dot{U}_B = 220\underline{/-120°}\text{V}$$

$$\dot{U}_C = 220\underline{/120°}\text{V}$$

每个灯泡的电阻为

$$R = \left(\frac{220^2}{40}\right)\Omega = 1210\Omega$$

计算可得

$$\dot{I}_A = \frac{\dot{U}_A}{\frac{1}{20}R} = 3.64\underline{/0°}\ \text{A}$$

$$\dot{I}_B = 3.64\underline{/-120°}\ \text{A}$$

$$\dot{I}_C = 3.64\underline{/120°}\ \text{A}$$

$$\dot{I}_N = \dot{I}_A + \dot{I}_B + \dot{I}_C = 0$$

（2）A相灯泡半数亮，B、C相灯全亮时负载不对称，但由于中线的存在，负载电压仍是对称的（设中线阻抗为零）。有

$$\dot{I}_A = \frac{\dot{U}_A}{\frac{1}{10}R} = 1.82\underline{/0°}\text{A}$$

$$\dot{I}_B = \frac{\dot{U}_B}{\frac{1}{20}R} = 3.64\underline{/-120°}\text{A}$$

$$\dot{I}_C = \frac{\dot{U}_C}{\frac{1}{20}R} = 3.64\underline{/120°}\text{A}$$

$$\dot{I}_N = \dot{I}_A + \dot{I}_B + \dot{I}_C = -1.82\text{A}$$

（3）中线断开时，灯全亮时，则为对称三相负载，负载相电压也是对称的，有

$$\dot{U}_{AN'} = 220\underline{/0°}\text{V}$$

$$\dot{U}_{BN'} = 220\underline{/-120°}\text{V}$$

$$\dot{U}_{CN'} = 220\underline{/120°}\text{V}$$

A相半数灯亮时，为不对称三相负载，有

$$\dot{U}_{N'N} = \frac{\dfrac{\dot{U}_A}{\frac{1}{10}R} + \dfrac{\dot{U}_B}{\frac{1}{20}R} + \dfrac{\dot{U}_C}{\frac{1}{20}R}}{\dfrac{1}{\frac{1}{10}R} + \dfrac{1}{\frac{1}{20}R} + \dfrac{1}{\frac{1}{20}R}} = -44\text{V}$$

所以三相不对称负载上的电压为

$$\dot{U}_{AN'} = \dot{U}_A - \dot{U}_{N'N} = 264\text{V}$$

$$\dot{U}_{BN'} = \dot{U}_B - \dot{U}_{N'N} = 201\underline{/-109.1°}\text{V}$$

$$\dot{U}_{CN'} = \dot{U}_C - \dot{U}_{N'N} = 201\underline{/109.1°}\text{V}$$

6.4 三相电路的功率

6.4.1 三相电路功率的概念

在三相电路中,三相负载吸收的复功率等于各相负载复功率之和,即 $\bar{S} = \bar{S}_A + \bar{S}_B + \bar{S}_C$。当电路对称时,各相负载的瞬时功率表达式为

$$p_A = u_A i_A = 2U_p I_p \cos(\omega t)\cos(\omega t - \varphi)$$

$$p_B = u_B i_B = 2U_p I_p \cos(\omega t - 120°)\cos(\omega t - 120° - \varphi)$$

$$p_C = u_C i_C = 2U_p I_p \cos(\omega t + 120°)\cos(\omega t + 120° - \varphi)$$

式中,U_p 和 I_p 为相电压和相电流的有效值;φ 为一相负载的阻抗角。三相瞬时功率的和为

$$p = p_A + p_B + p_C = 3U_p I_p \cos\varphi \tag{6-7}$$

式(6-7)表明,对称三相电路的瞬时功率是一个常量,其值等于平均功率,习惯上把这个特点称为瞬时功率平衡。

三相负载吸收的有功功率等于其各相所吸收的有功功率之和,即

$$P = P_A + P_B + P_C$$

当负载为对称星形连接时,线电压 U_l 有效值等于相电压 U_p 有效值的 $\sqrt{3}$ 倍,线电流 I_l 有效值等于相电流 I_p 的有效值,所以用线电流和线电压表示的三相有功功率为

$$P = \frac{3U_l}{\sqrt{3}} I_l \cos\varphi = \sqrt{3} U_l I_l \cos\varphi$$

当负载为对称三角形接法时,$U_l = U_p$,$I_l = \sqrt{3} I_p$,此时三相有功功率为

$$P = U_l \frac{3I_l}{\sqrt{3}} \cos\varphi = \sqrt{3} U_l I_l \cos\varphi$$

可见,不论对称负载为何种接法,其有功功率的表达式均为

$$P = 3U_p I_p \cos\varphi = \sqrt{3} U_l I_l \cos\varphi \tag{6-8}$$

必须注意,上式中 φ 仍然是负载端相电压与相电流之间的相位差,即 φ 是负载的阻抗角。

对称三相负载的无功功率为各相负载的无功功率之和,即

$$Q = Q_A + Q_B + Q_C = 3U_p I_p \sin\varphi = \sqrt{3} U_l I_l \sin\varphi \tag{6-9}$$

对称三相负载的视在功率为

$$S = S_A + S_B + S_C = 3U_p I_p = \sqrt{3} U_l I_l \tag{6-10}$$

即

$$S = \sqrt{P^2 + Q^2}$$

6.4.2 三相电路功率的测量

三相电路的功率可以用瓦特表来测量。对于三相三线制,无论电路对称与否,均可用两只瓦特表测出其三相功率。两个瓦特表的一种连接方式如图 6-18(a)所示。两个瓦特表的电流线圈分别串接入两条端线[图 6-18(a)所示的 A 线和 B 线],电压线圈的非电源端(即无

"＊"端)共同接到非电流线圈所在的第 3 条端线上[图 6-18(a)所示的 C 端线]。这时两只瓦特表读数的代数和就是所测三相电路的功率。这种测量方法称为二瓦计法。

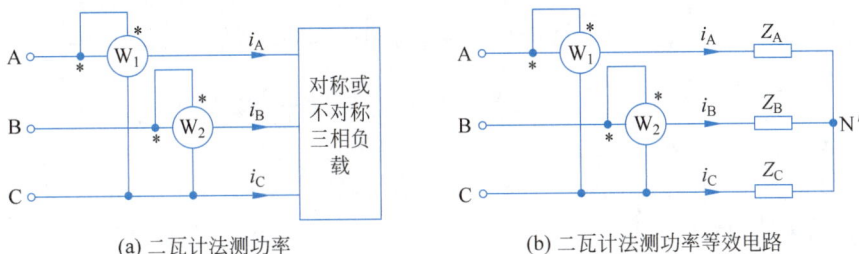

(a) 二瓦计法测功率　　　　　　　　(b) 二瓦计法测功率等效电路

图 6-18　二瓦计法测三相电路功率

下面说明二瓦计法的工作原理。

不管负载如何连接,总可以把它化为星形,如图 6-18(b)所示。设两个功率表的读数分别为 P_1 和 P_2,根据功率表的工作原理,$P_1=\text{Re}[\dot{U}_{AC}\dot{I}_A^*]$,$P_2=\text{Re}[\dot{U}_{BC}\dot{I}_B^*]$。

所以有

$$P_1+P_2=\text{Re}[\dot{U}_{AC}\dot{I}_A^*+\dot{U}_{BC}\dot{I}_B^*] \tag{6-11}$$

因为 $\dot{U}_{AC}=\dot{U}_A-\dot{U}_C$,$\dot{U}_{BC}=\dot{U}_B-\dot{U}_C$,$\dot{I}_A^*+\dot{I}_B^*=-\dot{I}_C^*$,代入式(6-11)可得

$$P_1+P_2=\text{Re}[\dot{U}_A\dot{I}_A^*+\dot{U}_B\dot{I}_B^*+\dot{U}_C\dot{I}_C^*]$$

$$=\text{Re}[\bar{S}_A+\bar{S}_B+\bar{S}_C]$$

$$=\text{Re}[\bar{S}_{总}]$$

还可以证明,对称三相电路中,有

$$P_1=U_{AC}I_A\cos(\varphi-30°)$$
$$P_2=U_{BC}I_B\cos(\varphi+30°) \tag{6-12}$$

式中,φ 为负载的阻抗角。应当注意,在一定条件下,两个瓦特表中某一个的读数可能为负(例如 $\varphi>60°$ 时),求代数和时该读数应取负值,单独一个瓦特表的读数是没有意义的。必须指出,二瓦计法与负载的具体连接方式无关,无论负载对称与否,二瓦计法都是适用的。

对于对称三相电路,只需测出一相功率,然后乘 3 即可。对于不对称三相负载的三相四线制不用二瓦计法测量三相功率,因为在一般情况下,$\dot{I}_A+\dot{I}_B+\dot{I}_C\neq 0$。可用三个瓦特表测量各相负载的功率,或用一个瓦特表分别测量每相负载的功率,然后相加即得负载的总功率。

例 6-5　某对称三相负载的功率因数为 0.766(感性),功率为 $P=1.2\text{kW}$。接在线电压 $U_l=380\text{V}$ 的对称三相电源上。电路中接有两只瓦特表,如图 6-19 所示。求这两只瓦特表的读数各为多少?

解:要求瓦特表的读数,只要求出与之相关的线电压和线电流相量即可。因电路对称,故线电流

$$I_l=\frac{P}{\sqrt{3}U_l\cos\varphi}=\frac{1200}{\sqrt{3}\times380\times0.766}=2.38\text{A}$$

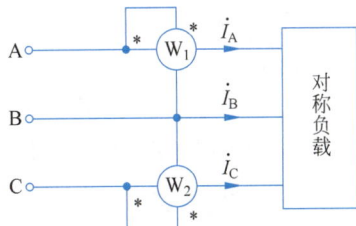

图 6-19　例 6-5 图

负载阻抗角

$$\varphi = \arccos 0.766 = 40°$$

设负载为星形连接,并令 $\dot{U}_{AN'} = 220\underline{/0°}$ V,则

$$\dot{U}_{AB} = 380\underline{/30°} \text{V}, \quad \dot{I}_A = 2.38\underline{/-40°} \text{A}$$

$$\dot{U}_{CB} = -\dot{U}_{BC} = 380\underline{/90°} \text{V}, \quad \dot{I}_C = 2.38\underline{/80°}\text{A}$$

于是,瓦特表 W_1 的读数为

$$P_1 = U_{AB}I_A\cos\varphi_1 = 380 \times 2.38\cos(30° + 40°) = 309.3\text{W}$$

瓦特表 W_2 的读数为

$$P_2 = U_{CB}I_C\cos\varphi_2 = 380 \times 2.38\cos(90° - 80°) = 890.7\text{W}$$

其中,φ_1 为线电压 $\dot{U}_{AB}$ 与线电流 $\dot{I}_A$ 的相位差;φ_2 为线电压 $\dot{U}_{CB}$ 与线电流 $\dot{I}_C$ 的相位差。两表读数的代数和为

$$P_1 + P_2 = (309.3 + 890.7)\text{W} = 1200\text{W}$$

说明结果无误。其实,只要求得两个表之一的读数,另一瓦特表的读数等于负载的功率减去该表的读数,例如,求得 P_1 后,$P_2 = P - P_1$。

6.5　安全用电[*]

在三相四线制供电中,当三相负载不平衡或者电网零线过长且阻抗过大时,零线将有电流通过,此时零线也带一定的电位,这对安全十分不利。另外,在零线断开的特殊情况下,断开以后的单相设备和所有保护接零的设备将产生危险的电压,这是不允许的。此时,可采用"三相五线制"供电方式,在工作零线之外再单独敷设一条保护零线,使工作零线上的电位不能传递到用电设备的外壳上,这样就能有效隔离三相四线制供电方式所造成的危险电压,使用电设备外壳上的电位始终处在"地"电位,从而消除设备产生危险电压的隐患。

6.5.1　三相五线制介绍

在三相四线制供电系统中,把零线的两个作用分开,即一根为工作零线(N),另一根线专做保护零线(PE),这样的供电接线方式称为五线制供电方式。三相五线制包括三根相线、一根工作零线、一根保护零线。应用中通常使用标准/规范的导线颜色:A 相用黄色,B 相用绿色,C 相用红色,N 线用褐色,PE 线用黄绿色。三相五线制的接线方式如图 6-20 所示,该接线的特点是:工作零线 N 和保护零线 PE 除在变压器中性点共同接地外,两线不再有任何的电气连接。由于该种接线能接单相负载、没有中性点引出的三相负载和有中性点引出的三相负载,因而得到了广泛的应用。在三相负载不完全平衡的运行情况下,工作零线 N 有电流通过且带电。

1. 三相五线制供电的应用范围

凡是采用保护接零的低压供电系统,均是三相五线制供电的应用范围。国家有关部门规定,凡是新建、扩建企事业、商业、居民住宅、智能建筑、基建施工现场及临时线路,一律实行三相五线制供电方式,做到保护零线和工作零线单独敷设。对现有企业应逐步将三相四线制改为三相五线制供电,具体办法应按三相五线制敷设的要求规定实施。

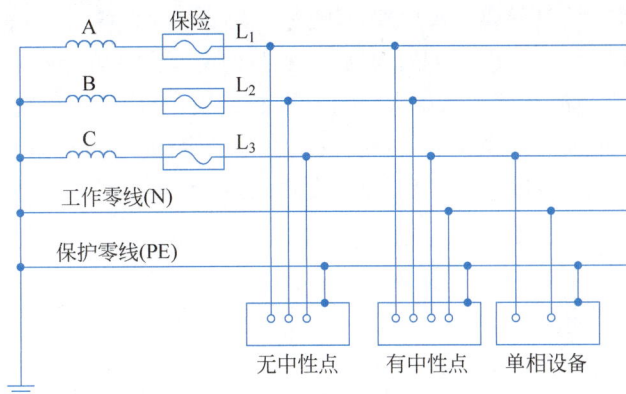

图 6-20　三相五线制电路

2. "单相三线制"和"三相五线制"配电

建筑电气设计中采用"单相三线制"和"三相五线制"配电,就是在过去"单相二线制"和"三相四线制"配电基础上,另外增加一根专用保护线直接与接地网相连,如图 6-20 所示,即根据国际电工委员会(IEC)标准和国家标准而制定的 TN-S 供电系统,从而保障了电器使用安全。

(1)"单相三线制"是"三相五线制"的一部分,在配电中出现了 N 线和 PE 线。工作地线 N 线是构成电气回路的需要,其中有工作电流流过,在单相二线制中,工作地线 N 严禁装设保险等可断开点;保护接地 PE 线要求直接与接地网相连接,保护线 PE 与中线 N 从某点分开后,就不得有任何联系。

(2)每个建筑物进户线处应将零线重复接地,接地电阻≤10Ω。

(3)从引入处开始,直到接至建筑物内各个插座,中性线 N 和保护线 PE 完全分开(严禁零地线混接)。

(4)插座的接线应遵循左零(N)右相(L)上接地,如图 6-21 所示。

图 6-21　插座线路示意图

6.5.2　住宅供电系统

室内供电部分,供电线路的布设,要考虑家庭目前以及未来使用电器的总功率的大小。因此,住宅供电线路及其配套材料,要根据家中电器的使用功率来选择,经济条件许可的情况下,还要有一定的超前考虑。

近些年,国内新建开发的住宅楼房的内部,无论是普通住宅,还是高档别墅住宅,已经采用了三相五线制的电源入户方案。一般都会有六路或者是七路强电供电线路,例如照明线路、插座线路、大功率电气线路(柜机空调,可能单独分一路;厨房内部的消毒柜,也可能单独分一路;卫生间内部的大功率热水器,也可能单独分一路)等。

室内电路布线,要采用多路化的设计方式,做到空调、厨房、卫生间、客厅、卧室、电脑及大功率电器分路布线;插座、开关要分开设置,各分支电路上,应安装带漏电保护功能的微型断路器开关。火线和零线之间的单相供电电压是 220V(相电压),火线两两之间的三相供电电压是 380V(线电压)。应注意,高电压总比低电压要危险,所以布线时应该充分考虑安全问题。

家庭内部室内接线,只需要三根电线:任意一根火线,一根零线,一根接地线。另外,在实际工程实践中,为了考虑负载平衡的问题,还要根据家庭内部电器的多少、用电量的大小,来考虑电源的三相平衡的问题。三根火线需要搭配使用,电源进户配电盘连接安装示意图如图 6-22 所示。另外,强电线路,要与弱电线路分开一定的距离,电话通讯线缆、音响多媒体线缆、宽带网络线缆等弱电线路,应该设计合理,符合规范要求。

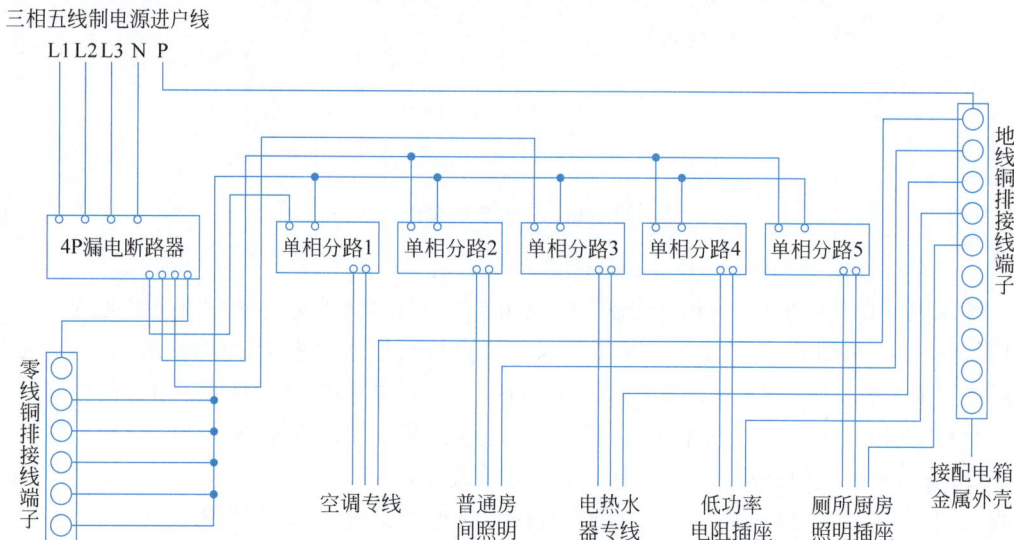

图 6-22　三相五线制电源进户配电盘连接安装示意图

6.5.3　防止触电的技术措施

为防止发生触电事故,除了应注意开关必须安装在火线上及合理选择导线与熔丝外,还必须采取必要的防护措施,例如正确安装用电设备、对电气设备作保护接地、保护接零、使用漏电保护装置等。

1. 保护接地

将电气设备的金属外壳与大地可靠地连接,称为保护接地。它适用于中性点不接地的三相供电系统。电气设备采用保护接地后,即使外壳因绝缘不好而带电,这时工作人员碰到就相当于人体和接地电阻并联,而人体的电阻远比接地电阻大,因此流过人体的电流就很微小,保证了人身安全,如图 6-23 所示。

2. 保护接零

保护接零就是在电源中性点接地的三相四线制中,把电气设备的金属外壳与中性线连接起来。这时,如果电气设备的绝缘损坏而碰壳,由于中性线的电阻很小,所以短路电流很大,立即使电路中的熔丝烧断,切断电源,从而消除电危险,如图 6-24 所示。

3. 漏电保护

漏电保护装置的作用主要是防止由漏电引起的触电事故,其次是防止由漏电引起的火灾事故,有的漏电保护装置还能切除三相电动机的断相运行故障。如图 6-25 所示的漏电保护器是在主电路上接有一个零序电流互感器,端线和中性线都从互感器环形铁心窗口穿过。其工作原理,大家可尝试自行分析。

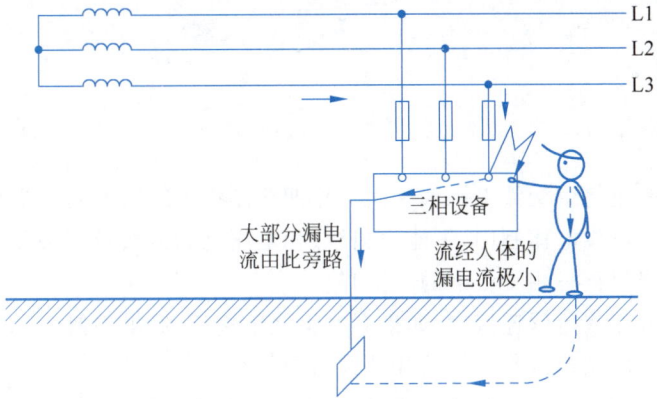

图 6-23　保护接地

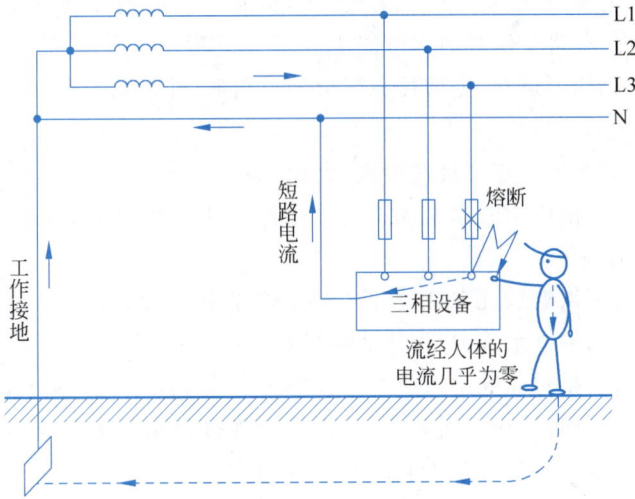

图 6-24　保护接零

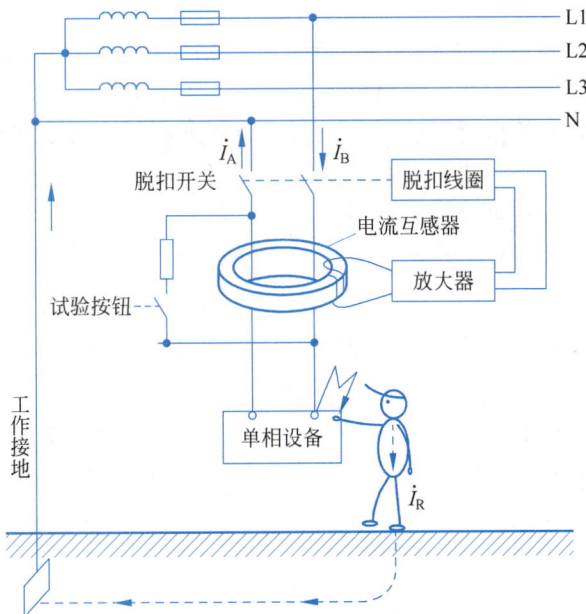

图 6-25　漏电保护

习题 6

一、简答题

6-1 如何用验电笔或交流电压表测出三相四线制供电线路上的火线和零线？

6-2 三相四线制供电体制中，你能说出线、相电压之间的数量关系及相位关系吗？

6-3 你能说出对称三相交流电的特征吗？

6-4 三相电源作三角形连接时，如果有一组绕组接反，后果如何？

6-5 对称三相电路归结为一相的计算方法是什么？

6-6 除了对称的 Y-Y 三相电路外，其他对称三相电路应如何计算？

6-7 三相对称电源中，线电压 U_L 为 380V，负载为星形连接的三相对称电路，每相电阻为 $R=22\Omega$，试求此电路工作时的相电流 I_P。

6-8 三个阻抗相同的负载，先后接成星形和三角形，并由同一对称三相电源供电，试问哪种连接方式的线电流大？

6-9 为什么电灯开关一定要接在端线（火线）上？

6-10 为什么实际使用中三相电动机可以采用三相三线制供电，而三相照明电路必须采用三相四线制供电系统？

6-11 三相四线制供电系统中，中性线（零线）的作用是什么？

6-12 三相四线制供电系统中，为什么零线不允许断路？

6-13 如何计算三相对称电路的功率？有功功率计算式中的 $\cos\varphi_z$ 表示什么意思？

6-14 "对称三相负载的功率因数角，对于星形连接是指相电压与相电流的相位差，对于三角形连接则指线电压与线电流的相位差。"这句话对吗？

6-15 线电压相同时，三相电动机电源的三角形接法和星形接法的功率有什么不同？

二、选择题

6-16 三相四线制供电电路中，相电压为 220V，则火线与火线之间的电压为（　　）。

    A. 220V   B. 311V   C. 380V   D. 440V

6-17 在电源对称的三相四线制电路中，若三相负载不对称，则该负载各相电压（　　）。

    A. 不对称   B. 对称   C. 不一定对称   D. 无法判断

6-18 三相对称交流电路的瞬时功率为（　　）。

    A. 一个随时间变化的量   B. 一个常量，其值恰好等于有功功率

    C. 0   D. 以上均不正确

6-19 三相发电机绕组接成三相四线制，测得三个相电压 $U_A=U_B=U_C=220V$，三个线电压 $U_{AB}=380V$，$U_{BC}=U_{CA}=220V$，这说明（　　）。

    A. A 相绕组接反了   B. B 相绕组接反了

    C. C 相绕组接反了   D. 都接反了

6-20 某对称三相电源绕组为 Y 形连接，已知 $\dot{U}_{AB}=380\underline{/15°}\,V$，当 $t=10s$ 时，三个线电压之和为（　　）。

    A. 380V   B. 0V   C. $380/\sqrt{3}\,V$ D. 220V

6-21 某三相电源绕组连成Y形时线电压为 380V,若将它改接成三角形,线电压为( )。

    A. 380V   B. 660V   C. 220V   D. 311V

6-22 已知 $X_C = 6\Omega$ 的对称纯电容负载作△连接,与对称三相电源相接后测得各线电流均为 10A,则三相电路的视在功率为( )。

    A. 1800V·A   B. 600V·A   C. 600W   D. 300W

6-23 测量三相交流电路的功率有很多方法,其中三瓦计法是测量( )电路的功率。

    A. 三相三线制电路   B. 对称三相三线制电路

    C. 三相四线制电路   D. 都不能测

6-24 三相四线制电路中,已知 $\dot{I}_A = 10\underline{/20°}$A, $\dot{I}_B = 10\underline{/-100°}$A, $\dot{I}_C = 10\underline{/140°}$A,则中线电流 I_N 为( )。

    A. 10A   B. 0A   C. 30A   D. 50A

6-25 三相对称电路是指( )。

    A. 电源对称的电路   B. 负载对称的电路

    C. 电源和负载均对称的电路   D. 以上均不正确

三、计算题

6-26 在题 6-26 图所示的对称三相电路中,相电压为 220V,端线阻抗 $Z_l = (0.1 + \mathrm{j}0.17)\Omega$,负载阻抗 $Z = (9 + \mathrm{j}6)\Omega$。试求负载相电流 $I_{A'B'}$ 和线电流 I_A。

6-27 题 6-27 图所示的对称三相电路中,已知星形负载相阻抗 $Z_1 = (96 - \mathrm{j}28)\Omega$,星形负载相电压有效值为 220V;三角形负载阻抗 $Z_2 = (144 + \mathrm{j}42)\Omega$,线路阻抗 $Z_l = \mathrm{j}1.5\Omega$。求:(1)线电流;(2)电源端的线电压。

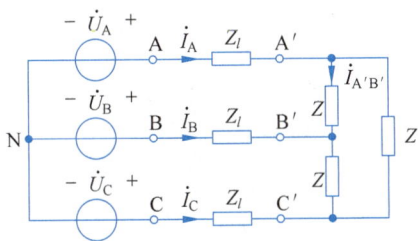

题 6-26 图

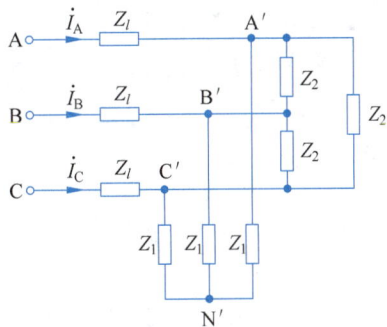

题 6-27 图

6-28 对称三相电路的线电压 $U_l = 230$V,负载阻抗 $Z = (12 + \mathrm{j}16)\Omega$。求:(1)星形连接负载时的线电流及吸收的总功率;(2)三角形连接负载时的线电流、相电流和吸收的总功率;(3)比较(1)和(2)的结果能得到什么结论?

6-29 题 6-29 图所示的对称Y-Y 三相电路中,电源相电压为 220V,负载阻抗 $Z = (30 + \mathrm{j}20)\Omega$。求:(1)图中电流表读数;(2)三相负载吸收的功率;(3)如果 A 相的负载阻抗等于零(其他不变),再求(1)(2);(4)如果 A 相负载开路,再求(1)(2)。

6-30 题 6-30 图所示的对称三相电路中,$U_{A'B'} = 380$V,三相电动机吸收的功率为 1.4kW,其功率因数 $\lambda = 0.866$(感性),$Z_1 = -\mathrm{j}55\Omega$。求 $\dot{U}_{AB}$ 和电源端的功率因数 λ'。

6-31 题 6-31 图所示的不对称星形负载接于线电压 $U_l = 380$V 的工频对称三相电源

上,已知 $L=1\text{H},R=1210\Omega$。(1)求负载各相电压;(2)若电感 L 被短接,求负载端各相电压,(3)若电感 L 被断开,求负载端各相电压。

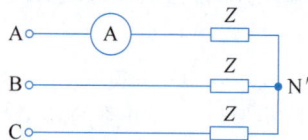

题 6-29 图

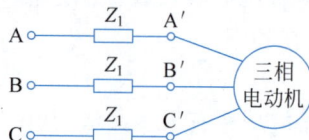

题 6-30 图

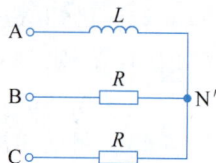

题 6-31 图

6-32 已知不对称三相四线制电路中的端线阻抗为零,对称电源端的线电压为 380V,不对称的星形连接负载分别为 $Z_A=(3+j2)\Omega,Z_B=(4+j4)\Omega,Z_C=(2+j1)\Omega$。求:(1)当中线阻抗 $Z_N=(4+j3)\Omega$ 时的中性点电压、线电流和负载吸收的总功率;(2)当 $Z_N=0$ 且 A 相开路时的线电流。如果无中线(即 $Z_N=\infty$)又会怎样?

6-33 三相四线制供电系统,三相对称电源线电压为 380V,供某宿舍楼照明。各相负载均为 220V、60W 的白炽灯,A 相 150 盏,B 相 100 盏,C 相 100 盏。求:(1)当负载全部用电时的线电流和中线电流;(2)若 A 相负载断开,此时各线电流和中线电流;(3)若中线断开时,将发生什么现象?

6-34 题 6-34 图所示的电路中,Z_A 为 R、L、C 串联组成,对称三相电源端的线电压 $U_l=380\text{V},Z=(50+j50)\Omega,Z_1=(100+j100)\Omega,R=50\Omega,X_L=314\Omega,X_C=-264\Omega$。求:(1)开关 S 打开时的线电流;(2)若用二瓦计法测量电源端三相功率,试画出连接图,并求两个功率表的读数(S 闭合时)。

6-35 功率为 2.4kW、功率因数为 0.6 的对称三相感性负载与线电压为 380V 的供电系统相连接,如题 6-35 图所示。(1)求线电流;(2)若负载为星形连接,求各相负载阻抗 Z_Y;(3)若负载为三角形连接,则各相负载阻抗 $Z_\triangle$ 应为多少?

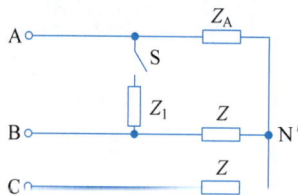

题 6-34 图

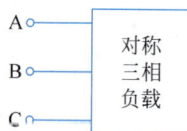

题 6-35 图

6-36 如题 6-36 图所示的对称三相电路中,对称三相电源的线电压 $U_l=380\text{V}$,端线阻抗 $Z_l=(2+j4)\Omega$,三角形负载电阻 $R=3\Omega$。求三相电源供给的复功率。

6-37 如题 6-37 图所示的电路中,对称三相电源的线电压为 380V,对称三相负载吸收的功率为 40kW,$\cos\varphi=0.85$(感性),B、C 两端线间接入一个功率为 12kW 的电阻。试求线电流。

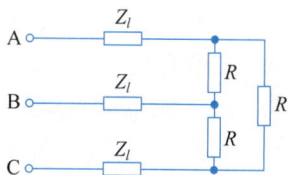

题 6-36 图

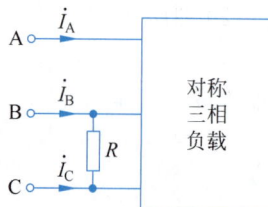

题 6-37 图

6-38 如题 6-38 图所示的对称三相负载电路中,对称三相电源的线电压 $U_l = 380\text{V}$,两功率表的接线如图所示,其读数 $P_1 = 866\text{W}$,$P_2 = 433\text{W}$。试求:(1)电路的有功功率和无功功率;(2)电路的功率因数;(3)负载阻抗。

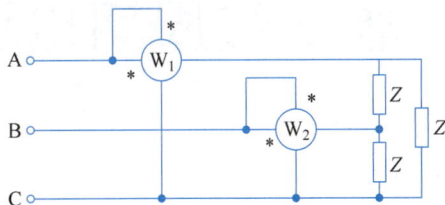

题 6-38 图

四、思考题

6-39 有一台三相电动机绕组为Y形连接,从配电盘电压表读出线电压为 380V,电流表读出线电流为 6.1A,已知其总功率为 3.3kW,试求电动机每相绕组的参数。

6-40 一台Y形连接三相异步电动机,接入 380V 线电压的电网中,当电动机满载时其额定输出功率为 10kW,效率为 0.9,线电流为 20A。当该电动机轻载运行时,输出功率为 2kW 时,效率为 0.6,线电流为 10.5A。试求在上述两种情况下电路的功率因数,并对计算结果进行比较后讨论。

第 7 章

非正弦周期电流电路

前面讨论的交流电路和三相电路中,电压和电流都是随时间作正弦规律变化的,但是在生产实践和科学实验中还经常遇到不按正弦规律变化的电流及电压,即所谓的非正弦信号。因此,从某种意义上说,研究非正弦电路更有普遍意义。本章将主要介绍非正弦周期电流电路的分析及计算方法,即谐波分析法。

谐波分析法是正弦电流电路分析方法的推广,其过程是应用傅里叶级数将非正弦周期激励电压、电流或信号分解为一系列不同频率的正弦量之和,然后应用叠加定理,分别计算各种频率的正弦量单独作用下所产生的电压和电流,然后将它们的瞬时值相加,求得所要的结果。

非正弦周
期信号及
其频谱

7.1 非正弦周期信号及其频谱

7.1.1 非正弦周期信号

线性电路在稳定状态下,如果电路中所有电源都是同频率正弦量,那么电路中各部分的电压、电流也都是同频率的正弦量。但是在一些条件下电路中将会产生非正弦量,例如电路中有一个以上不同频率的正弦电源同时作用、电路中含有非线性元件或遇到按非正弦规律变化的信号源等情况。在无线电工程和其他电子工程中,通过电路传送的信号,例如由语音、图像等转换过来的电信号以及自动控制和计算机中大量使用的脉冲信号等,都是非正弦信号。

非正弦信号有周期和非周期两种,图 7-1 和图 7-2 列举了一些常见波形。

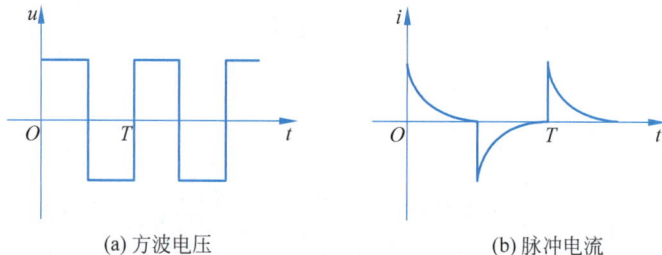

(a) 方波电压　　　　　　　　(b) 脉冲电流

图 7-1　非正弦周期信号

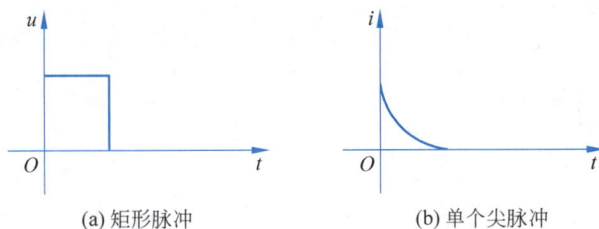

(a) 矩形脉冲   (b) 单个尖脉冲

图 7-2 非周期信号

7.1.2 非正弦周期信号的频谱

1. 周期函数的傅里叶级数展开式

设周期函数 $f(t)$ 的周期为 T，即

$$f(t) = f(t+kT), \quad k \text{ 为任意整数}$$

且满足狄里赫利条件(Dirichlet condition)：

(1) $f(t)$ 是单值的；

(2) $f(t)$ 在一个周期内的间断点有限；

(3) $f(t)$ 在一个周期内的极值点有限；

(4) $f(t)$ 在一个周期内绝对可积，即对于任意时刻 t_0，积分 $\int_{t_0}^{t_0+T} |f(t)| \, \mathrm{d}t$ 存在。

则该周期函数就能展开成一个收敛的傅里叶级数。在电工和电子技术中所遇到的各种周期性非正弦信号，一般都能满足狄里赫利条件，所以能用傅里叶级数来表示，今后不再另作说明。

傅里叶级数的形式如下：

$$f(t) = \frac{a_0}{2} + \sum_{n=1}^{\infty} (a_n \cos n\omega_1 t + b_n \sin n\omega_1 t) \tag{7-1}$$

式中，$\omega_1 = \frac{2\pi}{T}$；$n$ 为正整数；a_0、a_n 及 b_n 称为傅里叶系数，可按下列公式求得

$$a_0 = \frac{2}{T} \int_{t_0}^{t_0+T} f(t) \mathrm{d}t$$

$$a_n = \frac{2}{T} \int_{t_0}^{t_0+T} f(t) \cos(n\omega_1 t) \mathrm{d}t$$

$$b_n = \frac{2}{T} \int_{t_0}^{t_0+T} f(t) \sin(n\omega_1 t) \mathrm{d}t$$

为方便起见，通常将以上三式中的积分区间取为 $[0, T]$ 或 $\left[-\frac{T}{2}, \frac{T}{2}\right]$。

将傅里叶级数中频率相同的余弦项和正弦项合并，并表示为余弦函数，有如下表达式

$$f(t) = \frac{A_0}{2} + \sum_{n=1}^{\infty} A_n \cos(n\omega_1 t + \varphi_n) \tag{7-2}$$

这两种傅里叶级数的关系为 $\begin{cases} a_0 = A_0 \\ a_n = A_n \cos\varphi_n \\ b_n = -A_n \sin\varphi_n \end{cases}$ 或 $\begin{cases} A_0 = a_0 \\ A_n = \sqrt{a_n^2 + b_n^2} \\ \varphi_n = \arctan\left(\frac{-b_n}{a_n}\right) \end{cases}$。

傅里叶级数中的每一项都是不同频率的正弦量,其中常数项 $\dfrac{A_0}{2}$ 是周期函数的恒定分量,也称直流分量。简谐分量 $A_1\cos(\omega_1 t + \varphi_1)$ 称为周期函数的基波或一次谐波,其角频率 ω_1 与原周期函数的角频率相同;A_1 是基波的振幅,φ_1 是基波的初相。简谐分量 $A_2\cos(2\omega_1 t + \varphi_2)$ 称为周期函数的二次谐波,角频率 $2\omega_1$ 为基波角频率的两倍;A_2 是二次谐波的振幅,φ_2 是二次谐波的初相。依此类推,简谐分量 $A_n\cos(n\omega_1 t + \varphi_n)$ 称为周期函数的 n 次谐波,其角频率 $n\omega_1$ 为基波角频率的 n 倍;A_n 是 n 次谐波的振幅,φ_n 是 n 次谐波的初相。二次和二次以上的谐波可统称为高次谐波。

2. 周期信号的频谱

通过以上讨论可知,一个非正弦周期信号可以应用傅里叶级数展开为一系列谐波分量。为了能直观地表示一个非正弦周期信号经过傅氏变换后包含的频率分量以及各个分量所占的比重,将周期信号各谐波分量的幅值和初相用相应长度的线段表示,并按照频率的高低顺序把它们依次排列起来,就得到了周期信号的频谱。其中,振幅和频率的关系曲线图称为幅度频谱,相位角与频率的关系曲线图称为相位频谱。由于周期函数各次谐波的角频率都是 ω_1 的整数倍,所以这种频率是离散的,称为离散谱,也称为线状频谱。

设一周期电流信号已展开为傅里叶级数如下:

$$i(t) = \frac{\pi}{4} + \cos\omega_1 t - \frac{1}{3}\cos3\omega_1 t + \frac{1}{5}\cos5\omega_1 t - \frac{1}{7}\cos7\omega_1 t + \cdots$$
$$= \frac{\pi}{4} + \cos\omega_1 t + \frac{1}{3}\cos(3\omega_1 t + \pi) + \frac{1}{5}\cos5\omega_1 t + \frac{1}{7}\cos(7\omega_1 t + \pi) + \cdots$$

以谐波角频率 $n\omega_1$ 为横坐标,在横坐标轴的各谐波角频率所对应的点上作垂线,称为谱线。如果每一条谱线的高度表示该谐波频率的幅值,则作出的图形为幅度频谱,如图 7-3(a)所示。如果每一谱线的高度表示该谐波频谱的初相角,则作出的图形为相位频谱,如图 7-3(b)所示。通过频谱可以分析周期信号通过电路后它的各谐波分量的幅值和初相发生的变化。这对于如何正确传送信号有重要意义。

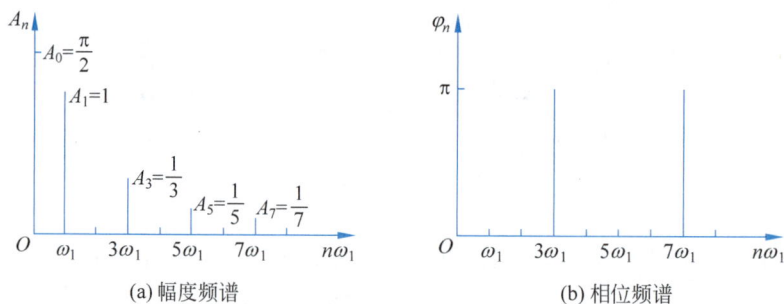

图 7-3　周期信号的频谱

例 7-1　如图 7-4 所示的对称方波,其函数 $f(t)$ 在一个周期内为

$$f(t) = \begin{cases} A & 0 < t < \dfrac{T}{4}, \dfrac{3}{4}T < t < T \\ -A & \dfrac{T}{4} < t < \dfrac{3}{4}T \end{cases}$$

求其傅里叶级数展开式及其频谱。

解：由公式求得傅里叶展开式各系数

$$a_0 = \frac{2}{T}\int_0^T f(t)\mathrm{d}t = \frac{2}{T}\left[\int_0^{\frac{T}{4}} A\,\mathrm{d}t + \int_{\frac{T}{4}}^{\frac{3T}{4}}(-A)\mathrm{d}t + \int_{\frac{3T}{4}}^T A\,\mathrm{d}t\right] = 0$$

$$a_n = \frac{2}{T}\int_0^T f(t)\cos(n\omega_1 t)\mathrm{d}t = \frac{2}{T}A\left[\int_0^{\frac{T}{4}}\cos(n\omega_1 t)\mathrm{d}t - \int_{\frac{T}{4}}^{\frac{3T}{4}}\cos(n\omega_1 t)\mathrm{d}t + \int_{\frac{3T}{4}}^T\cos(n\omega_1 t)\mathrm{d}t\right]$$

$$= \frac{A}{n\pi}\left[2\sin n\frac{\pi}{2} - 2\sin n\frac{3\pi}{2}\right]$$

当 n 为奇数时，$a_n = (-1)^{\frac{n-1}{2}}\dfrac{4A}{n\pi}$；当 n 为偶数时，$a_n = 0$，$b_n = \dfrac{2}{T}\displaystyle\int_0^T f(t)\sin(n\omega_1 t)\mathrm{d}t = 0$。

所以该方波的傅里叶级数展开为

$$f(t) = \frac{4A}{\pi}\left[\cos\omega_1 t - \frac{1}{3}\cos 3\omega_1 t + \frac{1}{5}\cos 5\omega_1 t - \frac{1}{7}\cos 7\omega_1 t + \cdots\right]$$

根据上式可画出 $f(t)$ 的频谱如图 7-5 所示。

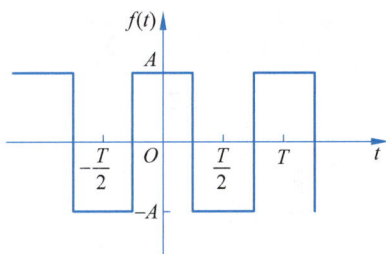

图 7-4　对称方波

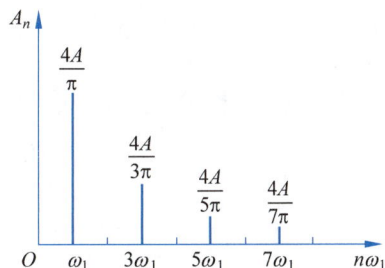

图 7-5　方波频谱

可以看出，对称方波的 n 次谐波振幅随着角频率 $n\omega_1$ 的增高而逐渐减小，即该级数是收敛的。值得指出的是，由于傅氏级数通常收敛很快，所以在实际中，对非正弦周期电压、电流进行谐波分析时只取其傅氏级数展开式中的前几项就可满足准确度的要求。应予考虑的谐波数目的多少，视已知周期函数的傅里叶级数的收敛速度和具体要求而定。图 7-6 是图 7-4 的对称方波的组成情况，从图中可见，包含的高次谐波分量越多，合成波形的边缘就越陡峭，合成波形就越接近理想方波。

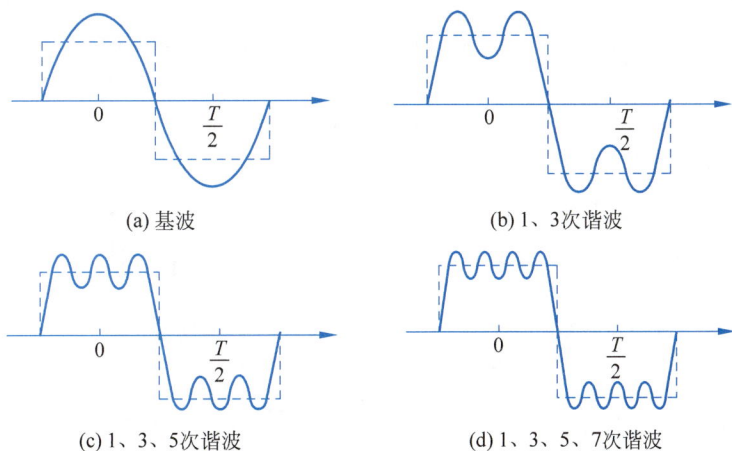

(a) 基波

(b) 1、3 次谐波

(c) 1、3、5 次谐波

(d) 1、3、5、7 次谐波

图 7-6　谐波合成示意图

3. 对称周期信号傅里叶展开式的特点

一个周期函数包含哪些谐波以及这些谐波的幅值,决定于周期函数的波形,各谐波的初相不仅决定于周期函数的波形,还与坐标系原点的位置有关。电工技术中遇到的周期函数常具有某种对称性,利用这些对称性可以使傅里叶系数的确定得到简化,更有利于进行谐波分析。

下面就来讨论几种具有对称性的周期信号。

1)奇函数

奇函数的波形对称于坐标系的原点,满足 $f(t) = -f(-t)$ 的性质,如图 7-7 所示。其傅里叶级数为

$$f(t) = \sum_{n=1}^{\infty} b_n \sin n\omega_1 t \tag{7-3}$$

即奇函数中只包含属于奇函数($\sin n\omega_1 t$)类型的谐波分量。奇函数谐波分量的系数为

$$b_n = \frac{2}{T}\int_{t_0}^{t_0+T} f(t)\sin(n\omega_1 t)\mathrm{d}t = \frac{4}{T}\int_0^{\frac{T}{2}} f(t)\sin(n\omega_1 t)\mathrm{d}t$$

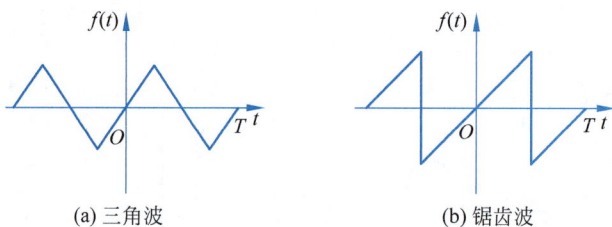

(a) 三角波 (b) 锯齿波

图 7-7 奇函数的波形示例

2)偶函数

偶函数的波形对称于坐标系的纵轴。满足 $f(t) = f(-t)$ 的性质,如图 7-8 所示,其傅里叶级数为

$$f(t) = \frac{a_0}{2} + \sum_{n=1}^{\infty} a_n \cos n\omega_1 t \tag{7-4}$$

即偶函数中只包含恒定分量和属于偶函数($\cos n\omega_1 t$)类型的谐波分量。偶函数谐波分量的系数为

$$a_n = \frac{2}{T}\int_{t_0}^{t_0+T} f(t)\cos(n\omega_1 t)\mathrm{d}t = \frac{4}{T}\int_0^{\frac{T}{2}} f(t)\cos(n\omega_1 t)\mathrm{d}t$$

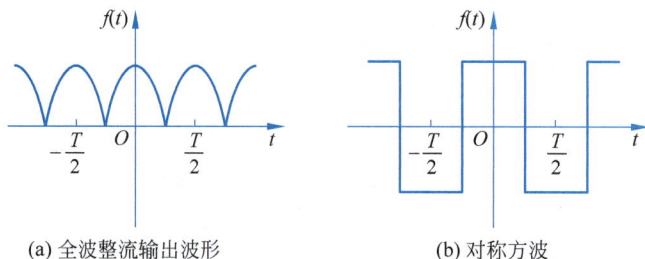

(a) 全波整流输出波形 (b) 对称方波

图 7-8 偶函数的波形示例

3)奇谐波函数

若周期函数 $f(t)$ 满足 $f(t) = -f\left(t \pm \dfrac{T}{2}\right)$,则称为奇谐波函数,如图 7-9 所示。在这种

函数的任一周期内,其第二个半周期的波形,恰为第一个半波的负值。如果把第二个半周期的波形向前移动半个周期后,将与第一个半周期的波形对称于横轴,前者好像是后者的镜像,所以奇谐波函数又称为镜像对称的函数。可以证明,奇谐波函数的傅里叶级数只含有奇次谐波分量,恒定分量和偶次谐波分量都为零。因此,奇谐波函数的傅里叶级数式为

$$f(t) = \sum_{n=1}^{\infty} (a_n \cos n\omega_1 t + b_n \sin n\omega_1 t), \quad n = 1, 3, 5, \cdots \tag{7-5}$$

或

$$f(t) = \sum_{n=1}^{\infty} A_n \cos(n\omega_1 t + \varphi_n), \quad n = 1, 3, 5, \cdots \tag{7-6}$$

求 a_n 和 b_n 时,也只需就半个周期积分,但 n 只取奇数。

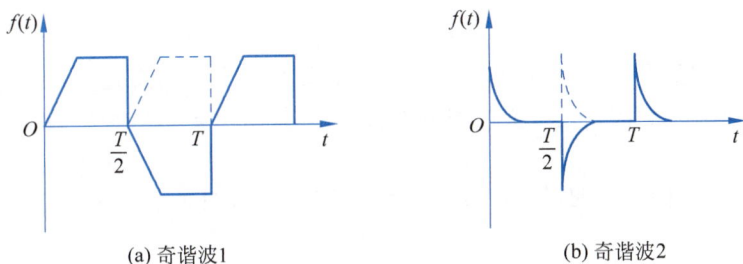

(a) 奇谐波1   (b) 奇谐波2

图 7-9 奇谐波的波形示例

4) 偶谐波函数

若周期函数 $f(t)$ 满足 $f(t) = f\left(t \pm \dfrac{T}{2}\right)$,则称为偶谐波函数,其波形如图 7-10 所示。这种函数的前后两个半周期的波形完全相同。可以证明,偶谐波函数的傅里叶级数包含恒定分量和偶次谐波分量,而无奇次谐波分量,其傅里叶级数式为

$$f(t) = \frac{a_0}{2} + \sum_{n=2}^{\infty} (a_n \cos n\omega_1 t + b_n \sin n\omega_1 t), \quad n = 2, 4, 6, \cdots \tag{7-7}$$

或

$$f(t) = \frac{A_0}{2} + \sum_{n=2}^{\infty} A_n \cos(n\omega_1 t + \varphi_n), \quad n = 2, 4, 6, \cdots \tag{7-8}$$

求 a_n 和 b_n 时,也只需就半个周期积分,但 n 只取偶数。

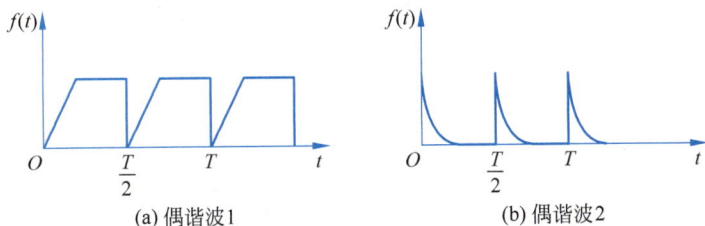

(a) 偶谐波1   (b) 偶谐波2

图 7-10 偶谐波的波形示例

一个周期函数是奇函数还是偶函数,不仅与该函数的具体波形有关,也和时间起点的选择有关,因为时间起点选择的不同,各次谐波的初相将随着改变。但是,一个周期函数是奇谐波函数还是偶谐波函数,则仅与该函数的具体波形有关,而与时间起点的选择无关。

7.2　有效值、平均值和平均功率

7.2.1　非正弦周期信号的有效值和平均值

1. 非正弦周期信号的有效值

交流电的有效值是指在热效应方面与交流电等效的直流量,周期电流和电压的有效值,就是它们的均方根(或方均根)值。例如,周期电流 i 和周期电压 u 的有效值分别为

$$I = \sqrt{\frac{1}{T}\int_0^T i^2 \, dt} \tag{7-9a}$$

$$U = \sqrt{\frac{1}{T}\int_0^T u^2 \, dt} \tag{7-9b}$$

对于正弦周期信号,经过计算容易得到其有效值与最大值间有 $\sqrt{2}$ 倍的关系。对于非正弦周期信号也可直接利用上述定义的积分求有效值,这里主要是寻找有效值与各次谐波有效值之间的关系。

由前面的内容可知,周期信号可以展开成不连续频谱,例如非正弦周期电流可展开成傅里叶级数如下:

$$i(t) = I_0 + I_{1m}\cos(\omega_1 t + \varphi_1) + I_{2m}\cos(2\omega_2 t + \varphi_2) + \cdots$$

则其有效值为

$$I = \sqrt{\frac{1}{T}\int_0^T \left[I_0 + \sum_{n=1}^{\infty} I_{nm}\cos(n\omega_1 t + \varphi_n) \right]^2 dt}$$

I_{nm} 为各分量的幅值。将上式积分号内直流分量与各次谐波之和的平方展开,再分别求各项在原周期电流一周期内的平均值,结果有以下四种类型的项:

(1) $\dfrac{1}{T}\displaystyle\int_0^T (I_0)^2 \, dt = (I_0)^2$

(2) $\dfrac{1}{T}\displaystyle\int_0^T I_{nm}^2 \cos^2(n\omega_1 t + \varphi_n) \, dt = \dfrac{I_{nm}^2}{2} = I_n^2$

(3) $\dfrac{1}{T}\displaystyle\int_0^T 2I_0 I_{nm}\cos(n\omega_1 t + \varphi_n) \, dt = 0$

(4) $\dfrac{1}{T}\displaystyle\int_0^T 2I_{nm}I_{km}\cos(n\omega_1 t + \varphi_n) \cdot \cos(k\omega_1 t + \varphi_k) \, dt = 0, k \neq n$

因此,周期电流 $i(t)$ 的有效值可按下式计算:

$$I = \sqrt{I_0^2 + \sum_{n=1}^{\infty} \frac{1}{2}I_{nm}^2} = \sqrt{I_0^2 + \sum_{n=1}^{\infty} I_n^2} \tag{7-10}$$

式中,I_0^2 为直流分量的平方,$\dfrac{I_{1m}^2}{2} = \left(\dfrac{I_{1m}}{\sqrt{2}}\right)^2 = I_1^2$,$\dfrac{I_{2m}^2}{2} = \left(\dfrac{I_{2m}}{\sqrt{2}}\right)^2 = I_2^2$,$\cdots$ 分别为各次谐波有效值的平方。

同理,非正弦周期电压 u 的有效值为

$$U = \sqrt{U_0^2 + \sum_{n=1}^{\infty} U_n^2} \tag{7-11}$$

式中,U_0^2 为直流分量的平方,U_1^2,U_2^2,U_3^2,$\cdots$分别为各次谐波有效值的平方。

由此可见,周期性激励或响应的有效值,等于它的直流分量的平方与各次谐波的有效值的平方之和的平方根。

例 7-2 已知无源二端口网络的端口电压和电流分别为

$$u(t) = \left[141\cos\left(\omega t - \frac{\pi}{4}\right) + 84.6\cos 2\omega t + 56.4\cos\left(3\omega + \frac{\pi}{4}\right)\right] \text{V}$$

$$i(t) = \left[10 + 56.4\cos\left(\omega t + \frac{\pi}{4}\right) + 30.5\cos\left(3\omega t + \frac{\pi}{4}\right)\right] \text{A}$$

试求电压、电流的有效值。

解:电压的有效值为

$$U = \left(\sqrt{\frac{1}{2}(141^2 + 84.6^2 + 56.4^2)}\right) \text{V} = 122.9\text{V}$$

电流有效值为

$$I = \left(\sqrt{10^2 + \frac{1}{2}(56.4^2 + 30.5^2)}\right) \text{A} = 46.4\text{A}$$

2. 非正弦周期信号的平均值

非正弦周期电流、电压的平均值定义为其绝对值的平均值。即

$$I_{\text{av}} = \frac{1}{T}\int_0^T |i(t)| \, \mathrm{d}t \tag{7-12}$$

$$U_{\text{av}} = \frac{1}{T}\int_0^T |u(t)| \, \mathrm{d}t \tag{7-13}$$

研究非正弦周期电流的平均值的物理意义是为了计算经全波整流电路后电流、电压的平均值。这是因为取电流、电压的绝对值相当于把交流量的负半周的值变为相对应的正值,如图 7-11 所示。所以,常把交流电流、电压的绝对值在一个周期内的平均值定义为整流平均值。

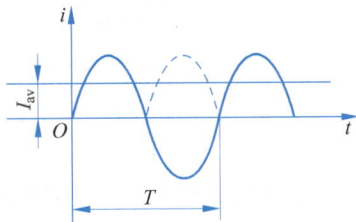

图 7-11 正弦电压波形的平均值

按上述定义可求得正弦电流的平均值为

$$\begin{aligned}
I_{\text{av}} &= \frac{1}{T}\int_0^T |I_{\text{m}}\sin\omega t| \, \mathrm{d}t \\
&= \frac{2I_{\text{m}}}{T}\int_0^{\frac{T}{2}} \sin\omega t \, \mathrm{d}t \\
&= \frac{2I_{\text{m}}}{T\omega}\left[-\cos\omega t\right]_0^{\frac{T}{2}} \\
&= \frac{2I_{\text{m}}}{\pi} \\
&= 0.637I_{\text{m}} \\
&= 0.898I
\end{aligned}$$

例 7-3 求图 7-12 所示的波形电流的平均值。

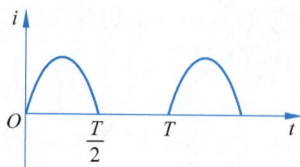

图 7-12   例 7-3 图

解：根据图写出电流在一个周期内的数学表达式为

$$i = \begin{cases} I_{\mathrm{m}}\sin\omega t, & 0 < \omega t < \pi \\ 0, & \pi < \omega t < 2\pi \end{cases}$$

根据平均值的定义，平均值为

$$I_{\mathrm{av}} = \frac{1}{T}\int_0^T |i| \, \mathrm{d}t$$

$$= \frac{1}{T}\int_0^{\frac{T}{2}} I_{\mathrm{m}}\sin\omega t \, \mathrm{d}t$$

$$= \frac{I_{\mathrm{m}}}{\omega T}\left[-\cos\omega t\right]_0^{\frac{T}{2}}$$

$$= \frac{I_{\mathrm{m}}}{2\pi}\left[-\cos\pi + \cos 0\right]$$

$$= \frac{I_{\mathrm{m}}}{\pi}$$

7.2.2　非正弦周期信号的功率

假设一个负载(或二端网络)输入端的周期电压、电流分别为 $u(t)$、$i(t)$，二者的参考方向取关联参考方向，则此负载(或二端网络)吸收的瞬时功率为

$$p(t) = u(t)i(t)$$

非正弦周期电流电路中的平均功率定义为其瞬时功率在一周期内的平均值。根据此定义，该负载(或二端网络)所吸收的平均功率为

$$P = \frac{1}{T}\int_0^T p \, \mathrm{d}t = \frac{1}{T}\int_0^T u(t)i(t) \, \mathrm{d}t \tag{7-14}$$

如果周期电压、电流均可展开为傅里叶级数，即

$$u(t) = U_0 + \sum_{n=1}^{\infty} U_{n\mathrm{m}}\cos(n\omega_1 t + \varphi_{un})$$

$$i(t) = I_0 + \sum_{n=1}^{\infty} I_{n\mathrm{m}}\cos(n\omega_1 t + \varphi_{in})$$

则二端网络吸收的平均功率为

$$P = \frac{1}{T}\int_0^T \left[U_0 + \sum_{n=1}^{\infty} U_{n\mathrm{m}}\cos(n\omega_1 t + \varphi_{un})\right]\left[I_0 + \sum_{n=1}^{\infty} I_{n\mathrm{m}}\cos(n\omega_1 t + \varphi_{in})\right] \mathrm{d}t$$

将上式积分号内两个级数的乘积展开，然后分别积分再求和，则含有下列各项：

(1) $\dfrac{1}{T}\int_0^T U_0 I_0 \, \mathrm{d}t = U_0 I_0$

（2）$\dfrac{1}{T}\displaystyle\int_0^T U_0 \sum_{n=1}^{\infty} I_{nm}\cos(n\omega_1 t+\varphi_{in})\mathrm{d}t=0$

（3）$\dfrac{1}{T}\displaystyle\int_0^T I_0 \sum_{n=1}^{\infty} U_{nm}\cos(n\omega_1 t+\varphi_{un})\mathrm{d}t=0$

（4）$\dfrac{1}{T}\displaystyle\int_0^T U_{nm}I_{km}\cos(n\omega_1 t+\varphi_{un})\cdot\cos(k\omega_1 t+\varphi_{ik})\mathrm{d}t=0,k\neq n$

（5）$\dfrac{1}{T}\displaystyle\int_0^T U_{nm}I_{nm}\cos(n\omega_1 t+\varphi_{un})\cdot\cos(n\omega_1 t+\varphi_{in})\mathrm{d}t=\dfrac{1}{2}U_{nm}I_{nm}\cos\varphi_n$

式中，$\varphi_n=\varphi_{un}-\varphi_{in}$ 为 n 次谐波电压超前于 n 次谐波电流的相角。

因此，平均功率可按下式计算：

$$
\begin{aligned}
P&=U_0 I_0 + \sum_{n=1}^{\infty}\dfrac{1}{2}U_{nm}I_{nm}\cos\varphi_n \\
&=P_0 + \sum_{n=1}^{\infty}U_n I_n\cos\varphi_n \\
&=P_0 + \sum_{n=1}^{\infty}P_n
\end{aligned}
\tag{7-15}
$$

其中，$U_n=\dfrac{U_{nm}}{\sqrt{2}}$、$I_n=\dfrac{I_{nm}}{\sqrt{2}}$ 为电压、电流 n 次谐波的有效值，P_0 为直流分量的功率，P_n 为 n 次谐波的平均功率。

由以上公式可以看出，频率不同的谐波（或直流分量）电压和电流只能构成瞬时功率，不能构成平均功率，只有同频率的电压和电流才能构成平均功率。非正弦周期电流电路中的平均功率等于直流分量构成的功率与各次谐波构成的平均功率之和。

非正弦周期电流电路无功功率的情况较复杂，这里不予考虑。有时定义非正弦周期电流电路的视在功率为非正弦电压的有效值与非正弦电流的有效值的乘积，即

$$
S=UI=\sqrt{U_0^2+U_1^2+U_2^2+\cdots}\ \sqrt{I_0^2+I_1^2+I_2^2+\cdots}
\tag{7-16}
$$

显然，视在功率不等于各次谐波视在功率之和。

现在再求例 7-2 中无源二端口网络消耗的平均功率，由式（7-15）可得，网络消耗的平均功率为

$$
\begin{aligned}
P&=\left[0\times 10+\dfrac{1}{2}\times 141\times 56.4\cos\left(-\dfrac{\pi}{4}-\dfrac{\pi}{4}\right)+\dfrac{1}{2}\right. \\
&\quad\left.\times 84.6\times 0+\dfrac{1}{2}\times 56.4\times 30.5\times\cos\left(\dfrac{\pi}{4}-\dfrac{\pi}{4}\right)\right]\mathrm{W} \\
&=860.1\mathrm{W}
\end{aligned}
$$

7.3 非正弦周期电流电路的计算

7.3.1 非正弦周期信号电路的电压和电流

对于非正弦周期信号电路的电压和电流的计算，其分析和计算的理论基础是傅里叶级数和叠加定理。利用前面所讲到的谐波分析法，应用数学中的傅里叶级数对激励进行谐波

非正弦周期电流电路的计算

分析,分解成直流分量和各次谐波;将它们分别作用到所研究的线性电路上求其响应;最后根据线性电路叠加定理,将求得的各个响应叠加,即非正弦周期电压或电流响应。其具体步骤如下:

(1) 分解已知的非正弦周期激励。利用傅里叶级数将非正弦周期信号分解成直流分量与各次谐波的叠加,根据计算要求的精度确定各次谐波的项数。

(2) 分别求出直流分量及各次谐波的响应。将直流分量和各次谐波分别作用于所分析计算的线性电路上,求出相应的响应。在计算时应注意以下两点:首先,当恒定分量单独作用时,电容相当于开路;电感相当于短路。其次,当谐波分量单独作用时,每次谐波都可采用求解正弦交流电路的方法。值得注意的是,不同次谐波的阻抗值不同,其中感抗和容抗用下面两式计算,

$$X_{Ln} = n\omega L$$

$$X_{Cn} = \frac{1}{n\omega C}$$

式中,ωL 和 $\frac{1}{\omega C}$ 分别是基波的感抗和容抗,电阻对各次谐波是相同的。

(3) 应用叠加定理,将上一步求得的电路稳态响应的时域值进行叠加。应当注意,各次谐波分量的电路响应的相量不能直接叠加,因为相量表示只能用于同频率正弦量的计算。

值得指出的是,以上分析是基于叠加定理并引用直流和正弦交流电路的基本计算方法,因此只适用于线性电路。

例 7-4 一个如图 7-13(a)所示的周期性激励信号,作用于图 7-13(b)所示的 R、L、C 串联电路。已知输入的电压源的脉冲高度 $U=10\text{V}$,重复周期 $T=1.256\mu s$,脉冲宽度 $\tau = \frac{1}{4}T$,电阻 $R=200\Omega$,电感 $L=100\mu\text{H}$,电容 $C=100\text{pF}$。试求电路的电流 $i(t)$ 及其有效值。

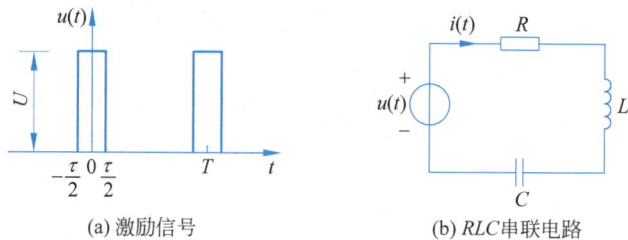

(a) 激励信号   (b) RLC串联电路

图 7-13   例 7-4 图

解:将激励电压 $u(t)$ 展开成傅里叶级数得

$$u(t) = \frac{U\tau}{T}\left(1 + 2\sum_{n=1}^{\infty} \frac{\sin\frac{n\omega_1\tau}{2}}{\frac{n\omega_1\tau}{2}}\cos n\omega_1 t\right)$$

信号的基波角频率为

$$\omega_1 = \frac{2\pi}{T} = \frac{2\pi\times10^6}{1.256} = 5\times10^6\,\text{rad/s}$$

将 $T=4\tau$ 及 $\dfrac{n\omega_1\tau}{2}=\dfrac{n2\pi\tau}{2T}=\dfrac{n\pi}{4}$ 代入 $u(t)$ 的表达式得

$$u(t)=\frac{U}{4}+\sum_{n=1}^{\infty}\frac{2U}{n\pi}\sin n\,\frac{\pi}{4}\cos n\omega_1 t$$

$$=2.5+4.5\cos\omega_1 t+3.18\cos2\omega_1 t+1.5\cos3\omega_1 t-0.9\cos5\omega_1 t+\cdots$$

电路在各次谐波电源激励下的输入阻抗和导纳分别为

$$Z(\mathrm{j}n\omega_1)=R+\mathrm{j}\Big(n\omega_1 L-\frac{1}{n\omega_1 C}\Big)=200+\mathrm{j}\Big(n\times500-\frac{2000}{n}\Big)$$

$$Y(\mathrm{j}n\omega_1)=\frac{1}{R+\mathrm{j}(n\omega_1 L-1/n\omega_1 C)}=\frac{1}{200+\mathrm{j}(n\times500-2000/n)}$$

当 $n=2$ 时,电路发生串联谐振,$Z(\mathrm{j}2\omega_1)=200\Omega$,即 $|Z(\mathrm{j}n\omega_1)|$ 的最小值;当 $n>2$ 时,$|Z|$ 随着 n 的增大而增大。因此对照信号的频谱和阻抗 $|Z|$(或导纳 $|Y|$)随 $n\omega_1$ 变化的情况,可知输入信号 $u(t)$ 取到五次谐波已经足够。

下面来计算电路在各谐波分量单独作用下串联电路中的电流。由于各谐波都是正弦量,所以可以采用向量计算。图 7-14 给出了电路对 n 次谐波分量的等效电路图,它们的阻抗、导纳和电流分别求出如下:

(1) 在直流电压激励下的电路,由于有串联电容存在,所以直流电流分量 $I_0=0$。

(2) 在基波电压激励下,电路的输入阻抗为

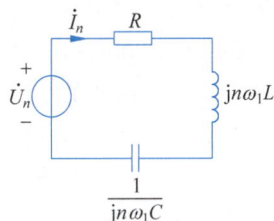

图 7-14 n 次谐波分量的等效电路图

$$Z(\mathrm{j}\omega_1)=200+\mathrm{j}(500-2000)=1513\underline{/-82.4°}\,\Omega$$

基波电路的输入导纳为

$$Y(\mathrm{j}\omega_1)=\frac{1}{Z(\mathrm{j}\omega_1)}=0.661\times10^{-3}\underline{/82.4°}\,\mathrm{S}$$

基波响应的相量为

$$\dot{I}_1=\dot{U}_1 Y(\mathrm{j}\omega_1)=\frac{1}{\sqrt{2}}4.5\times0.661\times10^{-3}\underline{/82.4°}=\frac{2.97\times10^{-3}}{\sqrt{2}}\underline{/82.4°}\,\mathrm{A}$$

即

$$i_1(t)=2.97\cos(\omega_1 t+82.4°)\,\mathrm{mA}$$

(3) 二次谐波电路的输入阻抗为

$$Z(\mathrm{j}2\omega_1)=200+\mathrm{j}(1000-1000)=200\Omega$$

二次谐波的导纳和电流相量分别为

$$Y(\mathrm{j}2\omega_1)=\frac{1}{200}=5\times10^{-3}\,\mathrm{S}$$

$$\dot{I}_2=\dot{U}_2 Y(\mathrm{j}2\omega_1)=\frac{3.18}{\sqrt{2}}\times5\times10^{-3}=\frac{15.9\times10^{-3}}{\sqrt{2}}\,\mathrm{A}$$

即

$$i_2(t)=15.9\cos(2\omega_1 t)\,\mathrm{mA}$$

同理可得三次谐波作用时,有

$$i_3(t)=1.76\cos(3\omega_1 t-76.5°)\,\mathrm{mA}$$

五次谐波作用时,有

$$i_5(t) = 0.427\cos(5\omega_1 t + 95.4°)\text{mA}$$

电路总响应按叠加定理有

$$i(t) \approx I_0 + i_1(t) + i_2(t) + i_3(t) + i_5(t)$$
$$= 2.97\cos(\omega_1 t + 82.4°) + 15.9\cos2\omega_1 t + 1.76\cos(3\omega_1 t - 76.5°)$$
$$+ 0.427\cos(5\omega_1 t + 95.4°)\text{mA}$$

依据前面计算有效值的方法,易得 $i(t)$ 的有效值为

$$I \approx \sqrt{I_1^2 + I_2^2 + I_3^2 + I_5^2} = \sqrt{\left(\frac{2.97}{\sqrt{2}}\right)^2 + \left(\frac{15.9}{\sqrt{2}}\right)^2 + \left(\frac{1.76}{\sqrt{2}}\right)^2 + \left(\frac{0.427}{\sqrt{2}}\right)^2}$$
$$= 11.51\text{mA}$$

7.3.2　非正弦周期信号电路的功率

由前面对非正弦周期信号平均功率的介绍可知,非正弦周期电流电路中的平均功率等于直流分量构成的功率与各次谐波构成的平均功率之和。因此,利用上一节对非正弦周期电流电路中电流和电压的计算,可以得到直流分量和各次谐波分量所对应的电流和电压,从而容易求出各次谐波的平均功率,再求和就得到了要求的平均功率。

在例 7-4 中,我们得到了电路的电流 $i(t)$ 以及 $u(t)$ 的傅里叶级数展开式(只取到五次谐波),下面来求信号源输出的平均功率。

$$u(t) = (2.5 + 4.5\cos\omega_1 t + 3.18\cos2\omega_1 t + 1.5\cos3\omega_1 t - 0.9\cos5\omega_1 t)\text{V}$$
$$i(t) = 2.97\cos(\omega_1 t + 82.4°) + 15.9\cos2\omega_1 t + 1.76\cos(3\omega_1 t - 76.5°)$$
$$+ 0.427\cos(5\omega_1 t + 95.4°)\text{mA}$$

则电压源输出的平均功率为

$$P = P_0 + U_1 I_1\cos\varphi_1 + U_2 I_2\cos\varphi_2 + U_3 I_3\cos\varphi_3 + U_5 I_5\cos\varphi_5 + \cdots$$
$$\approx \frac{4.5}{\sqrt{2}} \times \frac{2.97}{\sqrt{2}}\cos(-82.4°) + \frac{1}{2} \times 3.18 \times 15.9 + \frac{1}{2} \times 1.5 \times 1.76\cos76.5°$$
$$+ \frac{1}{2} \times 0.9 \times 0.427\cos84.6°$$
$$= 26.5\text{mW}$$

此外,当已知支路参数和电流的各次谐波有效值时,平均功率也可用下式计算:

$$P = I_0^2 R + I_1^2 R + I_2^2 R + \cdots + I_n^2 R + \cdots = I^2 R$$

例 7-5　在图 7-15 所示的两个电路中,输入电压均为

$$u(t) = [100\cos314t + 25\cos(3 \times 314t) + 10\cos(5 \times 314t)]\text{V}$$

试求两电路中的电流有效值和它们各自消耗的功率。

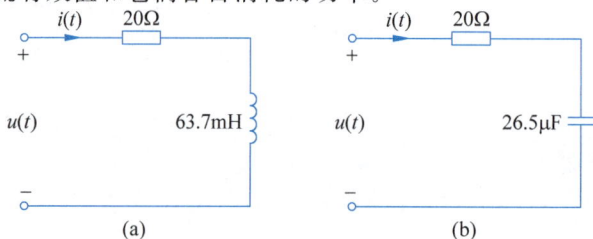

图 7-15　例 7-5 图

解：(1) 对于图 7-15(a)所示的电路,基波分量作用时,有

$$\dot{I}_1 = \frac{\frac{1}{\sqrt{2}}100\underline{/0°}}{20 + \text{j}63.7 \times 10^{-3} \times 314} = 2.5\underline{/-45°}\text{A}$$

三次谐波分量作用时,有

$$\dot{I}_3 = \frac{\frac{1}{\sqrt{2}}25\underline{/0°}}{20 + \text{j}63.7 \times 10^{-3} \times 314 \times 3} = 0.279\underline{/-71.6°}\text{A}$$

五次谐波分量作用时,有

$$\dot{I}_5 = \frac{\frac{1}{\sqrt{2}}10\underline{/0°}}{20 + \text{j}63.7 \times 10^{-3} \times 314 \times 5} = 0.069\underline{/-78.7°}\text{A}$$

电流有效值为

$$I = \sqrt{I_1^2 + I_3^2 + I_5^2} = 2.52\text{A}$$

消耗功率为

$$P = RI^2 = 127\text{W}$$

(2) 对于图 7-15(b)所示的电路,基波分量作用时,有

$$\dot{I}_1 = \frac{\frac{1}{\sqrt{2}}100\underline{/0°}}{20 - \text{j}\dfrac{10^6}{314 \times 26.5}} = 0.581\underline{/80.5°}\text{A}$$

三次谐波分量作用时,有

$$\dot{I}_3 = \frac{\frac{1}{\sqrt{2}}25\underline{/0°}}{20 - \text{j}\dfrac{10^6}{314 \times 26.5 \times 3}} = 0.395\underline{/63.5°}\text{A}$$

五次谐波分量作用时,有

$$\dot{I}_5 = \frac{\frac{1}{\sqrt{2}}10}{20 - \text{j}\dfrac{10^6}{314 \times 26.5 \times 5}} = 0.227\underline{/50.2°}\text{A}$$

电流有效值为

$$I = \sqrt{I_1^2 + I_3^2 + I_5^2} = 0.738\text{A}$$

消耗功率为

$$P = RI^2 = 10.893\text{W}$$

7.4 谐波对供电系统的危害*

对周期性非正弦电量进行傅里叶级数分解,除了得到与电网基波频率相同的分量,还得到一系列频率大于电网基波频率的分量,即供电系统谐波。谐波频率与基波频率的比值

$(n=f_n/f_1)$称为谐波次数。电网中有时也存在非整数倍谐波,称为非谐波(non-harmonics)或分数谐波。电网谐波来自3个方面:①电源质量不高产生谐波;②输配电系统产生谐波;③用电设备产生的谐波。其中,用电设备产生的谐波最多。

谐波实际上是一种干扰量,使电网受到"污染"。电工技术领域主要研究谐波的发生、传输、测量、危害及抑制,其谐波次数一般为$2 \leqslant n \leqslant 40$。

电力系统中谐波的危害是多方面的,概括起来主要有对供、配电线路的危害及对电力设备的危害。

7.4.1　对供、配电线路的危害

1. 影响线路的稳定运行

供配电系统中的电力线路与电力变压器一般采用电磁式继电器、感应式继电器或晶体管继电器予以检测保护,使得在故障情况下保证线路与设备的安全。由于电网中谐波的存在,电磁式继电器与感应式继电器不可避免受其影响,极端情况下会导致继电误动作,甚至酿成事故。

2. 影响电网的质量

电力系统中的谐波能使电网的电压与电流波形发生畸变,例如民用配电系统中的中性线,由于荧光灯、调光灯、计算机等负载,会产生大量的奇次谐波,其中3次谐波的含量较多可达40%;三相配电线路中,相线上的3的整数倍谐波在中性线上会叠加,使中性线的电流值可能超过相线上的电流。另外,相同频率的谐波电压与谐波电流会产生同次谐波的有功功率与无功功率,从而降低电网电压,浪费电网的容量。

7.4.2　对电力设备的危害

1. 对用电设备的危害

谐波对异步电动机的影响,主要是增加电动机的附加损耗,降低效率,严重时使电动机过热。尤其是负序谐波在电动机中产生负序旋转磁场,形成与电动机旋转方向相反的转矩,引起制动作用,从而减少电动机的出力。另外电动机中的谐波电流,当频率接近某零件的固有频率时还会使电动机产生机械振动,发出很大的噪声。

2. 对低压开关设备的危害

对于配电用断路器来说,全电磁型的断路器易受谐波电流的影响使铁耗增大而发热,同时,由于对电磁铁的影响与涡流影响使脱扣困难,且谐波次数越高影响越大;对于漏电断路器来说,由于谐波漏电流的作用,可能使断路器异常发热,出现误动作或不动作;对于热继电器来说,因受谐波电流的影响也会使额定电流降低,在工作中它们都有可能造成误动作。

3. 对弱电系统设备的干扰

对于计算机网络、通信、有线电视、报警与楼宇自动化等弱电设备,电力系统中的谐波通过电磁感应、静电感应与传导方式耦合到这些系统中产生干扰。其中,电磁感应的耦合强度与干扰频率成正比,传导则通过公共接地耦合,有大量不平衡电流流入地极,从而干扰弱电系统。

习题 7

一、简答题

7-1 什么叫非正弦周期信号？你能举出几个实际的非正弦周期信号的例子吗？

7-2 电路中产生非正弦周期波的原因是什么？试举例说明。

7-3 有人说："只要电源是正弦的,电路中各部分的响应也一定是正弦波。"这种说法对吗？为什么？

7-4 试述谐波分析法的应用范围和应用步骤。

7-5 非正弦周期量的有效值和正弦周期量的有效值在概念上是否相同？其有效值与它的最大值之间是否也存在 $\sqrt{2}$ 的数量关系？

7-6 何谓非正弦周期函数的平均值？如何计算？

7-7 非正弦周期函数的平均功率如何计算？不同频率的谐波电压和电流能否构成平均功率？

7-8 非正弦波的"峰值越大,有效值也越大"的说法对吗？试举例说明。

7-9 线性 R、C、L 组成的电路,对不同频率的阻抗分量阻抗值是否相同？变化规律是什么？

7-10 对非正弦周期信号作用下的线性电路应如何计算？计算方法根据什么原理？

7-11 为什么各次谐波分量的电压、电流计算可以用向量法,而结果不能用各次谐波响应分量的相量叠加？

二、选择题

7-12 一个含有直流分量的非正弦波作用于线性电路,其电路响应电流中(   )。

    A. 含有直流分量   B. 不含有直流分量

    C. 无法确定是否含有直流分量

7-13 非正弦周期量的有效值等于它各次谐波(   )平方和的开方。

    A. 平均值   B. 有效值   C. 最大值   D. 相量

7-14 非正弦周期信号作用下的线性电路分析,电路响应等于它的各次谐波单独作用时产生的响应的(   )的叠加。

    A. 有效值   B. 瞬时值   C. 相量   D. 最大值

7-15 已知一非正弦电流 $i(t)=(10+10\sqrt{2}\sin2\omega t)$ A,它的有效值为(   )。

    A. $20\sqrt{2}$ A   B. $10\sqrt{2}$ A   C. 20 A   D. 10 A

7-16 已知基波的频率为 120 Hz,则该非正弦波的三次谐波频率为(   )。

    A. 360 Hz   B. 300 Hz   C. 240 Hz   D. 200 Hz

三、计算题

7-17 求题 7-17 图所示的波形的傅里叶级数的系数。

7-18 题 7-18 图所示的电路中,已知 $R=20\,\Omega$,$\omega L_1=0.625\,\Omega$,$\dfrac{1}{\omega C}=45\,\Omega$,$\omega L_2=5\,\Omega$,$u_s(t)=[100+276\cos\omega t+100\cos(3\omega t+40°)+50\cos(9\omega t-30°)]$V。求电流表 A 和电压表 V 的读数,并求电阻 R 中消耗的功率。

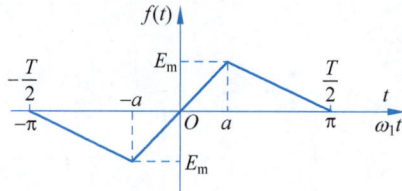

题 7-17 图

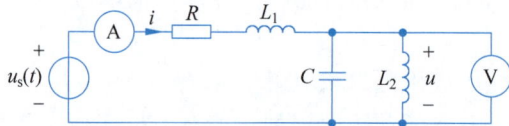

题 7-18 图

7-19 已知题 7-19 图所示的电路中,$R=100\Omega$,$\omega L=\dfrac{1}{\omega C}=200\Omega$,$u(t)=\big[20+200\cos\omega t+68.5\sin(2\omega t+30°)\big]$V。试求 $u_{ab}(t)$ 和 $u_R(t)$。

7-20 题 7-20 图所示的电路中,已知 $u_s(t)=40\sqrt{2}\cos4000t$V,$i_s(t)=5\sqrt{2}\cos1000t$A,试求 8Ω 电阻消耗的平均功率。

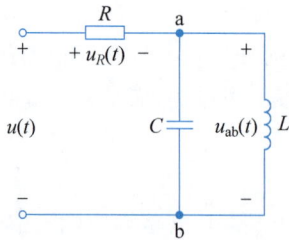

题 7-19 图

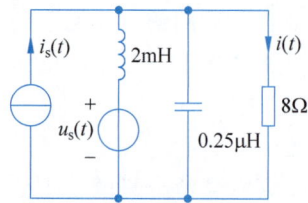

题 7-20 图

7-21 题 7-21 图所示的电路中,电压源 $u_s(t)=\left[30+120\cos1000t+60\cos\left(2000t+\dfrac{\pi}{4}\right)\right]$V,$R=30\Omega$,$L_1=40\text{mH}$,$C_1=25\mu\text{F}$,$L_2=10\text{mH}$,$C_2=25\mu\text{F}$。试求图中各电流表的读数。

7-22 题 7-22 图所示的电路中,$R=20\Omega$,$\omega L_1=0.625\Omega$,$\dfrac{1}{\omega C}=45\Omega$,$\omega L_2=5\Omega$,外施电压为 $u(t)=(100+276\cos\omega t+100\cos3\omega t+50\cos9\omega t)$V。试求 $i(t)$ 和它的有效值。

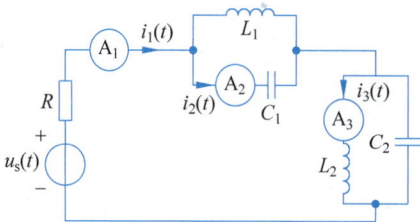

题 7-21 图

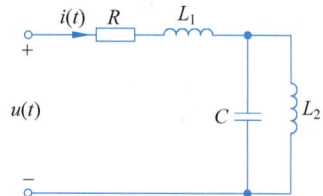

题 7-22 图

7-23 题 7-23 图所示的电路中,输入电压 $u_i(t)=(10\cos200t+10\sin400t+10\cos800t)$V,若要使输出电压 $u_0(t)$ 中仅包含角频率为 200rad/s 的分量,问 L、C 应取何值?

7-24 题 7-24 图所示的电路中,$u_s(t)=(10+50\cos100t+20\cos300t)$V,$R_1=100\Omega$,

$R_2 = 100\Omega$，$C_1 = 200\mu\text{F}$，$C_2 = 100\mu\text{F}$。已知电感 L_1 中无基波电流，电容 C_1 中只有基波电流。试求电感 L_1 和 L_2 的值及电流 $i(t)$。

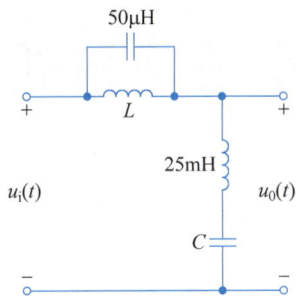

题 7-23 图

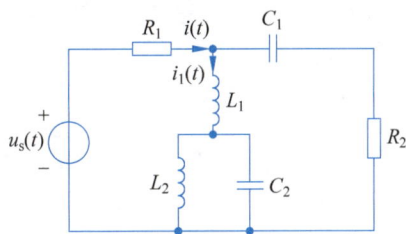

题 7-24 图

7-25 题 7-25 图所示的电路为滤波电路，要求负载中不含基波分量，但 $4\omega_1$ 的谐波分量能全部传送至负载。若 $\omega_1 = 1000\text{rad/s}$，$C = 1\mu\text{F}$，求 L_1 和 L_2。

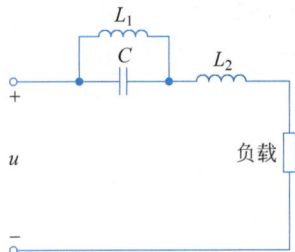

题 7-25 图

四、思考题

7-26 题 7-26 图所示的电路为对称三相星形连接的电动机电路，其中 A 相电压为
$u_\text{A} = [215\sqrt{2}\cos(\omega_1 t) - 30\sqrt{2}\cos(3\omega_1 t) + 10\sqrt{2}\cos(5\omega_1 t)]\text{V}$，在基波频率下，负载阻抗为 $Z = (6+\text{j}3)\Omega$，中线阻抗 $Z_\text{N} = (1+\text{j}2)\Omega$。试求各相电流、中线电流及负载消耗的功率；如不接中线，再求各相电流及负载消耗的功率，这时中性点电压 $U_{\text{N'N}}$ 为多少？

7-27 题 7-27 图所示的电路中，$R = 10\Omega$，$C = \dfrac{1}{150}\text{F}$，$L = \dfrac{3}{2}\text{H}$，$M = \dfrac{1}{5}\text{H}$，电压源 $u_\text{s}(t) = (10\sqrt{7} + 60\cos 5t + 22.5\sqrt{2}\cos 10t)\text{V}$。求：(1)端点 1-1′ 间的开路电压 $u_4(t)$ 和它的有效值 U_4；(2)电压源发出的平均功率。

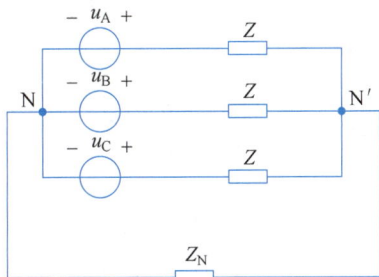

题 7-26 图

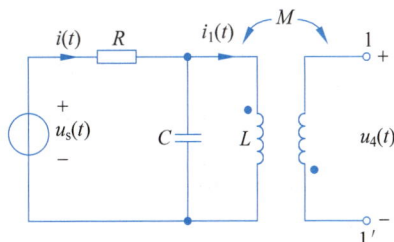

题 7-27 图

第 8 章

动态电路的复频域分析

本书第 4 章介绍了线性动态电路的时域分析方法(经典法),该方法可概括为建立电路的 KCL、KVL 和 VCR 时域方程并寻求此方程满足给定初始条件的解。而对高阶电路而言,在时域里直接求解微分方程的方法显然比较困难。

本章介绍基于数学上求解线性常微分方程的复频域分析法(拉普拉斯变换法),这种方法求解动态电路的思路类似于正弦稳态分析的相量法,相量法可归结为由时域变换到频域(将时域里的微分方程转化为相量代数方程)进行分析,最后再返回时域;而复频域分析法,则可归结为由时域变换到"复频域"进行分析,最后经反变换后得到待求量的时间函数。利用这种变域法求解高阶电路,因其在变换过程中已以某种形式计入原微分方程的初始条件,故可避免确定积分常数的复杂计算,使分析得以简化,所以拉普拉斯变换法在线性电路分析中得到了广泛的应用。

8.1 拉普拉斯变换的定义和性质

拉普拉斯变换(简称拉氏变换)是一种数学积分变换,其核心是把时间函数 $f(t)$ 与复变函数 $F(s)$ 联系起来,把时域问题通过数学变换为复频域问题,把时间域的高阶微分方程变换为复频域的代数方程以便求解。以前我们学过的相量法是将时域的正弦运算变换为复数运算,而拉氏变换是把时域函数 $f(t)$(原函数)变换为复频域函数 $F(s)$(象函数),简写为 $F(s)=\mathscr{L}[f(t)]$。应用拉氏变换进行电路分析的方法称为电路的复频域分析法,又称运算法。

8.1.1 拉普拉斯变换的定义

一个定义在 $[0,\infty)$ 区间的函数 $f(t)$,它的拉普拉斯变换式 $F(s)$ 定义为

$$F(s) = \int_{0_-}^{\infty} f(t) e^{-st} \, dt \tag{8-1}$$

式中,$s=\sigma+j\omega$,常被称为复频率。式(8-1)是一种积分变换,因此,象函数 $F(s)$ 存在的条件是 $\int_{0_-}^{\infty} |f(t)e^{-st}| \, dt < \infty$,其中 e^{-st} 为收敛因子,如果存在有限常数 M 和 c 使函数 $f(t)$ 满足:$|f(t)| \leqslant Me^{ct}, t\in[0,\infty)$,则 $\int_{0_-}^{\infty} |f(t)| e^{-st} \, dt \leqslant \int_{0_-}^{\infty} Me^{-(s-c)t} \, dt = \frac{M}{s-c}$,因此,总可

以找到一个合适的 s 值使上式积分为有限值,即 $f(t)$ 的拉氏变换式 $F(s)$ 总存在。本章中涉及的 $f(t)$ 都满足此条件。

如果 $F(s)$ 已知,要求出与它对应的 $f(t)$,则拉普拉斯反变换定义式为

$$f(t) = \frac{1}{2\pi \mathrm{j}} \int_{c-\mathrm{j}\infty}^{c+\mathrm{j}\infty} F(s) \mathrm{e}^{st} \mathrm{d}s \tag{8-2}$$

简写为 $f(t) = \mathscr{L}^{-1}[F(s)]$。当 $\sigma = 0, s = \mathrm{j}\omega$ 时, $F(\mathrm{j}\omega) = \int_{-\infty}^{+\infty} f(t) \mathrm{e}^{-\mathrm{j}\omega t} \mathrm{d}t$ 为傅里叶正变换, $f(t) = \frac{1}{2\pi} \int_{-\infty}^{+\infty} F(\mathrm{j}\omega) \mathrm{e}^{\mathrm{j}\omega t} \mathrm{d}\omega$ 为傅里叶反变换。

定义式中,拉普拉斯变换的积分从 $t = 0_-$ 开始,所以今后讨论的拉氏变换均为 0_- 拉氏变换,计及 $t = 0$ 时 $f(t)$ 包含的冲激。下面利用式(8-1)计算几个常见时间函数的象函数。

1. 单位阶跃函数的象函数

若 $f(t) = \varepsilon(t)$,有

$$F(s) = \int_{0_-}^{+\infty} \varepsilon(t) \mathrm{e}^{-st} \mathrm{d}t = \int_{0_+}^{+\infty} \mathrm{e}^{-st} \mathrm{d}t = -\frac{1}{s} \mathrm{e}^{-st} \Big|_0^\infty = \frac{1}{s}$$

2. 单位冲激函数的象函数

若 $f(t) = \delta(t)$,有

$$F(s) = \int_{0_-}^{+\infty} \delta(t) \mathrm{e}^{-st} \mathrm{d}t = \int_{0_-}^{0_+} \delta(t) \mathrm{e}^{-st} \mathrm{d}t = \mathrm{e}^{-s0} = 1$$

3. 指数函数的象函数

若 $f(t) = \mathrm{e}^{\alpha t}$,有

$$F(s) = \int_{0_-}^{+\infty} \mathrm{e}^{\alpha t} \mathrm{e}^{-st} \mathrm{d}t = -\frac{1}{s-\alpha} \mathrm{e}^{-(s-\alpha)t} \Big|_0^\infty = \frac{1}{s-\alpha}$$

若 $f(t) = \mathrm{e}^{-\alpha t}$,有

$$F(s) = \int_{0_-}^{+\infty} \mathrm{e}^{-\alpha t} \mathrm{e}^{-st} \mathrm{d}t = -\frac{1}{s+\alpha} \mathrm{e}^{-(s+\alpha)t} \Big|_0^\infty = \frac{1}{s+\alpha}$$

8.1.2 拉普拉斯变换的基本性质

1. 线性性质

若 $\mathscr{L}[f_1(t)] = F_1(s), \mathscr{L}[f_2(t)] = F_2(s)$,则

$$\mathscr{L}[A_1 f_1(t) + A_2 f_2(t)] = A_1 F_1(s) + A_2 F_2(s) \tag{8-3}$$

其中,A_1、A_2 为常数。

证明:

$$\mathscr{L}[A_1 f_1(t) + A_2 f_2(t)] = \int_{0_-}^{+\infty} [A_1 f_1(t) + A_2 f_2(t)] \mathrm{e}^{-st} \mathrm{d}t$$

$$= \int_{0_-}^{+\infty} A_1 f_1(t) \mathrm{e}^{-st} \mathrm{d}t + \int_{0_-}^{+\infty} A_2 f_2(t) \mathrm{e}^{-st} \mathrm{d}t$$

$$= A_1 F_1(s) + A_2 F_2(s)$$

根据拉氏变换的线性性质,求函数与常数相乘及几个函数相加减的象函数时,可以先求各函数的象函数再进行计算。

例 8-1 求下列函数的象函数:

(1) $f(t) = U_s \varepsilon(t)$;

(2) $f(t) = \sin\omega t$。

解:(1) 根据线性性质,有

$$F(s) = \mathscr{L}[U_s \varepsilon(t)] = U_s \mathscr{L}[\varepsilon(t)] = \frac{U_s}{s}$$

(2) 根据欧拉公式,有

$$\sin\omega t = \frac{e^{j\omega t} - e^{-j\omega t}}{2j}$$

再根据式(8-3),可得

$$F(s) = \mathscr{L}[\sin\omega t] = \mathscr{L}\left[\frac{1}{2j}(e^{j\omega t} - e^{-j\omega t})\right]$$

$$= \mathscr{L}\left[\frac{1}{2j}\left(\frac{1}{s - j\omega} - \frac{1}{s + j\omega}\right)\right]$$

$$= \frac{\omega}{s^2 + \omega^2}$$

同理可得

$$\mathscr{L}[\cos\omega t] = \frac{s}{s^2 + \omega^2}$$

2. 伸缩性质

若 $\mathscr{L}[f(t)] = F(s)$,$a > 0$,则

$$\mathscr{L}[f(at)] = \frac{1}{a}F\left(\frac{s}{a}\right) \tag{8-4}$$

证明:

$$\mathscr{L}[f(at)] = \int_{0_-}^{\infty} f(at)e^{-st}\,dt$$

令 $x = at$,$dx = a \cdot dt$,则

$$\mathscr{L}[f(at)] = \int_{0_-}^{\infty} f(at)e^{-st}\,dt$$

$$= \int_{0_-}^{\infty} f(x)e^{-x(s/a)}\frac{dx}{a}$$

$$= \frac{1}{a}\int_{0_-}^{\infty} f(x)e^{-x(s/a)}\,dx$$

$$= \frac{1}{a}F\left(\frac{s}{a}\right)$$

例 8-2 求下列函数的象函数:

(1) $f(t) = e^{-2t}$;

(2) $f(t) = \frac{1}{2}\sin 2t$。

解:(1) 由于 $\mathscr{L}[e^{-t}] = \frac{1}{s+1}$,根据伸缩性质,可得 $\mathscr{L}[e^{-2t}] = \frac{1}{2}\frac{1}{\dfrac{s}{2}+1} = \frac{1}{s+2}$。

(2) $\mathscr{L}[\sin t]=\dfrac{1}{s^2+1}$,根据线性性质和伸缩性质,可得

$$\mathscr{L}\left[\frac{1}{2}\sin 2t\right]=\frac{1}{2}\cdot\frac{1}{2}\frac{1}{\left(\dfrac{s}{2}\right)^2+1}=\frac{1}{s^2+4}$$

3. 微分性质

1) 时域微分性质

若 $\mathscr{L}[f(t)]=F(s)$,则

$$\mathscr{L}\left[\frac{\mathrm{d}f(t)}{\mathrm{d}t}\right]=sF(s)-f(0_-) \tag{8-5}$$

证明:

$$\mathscr{L}\left[\frac{\mathrm{d}f(t)}{\mathrm{d}t}\right]=\int_{0_-}^{\infty}\frac{\mathrm{d}f(t)}{\mathrm{d}t}\mathrm{e}^{-st}\,\mathrm{d}t=\int_{0_-}^{\infty}\mathrm{e}^{-st}\,\mathrm{d}f(t)$$

应用分部积分法,可得

$$\int_{0_-}^{\infty}\mathrm{e}^{-st}\,\mathrm{d}f(t)=\mathrm{e}^{-st}f(t)\Big|_{0_-}^{\infty}-\int_{0_-}^{\infty}f(t)(-s\mathrm{e}^{-st})\mathrm{d}t$$

$$=-f(0_-)+s\int_{0_-}^{\infty}f(t)\mathrm{e}^{-st}\,\mathrm{d}t$$

于是得

$$\mathscr{L}\left[\frac{\mathrm{d}f(t)}{\mathrm{d}t}\right]=sF(s)-f(0_-)$$

例 8-3 求下列函数的象函数:

(1) $f(t)=\cos\omega t$;

(2) $f(t)=\delta(t)$。

解:(1) 已知 $\dfrac{\mathrm{d}\sin(\omega t)}{\mathrm{d}t}=\omega\cos(\omega t)$,则 $\cos(\omega t)=\dfrac{1}{\omega}\dfrac{\mathrm{d}\sin(\omega t)}{\mathrm{d}t}$,根据微分性质,可得

$$\mathscr{L}[\cos(\omega t)]=\mathscr{L}\left[\frac{1}{\omega}\frac{\mathrm{d}\sin(\omega t)}{\mathrm{d}t}\right]=\frac{s}{\omega}\frac{\omega}{s^2+\omega^2}-0=\frac{s}{s^2+\omega^2}$$

(2) 已知 $\delta(t)=\dfrac{\mathrm{d}\varepsilon(t)}{\mathrm{d}t}$,且有 $\mathscr{L}[\varepsilon(t)]=\dfrac{1}{s}$,根据微分性质,可知

$$\mathscr{L}[\delta(t)]=\mathscr{L}\left[\frac{\mathrm{d}\varepsilon(t)}{\mathrm{d}t}\right]=s\cdot\frac{1}{s}-0=1$$

推广:

$$\mathscr{L}\left[\frac{\mathrm{d}^2f(t)}{\mathrm{d}t^2}\right]=s[sF(s)-f(0_-)]-f'(0_-)=s^2F(s)-sf(0_-)-f'(0_-)$$

$$\mathscr{L}\left[\frac{\mathrm{d}^nf(t)}{\mathrm{d}t^n}\right]=s^nF(s)-s^{n-1}f(0_-)-\cdots-f^{n-1}(0_-)$$

2) 频域微分性质

若 $\mathscr{L}[f(t)]=F(s)$,则

$$\mathscr{L}[-tf(t)]=\frac{\mathrm{d}F(s)}{\mathrm{d}s} \tag{8-6}$$

证明：根据拉氏变换定义，有

$$\frac{\mathrm{d}}{\mathrm{d}s}\int_{0_-}^{\infty} f(t)\mathrm{e}^{-st}\,\mathrm{d}t=\int_{0_-}^{\infty} f(t)(-t)\mathrm{e}^{-st}\,\mathrm{d}t=\mathscr{L}[-tf(t)]$$

例 8-4 求下列函数的象函数：

(1) $f(t)=t\varepsilon(t)$；

(2) $f(t)=t\mathrm{e}^{-at}$。

解：(1) 根据式(8-6)，有

$$\mathscr{L}[t\varepsilon(t)]=-\frac{\mathrm{d}}{\mathrm{d}s}\left(\frac{1}{s}\right)=\frac{1}{s^2}$$

(2) 根据式(8-6)，有

$$\mathscr{L}[t\mathrm{e}^{-at}]=-\frac{\mathrm{d}}{\mathrm{d}s}\left(\frac{1}{s+\alpha}\right)=\frac{1}{(s+\alpha)^2}$$

4. 积分性质

若 $\mathscr{L}[f(t)]=F(s)$，则

$$\mathscr{L}\left[\int_{0_-}^{t} f(\xi)\mathrm{d}\xi\right]=\frac{1}{s}F(s) \tag{8-7}$$

证明：

$$\mathscr{L}\left[\int_{0_-}^{t} f(\xi)\mathrm{d}\xi\right]=\int_{0_-}^{\infty}\left[\int_{0_-}^{t} f(\xi)\mathrm{d}\xi\right]\mathrm{e}^{-st}\,\mathrm{d}t$$

应用分部积分法，可得

$$\int_{0_-}^{\infty}\left[\int_{0_-}^{t} f(\xi)\mathrm{d}\xi\right]\mathrm{e}^{-st}\,\mathrm{d}t=-\frac{1}{s}\mathrm{e}^{-st}\int_{0_-}^{t} f(\xi)\mathrm{d}\xi\Big|_{0_-}^{\infty}+\frac{1}{s}\int_{0_-}^{\infty} f(t)\mathrm{e}^{-st}\,\mathrm{d}t$$

只要 s 的实部 σ 取得足够大，当 $t\to\infty$ 和 $t=0_-$ 时，上式右边第一项都为零，所以有

$$\mathscr{L}\left[\int_{0_-}^{t} f(\xi)\mathrm{d}\xi\right]=\frac{1}{s}F(s)$$

例 8-5 求下列函数的象函数。

(1) $f(t)=t\varepsilon(t)$；

(2) $f(t)=t^2\varepsilon(t)$。

解：(1) 根据式(8-7)，有

$$\mathscr{L}[t\varepsilon(t)]=\mathscr{L}\left[\int_{0_-}^{t}\varepsilon(\xi)\mathrm{d}\xi\right]=\frac{1}{s}\cdot\frac{1}{s}=\frac{1}{s^2} \tag{8-8}$$

(2) 根据式(8-7)，有

$$\mathscr{L}[t^2\varepsilon(t)]=\mathscr{L}\left[2\int_{0_-}^{t}\xi\mathrm{d}\xi\right]=2\times\frac{1}{s}\cdot\frac{1}{s^2}=\frac{2}{s^3}$$

5. 延迟性质

1) 时域延迟性质

$t<t_0$，$f(t-t_0)=0$，若 $\mathscr{L}[f(t)]=F(s)$，则

$$\mathscr{L}[f(t-t_0)]=\mathrm{e}^{-st_0}F(s) \tag{8-9}$$

证明：

$$\mathscr{L}[f(t-t_0)] = \int_{0_-}^{\infty} f(t-t_0)e^{-st}\,dt = \int_{t_{0_-}}^{\infty} f(t-t_0)e^{-s(t-t_0)}e^{-st_0}\,dt$$

令 $t - t_0 = \tau$，则 $\mathscr{L}[f(t-t_0)] = \int_{t_{0_-}}^{\infty} f(t-t_0)e^{-s(t-t_0)}e^{-st_0}\,dt = e^{-st_0}\int_{0_-}^{\infty} f(\tau)e^{-s\tau}\,d\tau =$

$e^{-st_0}F(s)$，其中，e^{-st_0} 被称为延迟因子。

例 8-6 求图 8-1 所示的函数 $f(t)$ 的象函数。

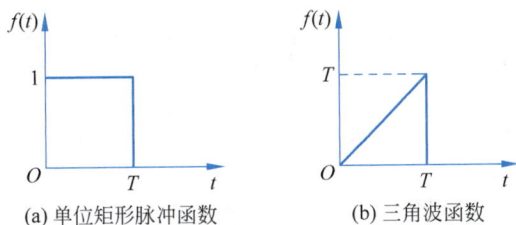

(a) 单位矩形脉冲函数　　(b) 三角波函数

图 8-1 例 8-6 图

解：（a）单位矩形脉冲函数可以表示为

$$f(t) = \varepsilon(t) - \varepsilon(t - T)$$

根据延迟性质式(8-9)，有

$$F(s) = \frac{1}{s} - \frac{1}{s}e^{-sT}$$

（b）三角波函数可以表示为

$$f(t) = t[\varepsilon(t) - \varepsilon(t - T)] = t\varepsilon(t) - (t - T)\varepsilon(t - T) - T\varepsilon(t - T)$$

根据延迟性质式(8-9)，有

$$F(s) = \frac{1}{s^2} - \frac{1}{s^2}e^{-sT} - \frac{T}{s}e^{-sT}$$

2）频域延迟性质

若 $\mathscr{L}[f(t)] = F(s)$，则

$$F(s + \alpha) = \mathscr{L}[e^{-\alpha t}f(t)] \tag{8-10}$$

证明：

$$\mathscr{L}[e^{-\alpha t}f(t)] = \int_{0_-}^{\infty} e^{-\alpha t}f(t)e^{-st}\,dt = \int_{0_-}^{\infty} f(t)e^{-(s+\alpha)t}\,dt = F(s + \alpha)$$

例 8-7 求下列函数的象函数：

(1) $f(t) = te^{-\alpha t}\varepsilon(t)$；

(2) $f(t) = e^{-\alpha t}\cos\omega t$。

解：（1）由于 $\mathscr{L}[t\varepsilon(t)] = \dfrac{1}{s^2}$，根据频域延迟性质，可知

$$\mathscr{L}[te^{-\alpha t}\varepsilon(t)] = \frac{1}{(s + \alpha)^2}$$

（2）同理，由于 $\mathscr{L}[\cos\omega t] = \dfrac{s}{s^2 + \omega^2}$，所以

$$\mathscr{L}[e^{-\alpha t}\cos\omega t] = \frac{s + \alpha}{(s + \alpha)^2 + \omega^2}$$

6. 卷积性质 [*]

设 $\mathscr{L}[f_1(t)]=F_1(s),\mathscr{L}[f_2(t)]=F_2(s)$，则

$$\mathscr{L}[f_1(t)*f_2(t)]=F_1(s)F_2(s) \tag{8-11}$$

证明：根据拉氏变换的定义，有

$$\mathscr{L}[f_1(t)*f_2(t)]=\int_{0_-}^{\infty}\left[\int_0^t f_1(\tau)f_2(t-\tau)\mathrm{d}\tau\right]\mathrm{e}^{-st}\mathrm{d}t$$

$$=\int_{0_-}^{\infty}\left[\int_{0_-}^{\infty} f_1(\tau)f_2(t-\tau)\mathrm{d}\tau\right]\mathrm{e}^{-st}\mathrm{d}t=\int_{0_-}^{\infty} f_1(\tau)\left[\int_{0_-}^{\infty} f_2(t-\tau)\mathrm{e}^{-st}\mathrm{d}t\right]\mathrm{d}\tau$$

应用延迟性质，可得

$$\mathscr{L}[f_1(t)*f_2(t)]=\int_{0_-}^{\infty} f_1(\tau)F_2(s)\mathrm{e}^{-s\tau}\mathrm{d}\tau=F_2(s)\int_{0_-}^{\infty} f_1(\tau)\mathrm{e}^{-s\tau}\mathrm{d}\tau=F_1(s)F_2(s)$$

例 8-8 求 $f(t)=\varepsilon(t)*\varepsilon(t)$。

解：由于 $\mathscr{L}[\varepsilon(t)]=\dfrac{1}{s}$，根据卷积性质[式(8-11)]，可知 $\mathscr{L}[\varepsilon(t)*\varepsilon(t)]=\dfrac{1}{s}\cdot\dfrac{1}{s}=\dfrac{1}{s^2}$，由式(8-8)可得 $f(t)=\varepsilon(t)*\varepsilon(t)=t\varepsilon(t)$。

根据以上介绍的拉普拉斯变换的定义及基本性质，可以方便地求得常用时间函数的象函数，表 8-1 为常用函数的拉普拉斯变换表。

表 8-1 拉普拉斯变换表

原 函 数	象 函 数	原 函 数	象 函 数
$\delta(t)$	1	$t^n\mathrm{e}^{-at}$	$\dfrac{n!}{(s+\alpha)^{n+1}}$
$\varepsilon(t)$	$\dfrac{1}{s}$	$\sin(\omega t)$	$\dfrac{\omega}{s^2+\omega^2}$
e^{-at}	$\dfrac{1}{s+\alpha}$	$\cos(\omega t)$	$\dfrac{s}{s^2+\omega^2}$
$\varepsilon(t-\tau)$	$\dfrac{1}{s}\mathrm{e}^{-s\tau}$	$\sin(\omega t+\theta)$	$\dfrac{s\sin\theta+\omega\cos\theta}{s^2+\omega^2}$
$t\varepsilon(t)$	$\dfrac{1}{s^2}$	$\cos(\omega t+\theta)$	$\dfrac{s\cos\theta-\omega\sin\theta}{s^2+\omega^2}$
$t^n\varepsilon(t)$	$\dfrac{n!}{s^{n+1}}$	$\sin(\omega t)\mathrm{e}^{-at}$	$\dfrac{\omega}{(s+\alpha)^2+\omega^2}$
$t\mathrm{e}^{-at}$	$\dfrac{1}{(s+\alpha)^2}$	$\cos(\omega t)\mathrm{e}^{-at}$	$\dfrac{s+\alpha}{(s+\alpha)^2+\omega^2}$

8.2 拉普拉斯反变换和部分分式展开

拉普拉斯
反变换

用拉普拉斯变换求解线性电路的时域响应时，需要把求得的响应的象函数反变换为时间函数，拉普拉斯反变换可以用式(8-2)求得，但该式须计算复变函数的积分，这个积分的计算一般比较困难。在实际进行反变换时，通常是将象函数展开为若干个较简单的复频域函数的线性组合，其中每个简单的复频域函数均可查阅拉普拉斯变换表得到其原函数，然后根据线性性质即可得到整个原函数，这种方法称为部分分式展开法。

通常在电路理论中常见的响应函数的象函数大多是有理函数,可表示为

$$F(s)=\frac{N(s)}{D(s)}=\frac{b_m s^m+b_{m-1}s^{m-1}+\cdots+b_1 s^1+b_0}{a_n s^n+a_{n-1}s^{n-1}+\cdots+a_1 s^1+a_0} \tag{8-12}$$

式中,$N(s)$ 和 $D(s)$ 都是 s 的多项式;a_n,b_m 为实常数;m 和 n 为正整数,一般情况下 $n>m$。如果 $N(s)$ 的次数比 $D(s)$ 高,即 $n\leqslant m$,则 $F(s)$ 就不是真分式,此时有

$$F(s)=G(s)+\frac{P(s)}{D(s)} \tag{8-13}$$

式中,$G(s)$ 是 s 的常系数多项式,与其相对应的时间函数是 $\delta(t)$ 及 $\delta(t)$ 的各阶导数的线性组合;$P(s)$ 的次数必低于 $D(s)$ 的次数,它们之比一定是一真分式。下面分几种情况讨论用部分分式法将真分式 $\dfrac{P(s)}{D(s)}$ 化为分式和的形式。

(1) 如果 $D(s)=0$ 有 n 个实数单根,且各不相等。设 n 个单根分别是 $p_1,p_2,\cdots,p_n$,则 $F(s)$ 可展开为

$$F(s)=\frac{K_1}{s-p_1}+\frac{K_2}{s-p_2}+\cdots+\frac{K_n}{s-p_n} \tag{8-14}$$

式中,$K_1,K_2,\cdots,K_n$ 是待定系数。

将式两端乘以 $(s-p_1)$,得

$$(s-p_1)F(s)=K_1+(s-p_1)\left(\frac{K_2}{s-p_2}+\cdots+\frac{K_n}{s-p_n}\right) \tag{8-15}$$

再令上式中 $s=p_1$,则上式除第一项外都变为零,故得

$$K_1=(s-p_1)F(s)\,|_{s=p_1}$$

同样可求出 $K_2,K_3,\cdots,K_n$。所以待定系数的计算公式为

$$K_i=(s-p_i)F(s)\,|_{s=p_i},\quad i=1,2,\cdots,n \tag{8-16a}$$

又因为 p_i 是 $D(s)=0$ 的一个根,故上面关于 K_i 的表达式为 $\dfrac{0}{0}$ 的不定式,可以用求极限的方法确定 K_i 的值,即

$$K_i=\lim_{s\to p_i}\frac{(s-p_i)N(s)}{D(s)}=\lim_{s\to p_i}\frac{(s-p_i)N'(s)+N(s)}{D'(s)}=\frac{N(p_i)}{D'(p_i)}$$

所以确定式(8-14)中的各待定系数的另一公式为

$$K_i=\frac{N(s)}{D'(s)}\bigg|_{s=p_i},\quad i=1,2,\cdots,n \tag{8-16b}$$

确定了式(8-14)中各待定系数后,相应的原函数为

$$f(t)=\mathscr{L}^{-1}[F(s)]=\sum_{i=1}^{n}K_i e^{p_i t}=\sum_{i=1}^{n}\frac{N(p_i)}{D'(p_i)}e^{p_i t}$$

例 8-9 求象函数 $F(s)=\dfrac{s^2+3s+5}{s^3+6s^2+11s+6}$ 的原函数 $f(t)$。

解:将分母多项式因式分解,得

$$F(s)=\frac{s^2+3s+5}{(s+1)(s+2)(s+3)}$$

所以 $D(s)=0$ 的根为

$$p_1 = -1, \quad p_2 = -2, \quad p_3 = -3$$

由式(8-16a)得

$$K_1 = [(s - p_1)F(s)]_{s=p_1} = 1.5$$

$$K_2 = [(s - p_2)F(s)]_{s=p_2} = -3$$

$$K_3 = [(s - p_3)F(s)]_{s=p_3} = 2.5$$

所以

$$F(s) = \frac{1.5}{s+1} - \frac{3}{s+2} + \frac{2.5}{s+3}$$

拉普拉斯反变换得

$$f(t) = 1.5e^{-t} - 3e^{-2t} + 2.5e^{-3t}$$

(2) 如果 $D(s) = 0$ 含有共轭复根 $p_1 = \alpha + j\omega, p_2 = \alpha - j\omega$。因共轭复根也属单根,因此可用式(8-16b)来求待定系数,则

$$K_1 = [(s - \alpha - j\omega)F(s)]_{s=\alpha+j\omega} = \frac{N(s)}{D'(s)}\Bigg|_{s=\alpha+j\omega} \tag{8-17}$$

$$K_2 = [(s - \alpha + j\omega)F(s)]_{s=\alpha-j\omega} = \frac{N(s)}{D'(s)}\Bigg|_{s=\alpha-j\omega} \tag{8-18}$$

因为 $F(s)$ 是 s 的实系数多项式,故 K_1 和 K_2 必为共轭复数。把 K_1 和 K_2 表示为极坐标形式,于是有

$$K_1 = |K_1| e^{j\theta_1}$$

$$K_2 = |K_2| e^{-j\theta_1} = |K_1| e^{-j\theta_1}$$

因此

$$f(t) = K_1 e^{(\alpha+j\omega)t} + K_2 e^{(\alpha-j\omega)t} = |K_1| e^{\alpha t} [e^{(j\omega t + \theta_1)} + e^{-(j\omega t + \theta_1)}]$$

$$= 2|K_1| e^{\alpha t} \cos(\omega t + \theta_1) \tag{8-19}$$

例 8-10 求象函数 $F(s) = \dfrac{s+3}{s^2 + 2s + 5}$ 的原函数 $f(t)$。

解法一：$D(s) = 0$ 的根为 $p_1 = -1 + j2, p_2 = -1 - j2$,为共轭复根,可得

$$K_1 = \left\{ [s - (-1 + j2)] \frac{s+3}{[s - (-1 + j2)][s - (-1 - j2)]} \right\}_{s=-1+j2}$$

$$= 0.5 - j0.5 = 0.5\sqrt{2}\, e^{-j\frac{\pi}{4}}$$

$$K_2 = 0.5\sqrt{2}\, e^{j\frac{\pi}{4}}$$

应用式(8-19)得

$$f(t) = \sqrt{2}\, e^{-t} \cos\left(2t - \frac{\pi}{4}\right)$$

解法二：配方法。

$$F(s) = \frac{s+3}{s^2 + 2s + 5} = \frac{s+1}{(s+1)^2 + 2^2} + \frac{2}{(s+1)^2 + 2^2}$$

查表 8-1,可得拉普拉斯反变换为

$$f(t) = \mathrm{e}^{-t}\cos 2t + \mathrm{e}^{-t}\sin 2t = \sqrt{2}\,\mathrm{e}^{-t}\cos\left(2t - \frac{\pi}{4}\right)$$

与解法一得到的结果一致。

（3）如果 $D(s) = 0$ 含有 n 阶重根。对于 $D(s) = 0$ 的单根情况，其部分分式的系数仍可按式(8-16)计算；而重根的情况，其部分分式的系数需另行计算。

设有理函数 $F(s)$ 为

$$F(s) = \frac{N(s)}{(s - p_1)^n (s - p_2)}$$

其中，p_1 为 n 重根，p_2 为单根，则 $F(s)$ 可分解为

$$F(s) = \frac{K_{1n}}{s - p_1} + \frac{K_{1n-1}}{(s - p_1)^2} + \cdots + \frac{K_{11}}{(s - p_1)^n} + \frac{K_2}{s - p_2}$$

其重根部分的系数为

$$K_{11} = (s - p_1)^n F(s)\,|_{s = p_i}$$

$$K_{12} = \frac{\mathrm{d}}{\mathrm{d}s}\left[(s - p_1)^n F(s)\right]|_{s = p_i}$$

$$K_{13} = \frac{1}{2}\frac{\mathrm{d}^2}{\mathrm{d}s^2}\left[(s - p_1)^n F(s)\right]|_{s = p_i}$$

$$\vdots$$

$$K_{1n} = \frac{1}{(n-1)!}\frac{\mathrm{d}^{n-1}}{\mathrm{d}s^{n-1}}\left[(s - p_1)^n F(s)\right]\bigg|_{s = p_i} \tag{8-20}$$

例 8-11 求象函数 $F(s) = \dfrac{1}{(s+1)^3 s^2}$ 的原函数 $f(t)$。

解：$D(s) = 0$ 的根为

$$p_1 = -1(三重根), \quad p_2 = 0(二重根)$$

所以

$$F(s) = \frac{K_{13}}{s+1} + \frac{K_{12}}{(s+1)^2} + \frac{K_{11}}{(s+1)^3} + \frac{K_{22}}{s} + \frac{K_{21}}{s^2}$$

应用式(8-20)得

$$K_{11} = \frac{1}{s^2}\bigg|_{s = -1} = 1$$

$$K_{12} = \frac{\mathrm{d}}{\mathrm{d}s}\frac{1}{s^2}\bigg|_{s = -1} = \frac{-2}{s^3}\bigg|_{s = -1} = 2$$

$$K_{13} = \frac{1}{2}\frac{\mathrm{d}^2}{\mathrm{d}s^2}\frac{1}{s^2}\bigg|_{s = -1} = \frac{1}{2}\frac{6}{s^4}\bigg|_{s = -1} = 3$$

同理可得

$$K_{21} = 1$$

$$K_{22} = -3$$

所以相应的原函数为

$$f(t) = 3\mathrm{e}^{-t} + 2t\mathrm{e}^{-t} + \frac{1}{2}t^2\mathrm{e}^{-t} - 3 + t$$

8.3　应用拉普拉斯变换分析线性动态电路

8.3.1　线性电路的复频域模型

利用拉普拉斯变换求解电路时,需要将基尔霍夫定律及元件的电压或电流随时间变化的关系变换到复频域。本节将介绍几种基本电路元件的特性方程以及基尔霍夫定律的复频域形式。

1. 电路元件的复频域模型

1）电阻

如图 8-2(a)所示,电阻上的电压、电流取关联参考方向,其电压、电流关系是

$$u(t) = Ri(t)$$

对上式两端取拉氏变换得

$$U(s) = RI(s) \tag{8-21}$$

此式就是电阻元件在复频域的运算形式,它表明,电阻电压的象函数与电流的象函数之间的关系也服从欧姆定律。

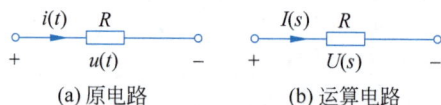

(a) 原电路　　　　　(b) 运算电路

图 8-2　电阻的复频域模型

仿照正弦稳态的相量分析法中对阻抗和导纳的定义,定义复频域中的参数如下：零状态无源二端元件的电压象函数与电流象函数之比,称为复频域阻抗,也称运算阻抗,即

$$Z(s) = \frac{U(s)}{I(s)}$$

电流象函数与电压象函数之比,称为复频域导纳,也称运算导纳,用符号 $Y(s)$ 表示,即

$$Y(s) = \frac{I(s)}{U(s)}$$

根据以上定义,电阻元件的运算阻抗和运算导纳分别为

$$Z_R(s) = R \tag{8-22a}$$

$$Y_R(s) = G = \frac{1}{R} \tag{8-22b}$$

图 8-2(b)绘出了其运算电路。

2）电容

如图 8-3(a)所示,电容上的电压、电流取关联参考方向,其电压、电流关系是

$$i(t) = C\frac{\mathrm{d}u(t)}{\mathrm{d}t}$$

根据拉氏变换的微分性质,对上式两端取拉氏变换得

$$I(s) = sCU(s) - Cu(0_-) \tag{8-23}$$

$$U(s) = \frac{1}{sC}I(s) + \frac{u(0_-)}{s} \tag{8-24}$$

式(8-23)和式(8-24)就是电容元件在复频域的运算形式。$I(s)$和$U(s)$可分别视为复频域中电容上的电流和电压,图 8-3(b)和图 8-3(c)即其运算电路。其中,$Cu(0_-)$和$\dfrac{u(0_-)}{s}$分别为反映电容原始电压的附加电流源的电流和附加电压源的电压,电容元件的运算阻抗和运算导纳分别为$\dfrac{1}{sC}$和sC。

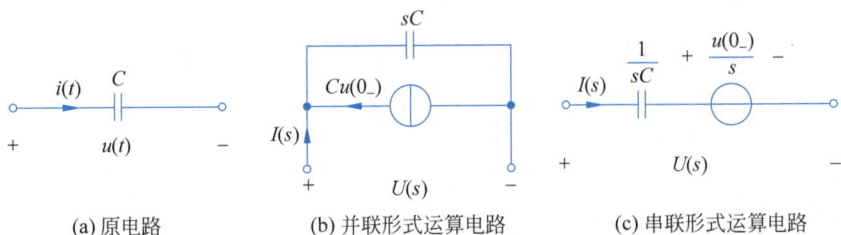

(a) 原电路   (b) 并联形式运算电路   (c) 串联形式运算电路

图 8-3 电容的复频域模型

3) 电感

如图 8-4(a)所示,电感上的电压、电流取关联参考方向,其电压、电流关系是

$$u(t) = L\,\frac{\mathrm{d}i(t)}{\mathrm{d}t}$$

根据拉氏变换的微分性质,对上式两端取拉氏变换得

$$U(s) = sLI(s) - Li(0_-) \tag{8-25}$$

$$I(s) = \frac{1}{sL}U(s) + \frac{i(0_-)}{s} \tag{8-26}$$

式(8-25)和式(8-26)就是电感元件在复频域的运算形式,图 8-4(b)和图 8-4(c)即其运算电路。$Li(0_-)$和$\dfrac{i(0_-)}{s}$分别为反映电感原始电流的附加电压源的电压和附加电流源的电流,电感元件的运算阻抗和运算导纳分别为sL和$\dfrac{1}{sL}$。

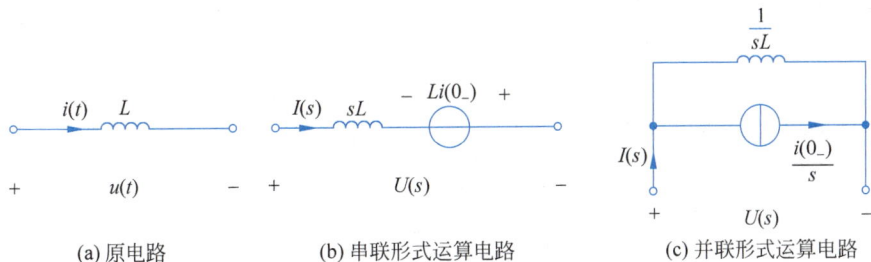

(a) 原电路   (b) 串联形式运算电路   (c) 并联形式运算电路

图 8-4 电感的复频域模型

4) 耦合电感

如图 8-5(a)所示,耦合电感上的电压、电流取关联参考方向,其电压、电流关系是

$$u_1 = L_1\,\frac{\mathrm{d}i_1}{\mathrm{d}t} + M\,\frac{\mathrm{d}i_2}{\mathrm{d}t}$$

$$u_2 = L_2\,\frac{\mathrm{d}i_2}{\mathrm{d}t} + M\,\frac{\mathrm{d}i_1}{\mathrm{d}t}$$

根据拉氏变换的微分性质,对上式两端取拉氏变换得

$$U_1(s) = sL_1 I_1(s) + sM I_2(s) - L_1 i_1(0_-) - M i_2(0_-) \qquad (8\text{-}27)$$

$$U_2(s) = sL_2 I_2(s) + sM I_1(s) - L_2 i_2(0_-) - M i_1(0_-) \qquad (8\text{-}28)$$

式(8-27)和式(8-28)就是耦合电感元件在复频域的运算形式,$L_1 i_1(0_-)$、$L_2 i_2(0_-)$、$M i_1(0_-)$和 $M i_2(0_-)$都是附加电压源,附加电压源的方向与电流 i_1、i_2 的参考方向以及同名端的位置有关。图 8-5(b)即其运算电路。

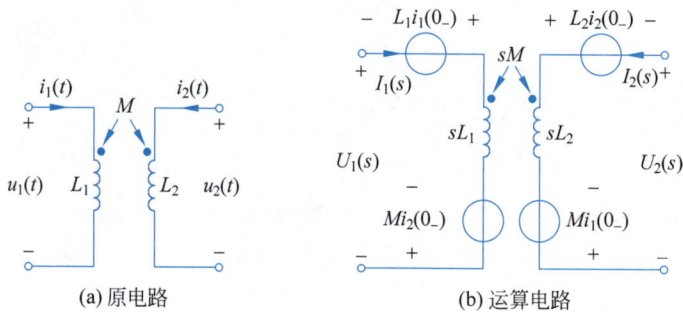

(a) 原电路　　　　(b) 运算电路

图 8-5　耦合电感的复频域模型

2. 电路定律的运算形式

基尔霍夫定律的时域形式为:对任一结点 $\sum i(t) = 0$,对任意回路 $\sum u(t) = 0$。根据拉氏变换的线性性质,对两式进行拉氏变换可得出基尔霍夫定律的运算形式如下:

$$\sum I(s) = 0 \qquad (8\text{-}29)$$

$$\sum U(s) = 0 \qquad (8\text{-}30)$$

即流出(流入)任一结点的各支路电流函数的象函数的代数和恒等于零;任一选定回路的各支路电压函数的象函数的代数和恒等于零。

3. 运算电路模型

1) RLC 串联电路的运算形式

电路如图 8-6(a)所示,其中,$u_C(0_-) = 0$,$i_L(0_-) = 0$,RLC 串联电路时域形式为

$$u = iR + L\frac{\mathrm{d}i}{\mathrm{d}t} + \frac{1}{C}\int_{0_-}^{t} i\,\mathrm{d}t$$

根据拉普拉斯函数的微积分性质,上式经拉普拉斯变换得

$$U(s) = I(s)R + sLI(s) + \frac{1}{sC}I(s)$$

$$= I(s)\left(R + sL + \frac{1}{sC}\right)$$

$$= I(s)Z(s)$$

其中,$Z(s) = \dfrac{1}{Y(s)} = R + sL + \dfrac{1}{sC}$ 为 RLC 串联电路的运算阻抗。运算电路如图 8-6(b)所示。

当 $u_C(0_-) \neq 0$,$i_L(0_-) \neq 0$ 时,RLC 串联电路的运算形式为

$$U(s) = I(s)R + sLI(s) - Li(0_-) + \frac{1}{sC}I(s) + \frac{u_C(0_-)}{s}$$

$$= \left(R + sL + \frac{1}{sC} \right) I(s) - Li(0_-) + \frac{u_C(0_-)}{s}$$

运算电路如图 8-6(c)所示。

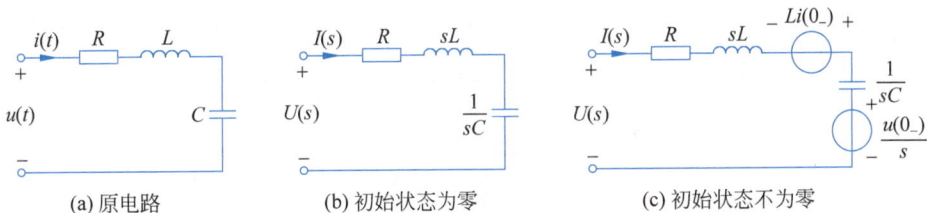

(a) 原电路   (b) 初始状态为零   (c) 初始状态不为零

图 8-6 RLC 串联电路的运算模型

2）GLC 并联电路的运算形式

GLC 并联电路的运算形式的分析方法与串联电路相似，这里不再赘述。

换路后，画动态电路的运算电路模型主要遵循以下步骤：①电压、电流用象函数形式；②元件用运算阻抗或运算导纳表示；③电容电压和电感电流初始值用附加电源表示。

8.3.2　线性电路的复频域分析法

运算法与相量法的基本思想类似，相量法是把正弦量变换为相量（复数），从而把求解线性电路的正弦稳态问题归结为以相量为变量的线性代数问题；运算法把时间函数变换为对应的象函数，从而把问题归结为求解以象函数为变量的线性代数问题。当电路中所有动态元件的初始值为零时，KCL、KVL 以及电路元件 VCR 的运算形式与相量法类似；而在非零初始状态下，电路中动态元件 VCR 的运算形式还应考虑附加电源的作用。因此，相量法中各种分析方法和定理在形式上可以完全移用于运算法。应用运算法求得象函数后，利用拉氏反变换就可以求得对应的时间函数。下面通过几个实例加以说明。

例 8-12　图 8-7(a)所示的电路原处于稳态，$t=0$ 时开关 K 闭合，已知 $u_C(0_-)=100\mathrm{V}$，求换路后的 $i_L(t)$ 和 $u_L(t)$。

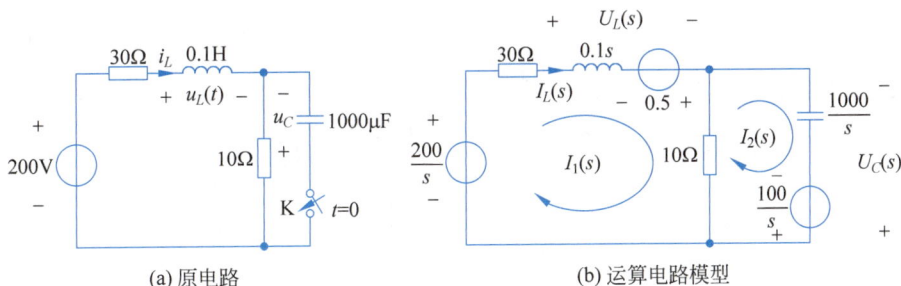

(a) 原电路   (b) 运算电路模型

图 8-7 例 8-12 图

解：（1）计算原电路初值，有

$$u_C(0_-) = 100\mathrm{V}$$

$$i_L(0_-) = \left(\frac{200}{30+10} \right)\mathrm{A} = 5\mathrm{A}$$

（2）画运算电路模型，如图 8-7(b)所示。其中附加电源分别为

$$\frac{u_C(0_-)}{s} = \frac{100}{s}$$

$$Li_L(0_-) = 0.1 \times 5 = 0.5\text{V}$$

(3) 用回路法列方程,有

$$(40 + 0.1s)I_1(s) - 10I_2(s) = \frac{200}{s} + 0.5$$

$$-10I_1(s) + \left(10 + \frac{1000}{s}\right)I_2(s) = \frac{100}{s}$$

解得

$$I_1(s) = \frac{5(s^2 + 700s + 40000)}{s(s + 200)^2}$$

(4) 进行拉普拉斯反变换,求原函数,有

$$I_1(s) = \frac{5}{s} + \frac{1500}{(s + 200)^2}$$

$$i_1(t) = i_L(t) = (5 + 1500t\,\text{e}^{-200t})\text{A}, \quad t > 0$$

$$U_L(s) = sLI_1(s) - 0.5 = \frac{150}{s + 200} + \frac{-30000}{(s + 200)^2}$$

$$u_L(t) = (150\text{e}^{-200t} - 30000t\,\text{e}^{-200t})\text{V}, \quad t > 0$$

例 8-13 已知电路如图 8-8(a)所示,$R = 1\Omega$, $C = 1\text{F}$, $u_C(0_-) = 0$,若: (1) $i_s = \varepsilon(t)\text{A}$; (2) $i_s = \delta(t)\text{A}$; (3) $i_s = \text{e}^{-2t}\varepsilon(t)\text{A}$。求冲激响应 $u_C(t)$ 和 $i_C(t)$。

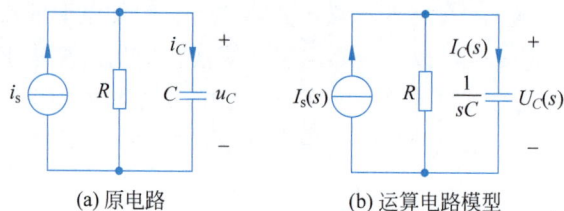

图 8-8 例 8-13 图

解:原电路的运算电路模型如图 8-8(b)所示,有

$$U_C(s) = I_s(s)\frac{R \cdot 1/sC}{R + 1/sC} = \frac{R}{RCs + 1}I_s(s) = \frac{1}{s + 1}I_s(s)$$

$$I_C(s) = sC \cdot U_C(s) = I_s(s)\frac{RCs}{RCs + 1} = \frac{s}{s + 1}I_s(s)$$

(1) $i_s = \varepsilon(t)$ 时,$I_s(s) = \dfrac{1}{s}$, $U_C(s) = \dfrac{1}{s(s+1)} = \dfrac{1}{s} - \dfrac{1}{s+1}$, $I_C(s) = \dfrac{1}{s+1}$,反变换可得

$$u_C(t) = \varepsilon(t) - \text{e}^{-t}\varepsilon(t)\text{V}, \quad i_C(t) = \text{e}^{-t}\varepsilon(t)\text{A}$$

(2) $i_s = \delta(t)$ 时,$I_s(s) = 1$, $U_C(s) = \dfrac{1}{s+1}$, $I_C(s) = \dfrac{s}{s+1} = 1 - \dfrac{1}{s+1}$,反变换可得

$$u_C(t) = \text{e}^{-t}\varepsilon(t)\text{V}, \quad i_C(t) = \delta(t) - \text{e}^{-t}\varepsilon(t)\text{A}$$

以上结果分别为 RC 并联电路的阶跃和冲激响应,用运算法求得的结果与第 4 章的结果相同。

（3）$i_s = e^{-2t}\varepsilon(t)$A 时，$I_s(s) = \dfrac{1}{s+2}$，$U_C(s) = \dfrac{1}{(s+1)(s+2)} = \dfrac{1}{s+1} - \dfrac{1}{s+2}$，$I_C(s) =$

$\dfrac{s}{s+1} \cdot \dfrac{1}{s+2} = \dfrac{-1}{s+1} + \dfrac{2}{s+2}$，拉氏反变换可得

$$u_C(t) = (e^{-t} - e^{-2t})\varepsilon(t)\text{V}, \quad i_C(t) = (-e^{-t} + 2e^{-2t})\varepsilon(t)\text{A}$$

例 8-14 图 8-9 所示的电路中，$R_1 = 2\Omega, R_2 = 3\Omega, L_1 = 1\text{H}, L_2 = 2\text{H}, M = 1\text{H}, U_s = 5\text{V}, i_1(0_-) = i_2(0_-) = 0, t = 0$ 时闭合开关，求 $i_1(t)$ 和 $i_2(t)$。

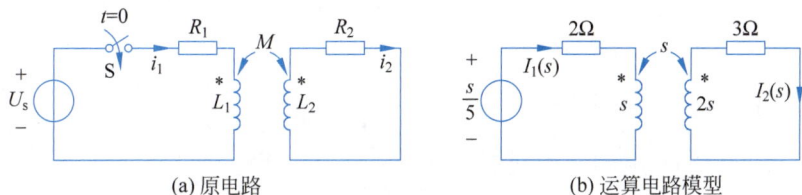

(a) 原电路　　　　　　　　　　(b) 运算电路模型

图 8-9　例 8-14 图

解：换路后，运算电路模型如图 8-9(b)所示，有

$$\begin{cases} (2+s)I_1(s) - sI_2(s) = \dfrac{5}{s} \\ -sI_1(s) + (3+2s)I_2(s) = 0 \end{cases}$$

解得

$$I_1(s) = \frac{10(s+1.5)}{s(s+1)(s+6)} = \frac{2.5}{s} - \frac{1}{s+1} - \frac{1.5}{s+6}$$

$$I_2(s) = \frac{5}{(s+1)(s+6)} = \frac{1}{s+1} - \frac{1}{s+6}$$

反变换可得

$$i_1(t) = (2.5 - e^{-t} - 1.5e^{-6t})\text{A}, \quad t > 0$$

$$i_2(t) = (e^{-t} - e^{-6t})\text{A}, \quad t > 0$$

例 8-15 图 8-10(a)所示的电路在 $t = 0$ 时打开开关 K，求换路后的电流 i_1 和 i_2。

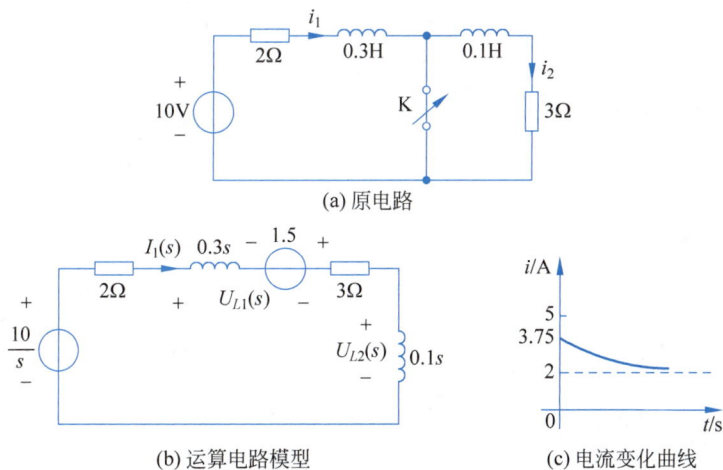

(a) 原电路

(b) 运算电路模型　　　　　　(c) 电流变化曲线

图 8-10　例 8-15 图

解：开关 K 动作前，可得

$$i_1(0_-) = \left(\frac{10}{2}\right)A = 5A, \quad i_2(0_-) = 0A$$

换路后，运算电路模型如图 8-10(b)所示，有

$$I_1(s) = \frac{\dfrac{10}{s} + 1.5}{5 + 0.4s} = \frac{10 + 1.5s}{(5 + 0.4s)s} = \frac{25 + 3.75s}{(s + 12.5)s} = \frac{2}{s} + \frac{1.75}{s + 12.5}$$

反变换得

$$i_1 = (2 + 1.75e^{-12.5t})A = i_2 (t > 0)$$

显然，$i_1(0^+) \neq i_1(0^-), i_2(0^+) \neq i_2(0^-)$。

由 $U_{L1}(s) = 0.3sI(s) - 1.5 = -\dfrac{6.56}{s + 12.5} - 0.375$，求得

$$U_{L2}(s) = 0.1sI(s) = -\frac{2.19}{s + 12.5} + 0.375$$

反变换可得

$$u_{L1}(t) = -0.375\delta(t) - 6.56e^{-12.5t}\varepsilon(t)V$$

$$u_{L2}(t) = +0.375\delta(t) - 2.19e^{-12.5t}\varepsilon(t)V$$

电流变化曲线如图 8-10(c)所示，可见，L_1, L_2 中的电流发生了跃变，电感电压中有冲激电压的出现，但二者大小相同、方向相反，整个回路不会出现冲激电压，满足 KVL。

8.4 网络函数

8.4.1 网络函数的定义

在线性网络中，当动态元件初始能量为零，且只有一个独立激励源作用时，网络中某一处响应的象函数 $R(s)$ 与网络输入的象函数 $E(s)$ 之比，叫作该响应的网络函数 $H(s)$。即

$$H(s) = \frac{R(s)}{E(s)} \tag{8-31}$$

1. 网络函数的物理意义

当电路中只有一个激励源作用时，激励源所连接的端口称为驱动点(策动点)，如果响应也在驱动点上，则相应的网络函数称为驱动点函数。如果响应不在驱动点上，则相应的网络函数称为转移函数。

1) 驱动点函数

电路如图 8-11 所示。

激励是电流源，响应是电压，$H(s) = \dfrac{U(s)}{I(s)}$，称为驱动点阻抗；激励是电压源，响应是电流，$H(s) = \dfrac{I(s)}{U(s)}$，称为驱动点导纳。

2) 转移函数(传递函数)

电路如图 8-12 所示。

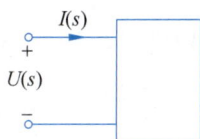

图 8-11 驱动点函数

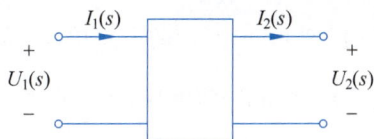

图 8-12 转移函数

激励是电压源,响应是电流,$H(s)=\dfrac{I_2(s)}{U_1(s)}$,称为转移导纳;激励是电压源,响应是电压,$H(s)=\dfrac{U_2(s)}{U_1(s)}$,称为转移电压比;激励是电流源,响应是电压,$H(s)=\dfrac{U_2(s)}{I_1(s)}$,称为转移阻抗;激励是电流源,响应是电流,$H(s)=\dfrac{I_2(s)}{I_1(s)}$,称为转移电流比。

2. 网络函数的应用

1) 由网络函数求取任意激励的零状态响应

例 8-16 图 8-13(a)所示的电路中,$i_s(t)=\varepsilon(t)$,求阶跃响应 u_1、u_2。

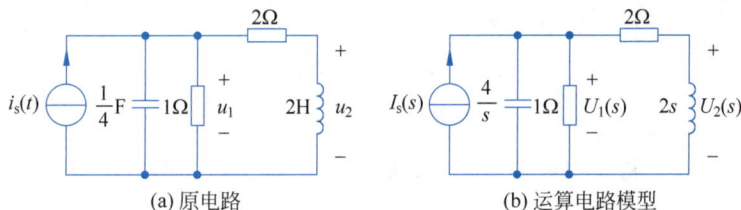

(a) 原电路　　　　　　　　(b) 运算电路模型

图 8-13 例 8-16 图

解:运算电路模型如图 8-13(b)所示,有

$$H_1(s)=\frac{U_1(s)}{I_S(s)}=\frac{1}{\dfrac{s}{4}+\dfrac{1}{1}+\dfrac{1}{2+2s}}=\frac{4s+4}{s^2+5s+6}$$

$$H_2(s)=\frac{U_2(s)}{I_S(s)}=\frac{2sU_2(s)}{2+2s}=\frac{4s}{s^2+5s+6}$$

所以

$$U_1(s)=H_1(s)I(s)=\frac{4s+4}{s(s^2+5s+6)},\quad U_2(s)=H_2(s)I(s)=\frac{4s}{s(s^2+5s+6)}$$

反变换得

$$u_1(t)=\left(\frac{2}{3}+2\mathrm{e}^{-2t}-\frac{8}{3}\mathrm{e}^{-3t}\right)\varepsilon(t)\mathrm{V},\quad u_2(t)=(4\mathrm{e}^{-2t}-4\mathrm{e}^{-3t})\varepsilon(t)\mathrm{V}$$

2) 由网络函数确定正弦稳态响应

如果 $H(s)$ 中令 $s=\mathrm{j}\omega$,则可得正弦稳态下的网络函数为

$$H(\mathrm{j}\omega)=\frac{R(\mathrm{j}\omega)}{E(\mathrm{j}\omega)}=\frac{\dot{R}}{\dot{E}} \tag{8-32}$$

其中,$\dot{R}$ 为响应相量,$\dot{E}$ 为激励相量。因此分析 $H(\mathrm{j}\omega)$ 随 ω 变化的情况就可以预见相应的驱动点函数或转移函数在正弦稳态下随 ω 变化的特性。

例 8-17　图 8-14(a)所示的电路中,以 $u(t)$ 为输出,求:(1)网络函数 $H(s)=\dfrac{U(s)}{U_s(s)}$;

(2)$u_s(t)=\delta(t)$V 时的冲激响应;(3)$u_s(t)=2\cos t$V 时的正弦稳态响应。

(a) 原电路

(b) 运算电路模型

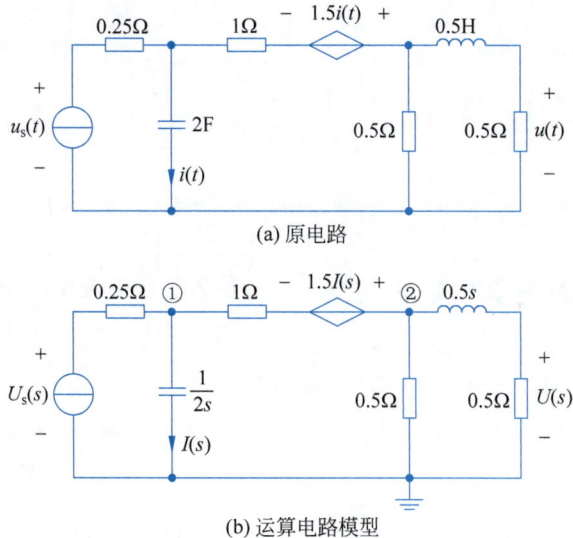

图 8-14　例 8-17 图

解:(1)复频域电路模型如图 8-14(b)所示,设结点①和②的电压象函数分别为 $U_1(s)$ 和 $U_2(s)$。则结点电压方程为

$$
\begin{cases}
(2s+4+1)U_1(s)-U_2(s)=\dfrac{U_s(s)}{0.25}-1.5I(s)\\[2mm]
-U_1(s)+\left(3+\dfrac{1}{0.5s+0.5}\right)U_2(s)=1.5I(s)\\[2mm]
-I(s)=2sU_1(s)
\end{cases}
$$

联立求解上式,得

$$
U_2(s)=\frac{U_s(s)(1+3s)}{3s+6}
$$

由分压公式,有

$$
U(s)=\frac{0.5}{0.5(s+1)}U_2(s)=\frac{U_s(s)(1+3s)}{(s+1)(3s+6)}
$$

则网络函数为

$$
H(s)=\frac{U(s)}{U_s(s)}=\frac{1+3s}{3(s+1)(s+2)}
$$

(2)求 $u_s(t)=\delta(t)$V 时的冲激响应,由网络函数定义有

$$
R(s)=H(s)E(s)=H(s)\mathscr{L}[\delta(t)]=H(s)
$$

则

$$
h(t)=\mathscr{L}^{-1}\left[\frac{1+3s}{3(s+1)(s+2)}\right]=\left(\frac{5}{3}e^{-2t}-\frac{2}{3}e^{-t}\right)\varepsilon(t)\text{V}
$$

(3)求 $u_s(t)=2\cos t$V 时的正弦稳态响应。令 $s=j\omega$,则可得正弦稳态下的网络函

数,即

$$H(j\omega) = H(s)\mid_{s=j\omega} = \frac{1+j3}{3(j+1)(j+2)} = \frac{1+j3}{3(1+j3)} = \frac{1}{3}$$

由式(8-32)可得

$$\dot{U} = H(j\omega)\dot{U}_s = \frac{1}{3} \times 2\underline{/0^\circ} = \frac{2}{3}\underline{/0^\circ} \mathrm{V}$$

瞬时值为

$$u(t) = \frac{2}{3}\cos t \mathrm{V}$$

8.4.2 网络函数的极点和零点

任意集总参数线性电路的网络函数,均为 s 的实系数有理函数,可表示为

$$H(s) = \frac{N(s)}{D(s)} = \frac{H_0(s-z_1)(s-z_2)\cdots(s-z_m)}{(s-p_1)(s-p_2)\cdots(s-p_n)} \tag{8-33}$$

当 $s = z_1, z_2, \cdots, z_m$ 时,$H(s) = 0$,则称 $z_1, z_2, \cdots, z_m$ 为网络函数的零点;当 $s = p_1$,$p_2, \cdots, p_m$ 时,$H(s) = \infty$,此时称 $p_1, p_2, \cdots, p_m$ 为网络函数的极点。$s = \sigma + j\omega$,在复平面上,极点用"×"表示,零点用"○"表示。网络函数的零、极点在平面上的分布与网络的时域响应以及频域响应有着密切的关系。

1. 极点、零点与冲激响应

$R(s) = H(s)E(s)$,当 $e(t) = \delta(t)$ 时,$E(s) = 1$,$R(s) = H(s)$,$r(t) = h(t)$,$h(t) = \mathscr{L}^{-1}[H(s)]$,$h(t)$ 称为冲激响应。网络函数和冲激响应构成一对拉氏变换对。由于一般情况下,$h(t)$ 的特性就是时域响应中自由分量的特性,而 $h(t) = \mathscr{L}^{-1}[H(s)]$,所以分析网络函数的极点与冲激响应的关系就可预见时域响应的特性。根据网络函数极点的情况,可得如图 8-15 所示的极点与冲激响应的关系图。

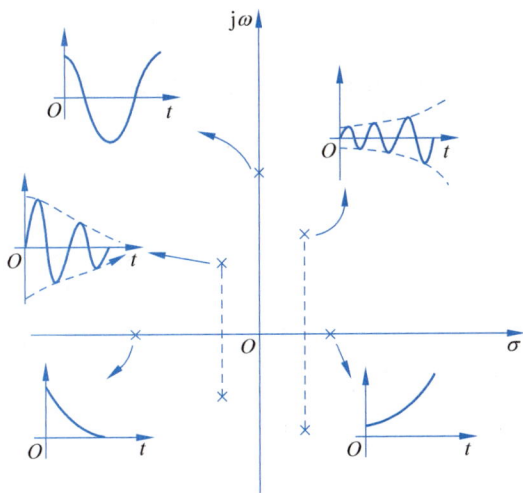

图 8-15 极点与冲激响应的关系

从图 8-15 中可以看出,当极点位于 s 平面的左半平面时,当时间 t 趋于无穷大时,所有网络变量的值均为有限值,这样的网络是稳定的,反之则是不稳定的。线性非时变的无源网

络总是稳定的,而对于含有受控源的有源线性网络以及时变网络、非线性网络,则必须考虑其稳定性问题。

例 8-18　一个二阶有源滤波电路的传递函数为 $H(s)=\dfrac{1}{s^2+s(4-\alpha)+1}$。(1)要使该电路稳定,$\alpha$ 的范围是什么?(2)α 为多少时可使电路等幅振荡?(3)要使该电路稳定且无振荡,α 的范围是什么?

解:(1)要使该电路稳定,传递函数的极点应位于 s 平面的左半平面,所以应要求 $4-\alpha>0$,即 $\alpha<4$。

(2)要使该电路等幅振荡,传递函数的极点应位于 s 平面的虚轴上,因此,$4-\alpha=0$,即 $\alpha=4$。

(3)要使该电路稳定且无振荡,须满足 $\begin{cases} 4-\alpha>0 \\ (4-\alpha)^2-4\times1>0 \end{cases}$,解得 $\alpha<2$。

2. 极点、零点与频率响应

令网络函数 $H(s)$ 中复频率 $s=j\omega$,分析 $H(j\omega)$ 随 ω 变化的特性,根据网络函数零、极点的分布可以确定正弦输入时的频率响应。

对于某一固定的角频率 ω

$$H(j\omega)=H_0\frac{\displaystyle\prod_{i=1}^{m}(j\omega-z_i)}{\displaystyle\prod_{j=1}^{n}(j\omega-p_j)}=|H(j\omega)|\,e^{j\varphi}$$

其中,$|H(j\omega)|=H_0\dfrac{\displaystyle\prod_{i=1}^{m}|(j\omega-z_i)|}{\displaystyle\prod_{j=1}^{n}|(j\omega-p_j)|}$,称为幅频特性;$\varphi=\arg[H(j\omega)]=\displaystyle\sum_{i=1}^{m}\arg(j\omega-z_i)-\displaystyle\sum_{j=1}^{n}\arg(j\omega-p_j)$,称为相频特性。

例 8-19　定性分析图 8-16(a)所示的 RC 串联电路以电压 u_C 为输出时电路的频率响应。

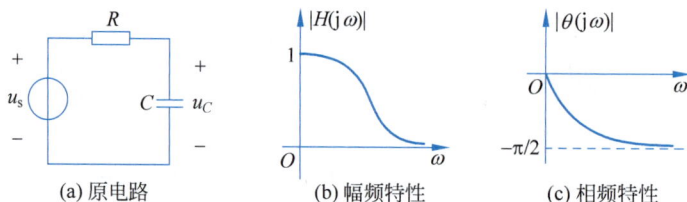

(a) 原电路　　(b) 幅频特性　　(c) 相频特性

图 8-16　例 8-19 图

解:网络函数为

$$H(s)=\frac{u_C(s)}{u_s(s)}=\frac{\dfrac{1}{sC}}{R+\dfrac{1}{sC}}=\frac{\dfrac{1}{RC}}{s+\dfrac{1}{RC}}$$

只有一个极点 $p_1 = -\dfrac{1}{RC}$。设 $H_0 = \dfrac{1}{RC}$，$s = j\omega$，则

$$H(j\omega) = \frac{H_0}{j\omega - p_1} = \frac{H_0}{Me^{j\theta}} = |H(j\omega)| \underline{/\theta(j\omega)}$$

其中，$M = |j\omega - p_1|$，$|H(j\omega)| = \left|\dfrac{H_0}{M}\right|$，$\underline{/\theta}(j\omega) = \arctan\dfrac{\omega}{p_1}$。因此可定性得出 RC 串联电路的频率响应的幅频特性和相频特性分别如图 8-16(b)、图 8-16(c)所示。

习题 8

一、简答题

8-1 拉普拉斯变换是一种什么变换？表达式是什么？函数拉普拉斯变换存在需要满足什么条件？

8-2 拉普拉斯变换的积分是从 $t = 0_-$ 开始的，如果改成从 $t = 0_+$ 开始，二者有何区别？

8-3 拉普拉斯变换的基本性质有哪些？

8-4 拉普拉斯反变换时通常采用什么方法？

8-5 $F(s) = \dfrac{N(s)}{D(s)}$，$N(s)$ 和 $D(s)$ 都是 s 的多项式，如果 $N(s)$ 的最高次数等于 $D(s)$ 的最高次数，则 $f(t)$ 中包含什么函数？

8-6 运算法和相量法的区别是什么？

8-7 电容元件、电感元件的复频域模型是怎样的？其上的附加电源分别与什么有关？

8-8 电路中有冲激电流或冲激电压产生时，电路是否就不满足 KCL 和 KVL 了，为什么？

8-9 强迫跃变电压或电流一般都发生在什么样的电路中？

8-10 网络函数的定义是什么？

8-11 网络函数的物理意义中，驱动点函数和转移函数的区别是什么？

8-12 如何应用网络函数求解正弦稳态响应？

8-13 网络函数与冲激响应是什么关系？

8-14 网络函数的零、极点分别决定了冲激响应的什么？

8-15 要求冲激响应形成等幅正弦振荡，则极点应位于 s 平面的什么位置？

8-16 要求冲激响应形成非振荡响应，则极点应位于 s 平面的什么位置？

8-17 若要求网络稳定，网络函数的极点应位于 s 平面的什么位置？

8-18 频率响应包括什么？与网络函数的零、极点的分布是否有关？

二、选择题

8-19 $H(s)$ 中的 s 称为（　　）。

    A. 复频率   B. 传递函数   C. 零点   D. 极点

8-20 $\varepsilon(t-3)$ 的象函数是（　　）。

    A. $\dfrac{1}{s+3}$ B. $\dfrac{1}{s-3}$ C. $\dfrac{e^{3s}}{s}$ D. $\dfrac{e^{-3s}}{s}$

8-21 如果 $F(s)=\dfrac{1}{s+2}$，则 $f(t)=($　　$)$。

    A. $e^{2t}\varepsilon(t)$ B. $e^{-2t}\varepsilon(t)$ C. $\varepsilon(t-2)$ D. $\varepsilon(t+2)$

8-22 如果 $F(s)=\dfrac{s+1}{(s+1)^2+4}$，则 $f(t)=($　　$)$。

    A. $e^{-2t}\cos t$ B. $2e^{-t}\cos 2t$ C. $2e^{-t}\cos t$ D. $e^{-t}\cos 2t$

8-23 $4.7\mu F$ 电容的运算阻抗是($　　$)$\Omega$。

    A. $\dfrac{4.7}{s}$ B. $\dfrac{1}{4.7s}$ C. $\dfrac{10^6}{4.7s}$ D. $4.7\times10^6 s$

8-24 $1mH$ 电感的运算导纳是($　　$)$S$。

    A. $\dfrac{1}{s}$ B. $\dfrac{10^3}{s}$ C. $\dfrac{1}{10^3 s}$ D. $10^3 s$

8-25 如题 8-25 图所示，电容的初始电压值为 $u(0_-)$，则该电容的运算电路模型是($　　$)。

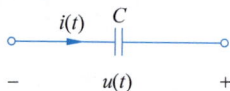

题 8-25 图

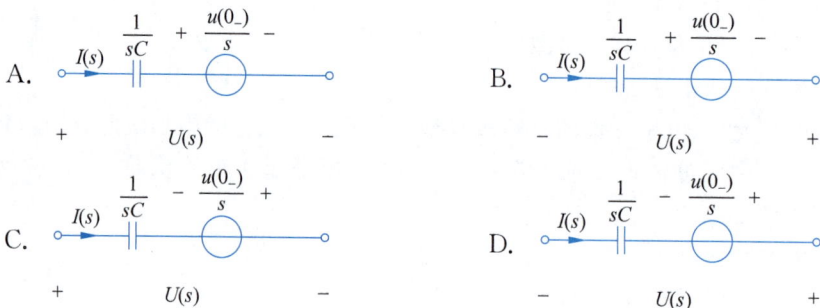

8-26 如题 8-26 图所示，电感的初始电流值为 $i(0_-)$，则该电感的运算电路模型是($　　$)。

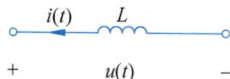

题 8-26 图

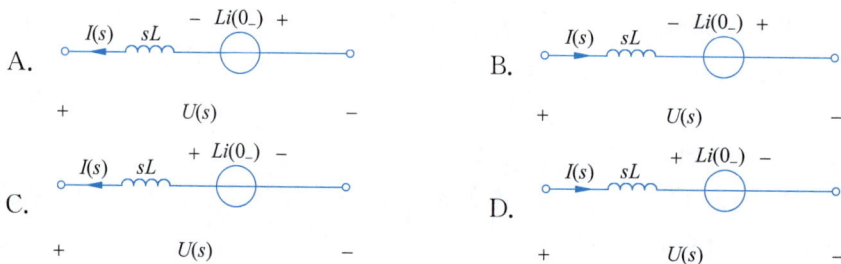

8-27 网络函数 $H(s)=\dfrac{s+1}{s(s+2)(s+3)}$ 的零点是( )。

A. -3 B. -2 C. -1 D. 0

8-28 网络函数 $H(s)=\dfrac{s+1}{s(s+2)(s+3)}$ 的极点是( )。

A. 0 B. -1 C. -2 D. -3

三、计算题

8-29 求下列函数的象函数。

(1) $f(t)=3t^2$；(2) $f(t)=\sin(\omega t+\varphi)$；(3) $f(t)=\cos(\omega t+\varphi)$；(4) $f(t)=\sin^2\omega t$；

(5) $f(t)=t\cos at$；(6) $f(t)=\cos^3 t$；(7) $f(t)=4\delta(t-1)-3\mathrm{e}^{-at}$；(8) $f(t)=\mathrm{e}^{-at}(1-at)$；

(9) $f(t)=\varepsilon(t)*\mathrm{e}^{-2t}$；

(10)

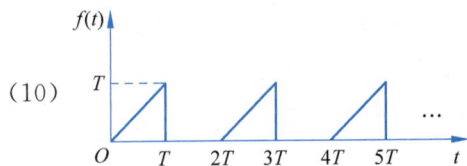

8-30 求下列函数的原函数。

(1) $F(s)=\dfrac{2s}{s^2+5s+6}$；(2) $F(s)=\dfrac{s+5}{s^2+6s+10}$；(3) $F(s)=\dfrac{2(s^2+1)}{(s+1)^2(s+3)}$；

(4) $F(s)=\dfrac{s^3}{s(s^2+3s+2)}$；(5) $F(s)=\dfrac{s(s^2+7)}{(s^2+1)(s^2+9)}$；(6) $F(s)=\dfrac{s\,\mathrm{e}^{-as}}{s+b}$。

8-31 题 8-31 图(a)、(b)、(c)所示的电路原已达稳态，$t=0$ 时开关闭合，分别画出其运算电路。

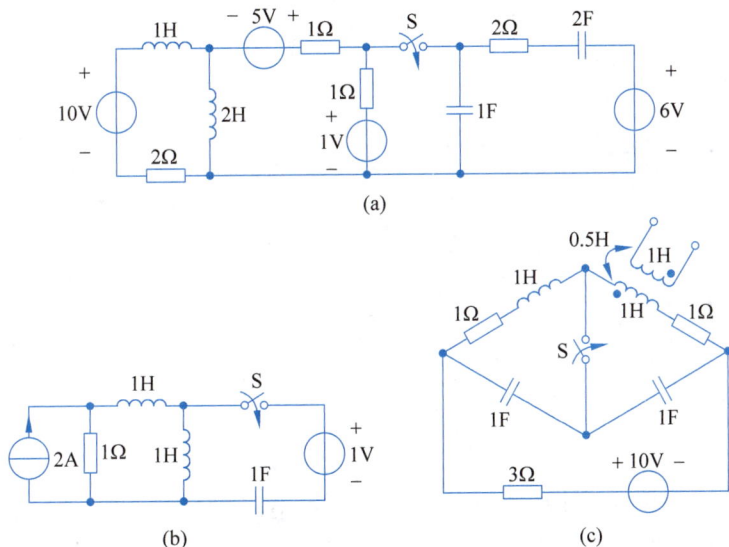

题 8-31 图

8-32 题 8-32 图所示的电路换路前已处稳态，已知 $R_1=7\Omega$，$R_2=3\Omega$，$L=1\mathrm{H}$，$C=0.1\mathrm{F}$，$U_\mathrm{s}=10\mathrm{V}$，$t=0$ 时打开开关，求 $t\geqslant0$ 时的 $i_1(t)$。

8-33 如题 8-33 图所示,电路原已稳定,其中 $i_s = e^{-3t}$ A,$C = 1$F,$L = 1$H,$R = 0.5\Omega$,$t = 0$ 时打开开关,求 $t \geqslant 0$ 时的电压 $u(t)$。

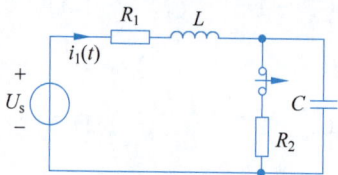

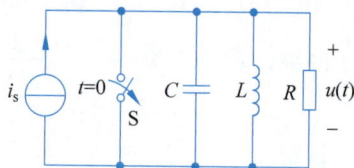

题 8-32 图   题 8-33 图

8-34 题 8-34 图所示的电路换路前为稳态。已知 $R = 2\Omega$,$C_1 = C_2 = C_3 = 2$F,$U_{s1} = 10$V,$U_{s2} = 2$V。$t = 0$ 时开关 S 由 1 合向 2。求 $u_{C_3}(t)$ 和 $i_{C_3}(t)$。

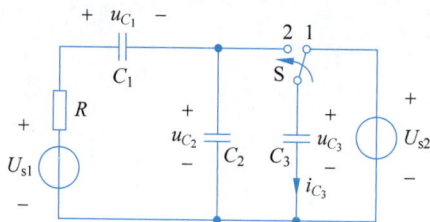

题 8-34 图

8-35 题 8-35 图所示的电路,$t < 0$ 时电路处于稳态,$t = 0$ 时开关打开。求 $t > 0$ 时的 $u_C(t)$。

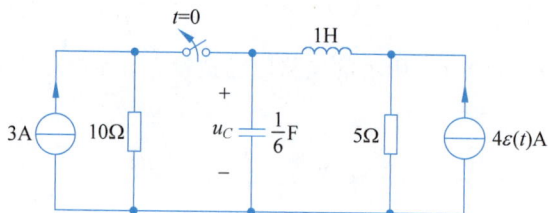

题 8-35 图

8-36 题 8-36 图所示的电路,$t < 0$ 时电路处于稳态,$u_{C_1}(0_-) = 0$,$t = 0$ 时开关闭合。求 $t > 0$ 时的 $u_{C_2}(t)$。

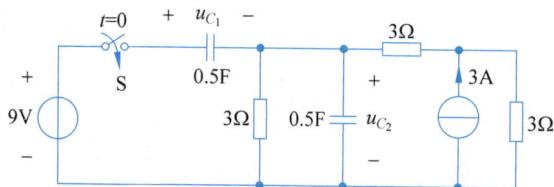

题 8-36 图

8-37 题 8-37 图所示的电路中,$R_1 = 5\Omega$,$L_1 = 3$H,$L_2 = 2$H,$M = 1$H,$U_s = 10$V,$i_1(0_-) = i_2(0_-) = 0$,$t = 0$ 时闭合开关,求 $t > 0$ 时的 $i_1(t)$ 和 $i_2(t)$。

8-38 题 8-38 图所示的电路中,$u_s(t) = 100\sin\omega t$ V,$\omega = 10^3$ rad/s,$U_0 = 100$V,$R = 500\Omega$,$C_1 = C_2 = 2\mu$F。电路在换路前处于稳态,$t = 0$ 时开关由位置 1 合向位置 2,试用运算法求 $t > 0$ 时的电压 $u_{C_1}(t)$ 和 $u_{C_2}(t)$。

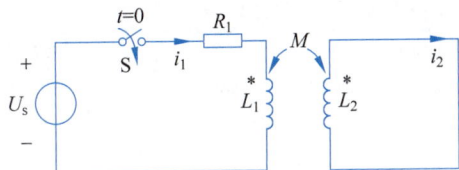

题 8-37 图

8-39 题 8-39 图所示的电路 $t<0$ 时处于稳态,$u_s=8e^{-2t}\varepsilon(t)\text{V}$。(1)求 $u_C(0_-)$;(2)用运算法求 $t>0$ 时的电压 $u_C(t)$。

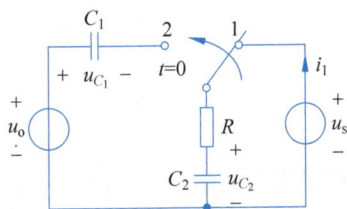

题 8-38 图

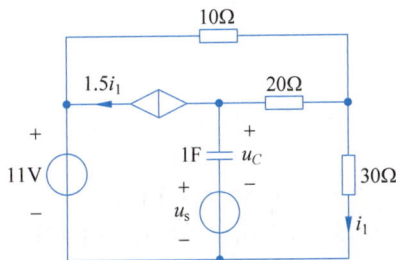

题 8-39 图

8-40 题 8-40 图所示的电路中,$i_1(0_-)=-2\text{A}$,$u_C(0_-)=1\text{V}$。求响应 $i_1(t)$。

8-41 题 8-41 图所示的电路的零输入响应为 $u_C(t)=(-8e^{-t}+10e^{-2t})\text{V}(t\geqslant0)$,且电感器的初始储能为 $W_L(0_-)=1.5\text{J}$,试确定 R、L、C 与 $W_C(0_-)$。

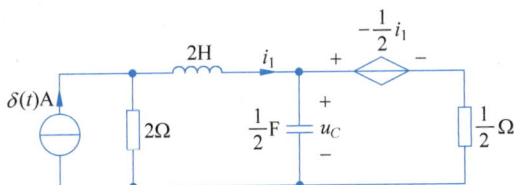

题 8-40 图

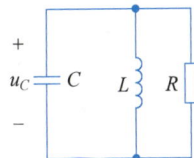

题 8-41 图

8-42 题 8-42 图所示的电路中,$R=10\Omega$,$L=100\text{mH}$,$C=2000\mu\text{F}$,求网络函数 $H(s)=\dfrac{U_2(s)}{U_1(s)}$。

8-43 已知题 8-43 图所示的电路 $u_s=0.6e^{-2t}$,冲激响应 $h(t)=5e^{-t}$,求 $u_C(t)$。

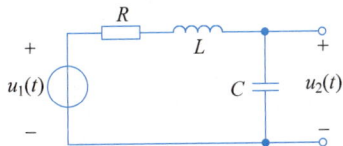

题 8-42 图

题 8-43 图

8-44 求题 8-44 图所示的电路的阶跃响应 $i_1(t)$。

8-45 题 8-45 图所示的电路中,已知 $R_1=R_2=10\Omega$,$C=1\text{F}$,$n=5$。求网络函数 $H(s)=U_2(s)/U_s(s)$,并求出相应的冲激响应 $h(t)$。

8-46 在题 8-46 图所示的电路中,N 为无独立源的线性 RC 网络,其零输入响应 $u_{cf}(t)=-e^{-10t}\varepsilon(t)\text{V}$。当输入为 $u_s(t)=12\varepsilon(t)\text{V}$ 时,全响应 $u(t)=(6-3e^{-10t})\varepsilon(t)\text{V}$;若输入 $u_s(t)=$

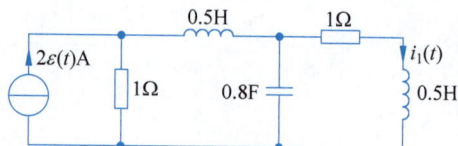

题 8-44 图

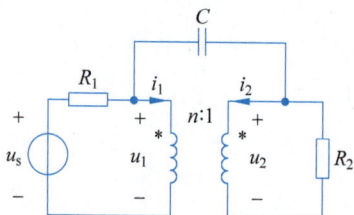

题 8-45 图

$6e^{-5t}\varepsilon(t)$V 时,初始状态同前,再求其全响应 $u(t)$。

8-47 题 8-47 图所示的电路中,N_0 为线性无独立源零状态网络,当 $u_s(t)=\varepsilon(t)$V 时,响应 $i(t)=(1-e^{-3t})\varepsilon(t)$A。求网络 N_0 对下列激励的响应 $i(t)$。

(1) $u_s(t)=4e^{-2t}\varepsilon(t)$V;

(2) $u_s(t)=\cos(4t+83.1°)$V;

(3) $u_s(t)=\cos(4t+83.1°)\varepsilon(t)$V;

(4) $u_s(t)=2$V。

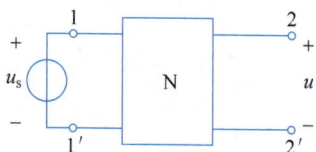

题 8-46 图

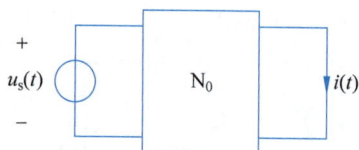

题 8-47 图

8-48 题 8-48 图所示的电路的网络函数为 $H(s)=\dfrac{U_o(s)}{U_i(s)}=\dfrac{10}{s^2+3s+10}$,若 $R=1\Omega$,求 L 和 C 的值。

8-49 设某线性电路的冲激响应 $h(t)=e^{-t}+e^{-2t}$,求相应的网络函数,并绘出零、极点分布图。

8-50 题 8-50 图所示的电路为 RC 滤波器电路,(1)求网络函数 $H(s)=\dfrac{U_o(s)}{U_i(s)}$;(2)画出其零、极点分布图;(3)求单位冲激响应;(4)定性地分析以 u_o 为输出电压时电路的频率响应。

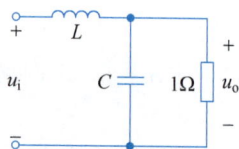

题 8-48 图

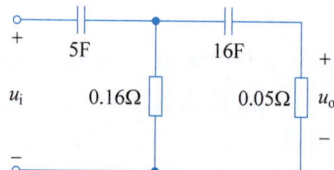

题 8-50 图

8-51 一个二阶有源电路的传递函数为 $H(s)=\dfrac{1}{s^2+s(2+\alpha)+10}$。（1）要使该电路稳定，$\alpha$ 的范围是什么？（2）α 为多少可使电路等幅正弦振荡？

四、思考题

8-52 如题 8-52 图所示，要使一电路的单位冲激响应为 $u(t)=2\sin(t+30°)\mathrm{e}^{-2t}\varepsilon(t)\mathrm{V}$，试设计一线性无源 RLC 网络。

题 8-52 图

第 9 章

二端口网络

本章主要介绍二端口网络的 Y、Z、T、H 方程和参数,以及它们之间的相互关系,并介绍二端口网络的 T 形和 π 形等效电路及二端口的连接方式。最后介绍两种可用二端口描述的电路元件——回转器和负阻抗变换器。

9.1 概述

前几章学习的二端网络(一端口网络)有两个端子与外电路连接,如果从网络的一个端子流入的电流等于从另外的端子流出的电流,这个条件称为端口条件。任何端口的网络都要遵循端口条件。在实际工程中,研究信号及能量的传输和信号变换时,经常碰到如图 9-1 所示的电路。

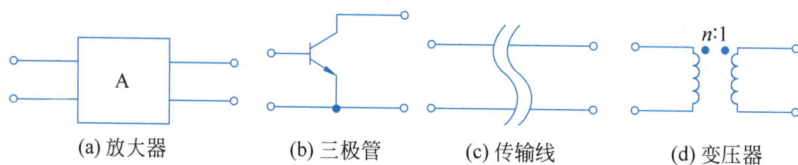

(a) 放大器　　(b) 三极管　　(c) 传输线　　(d) 变压器

图 9-1　常见的二端口网络

当一个电路与外部电路通过两个端口连接时称此电路为二端口网络,因此图 9-1 所示的电路都是二端口网络。二端口网络最为常见,而且它的分析方法很容易推广应用于 n 端口网络,本章只限于讨论不含独立源的零状态线性二端口网络,可以用相量法分析二端口网络的正弦稳态,也可以用复频域法分析二端口网络的动态。

研究二端口网络具有重要的意义:

(1) 两端口应用很广,其分析方法易推广应用于 n 端口网络;

(2) 大网络可以分割成许多子网络(两端口)进行分析;

(3) 仅研究端口特性时,可以用二端口网络的电路模型进行研究;

(4) 在集成电路、大规模集成电路广泛使用的今天,这种研究具有现实意义。

9.2 二端口网络的方程和参数

对于一个不含独立源的零状态线性二端口网络,将它连接到 N_1 与 N_2 之间,如图 9-2 所示。

图 9-2 一个二端口网络与 N_1、N_2 连接示意图

所要讨论的是二端口变量 i_1、i_2、u_1、u_2。N_1 与 N_2 总能根据替代定理,用电流源或电压源替代,这样,四个变量中有两个为已知,需要求的是另外两个变量,从四个变量中求两个变量,共有 6 种可能。本章主要介绍 Y、Z、T、H 参数和方程。

9.2.1 Y 参数和方程

本节采用相量形式(正弦稳态),将两个端口各施加一电压源,则端口电流可视为这些电压源的叠加作用产生,如图 9-3 所示。

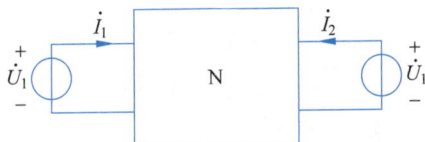

图 9-3 二端口的电压电流关系

即

$$\begin{cases} \dot{I}_1 = Y_{11}\dot{U}_1 + Y_{12}\dot{U}_2 \\ \dot{I}_2 = Y_{21}\dot{U}_1 + Y_{22}\dot{U}_2 \end{cases} \tag{9-1}$$

写成矩阵形式为

$$\begin{bmatrix} \dot{I}_1 \\ \dot{I}_2 \end{bmatrix} = \begin{bmatrix} Y_{11} & Y_{12} \\ Y_{21} & Y_{22} \end{bmatrix} \begin{bmatrix} \dot{U}_1 \\ \dot{U}_2 \end{bmatrix} \tag{9-2}$$

$[\boldsymbol{Y}] = \begin{bmatrix} Y_{11} & Y_{12} \\ Y_{21} & Y_{22} \end{bmatrix}$ 称为 Y 参数矩阵,Y 参数值由内部参数及连接关系决定。可以按下述方法计算或实验测量求得。

(1) $Y_{11} = \dfrac{\dot{I}_1}{\dot{U}_1}\bigg|_{\dot{U}_2=0}$ 表示输出端短路时的输入端驱动点导纳;

(2) $Y_{21} = \dfrac{\dot{I}_2}{\dot{U}_1}\bigg|_{\dot{U}_2=0}$ 表示输出端短路时的转移导纳;

(3) $Y_{12} = \dfrac{\dot{I}_1}{\dot{U}_2}\bigg|_{\dot{U}_1=0}$ 表示输入端短路时的转移导纳;

(4) $Y_{22} = \dfrac{\dot{I}_2}{\dot{U}_2}\bigg|_{\dot{U}_1=0}$ 表示输入端短路时的输出端驱动点导纳。

因此 Y 参数也称为短路导纳参数。

例 9-1 求图 9-4 所示的电路的 Y 参数。

解：根据定义可求得

$$Y_{11} = \frac{\dot{I}_1}{\dot{U}_1}\bigg|_{\dot{U}_2=0} = Y_a + Y_b$$

$$Y_{21} = \frac{\dot{I}_2}{\dot{U}_1}\bigg|_{\dot{U}_2=0} = -Y_b$$

$$Y_{12} = \frac{\dot{I}_1}{\dot{U}_2}\bigg|_{\dot{U}_1=0} = -Y_b$$

$$Y_{22} = \frac{\dot{I}_2}{\dot{U}_2}\bigg|_{\dot{U}_2=0} = Y_b + Y_c$$

$$Y = \begin{bmatrix} Y_a + Y_b & -Y_b \\ -Y_b & Y_b + Y_c \end{bmatrix}$$

例 9-2 求图 9-5 所示的电路的 Y 参数。

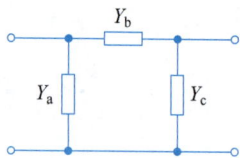

图 9-4 例 9-1 图

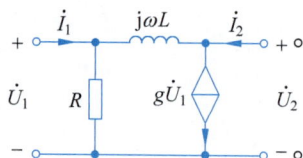

图 9-5 例 9-2 图

解：直接列方程求解

$$\dot{I}_1 = \frac{\dot{U}_1}{R} + \frac{\dot{U}_1 - \dot{U}_2}{j\omega L} = \left(\frac{1}{R} + \frac{1}{j\omega L}\right)\dot{U}_1 - \frac{1}{j\omega L}\dot{U}_2$$

$$\dot{I}_2 = g\dot{U}_1 + \frac{\dot{U}_2 - \dot{U}_1}{j\omega L} = \left(g - \frac{1}{j\omega L}\right)\dot{U}_1 + \frac{1}{j\omega L}\dot{U}_2$$

因此,有

$$[Y] = \begin{bmatrix} \dfrac{1}{R} + \dfrac{1}{j\omega L} & -\dfrac{1}{j\omega L} \\ g - \dfrac{1}{j\omega L} & \dfrac{1}{j\omega L} \end{bmatrix}$$

若 $g=0$,则 $Y_{12} = Y_{21} = -\dfrac{1}{j\omega L}$。

1. 互易二端口

$Y_{21} = \dfrac{\dot{I}_2}{\dot{U}_1}\bigg|_{\dot{U}_2=0}$, $Y_{12} = \dfrac{\dot{I}_1}{\dot{U}_2}\bigg|_{\dot{U}_1=0}$, 根据互易定理,当 $\dot{U}_1 = \dot{U}_2$ 时,$\dot{I}_1 = \dot{I}_2$,因此有 $Y_{12} = Y_{21}$,此时,称此二端口为互易二端口;显然,互易二端口的四个参数中只有三个是独立的。

2. 对称二端口

电路结构左右对称的一般为对称二端口。对称二端口是指两个端口电气特性上对称。

结构不对称的二端口,其电气特性也可能是对称的,这样的二端口也是对称二端口。对称二端口不仅满足 $Y_{12}=Y_{21}$,还满足 $Y_{11}=Y_{22}$,因此对称二端口的四个参数中只有两个是独立的。

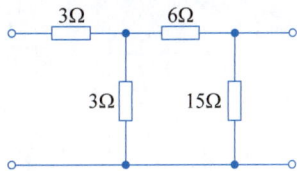

图 9-6 例 9-3 图

例 9-3 求图 9-6 所示的电路的 Y 参数。

解:根据定义可得

$$Y_{11}=\frac{\dot{I}_1}{\dot{U}_1}\bigg|_{\dot{U}_2=0}=\left(\frac{1}{3 \mathbin{/\!/} 6+3}\right)\text{S}=0.2\text{S}$$

$$Y_{12}=\frac{\dot{I}_1}{\dot{U}_2}\bigg|_{\dot{U}_2=0}=-0.0667\text{S}$$

$$Y_{21}=\frac{\dot{I}_2}{\dot{U}_1}\bigg|_{\dot{U}_2=0}=-0.0667\text{S}$$

$$Y_{22}=\frac{\dot{I}_2}{\dot{U}_2}\bigg|_{\dot{U}_1=0}=0.2\text{S}$$

因此,有

$$Y=\begin{bmatrix} 0.2 & -0.0667 \\ -0.0667 & 0.2 \end{bmatrix}\text{S}$$

可见该二端口为对称二端口。

9.2.2 Z 参数和方程

将两个端口各施加一电流源,则端口电压可视为这些电流源的叠加作用产生。

$$\begin{cases} \dot{U}_1=Z_{11}\dot{I}_1+Z_{12}\dot{I}_2 \\ \dot{U}_2=Z_{21}\dot{I}_1+Z_{22}\dot{I}_2 \end{cases} \tag{9-3}$$

其矩阵形式为

$$\begin{bmatrix} \dot{U}_1 \\ \dot{U}_2 \end{bmatrix}=\begin{bmatrix} Z_{11} & Z_{12} \\ Z_{21} & Z_{22} \end{bmatrix}\begin{bmatrix} \dot{I}_1 \\ \dot{I}_2 \end{bmatrix}=Z\begin{bmatrix} \dot{I}_1 \\ \dot{I}_2 \end{bmatrix} \tag{9-4}$$

$[\boldsymbol{Z}]=\begin{bmatrix} Z_{11} & Z_{12} \\ Z_{21} & Z_{22} \end{bmatrix}$ 称为 Z 参数矩阵,该矩阵也可由 Y 参数矩阵求出,即 $[\boldsymbol{Z}]=[\boldsymbol{Y}]^{-1}$。

(1) $Z_{11}=\dfrac{\dot{U}_1}{\dot{I}_1}\bigg|_{\dot{I}_2=0}$ 表示输出端开路时的输入端驱动点阻抗;

(2) $Z_{21}=\dfrac{\dot{U}_2}{\dot{I}_1}\bigg|_{\dot{I}_2=0}$ 表示输出端开路时的转移阻抗;

（3）$Z_{12} = \dfrac{\dot{U}_1}{\dot{I}_2}\bigg|_{\dot{I}_1=0}$　表示输入端开路时的转移阻抗；

（4）$Z_{22} = \dfrac{\dot{U}_2}{\dot{I}_2}\bigg|_{\dot{I}_1=0}$　表示输入端开路时的输出端驱动点阻抗。

因此 Z 参数也称为开路阻抗参数。

互易二端口满足：$Z_{12}=Z_{21}$；对称二端口满足：$Z_{12}=Z_{21}, Z_{11}=Z_{22}$。

例 9-4　求图 9-7 所示的电路的 Z 参数。

解：

方法一：

$$Z_{11} = \frac{\dot{U}_1}{\dot{I}_1}\bigg|_{\dot{I}_2=0} = Z_a + Z_b$$

$$Z_{12} = \frac{\dot{U}_1}{\dot{I}_2}\bigg|_{\dot{I}_1=0} = Z_b$$

$$Z_{21} = \frac{\dot{U}_2}{\dot{I}_1}\bigg|_{\dot{I}_2=0} = Z_b$$

$$Z_{22} = \frac{\dot{U}_2}{\dot{I}_2}\bigg|_{\dot{I}_1=0} = Z_b + Z_c$$

所以

$$\mathbf{Z} = \begin{bmatrix} Z_a + Z_b & Z_b \\ Z_b & Z_b + Z_c \end{bmatrix}$$

方法二：直接列方程，

$$\dot{U}_1 = Z_a \dot{I}_1 + Z_b(\dot{I}_1 + \dot{I}_2) = (Z_a + Z_b)\dot{I}_1 + Z_b \dot{I}_2$$

$$\dot{U}_2 = Z_c \dot{I}_2 + Z_b(\dot{I}_1 + \dot{I}_2) = Z_b \dot{I}_1 + (Z_b + Z_c)\dot{I}_2$$

所以

$$\mathbf{Z} = \begin{bmatrix} Z_a + Z_b & Z_b \\ Z_b & Z_b + Z_c \end{bmatrix}$$

并非所有的二端口均有 Z、Y 参数。

例 9-5　求图 9-8 所示的电路的 Z 参数。

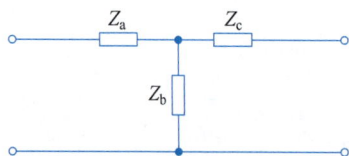

图 9-7　例 9-4 图

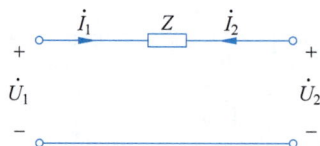

图 9-8　例 9-5 图

解：根据电路，可知

$$\dot{I}_1 = -\dot{I}_2 = \frac{\dot{U}_1 - \dot{U}_2}{Z}$$

所以

$$[\boldsymbol{Y}] = \begin{bmatrix} \dfrac{1}{Z} & -\dfrac{1}{Z} \\ -\dfrac{1}{Z} & \dfrac{1}{Z} \end{bmatrix}$$

但是,$[\boldsymbol{Z}] = [\boldsymbol{Y}]^{-1}$ 不存在。

9.2.3 T 参数和方程

对于如图 9-2 所示的二端口网络,定义

$$\begin{cases} \dot{U}_1 = A\dot{U}_2 - B\dot{I}_2 \\ \dot{I}_1 = C\dot{U}_2 - D\dot{I}_2 \end{cases} \tag{9-5}$$

则矩阵形式为

$$\begin{bmatrix} \dot{U}_1 \\ \dot{I}_1 \end{bmatrix} = \begin{bmatrix} A & B \\ C & D \end{bmatrix} \begin{bmatrix} \dot{U}_2 \\ -\dot{I}_2 \end{bmatrix} = [T] \begin{bmatrix} \dot{U}_2 \\ -\dot{I}_2 \end{bmatrix} \tag{9-6}$$

T 参数也称为传输参数。

(1) $A = \dfrac{\dot{U}_1}{\dot{U}_2}\bigg|_{\dot{I}_2=0}$ 表示转移电压比;

(2) $C = \dfrac{\dot{I}_1}{\dot{U}_2}\bigg|_{\dot{I}_2=0}$ 表示转移电导;

(3) $B = \dfrac{\dot{U}_1}{-\dot{I}_2}\bigg|_{\dot{U}_2=0}$ 表示转移阻抗;

(4) $D = \dfrac{\dot{I}_1}{-\dot{I}_2}\bigg|_{\dot{U}_2=0}$ 表示转移电流比。

A、C 为开路参数,B、D 为短路参数。

互易二端口满足:$AD-BC=1$;对称二端口满足:$AD-BC=1,A=D$。

例 9-6 求图 9-9 所示的电路的 T 参数。

解:根据电路可知

$$\begin{cases} u_1 = nu_2 \\ i_1 = -\dfrac{1}{n}i_2 \end{cases}$$

即

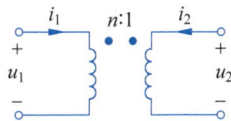

图 9-9 例 9-6 图

$$\begin{bmatrix} u_1 \\ i_1 \end{bmatrix} = \begin{bmatrix} n & 0 \\ 0 & \dfrac{1}{n} \end{bmatrix} \begin{bmatrix} u_2 \\ -i_2 \end{bmatrix}$$

所以

$$[\boldsymbol{T}] = \begin{bmatrix} n & 0 \\ 0 & \dfrac{1}{n} \end{bmatrix}$$

9.2.4　H 参数和方程

H 参数也称为混合参数,常用于晶体管等效电路。定义

$$\begin{cases} \dot{U}_1 = H_{11}\dot{I}_1 + H_{12}\dot{U}_2 \\ \dot{I}_2 = H_{21}\dot{I}_1 + H_{22}\dot{U}_2 \end{cases} \tag{9-7}$$

则矩阵形式为

$$\begin{bmatrix} \dot{U}_1 \\ \dot{I}_2 \end{bmatrix} = \begin{bmatrix} H_{11} & H_{12} \\ H_{21} & H_{22} \end{bmatrix} \begin{bmatrix} \dot{I}_1 \\ \dot{U}_2 \end{bmatrix} = [\boldsymbol{H}] \begin{bmatrix} \dot{I}_1 \\ \dot{U}_2 \end{bmatrix} \tag{9-8}$$

(1) $H_{11} = \left. \dfrac{\dot{U}_1}{\dot{I}_1} \right|_{\dot{U}_2 = 0}$　表示为输入阻抗;

(2) $H_{21} = \left. \dfrac{\dot{I}_2}{\dot{I}_1} \right|_{\dot{U}_2 = 0}$　表示为电流转移比;

(3) $H_{12} = \left. \dfrac{\dot{U}_1}{\dot{U}_2} \right|_{\dot{I}_1 = 0}$　表示为电压转移比;

(4) $H_{22} = \left. \dfrac{\dot{I}_2}{\dot{U}_2} \right|_{\dot{I}_1 = 0}$　表示为输出端导纳。

其中,H_{11} 和 H_{21} 为短路参数;H_{12} 和 H_{22} 为开路参数。

互易二端口满足:$H_{12} = -H_{21}$;对称二端口满足:$H_{12} = -H_{21}$,$H_{11}H_{22} - H_{12}H_{21} = 1$。

例 9-7　求图 9-10 所示的电路的 H 参数。

解:由式(9-7)

$$\begin{cases} \dot{U}_1 = H_{11}\dot{I}_1 + H_{12}\dot{U}_2 \\ \dot{I}_2 = H_{21}\dot{I}_1 + H_{22}\dot{U}_2 \end{cases}$$

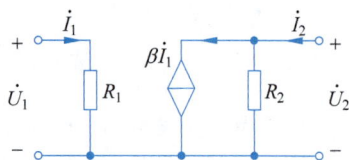

图 9-10　例 9-7 图

得

$$\begin{cases} \dot{U}_1 = R_1\dot{I}_1 \\ \dot{I}_2 = \beta\dot{I}_1 + \dfrac{1}{R_2}\dot{U}_2 \end{cases}$$

所以

$$\boldsymbol{H} = \begin{bmatrix} R_1 & 0 \\ \beta & 1/R_2 \end{bmatrix}$$

9.3 二端口网络的等效电路

一个不含独立源的一端口网络可以用一个阻抗（或导纳）构成的最简单的等效模型来替代。在复杂网络的分析中，常常需要将一个不含独立源的二端口网络用一个尽可能简单的二端口等效模型来替代，等效条件是等效模型的方程与原二端口网络的方程相同，根据不同的网络参数和方程可以得到结构完全不同的等效电路，等效的目的是为了方便分析。

9.3.1 Z参数表示的等效电路

$$\begin{cases} \dot{U}_1 = Z_{11}\dot{I}_1 + Z_{12}\dot{I}_2 \\ \dot{U}_2 = Z_{21}\dot{I}_1 + Z_{22}\dot{I}_2 \end{cases}$$

方法一：直接由参数方程得到等效电路，电路如图9-11所示，可见这种等效的方法需要含有两个受控源，分析起来比较复杂。

方法二：采用等效变换的方法。

$$\dot{U}_1 = Z_{11}\dot{I}_1 + Z_{12}\dot{I}_2 = (Z_{11} - Z_{12})\dot{I}_1 + Z_{12}(\dot{I}_1 + \dot{I}_2)$$

$$\dot{U}_2 = Z_{21}\dot{I}_1 + Z_{22}\dot{I}_2 = Z_{12}(\dot{I}_1 + \dot{I}_2) + (Z_{22} - Z_{12})\dot{I}_2 + (Z_{21} - Z_{12})\dot{I}_1$$

因此，根据上式，可以构造出如图9-12所示的等效电路，这个等效电路只含有一个受控源，分析起来较方便。

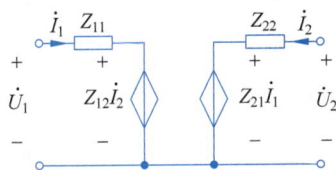

图9-11　有两个受控源的Z参数等效电路　　图9-12　只有一个受控源的Z参数等效电路

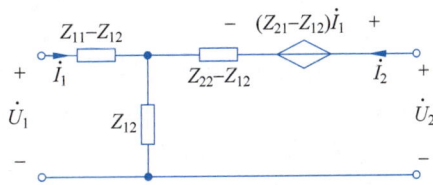

如果网络是互易的，$Z_{12} = Z_{21}$，受控源为零，则图9-12变为T形等效电路。

9.3.2 Y参数表示的等效电路

$$\begin{cases} \dot{I}_1 = Y_{11}\dot{U}_1 + Y_{12}\dot{U}_2 \\ \dot{I}_2 = Y_{21}\dot{U}_1 + Y_{22}\dot{U}_2 \end{cases}$$

方法一：直接由参数方程得到等效电路，电路如图9-13所示。

方法二：采用等效变换的方法。

$$\dot{I}_1 = Y_{11}\dot{U}_1 + Y_{12}\dot{U}_2 = (Y_{11} + Y_{12})\dot{U}_1 - Y_{12}(\dot{U}_1 - \dot{U}_2)$$

$$\dot{I}_2 = Y_{21}\dot{U}_1 + Y_{22}\dot{U}_2 = -Y_{12}(\dot{U}_2 - \dot{U}_1) + (Y_{22} + Y_{12})\dot{U}_2 + (Y_{21} - Y_{12})\dot{U}_1$$

因此，根据上式，可以构造出如图9-14所示的等效电路。

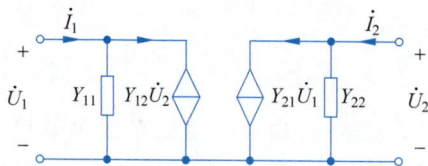

图 9-13　有两个受控源的 Y 参数等效电路

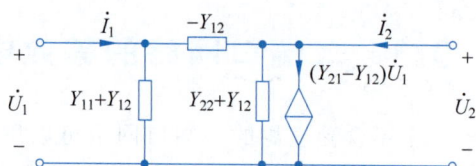

图 9-14　有一个受控源的 Y 参数等效电路

如果网络是互易的，$Y_{12}=Y_{21}$，受控源为零，则图 9-14 变为 π 形等效电路。

要注意的是，①等效只对两个端口的电压、电流关系成立，对端口间电压则不一定成立；②一个二端口网络在满足相同网络方程的条件下，其等效电路模型不是唯一的；③若网络对称则等效电路也对称；④π 形和 T 形等效电路可以互换，根据其他参数与 Y、Z 参数的关系，可以得到用其他参数表示的 π 形和 T 形等效电路。

例 9-8　绘出给定的 Y 参数的任意一种二端口等效电路。

$$[Y]=\begin{bmatrix} 5 & -2 \\ -2 & 3 \end{bmatrix} \text{S}$$

解：由矩阵可知，$Y_{12}=Y_{21}$，所以二端口是互易的。故可用无源 π 形二端口网络作为等效电路。等效电路如图 9-15 所示，其中，$Y_a=Y_{11}+Y_{12}=(5-2)\text{S}=3\text{S}$，$Y_c=Y_{22}+Y_{12}=(3-2)\text{S}=1\text{S}$，$Y_b=-Y_{12}=2\text{S}$，通过 π 形→T 形变换可得 T 形等效电路。

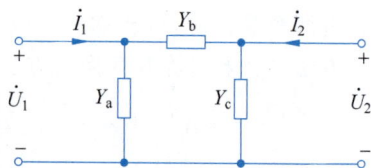

图 9-15　例 9-8 的 π 形等效电路

9.4　二端口网络的连接

一个复杂的二端口网络，可以看作是由若干个简单的二端口网络按不同方式连接而成的。也可以将若干个二端口网络按不同方式连接起来，形成具有所需特性的复合二端口网络。本节讨论二端口网络的各种连接方式。

9.4.1　级联(链联)

将两个二端口网络按图 9-16 所示的方式连接起来，即将第一个二端口网络的输出端口直接连接到第二个二端口网络的输入端口。这种连接方式称为级联，也称链联。

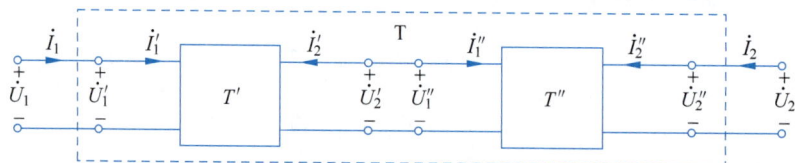

图 9-16　级联

二端口网络级联时，用传输矩阵表示二端口方程比较简单。设

$$[T'']=\begin{bmatrix} A'' & B'' \\ C'' & D'' \end{bmatrix}, \quad [T']=\begin{bmatrix} A' & B' \\ C' & D' \end{bmatrix}$$

即

$$\begin{bmatrix} \dot{U}'_1 \\ \dot{I}'_1 \end{bmatrix} = \begin{bmatrix} A' & B' \\ C' & D' \end{bmatrix} \begin{bmatrix} \dot{U}'_2 \\ -\dot{I}'_2 \end{bmatrix}$$

$$\begin{bmatrix} \dot{U}''_1 \\ \dot{I}''_1 \end{bmatrix} = \begin{bmatrix} A'' & B'' \\ C'' & D'' \end{bmatrix} \begin{bmatrix} \dot{U}''_2 \\ -\dot{I}''_2 \end{bmatrix}$$

级联后

$$\begin{bmatrix} \dot{U}_1 \\ \dot{I}_1 \end{bmatrix} = \begin{bmatrix} \dot{U}'_1 \\ \dot{I}'_1 \end{bmatrix}$$

$$\begin{bmatrix} \dot{U}'_2 \\ -\dot{I}'_2 \end{bmatrix} = \begin{bmatrix} \dot{U}''_1 \\ \dot{I}''_1 \end{bmatrix}$$

$$\begin{bmatrix} \dot{U}''_2 \\ -\dot{I}''_2 \end{bmatrix} = \begin{bmatrix} \dot{U}_2 \\ -\dot{I}_2 \end{bmatrix}$$

则

$$\begin{bmatrix} \dot{U}_1 \\ \dot{I}_1 \end{bmatrix} = \begin{bmatrix} \dot{U}'_1 \\ \dot{I}'_1 \end{bmatrix} = \begin{bmatrix} A' & B' \\ C' & D' \end{bmatrix} \begin{bmatrix} \dot{U}'_2 \\ -\dot{I}'_2 \end{bmatrix} = \begin{bmatrix} A' & B' \\ C' & D' \end{bmatrix} \begin{bmatrix} A'' & B'' \\ C'' & D'' \end{bmatrix} \begin{bmatrix} \dot{U}_2 \\ -\dot{I}_2 \end{bmatrix} = \begin{bmatrix} A & B \\ C & D \end{bmatrix} \begin{bmatrix} \dot{U}_2 \\ -\dot{I}_2 \end{bmatrix}$$

即 $[T]=[T'][T'']$,级联后所得复合二端口的 T 参数矩阵等于级联的二端口的 T 参数矩阵相乘。上述结论可推广到 n 个二端口级联的情况。并且两个二端口网络级联时,各个二端口网络的端口条件不会被破坏。

例 9-9 求图 9-17(a)所示的电路的 T 参数。

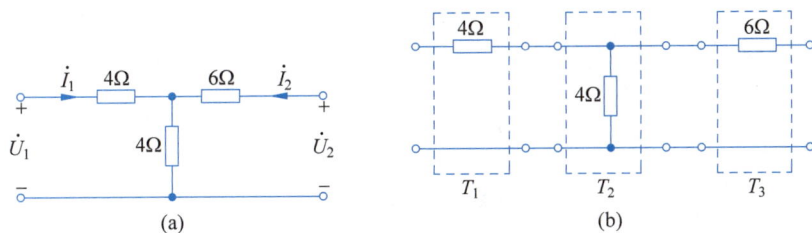

图 9-17 例 9-9 图

解:将电路分成三个 T 形连接的级联,如图 9-17(b)所示。易求出

$$T_1 = \begin{bmatrix} 1 & 4\Omega \\ 0 & 1 \end{bmatrix}$$

$$T_2 = \begin{bmatrix} 1 & 0 \\ 0.25\text{S} & 1 \end{bmatrix}$$

$$T_3 = \begin{bmatrix} 1 & 6\Omega \\ 0 & 1 \end{bmatrix}$$

则

$$[T]=[T_1][T_2][T_3]=\begin{bmatrix}1 & 4\\0 & 1\end{bmatrix}\begin{bmatrix}1 & 0\\0.25 & 1\end{bmatrix}\begin{bmatrix}1 & 6\\0 & 1\end{bmatrix}=\begin{bmatrix}2 & 16\Omega\\0.25\text{S} & 2.5\end{bmatrix}$$

9.4.2　并联

并联连接方式如图 9-18 所示。

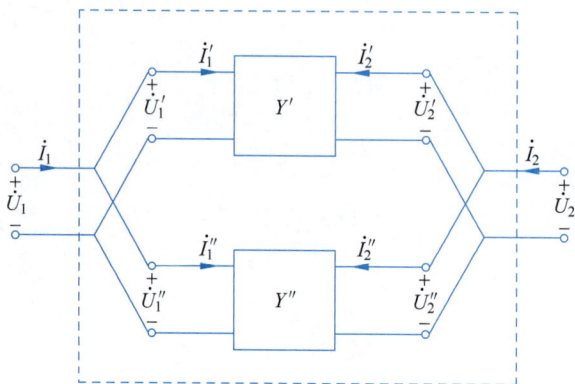

图 9-18　并联

二端口网络并联一般采用 Y 参数方程比较方便。

$$\begin{bmatrix}\dot{I}'_1\\\dot{I}'_2\end{bmatrix}=\begin{bmatrix}Y'_{11} & Y'_{12}\\Y'_{21} & Y'_{22}\end{bmatrix}\begin{bmatrix}\dot{U}'_1\\\dot{U}'_2\end{bmatrix}$$

$$\begin{bmatrix}\dot{I}''_1\\\dot{I}''_2\end{bmatrix}=\begin{bmatrix}Y''_{11} & Y''_{12}\\Y''_{21} & Y''_{22}\end{bmatrix}\begin{bmatrix}\dot{U}''_1\\\dot{U}''_2\end{bmatrix}$$

并联后，

$$\begin{bmatrix}\dot{U}_1\\\dot{U}_2\end{bmatrix}=\begin{bmatrix}\dot{U}'_1\\\dot{U}'_2\end{bmatrix}=\begin{bmatrix}\dot{U}''_1\\\dot{U}''_2\end{bmatrix}$$

$$\begin{bmatrix}\dot{I}_1\\\dot{I}_2\end{bmatrix}=\begin{bmatrix}\dot{I}'_1\\\dot{I}'_2\end{bmatrix}+\begin{bmatrix}\dot{I}''_1\\\dot{I}''_2\end{bmatrix}$$

$$\begin{bmatrix}\dot{I}_1\\\dot{I}_2\end{bmatrix}=\begin{bmatrix}\dot{I}'_1\\\dot{I}'_2\end{bmatrix}+\begin{bmatrix}\dot{I}''_1\\\dot{I}''_2\end{bmatrix}=\begin{bmatrix}Y'_{11} & Y'_{12}\\Y'_{21} & Y'_{22}\end{bmatrix}\begin{bmatrix}\dot{U}'_1\\\dot{U}'_2\end{bmatrix}+\begin{bmatrix}Y''_{11} & Y''_{12}\\Y''_{21} & Y''_{22}\end{bmatrix}\begin{bmatrix}\dot{U}''_1\\\dot{U}''_2\end{bmatrix}$$

$$=\left\{\begin{bmatrix}Y'_{11} & Y'_{12}\\Y'_{21} & Y'_{22}\end{bmatrix}+\begin{bmatrix}Y''_{11} & Y''_{12}\\Y''_{21} & Y''_{22}\end{bmatrix}\right\}\begin{bmatrix}\dot{U}_1\\\dot{U}_2\end{bmatrix}=\begin{bmatrix}Y'_{11}+Y''_{11} & Y'_{12}+Y''_{12}\\Y'_{21}+Y''_{21} & Y'_{22}+Y''_{22}\end{bmatrix}\begin{bmatrix}\dot{U}_1\\\dot{U}_2\end{bmatrix}=[Y]\begin{bmatrix}\dot{U}_1\\\dot{U}_2\end{bmatrix}$$

因此，可得$[Y]=[Y']+[Y'']$，二端口并联所得复合二端口的 Y 参数矩阵等于两个二端口 Y 参数矩阵相加。一般地，具有公共端的二端口并联(即公共端并联在一起)不会破坏端口条件。

例 9-10 求图 9-19(a)所示的电路的 Y 参数。

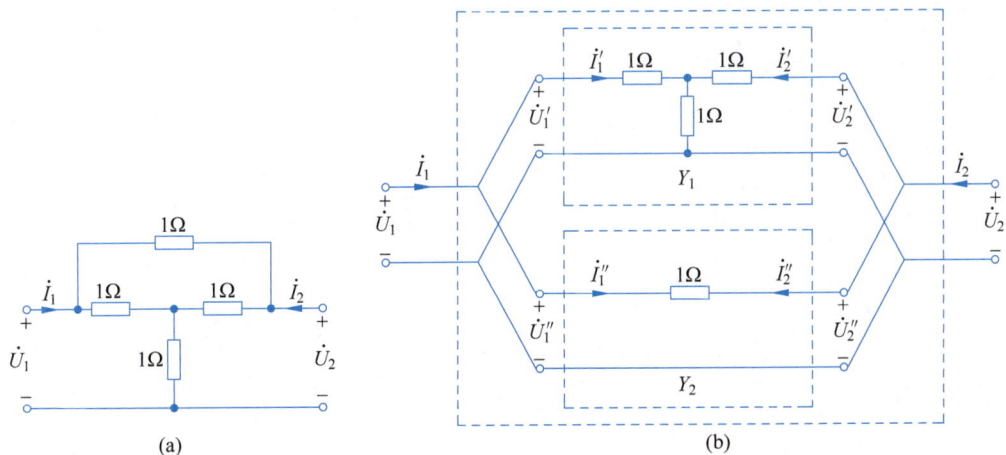

图 9-19 例 9-10 图

解：将电路分成两个 Y 形连接的并联，如图 9-19(b)所示。易求出

$$Y_1 = \begin{bmatrix} \dfrac{2}{3} & -\dfrac{1}{3} \\ -\dfrac{1}{3} & \dfrac{2}{3} \end{bmatrix} \mathrm{S}$$

$$Y_2 = \begin{bmatrix} 1 & -1 \\ -1 & 1 \end{bmatrix} \mathrm{S}$$

则

$$[Y] = [Y_1] + [Y_2] = \begin{bmatrix} \dfrac{2}{3} & -\dfrac{1}{3} \\ -\dfrac{1}{3} & \dfrac{2}{3} \end{bmatrix} + \begin{bmatrix} 1 & -1 \\ -1 & 1 \end{bmatrix} = \begin{bmatrix} \dfrac{5}{3} & -\dfrac{4}{3} \\ -\dfrac{4}{3} & \dfrac{5}{3} \end{bmatrix} \mathrm{S}$$

9.4.3 串联

串联连接方式如图 9-20 所示。

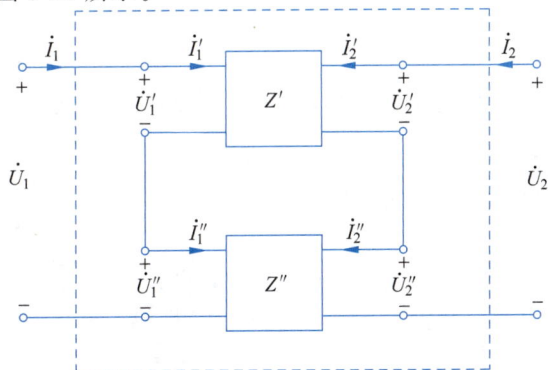

图 9-20 串联

二端口网络串联一般采用 Z 参数方程比较方便。

$$\begin{bmatrix} \dot{U}'_1 \\ \dot{U}'_2 \end{bmatrix} = \begin{bmatrix} Z'_{11} & Z'_{12} \\ Z'_{21} & Z'_{22} \end{bmatrix} \begin{bmatrix} \dot{I}'_1 \\ \dot{I}'_2 \end{bmatrix}$$

$$\begin{bmatrix} \dot{U}''_1 \\ \dot{U}''_2 \end{bmatrix} = \begin{bmatrix} Z''_{11} & Z''_{12} \\ Z''_{21} & Z''_{22} \end{bmatrix} \begin{bmatrix} \dot{I}''_1 \\ \dot{I}''_2 \end{bmatrix}$$

$$\begin{bmatrix} \dot{I}_1 \\ \dot{I}_2 \end{bmatrix} = \begin{bmatrix} \dot{I}'_1 \\ \dot{I}'_2 \end{bmatrix} = \begin{bmatrix} \dot{I}''_1 \\ \dot{I}''_2 \end{bmatrix}$$

$$\begin{bmatrix} \dot{U}_1 \\ \dot{U}_2 \end{bmatrix} = \begin{bmatrix} \dot{U}'_1 \\ \dot{U}'_2 \end{bmatrix} + \begin{bmatrix} \dot{U}''_1 \\ \dot{U}''_2 \end{bmatrix}$$

$$\begin{bmatrix} \dot{U}_1 \\ \dot{U}_2 \end{bmatrix} = \begin{bmatrix} \dot{U}'_1 \\ \dot{U}'_2 \end{bmatrix} + \begin{bmatrix} \dot{U}''_1 \\ \dot{U}''_2 \end{bmatrix} = [Z'] \begin{bmatrix} \dot{I}'_1 \\ \dot{I}'_2 \end{bmatrix} + [Z''] \begin{bmatrix} \dot{I}''_1 \\ \dot{I}''_2 \end{bmatrix} = \{[Z']\} + \{[Z'']\} \begin{bmatrix} \dot{I}_1 \\ \dot{I}_2 \end{bmatrix} = [Z] \begin{bmatrix} \dot{I}_1 \\ \dot{I}_2 \end{bmatrix}$$

因此,可得$[Z]=[Z']+[Z'']$,串联后复合二端口的 Z 参数矩阵等于原二端口的 Z 参数矩阵相加。可推广到 n 端口串联。一般地,具有公共端的二端口串联(即公共端串联在一起)不会破坏端口条件。

例 9-11　求图 9-21(a)所示的电路的 Z 参数。

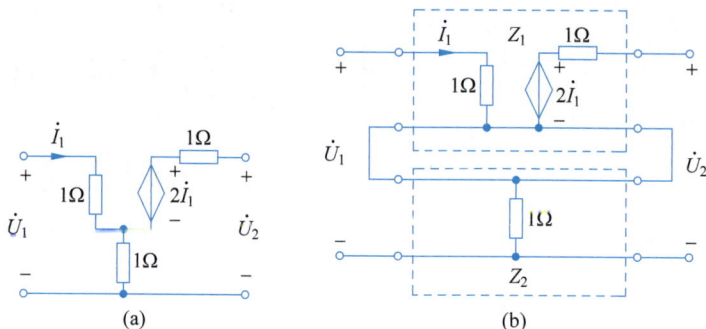

图 9-21　例 9-11 图

解：将电路分成两个 Z 形连接的串联,如图 9-21(b)所示。易求出

$$Z_1 = \begin{bmatrix} 1 & 0 \\ 2 & 1 \end{bmatrix} \Omega, \quad Z_2 = \begin{bmatrix} 1 & 1 \\ 1 & 1 \end{bmatrix} \Omega$$

则

$$[Z] = [Z_1] + [Z_2] = \begin{bmatrix} 1 & 0 \\ 2 & 1 \end{bmatrix} + \begin{bmatrix} 1 & 1 \\ 1 & 1 \end{bmatrix} = \begin{bmatrix} 2 & 1 \\ 3 & 2 \end{bmatrix} \Omega$$

9.5 回转器和负阻抗变换器

9.5.1 回转器

回转器是一个二端口元件,符号如图 9-22 所示。

其传输方程为

$$\begin{cases} u_1 = -r i_2 \\ u_2 = r i_1 \end{cases} \tag{9-9}$$

或

$$\begin{cases} i_1 = g u_2 \\ i_2 = -g u_1 \end{cases} \tag{9-10}$$

式中,g 称为回转电导,r 称为回转电阻,二者互为倒数,是表示回转器特性的参数。

根据二端口网络的参数方程表达式,可得回转器的 Y 参数矩阵和 Z 参数矩阵分别为

$Y = \begin{bmatrix} 0 & g \\ -g & 0 \end{bmatrix}$, $Z = \begin{bmatrix} 0 & -r \\ r & 0 \end{bmatrix}$,显然回转器是一个非互易的二端口元件。

在任一时刻,输入回转器的功率为

$$u_1 i_1 + u_2 i_2 = \left(-\frac{i_2}{g} \right) \cdot g u_2 + u_2 i_2 = 0$$

这说明回转器与理想变压器一样,是一个既不储存能量又不消耗能量的理想二端口元件。

若在回转器的输出端口接入一个阻抗为 $Z_L(s)$ 的负载,如图 9-23 所示。

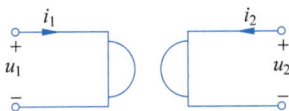

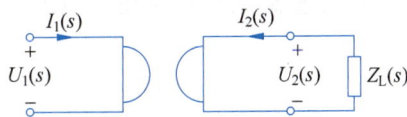

图 9-22 回转器 图 9-23 输出端接负载

则回转器的输入阻抗为

$$Z_{in}(s) = \frac{U_1(s)}{I_1(s)} = \frac{-r I_2(s)}{\dfrac{U_2(s)}{r}} = \frac{r^2}{Z_L(s)} \tag{9-11}$$

该式说明回转器的输入阻抗与负载阻抗成反比。回转器的这一性质称为逆变性质。

若 $Z_L(s) = \dfrac{1}{sC}$,则由式(9-11)可得,$Z_{in}(s) = r^2 sC$。从回转器的输入端口看,它等效于具有电感 $L = r^2 C$ 的电感元件,即回转器可以将一个电容元件"回转"为一个电感元件;与此类似,回转器也能将一个电感元件"回转"为一个电容元件。例如,设负载为一个电容元件 $C = 1\text{pF}$,回转电导 $g = 1\text{mS}$,则回转器的输入电感为 $L = \dfrac{C}{g^2} = 1\mu\text{H}$。

回转器由于具有逆变性质,在集成电路中得到了重要的应用。因为在微小的单晶片上制造电容比制造电感容易得多,所以可以用一个带有电容负载的回转器来获得所需的电感。

9.5.2　负阻抗变换器

负阻抗变换器(简记为 NIC)是能将一个阻抗(或元件参数)按一定比例进行变换并改变其符号的一种二端口元件,可以用晶体管电路或运算放大器来实现,符号如图 9-24 所示。

其传输方程为

$$\begin{cases} u_1 = u_2 \\ i_1 = k i_2 \end{cases} \tag{9-12}$$

或

$$\begin{cases} u_1 = -k u_2 \\ i_1 = i_2 \end{cases} \tag{9-13}$$

式中,k 称为负阻抗变换器的变比,是负阻抗变换器的唯一参数不妨设 $k>0$。

式(9-12)表明,输入电压 u_1 传输后变成输出电压 u_2,大小和极性都没有发生变化;但是电流 i_1 经传输变成 $k i_2$,大小和方向都发生了变化,所以这种 NIC 称为电流反向型 NIC。同样地,我们将电流不变而输入输出电压发生变化的 NIC 称为电压反向型 NIC。下面分析NIC 的性质。

在 NIC 的端口 2-2′接上阻抗 $Z_2(s)$,如图 9-25 所示。

图 9-24　负阻抗变换器 1　　　图 9-25　负阻抗变换器 2

假设 NIC 为电流反向型,利用式(9-12),则从 1-1′端口看进去的输入阻抗 $Z_1(s)$为

$$Z_1(s) = \frac{U_1(s)}{I_1(s)} = \frac{U_2(s)}{k I_2(s)} = \frac{-Z_2(s) I_2(s)}{k I_2(s)} = \frac{-Z_2(s)}{k}$$

由此可见,负阻抗变换器有把正阻抗变换为负阻抗的本领,也就是说在输出端口上接入一个电阻 R、电感 L 或电容 C 时,在输入端口获得的等效元件是负电阻、负电感或负电容元件。

习题 9

一、简答题

9-1　端口条件是什么？二端口网络和四端网络的区别是什么？

9-2　二端口的 Y、Z、T 和 H 参数的物理意义分别是什么？

9-3　互易二端口的 Y、Z 和 T 参数具有什么性质？

9-4　对称二端口的 Y、Z 和 T 参数具有什么性质？

9-5　二端口网络的 H 参数常被用于什么器件的建模分析？

9-6　"二端口网络的等效电路是唯一的"这句话是否正确？为什么？请举例说明。

9-7　二端口网络的级联和串联有什么区别？

9-8　级联后所得复合二端口的 T 参数矩阵等于级联的二端口的 T 参数矩阵相乘还是

相加?

9-9 并联后所得复合二端口的 Y 参数矩阵等于并联的二端口的 Y 参数矩阵相乘还是相加?

9-10 串联后所得复合二端口的 Z 参数矩阵等于串联的二端口的 Z 参数矩阵相乘还是相加?

9-11 二端口级联、并联和串联时,端口条件是否被破坏? 举例说明。

9-12 回转器的二端口参数是否具有互易性?

9-13 为什么在集成电路中常用带电容负载的回转器实现电感的功能?

9-14 复阻抗变换器按照输入电压、电流和输出电压、电流的关系可分为哪两种?

二、选择题

9-15～9-21 的图如题 9-15～9-21 图所示。

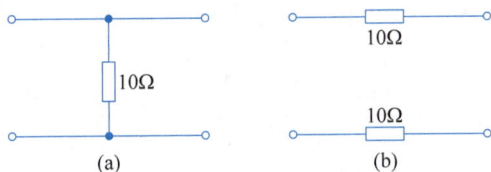

题 9-15～9-21 图

9-15 图示二端口网络题 9-15～9-21 图(a)的 Z 参数中的 Z_{11} 是( )Ω。

    A. 0   B. 10   C. 20   D. 不存在

9-16 图示二端口网络题 9-15～9-21 图(b)的 Z 参数中的 Z_{11} 是( )Ω。

    A. 0   B. 10   C. 20   D. 不存在

9-17 图示二端口网络题 9-15～9-21 图(a)的 Y 参数中的 Y_{11} 是( )S。

    A. 0.05   B. 10   C. 20   D. 不存在

9-18 图示二端口网络题 9-15～9-21 图(b)的 Y 参数中的 Y_{11} 是( )S。

    A. 0.05   B. 10   C. 20   D. 不存在

9-19 图示二端口网络题 9-15～9-21 图(b)的 H 参数中的 H_{21} 是( )。

    A. -0.1   B. -1   C. 0   D. 10

9-20 图示二端口网络题 9-15～9-21 图(a)的 T 参数中的 B 是( )Ω。

    A. 0   B. 5   C. 10   D. 20

9-21 图示二端口网络题 9-15～9-21 图(b)的 T 参数中的 B 是( )Ω。

    A. 0   B. 5   C. 10   D. 20

9-22 二端口电路的端口 1 被短路时,$\dot{I}_1 = 4\dot{I}_2$,$\dot{U}_2 = 0.25\dot{I}_2$,则下面那一个选项是正确的( )。

    A. $Z_{12} = 10$ B. $Y_{12} = -0.0143$ C. $H_{12} = 0.5$ D. $A = 50$

9-23 二端口网络的方程为 $\dot{U}_1 = 50\dot{I}_1 + 10\dot{I}_2$,$\dot{U}_2 = 30\dot{I}_1 + 20\dot{I}_2$,则下面那一个选项是错误的( )。

    A. $Y_{11} = 4$ B. $Y_{12} = 16$ C. $Y_{21} = 16$ D. $Y_{22} = 0.25$

9-24 如果二端口网络是互易的,则下面那一个选项是错误的( )。

    A. $Z_{12} = Z_{21}$ B. $Y_{12} = Y_{21}$ C. $H_{12} = H_{21}$ D. $AD = BC+1$

三、计算题

9-25 求题 9-25 图所示的各二端口网络的短路导纳矩阵 $\mathbf{Y}$。

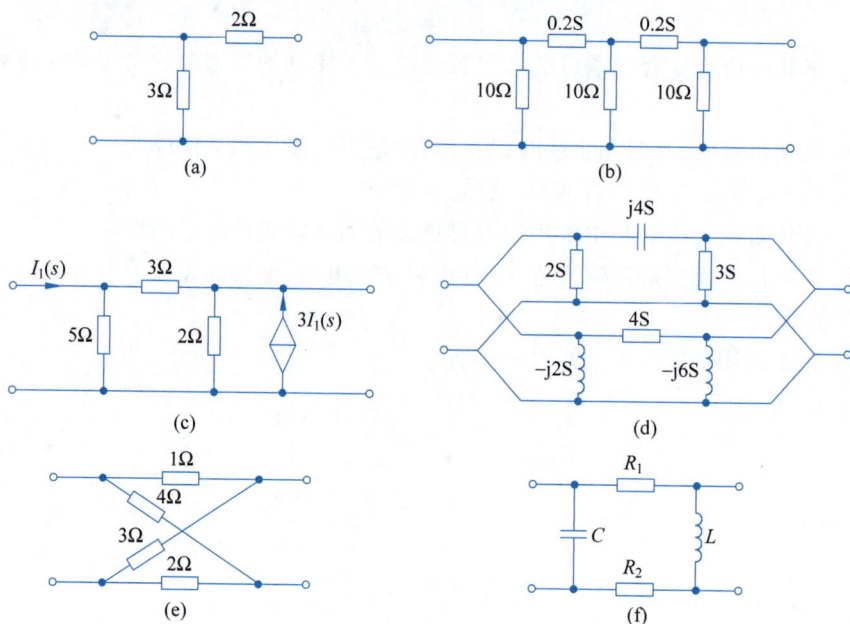

(a)

(b)

(c)

(d)

(e)

(f)

题 **9-25** 图

9-26 求题 9-26 图所示的各二端口网络的开路阻抗矩阵 $\mathbf{Z}$。

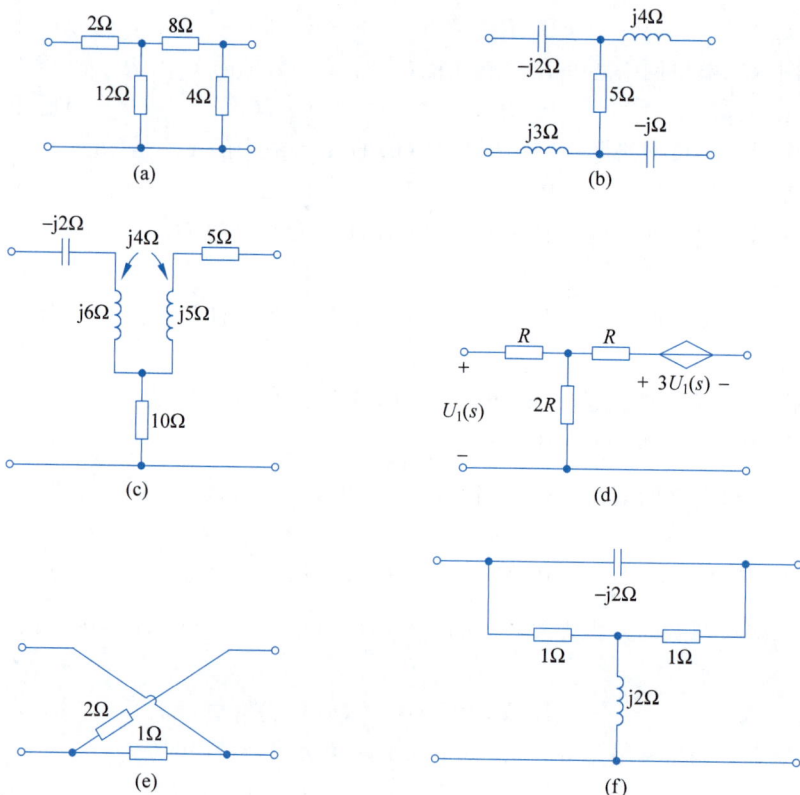

(a)

(b)

(c)

(d)

(e)

(f)

题 **9-26** 图

9-27 求题 9-27 图所示的各二端口网络的传输参数矩阵 T。

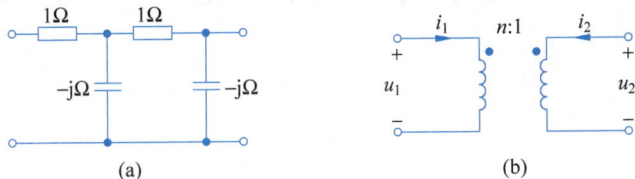

(a)   (b)

题 **9-27** 图

9-28 求题 9-28 图所示的各二端口网络的混合参数矩阵 H。

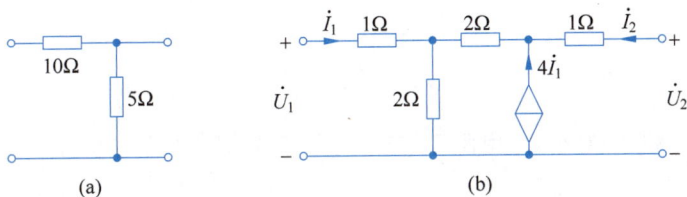

(a)   (b)

题 **9-28** 图

9-29 试绘出对应开路阻抗矩阵的最简型的二端口网络。

$(1) \begin{bmatrix} 3 & 1 \\ 1 & 2 \end{bmatrix} \Omega; (2) \begin{bmatrix} 1+\dfrac{4}{s} & \dfrac{2}{s} \\ \dfrac{2}{s} & 3+\dfrac{2}{s} \end{bmatrix} \Omega; (3) \begin{bmatrix} 3 & 2 \\ -4 & 4 \end{bmatrix} \Omega。$

9-30 试绘出对应短路导纳矩阵的最简型的二端口网络。

$(1) \begin{bmatrix} 5 & -2 \\ -2 & 3 \end{bmatrix} S; (2) \begin{bmatrix} 10 & -2 \\ -5 & 20 \end{bmatrix} S; (3) \begin{bmatrix} 5 & -2 \\ 0 & 3 \end{bmatrix} S。$

9-31 利用二端口网络分析法,求题 9-31 图所示的正弦电路中的 $\dot{I}_3/\dot{U}_1$。(电源角频率为 ω)

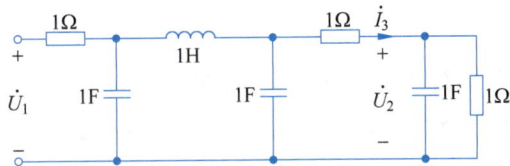

题 **9-31** 图

9-32 求证由两个回转器级联而成的复合二端口网络等效于一个理想变压器,并求出这个等效的理想变压器的变比 $n_1：n_2$ 与原有回转器的回转电阻之间的关系。

9-33 题 9-33 图所示的正弦稳态电路中,已知电流源 $i_s = 2\cos 10^3 t \text{A}$,求输入端口电压 $u_1(t)$。

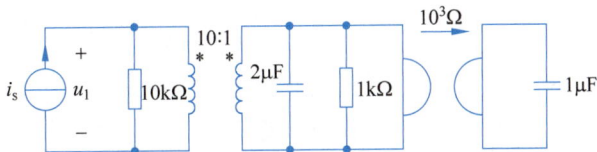

题 **9-33** 图

9-34 如题 9-34 图所示,已知二端口 N 的 Y 参数为 $\begin{bmatrix} 3 & 1 \\ 1 & 2 \end{bmatrix}$ S,求二端口 N′ 的 Y 参数。

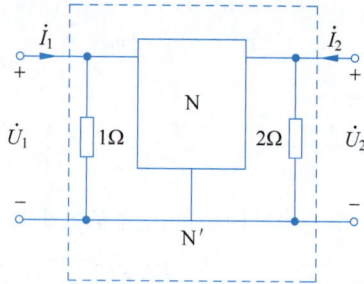

题 **9-34** 图

9-35 如题 9-35 图所示,一电阻二端口 N,其传输参数矩阵为 $T = \begin{bmatrix} 2 & 8\Omega \\ 0.5S & 2.5 \end{bmatrix}$。

(1) 求其 T 形等效电路;

(2) 若端口 1 接 $U_s = 6V$、$R_1 = 2\Omega$ 的串联支路,端口 2 接电阻 R(如题 9-35 图(a)所示),求 R 为何值时可使其获得最大功率,并求此最大功率值;

(3) 若端口 1 接电压源 $u_s = 6 + 10\sin t$ V 与电阻 $R_1 = 2\Omega$ 的串联支路,端口 2 接 $L = 1H$ 与 $C = 1F$ 的串联支路(如题 9-35 图(b)所示),求电容 C 上电压的有效值;

(4) 若端口 1 接电压源 $u_s = 12\varepsilon(t)$V,端口 2 接一电容 $C = 1F$,$u_C(0_-) = 1V$,求 $u_C(t)$。

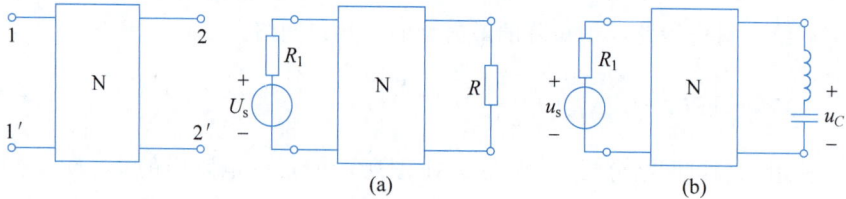

题 **9-35** 图

四、思考题

9-36 如题 9-36 图所示的二端口网络 N_1 的 Y 参数为 Y_1,二端口网络 N_2 的 Y 参数为 Y_2,那么复合二端口网络 N 的 Y 参数是否为 $Y_1 + Y_2$? 为什么?

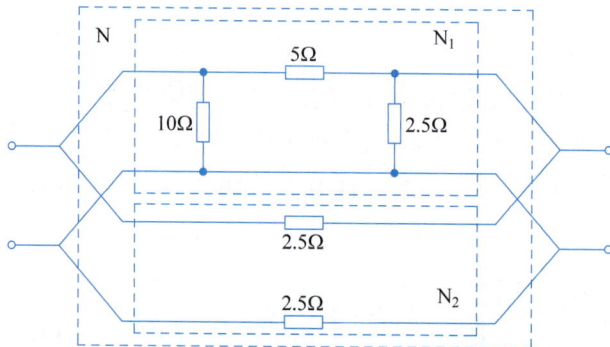

题 **9-36** 图

第 10 章

CHAPTER 10

电路的矩阵方程 *

第 2 章学习的支路电流法、网孔电流法、回路电流法和结点电压法,都是凭观察法列出所需的独立方程组。对于含元件较少的电路来说,这种方法可行。但随着现代电子技术的飞速发展,电路规模日益增大,结构日趋复杂。为了便于利用计算机作为辅助手段进行电路分析,有必要研究系统化建立电路方程的方法,并且为了便于用计算机求解方程,还要求这些方程的矩阵形式。本章作为选学内容,初步介绍这种分析方法。

10.1 关联矩阵、回路矩阵和割集矩阵

图的支路与结点、支路与回路、支路与割集等的关联性质,都可以用相应的矩阵来描述。当一个电路给定后,其 KCL 和 KVL 方程仅取决于该电路的结构,而与其中元件的性质无关。因此,KCL、KVL 方程可以用该电路的图的有关矩阵来表示。

10.1.1 关联矩阵

设一条支路连接于某两个结点,则称该支路与这两个结点相关联。对于一个有 n 个结点和 b 条支路的有向图,所有结点与支路都加上编号,于是结点与支路的关联性质可用一个 $n \times b$ 阶的矩阵 $\boldsymbol{A}_a$ 描述。矩阵 $\boldsymbol{A}_a$ 的行对应于结点,列对应于支路,它的任意一个元素 a_{jk} 定义为

$$a_{jk} = \begin{cases} 1, & \text{表示支路 } k \text{ 与结点 } j \text{ 关联,方向离开结点 } j \\ -1, & \text{表示支路 } k \text{ 与结点 } j \text{ 关联,方向指向结点 } j \\ 0, & \text{表示支路 } k \text{ 与结点 } j \text{ 无关联} \end{cases} \tag{10-1}$$

由于矩阵 $\boldsymbol{A}_a$ 的行不是线性独立的,因此划去 $\boldsymbol{A}_a$ 中任一行,得到 $(n-1) \times b$ 阶的矩阵,称为降阶关联矩阵,简称关联矩阵,用 $\boldsymbol{A}$ 表示。划去的那一行的对应结点可作为参考结点。

例如,对于图 10-1 所示的有向图,若以结点④为参考点,则关联矩阵为

$$\boldsymbol{A} = \begin{array}{c} \\ ① \\ ② \\ ③ \end{array} \begin{array}{cccccc} 1 & 2 & 3 & 4 & 5 & 6 \\ \left[\begin{array}{cccccc} -1 & 1 & 0 & 0 & 0 & 1 \\ 0 & -1 & 1 & 1 & 0 & 0 \\ 0 & 0 & 0 & -1 & 1 & -1 \end{array}\right] \end{array}$$

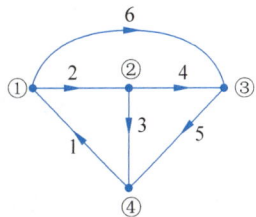

图 10-1 有向图

电路中的 b 个支路电流可以用一个 b 阶列向量表示,即

$$\boldsymbol{i}=\begin{bmatrix} i_1 & i_2 & \cdots & i_b \end{bmatrix}^{\mathrm{T}}$$

用关联矩阵 $\boldsymbol{A}$ 左乘电流列向量 $\boldsymbol{i}$,由矩阵相乘规则可知,它的每一元素即关联到对应结点上各支路电流的代数和,得

$$\boldsymbol{A}\boldsymbol{i}=\begin{bmatrix} 结点\ 1\ 上的\ \sum i \\ 结点\ 2\ 上的\ \sum i \\ \vdots \\ 结点(n-1)\ 上的\ \sum i \end{bmatrix}$$

即 KCL 的矩阵形式为

$$\boldsymbol{A}\boldsymbol{i}=0 \tag{10-2}$$

例如,对于图 10-1 所示的有向图,有

$$\boldsymbol{A}\boldsymbol{i}=\begin{bmatrix} -1 & 1 & 0 & 0 & 0 & 1 \\ 0 & -1 & 1 & 1 & 0 & 0 \\ 0 & 0 & 0 & -1 & 1 & -1 \end{bmatrix}\begin{bmatrix} i_1 \\ i_2 \\ i_3 \\ i_4 \\ i_5 \\ i_6 \end{bmatrix}=\begin{bmatrix} -i_1+i_2+i_6 \\ -i_2+i_3+i_4 \\ -i_4+i_5-i_6 \end{bmatrix}=\begin{bmatrix} 0 \\ 0 \\ 0 \end{bmatrix}$$

电路中的 b 个支路电压可以用一个 b 阶列向量表示,即

$$\boldsymbol{u}=\begin{bmatrix} u_1 & u_2 & \cdots & u_b \end{bmatrix}^{\mathrm{T}}$$

$(n-1)$个结点电压可以用一个$(n-1)$ 阶列向量表示,即

$$\boldsymbol{u}_n=\begin{bmatrix} u_{n1} & u_{n2} & \cdots & u_{n(n-1)} \end{bmatrix}^{\mathrm{T}}$$

而关联矩阵 $\boldsymbol{A}$ 的每一列,表示每一对应支路与结点的关联情况,因此 KVL 的矩阵形式可以表示为

$$\boldsymbol{u}=\boldsymbol{A}^{\mathrm{T}}\boldsymbol{u}_n \tag{10-3}$$

例如,对图 10-1 所示的有向图,有

$$\begin{bmatrix} u_1 \\ u_2 \\ u_3 \\ u_4 \\ u_5 \\ u_6 \end{bmatrix}=\begin{bmatrix} -1 & 0 & 0 \\ 1 & -1 & 0 \\ 0 & 1 & 0 \\ 0 & 1 & -1 \\ 0 & 0 & 1 \\ 1 & 0 & -1 \end{bmatrix}\begin{bmatrix} u_{n1} \\ u_{n2} \\ u_{n3} \end{bmatrix}=\begin{bmatrix} -u_{n1} \\ u_{n1}-u_{n2} \\ u_{n2} \\ u_{n2}-u_{n3} \\ u_{n3} \\ u_{n1}-u_{n3} \end{bmatrix}$$

10.1.2　回路矩阵

设一个回路由某些支路组成,则称这些支路与该回路关联。支路与回路的关联性质可以用回路矩阵描述,这里仅介绍独立回路矩阵,简称为回路矩阵。对于一个有 n 个结点和 b 条支路的有向图,独立回路的数目为$(b-n+1)$个,所有独立回路和支路均加上编号,于是支路与回路的关联关系可用$(b-n+1)\times b$ 阶的回路矩阵 $\boldsymbol{B}$ 来描述。回路矩阵 $\boldsymbol{B}$ 的行对应

回路,列对应支路,它的任一元素 b_{jk} 定义为

$$b_{jk} = \begin{cases} 1, & \text{表示支路 } k \text{ 与基本回路 } j \text{ 相关联,方向一致} \\ -1, & \text{表示支路 } k \text{ 与基本回路 } j \text{ 相关联,方向相反} \\ 0, & \text{表示支路 } k \text{ 与基本回路 } j \text{ 无关联} \end{cases} \tag{10-4}$$

例如,对于图 10-2 所示的有向图,独立回路数等于 3,对应的回路矩阵为

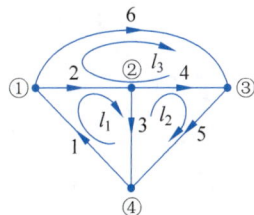

图 10-2 有向图及其独立回路

$$\begin{array}{cccccc} & 1 & 2 & 3 & 4 & 5 & 6 \end{array}$$
$$\boldsymbol{B} = \begin{array}{c} l_1 \\ l_2 \\ l_3 \end{array} \begin{bmatrix} 1 & 1 & 1 & 0 & 0 & 0 \\ 0 & 0 & -1 & 1 & 1 & 0 \\ 0 & -1 & 0 & -1 & 0 & 1 \end{bmatrix}$$

如果所选独立回路组是对应于一个树的单连支回路组,这种回路矩阵就称为基本回路矩阵,用 $\boldsymbol{B}_f$ 表示。在写 $\boldsymbol{B}_f$ 时,支路的编号是先树支后连支,则基本回路矩阵为

$$\boldsymbol{B}_f = \begin{bmatrix} \boldsymbol{B}_t & \vdots & \boldsymbol{1}_l \end{bmatrix}$$

式中,下标 t 和 l 分别表示树支和连支对应的部分。

例如,对于图 10-2 所示的有向图,选 2、3、4 为树,有

$$\begin{array}{cccccc} & 2 & 3 & 4 & 1 & 5 & 6 \end{array}$$
$$\boldsymbol{B}_f = \begin{array}{c} l_1 \\ l_2 \\ l_3 \end{array} \begin{bmatrix} 1 & 1 & 0 & 1 & 0 & 0 \\ 0 & -1 & 1 & 0 & 1 & 0 \\ -1 & 0 & -1 & 0 & 0 & 1 \end{bmatrix}$$

用回路矩阵 $\boldsymbol{B}$ 左乘支路电压列向量 $\boldsymbol{u}$,由矩阵相乘规则可知,它的每一元素即关联到对应结点上各支路电压的代数和,得

$$\boldsymbol{B}\boldsymbol{u} = \begin{bmatrix} \text{回路 1 中的} \sum u \\ \text{回路 2 中的} \sum u \\ \vdots \\ \text{回路}(b-n+1) \text{ 中的} \sum u \end{bmatrix}$$

即 KVL 的矩阵形式为

$$\boldsymbol{B}\boldsymbol{u} = 0 \tag{10-5}$$

例如,对于图 10-2 所示的有向图,有

$$\boldsymbol{B}\boldsymbol{u} = \begin{bmatrix} 1 & 1 & 1 & 0 & 0 & 0 \\ 0 & 0 & -1 & 1 & 1 & 0 \\ 0 & -1 & 0 & -1 & 0 & 1 \end{bmatrix} \begin{bmatrix} u_1 \\ u_2 \\ u_3 \\ u_4 \\ u_5 \\ u_6 \end{bmatrix} = \begin{bmatrix} u_1 + u_2 + u_3 \\ -u_3 + u_4 + u_5 \\ -u_2 - u_4 + u_6 \end{bmatrix} = \begin{bmatrix} 0 \\ 0 \\ 0 \end{bmatrix}$$

$(b-n+1)$ 个回路电流可以用一个 $(b-n+1)$ 阶列向量表示,即

$$\boldsymbol{i}_l = \begin{bmatrix} i_{l1} & i_{l2} & \cdots & i_{l(b-n+1)} \end{bmatrix}^{\mathrm{T}}$$

而回路矩阵 **B** 的每一列,表示每一对应支路与回路的关联情况,因此 KCL 的矩阵形式可以表示为

$$i = \boldsymbol{B}^{\mathrm{T}} \boldsymbol{i}_l \tag{10-6}$$

例如,对图 10-2 所示的有向图,有

$$\begin{bmatrix} i_1 \\ i_2 \\ i_3 \\ i_4 \\ i_5 \\ i_6 \end{bmatrix} = \begin{bmatrix} 1 & 0 & 0 \\ 1 & 0 & -1 \\ 1 & -1 & 0 \\ 0 & 1 & -1 \\ 0 & 1 & 0 \\ 0 & 0 & 1 \end{bmatrix} \begin{bmatrix} i_{l1} \\ i_{l2} \\ i_{l3} \end{bmatrix} = \begin{bmatrix} i_{l1} \\ i_{l1} - i_{l3} \\ i_{l1} - i_{l2} \\ i_{l2} - i_{l3} \\ i_{l2} \\ i_{l3} \end{bmatrix}$$

10.1.3 割集矩阵

设一个割集由某些支路构成,则称这些支路与该割集关联。支路与割集的关联性质可以用割集矩阵描述,这里仅介绍独立割集矩阵,简称为割集矩阵。对于有 n 个结点和 b 条支路的有向图,独立割集的数目为$(n-1)$个,所有独立割集和支路均加上编号,于是支路与割集的关联关系可用$(n-1) \times b$ 阶的割集矩阵 $\boldsymbol{Q}$ 描述。割集矩阵 $\boldsymbol{Q}$ 的行对应基本割集,列对应支路,它的任一元素 q_{jk} 定义为

$$q_{jk} = \begin{cases} 1, & \text{表示支路 } k \text{ 与基本割集 } j \text{ 相关联,方向一致} \\ -1, & \text{表示支路 } k \text{ 与基本割集 } j \text{ 相关联,方向相反} \\ 0, & \text{表示支路 } k \text{ 与基本割集 } j \text{ 无关联} \end{cases} \tag{10-7}$$

例如,对于图 10-3(a)所示的有向图,独立割集数等于 3,若选一组独立割集对应的割集矩阵为

$$\boldsymbol{Q} = \begin{array}{c} \\ Q_1 \\ Q_2 \\ Q_3 \end{array} \begin{array}{cccccc} 1 & 2 & 3 & 4 & 5 & 6 \\ \begin{bmatrix} -1 & 1 & 0 & 0 & 0 & 1 \\ 1 & 0 & 1 & 0 & -1 & 0 \\ 0 & 0 & 0 & 1 & 1 & -1 \end{bmatrix} \end{array}$$

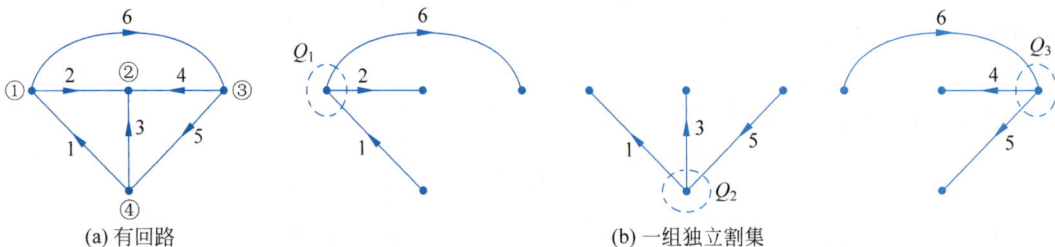

(a) 有回路   （b) 一组独立割集

图 10-3 有向图及其独立割集

如果选一组单树支割集为独立割集组,这种割集矩阵就称为基本割集矩阵,用 $\boldsymbol{Q}_f$ 表示。在写 $\boldsymbol{Q}_f$ 时,支路的编号是先树支后连支,则基本回路矩阵为

$$\boldsymbol{Q}_f = [\boldsymbol{1}_t \ \vdots \ \boldsymbol{Q}_l]$$

式中,下标 t 和 l 分别表示树支和连支对应的部分。

例如,对于图 10-3(a)所示的有向图,选 2、3、4 为树支,即选图 10-3(b)所示的一组独立割集,有

$$
\boldsymbol{Q}_f = \begin{matrix} & \begin{matrix} 2 & 3 & 4 & 1 & 5 & 6 \end{matrix} \\ \begin{matrix} \boldsymbol{Q}_1 \\ \boldsymbol{Q}_2 \\ \boldsymbol{Q}_3 \end{matrix} & \begin{bmatrix} 1 & 0 & 0 & -1 & 0 & 1 \\ 0 & 1 & 0 & 1 & -1 & 0 \\ 0 & 0 & 1 & 0 & 1 & -1 \end{bmatrix} \end{matrix}
$$

用割集矩阵 $\boldsymbol{Q}$ 左乘电流列向量 $\boldsymbol{i}$,由矩阵相乘规则可知,它的每一元素即关联到对应割集上各支路电流的代数和,即 KCL 的矩阵形式为

$$
\boldsymbol{Q}\boldsymbol{i} = 0 \tag{10-8}
$$

例如,对于图 10-3(a)所示的有向图,选图 10-3(b)所示的一组独立割集,有

$$
\boldsymbol{Q}\boldsymbol{i} = \begin{bmatrix} -1 & 1 & 0 & 0 & 0 & 1 \\ 1 & 0 & -1 & 0 & -1 & 0 \\ 0 & 0 & 0 & -1 & 1 & -1 \end{bmatrix} \begin{bmatrix} i_1 \\ i_2 \\ i_3 \\ i_4 \\ i_5 \\ i_6 \end{bmatrix} = \begin{bmatrix} -i_1 + i_2 + i_6 \\ i_1 - i_3 - i_5 \\ -i_4 + i_5 - i_6 \end{bmatrix} = \begin{bmatrix} 0 \\ 0 \\ 0 \end{bmatrix}
$$

电路中的 $(n-1)$ 个树支电压可以用一个 $(n-1)$ 阶列向量表示,即

$$
\boldsymbol{u}_t = \begin{bmatrix} u_{t1} & u_{t2} & \cdots & u_{t(n-1)} \end{bmatrix}^{\mathrm{T}}
$$

而基本割集矩阵 $\boldsymbol{Q}_f$ 的每一列,表示每一对应支路与割集的关联情况,因此 KVL 的矩阵形式可以表示为

$$
\boldsymbol{u} = \boldsymbol{Q}_f^{\mathrm{T}} \boldsymbol{u}_t \tag{10-9}
$$

例如,对于图 10-3(a)所示的有向图,选图 10-3(b)所示的一组独立割集,有

$$
\begin{bmatrix} u_2 \\ u_3 \\ u_4 \\ u_1 \\ u_5 \\ u_6 \end{bmatrix} = \begin{bmatrix} 1 & 0 & 0 \\ 0 & 1 & 0 \\ 0 & 0 & 1 \\ -1 & 1 & 0 \\ 0 & -1 & 1 \\ 1 & 0 & -1 \end{bmatrix} \begin{bmatrix} u_{t1} \\ u_{t2} \\ u_{t3} \end{bmatrix} = \begin{bmatrix} u_{t1} \\ u_{t2} \\ u_{t3} \\ -u_{t1} + u_{t2} \\ -u_{t2} + u_{t3} \\ u_{t1} - u_{t3} \end{bmatrix}
$$

10.2 电路方程的矩阵形式

10.2.1 回路电流方程的矩阵形式

对于正弦稳态电路,为了列出回路电流方程的矩阵形式,要求电路中无独立电流源支路,所含受控源只是受控电压源,标准支路如图 10-4 所示,图中标出了各变量的参考方向和各电源的参考方向。

标准支路中的受控电压源 $\dot{U}_{dk}$ 受支路 j 中无源元件的电压 $\dot{U}_{ej}$ 或电流 $\dot{I}_{ej}$ 控制,即

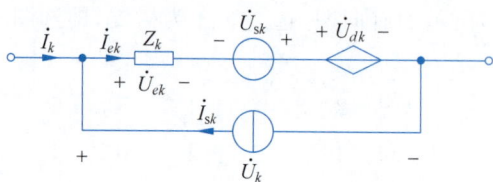

图 10-4　回路电流方程的标准支路

$$\dot{U}_{dk} = \begin{cases} \alpha_{kj}\dot{U}_{ej} = \alpha_{kj}Z_j\dot{I}_{ej} \\ Z_{kj}\dot{I}_{ej} \end{cases}$$

因此，受控电压源 $\dot{U}_{dk}$ 无论受 $\dot{U}_{ej}$ 或 $\dot{I}_{ej}$ 的控制都可以假设为

$$\dot{U}_{dk} = Z_{dkj}\dot{I}_{ej}$$

当标准支路 k 与 g 之间存在互感时，设互阻抗为 Z_M，则标准支路 k 的特性方程为

$$\dot{U}_k = Z_k\dot{I}_{ek} + Z_M\dot{I}_{eg} + Z_{dkj}\dot{I}_{ej} - \dot{U}_{sk}$$

$$= Z_k(\dot{I}_k + \dot{I}_{sk}) + Z_M(\dot{I}_g + \dot{I}_{sg}) + Z_{dkj}(\dot{I}_j + \dot{I}_{sj}) - \dot{U}_{sk}$$

因此，整个电路的支路特性方程的矩阵形式为

$$\dot{\boldsymbol{U}} = \boldsymbol{Z}(\dot{\boldsymbol{I}} + \dot{\boldsymbol{I}}_s) - \dot{\boldsymbol{U}}_s$$

式中，$\boldsymbol{Z}$ 为支路阻抗矩阵，它的第 k 行（对应支路 k）的非零元素为

$$\begin{cases} Z_{kk} = Z_k \\ Z_{kg} = Z_M \\ Z_{kj} = Z_{dkj} \end{cases}$$

$\dot{\boldsymbol{I}}_s$ 为各支路中独立电流源构成的列向量，$\dot{\boldsymbol{U}}_s$ 为各支路中独立电压源构成的列向量。

回路电流方程的矩阵形式是由 $\dot{\boldsymbol{I}} = \boldsymbol{B}_f^T\dot{\boldsymbol{I}}_l$（KCL）、$\boldsymbol{B}_f\dot{\boldsymbol{U}} = 0$（KVL）和 $\dot{\boldsymbol{U}} = \boldsymbol{Z}(\dot{\boldsymbol{I}} + \dot{\boldsymbol{I}}_s) - \dot{\boldsymbol{U}}_s$（支路特性方程）消去 $\dot{\boldsymbol{U}}$ 和 $\dot{\boldsymbol{I}}$ 推导出的，即

$$\boldsymbol{B}_f\boldsymbol{Z}\boldsymbol{B}_f^T\dot{\boldsymbol{I}}_l = \boldsymbol{B}_f\dot{\boldsymbol{U}}_s - \boldsymbol{B}_f\boldsymbol{Z}\dot{\boldsymbol{I}}_s$$

设 $\overline{\boldsymbol{Z}}_l = \boldsymbol{B}_f\boldsymbol{Z}\boldsymbol{B}_f^T$，它为一个 l 阶的方阵，称为回路阻抗矩阵，它的主对角元素为自阻抗，非主对角元素为互阻抗。设 $\dot{\boldsymbol{U}}_l = \boldsymbol{B}_f\dot{\boldsymbol{U}}_s - \boldsymbol{B}_f\boldsymbol{Z}\dot{\boldsymbol{I}}_s$，称为回路等效电压源电压列向量。则有

$$\boldsymbol{Z}_l\dot{\boldsymbol{I}}_l = \dot{\boldsymbol{U}}_l$$

例 10-1　图 10-5(a)所示的电路为正弦稳态电路（电源频率为 ω）。画出电路的有向图，列出电路的回路电流方程（矩阵形式）。

解：作出图 10-5(a)所示的电路的有向图，如图 10-5(b)所示，实线代表树支，虚线代表连支。基本回路矩阵为

$$\boldsymbol{B}_f = \begin{bmatrix} 0 & 0 & -1 & 0 & 1 & 0 & 0 \\ 1 & 0 & -1 & 1 & 0 & 1 & 0 \\ 0 & 1 & -1 & 0 & 0 & 0 & 1 \end{bmatrix}$$

支路阻抗矩阵

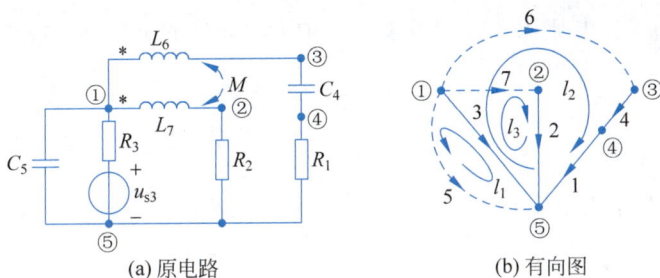

(a) 原电路　　　　　　(b) 有向图

图 10-5　例 10-1 图

$$
\boldsymbol{Z} =
\begin{bmatrix}
R_1 & 0 & 0 & 0 & 0 & 0 & 0 \\
0 & R_2 & 0 & 0 & 0 & 0 & 0 \\
0 & 0 & R_3 & 0 & 0 & 0 & 0 \\
0 & 0 & 0 & \dfrac{1}{j\omega C_4} & 0 & 0 & 0 \\
0 & 0 & 0 & 0 & \dfrac{1}{j\omega C_5} & 0 & 0 \\
0 & 0 & 0 & 0 & 0 & j\omega L_6 & j\omega M \\
0 & 0 & 0 & 0 & 0 & j\omega M & j\omega L_7
\end{bmatrix}
$$

电源列向量为

$$
\dot{\boldsymbol{U}}_s = \begin{bmatrix} 0 & 0 & -\dot{U}_{s3} & 0 & 0 & 0 & 0 \end{bmatrix}^T, \quad
\dot{\boldsymbol{I}}_s = \begin{bmatrix} 0 & 0 & 0 & 0 & 0 & 0 & 0 \end{bmatrix}^T
$$

回路电流方程为

$$
\boldsymbol{B}_f \boldsymbol{Z} \boldsymbol{B}_f^T \dot{\boldsymbol{I}}_l = \boldsymbol{B}_f \dot{\boldsymbol{U}}_s - \boldsymbol{B}_f \boldsymbol{Z} \dot{\boldsymbol{I}}_s
$$

$$
\begin{bmatrix}
R_3 + \dfrac{1}{j\omega C_5} & R_3 & R_3 \\[2mm]
R_3 & R_1 + R_3 + \dfrac{1}{j\omega C_4} + j\omega L_6 & R_3 + j\omega M \\[2mm]
R_3 & R_3 + j\omega M & R_2 + R_3 + j\omega L_7
\end{bmatrix}
\begin{bmatrix}
\dot{I}_{l1} \\ \dot{I}_{l2} \\ \dot{I}_{l3}
\end{bmatrix}
=
\begin{bmatrix}
\dot{U}_{s3} \\ \dot{U}_{s3} \\ \dot{U}_{s3}
\end{bmatrix}
$$

10.2.2　结点电压方程的矩阵形式

对于正弦稳态电路,为了列出结点电压方程的矩阵形式,要求电路没有电压源支路,电路中的受控源只是受控电流源。它的标准支路如图 10-6 所示,图中标出了各变量的参考方向和各电源的参考方向。

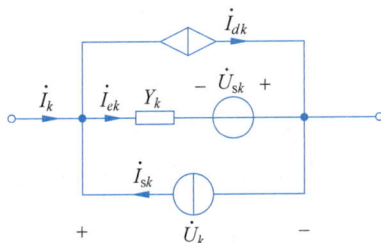

图 10-6　结点电压法标准支路

标准支路中的受控电流源 $\dot{I}_{dk}$ 是受支路 j 中无源元件的电压 $\dot{U}_{ej}$ 或电流 $\dot{I}_{ej}$ 控制,即

$$\dot{I}_{dk} = \begin{cases} \beta_{kj}\dot{I}_{ej} = \beta_{kj}Y_j\dot{U}_{ej} \\ \\ Y_{kj}\dot{U}_{ej} \end{cases}$$

因此,受控电流源 $\dot{I}_{dk}$ 无论受 $\dot{U}_{ej}$ 或 $\dot{I}_{ej}$ 控制的都可以假设为

$$\dot{I}_{dk} = Y_{dkj}\dot{U}_{ej}$$

当标准支路 k 与 g 之间有互感时,设互感导纳为 Y_M。则标准支路 k 的特性方程为

$$\dot{I}_k = Y_k\dot{U}_{ek} + Y_M\dot{U}_{eg} + Y_{dkj}\dot{U}_{ej} - \dot{I}_{sk}$$

$$= Y_k(\dot{U}_k + \dot{U}_{sk}) + Y_M(\dot{U}_g + \dot{U}_{sg}) + Y_{dkj}(\dot{U}_j + \dot{U}_{sj}) - \dot{I}_{sk}$$

整个电路的支路特性方程的矩阵形式为

$$\dot{I} = Y(\dot{U} + \dot{U}_s) - \dot{I}_s$$

式中,Y 为支路导纳矩阵,它的第 k 行(对应支路 k)的非零元素为

$$\begin{cases} Y_{kk} = Y_k \\ Y_{kg} = Y_M \\ Y_{kj} = Y_{dkj} \end{cases}$$

$\dot{I}_s$ 为支路独立电流源列向量,$\dot{U}_s$ 为支路独立电压源列向量。

结点电压方程矩阵形式是由 $A\dot{I} = 0$(KCL)、$A^T\dot{U}_n = \dot{U}$(KVL)和 $\dot{I} = Y(\dot{U} + \dot{U}_s) - \dot{I}_s$(支路特性方程)消去 $\dot{I}_s$ 和 $\dot{U}_s$ 后推导得出的,即

$$AYA^T\dot{U}_n = A\dot{I}_s - AY\dot{U}_s$$

设 $Y_n = AYA^T$,称为结点导纳矩阵;设 $\dot{I}_n = A\dot{I}_s - AY\dot{U}_s$,称为结点等效电流源电流列向量。则有

$$Y_n\dot{U}_n = \dot{I}_n$$

例 10-2 图 10-7(a)所示的是正弦稳态电路(电源频率为 ω)。画出电路的有向图,列出电路的结点电压方程(矩阵形式)。

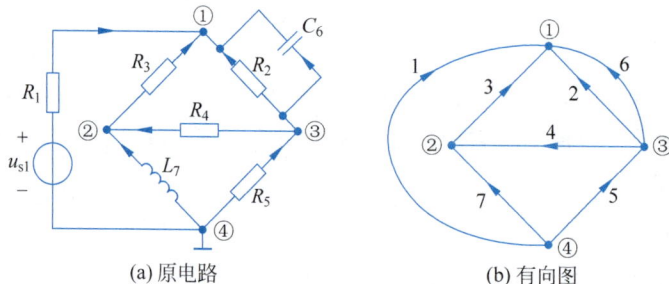

(a) 原电路   (b) 有向图

图 10-7 例 10-2 图

解:(1) 图 10-7(a)所示的电路的有向图如图 10-7(b)所示,选择结点④为参考点,关联矩阵 A 为

$$A = \begin{bmatrix} -1 & -1 & -1 & 0 & 0 & -1 & 0 \\ 0 & 0 & 1 & -1 & 0 & 0 & -1 \\ 0 & 1 & 0 & 1 & -1 & 1 & 0 \end{bmatrix}$$

（2）支路导纳矩阵 Y 为

$$Y = \mathrm{diag}\left[\frac{1}{R_1} \quad \frac{1}{R_2} \quad \frac{1}{R_3} \quad \frac{1}{R_4} \quad \frac{1}{R_5} \quad \mathrm{j}\omega C_6 \quad \frac{1}{\mathrm{j}\omega L_7}\right]$$

结点导纳矩阵 Y_n 为

$$Y_n = AYA^{\mathrm{T}} = \begin{bmatrix} \dfrac{1}{R_1} + \dfrac{1}{R_2} + \dfrac{1}{R_3} + \mathrm{j}\omega C_6 & -\dfrac{1}{R_3} & -\dfrac{1}{R_2} - \mathrm{j}\omega C_6 \\[3mm] -\dfrac{1}{R_3} & \dfrac{1}{R_3} + \dfrac{1}{R_4} + \dfrac{1}{\mathrm{j}\omega L_7} & -\dfrac{1}{R_4} \\[3mm] -\dfrac{1}{R_2} - \mathrm{j}\omega C_6 & -\dfrac{1}{R_4} & \dfrac{1}{R_2} + \mathrm{j}\omega C_6 + \dfrac{1}{R_4} + \dfrac{1}{R_5} \end{bmatrix}$$

电源列向量为

$$\dot{U}_s = [\dot{U}_{s1} \quad 0 \quad 0 \quad 0 \quad 0 \quad 0 \quad 0]^{\mathrm{T}} \quad \dot{I}_s = [0 \quad 0 \quad 0 \quad 0 \quad 0 \quad 0 \quad 0]^{\mathrm{T}}$$

结点电压方程的矩阵形式为

$$AYA^{\mathrm{T}}\dot{U}_n = A\dot{I}_s - AY\dot{U}_s$$

$$\begin{bmatrix} \dfrac{1}{R_1} + \dfrac{1}{R_2} + \dfrac{1}{R_3} + \mathrm{j}\omega C_6 & -\dfrac{1}{R_3} & -\dfrac{1}{R_2} - \mathrm{j}\omega C_6 \\[3mm] -\dfrac{1}{R_3} & \dfrac{1}{R_3} + \dfrac{1}{R_4} + \dfrac{1}{\mathrm{j}\omega L_7} & -\dfrac{1}{R_4} \\[3mm] -\dfrac{1}{R_2} - \mathrm{j}\omega C_6 & -\dfrac{1}{R_4} & \dfrac{1}{R_2} + \mathrm{j}\omega C_6 + \dfrac{1}{R_4} + \dfrac{1}{R_5} \end{bmatrix} \begin{bmatrix} \dot{U}_{n1} \\[2mm] \dot{U}_{n2} \\[2mm] \dot{U}_{n3} \end{bmatrix} = \begin{bmatrix} \dfrac{\dot{U}_{s1}}{R_1} \\[2mm] 0 \\[2mm] 0 \end{bmatrix}$$

10.2.3 割集电压方程的矩阵形式

对于正弦稳态电路，为了列出割集电压方程的矩阵形式，要求电路中无电压源支路，受控源都是受控电流源，标准支路如图 10-6 所示。整个电路的支路特性方程的矩阵形式仍为

$$\dot{I} = Y(\dot{U} + \dot{U}_s) - \dot{I}_s$$

割集电压方程的矩阵形式是由 $Q_f\dot{I} = 0$（KCL）、$Q_f^{\mathrm{T}}\dot{U}_t = \dot{U}$（KVL）和 $\dot{I} = Y(\dot{U} + \dot{U}_s) - \dot{I}_s$（支路特性方程）消去 $\dot{I}$ 和 $\dot{U}$ 推导得出的，即

$$Q_f Y Q_f^{\mathrm{T}}\dot{U}_t = Q_f\dot{I}_s - Q_f Y\dot{U}_s$$

设 $Y_t = Q_f Y Q_f^{\mathrm{T}}$，称为割集导纳矩阵；设 $\dot{I}_t = Q_f\dot{I}_s - Q_f Y\dot{U}_s$，称为割集等效电流源电流列向量。可得

$$Y_t\dot{U}_t = \dot{I}_t$$

值得指出的是,割集电压法是结点电压法的推广,或者说结点电压法是割集电压法的一个特例。

例 10-3 图 10-8(a)所示的电路是正弦稳态电路(电源频率为 ω),写出电路的割集电压方程(矩阵形式)。

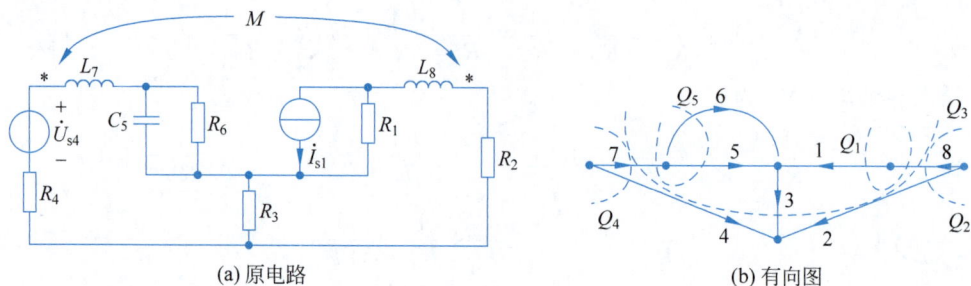

(a) 原电路   (b) 有向图

图 10-8 例 10-3 图

解:图 10-8(a)所示的电路的有向图如图 10-8(b)所示,实线为树支,虚线为连支。基本割集矩阵为

$$
\boldsymbol{Q}_f = \begin{bmatrix} 1 & 0 & 0 & 0 & 0 & 0 & 0 & -1 \\ 0 & 1 & 0 & 0 & 0 & 0 & 0 & 1 \\ 0 & 0 & 1 & 0 & 0 & 0 & -1 & -1 \\ 0 & 0 & 0 & 1 & 0 & 0 & 1 & 0 \\ 0 & 0 & 0 & 0 & 1 & 1 & -1 & 0 \end{bmatrix}
$$

支路导纳矩阵为

$$
\boldsymbol{Y} = \begin{bmatrix} \dfrac{1}{R_1} & 0 & 0 & 0 & 0 & 0 & 0 & 0 \\ 0 & \dfrac{1}{R_2} & 0 & 0 & 0 & 0 & 0 & 0 \\ 0 & 0 & \dfrac{1}{R_3} & 0 & 0 & 0 & 0 & 0 \\ 0 & 0 & 0 & \dfrac{1}{R_4} & 0 & 0 & 0 & 0 \\ 0 & 0 & 0 & 0 & \mathrm{j}\omega C_5 & 0 & 0 & 0 \\ 0 & 0 & 0 & 0 & 0 & \dfrac{1}{R_6} & 0 & 0 \\ 0 & 0 & 0 & 0 & 0 & 0 & \dfrac{L_8}{\Delta} & -\dfrac{M}{\Delta} \\ 0 & 0 & 0 & 0 & 0 & 0 & -\dfrac{M}{\Delta} & \dfrac{L_7}{\Delta} \end{bmatrix}
$$

式中,$\Delta = \mathrm{j}\omega(L_1 L_2 - M^2)$。

割集导纳矩阵为

$$
Y_t = Q_f Y Q_f^{\mathrm{T}}
$$

$$
\boldsymbol{Y}_t = \begin{bmatrix}
\dfrac{1}{R_1}+\dfrac{L_7}{\Delta} & -\dfrac{L_7}{\Delta} & \dfrac{L_7-M}{\Delta} & \dfrac{M}{\Delta} & -\dfrac{M}{\Delta} \\[2ex]
-\dfrac{L_7}{\Delta} & \dfrac{1}{R_2}+\dfrac{L_7}{\Delta} & -\dfrac{L_7-M}{\Delta} & -\dfrac{M}{\Delta} & \dfrac{M}{\Delta} \\[2ex]
\dfrac{L_7-M}{\Delta} & -\dfrac{L_7-M}{\Delta} & \dfrac{1}{R_5}+\dfrac{L_7+L_8-2M}{\Delta} & -\dfrac{L_8-M}{\Delta} & \dfrac{L_8-M}{\Delta} \\[2ex]
\dfrac{M}{\Delta} & -\dfrac{M}{\Delta} & -\dfrac{L_8-M}{\Delta} & \dfrac{1}{R_4}+\dfrac{L_8}{\Delta} & -\dfrac{L_8}{\Delta} \\[2ex]
-\dfrac{M}{\Delta} & \dfrac{M}{\Delta} & \dfrac{L_8-M}{\Delta} & -\dfrac{L_8}{\Delta} & j\omega C_5+\dfrac{1}{R_6}+\dfrac{L_8}{\Delta}
\end{bmatrix}
$$

割集电压方程为

$$
\boldsymbol{Q}_f \boldsymbol{Y} \boldsymbol{Q}_f^{\mathrm{T}} \dot{\boldsymbol{U}}_t = \boldsymbol{Q}_f \dot{\boldsymbol{I}}_s - \boldsymbol{Q}_f \boldsymbol{Y} \dot{\boldsymbol{U}}_s
$$

$$
\begin{bmatrix}
\dfrac{1}{R_1}+\dfrac{L_7}{\Delta} & -\dfrac{L_7}{\Delta} & \dfrac{L_7-M}{\Delta} & \dfrac{M}{\Delta} & -\dfrac{M}{\Delta} \\[2ex]
-\dfrac{L_7}{\Delta} & \dfrac{1}{R_2}+\dfrac{L_7}{\Delta} & -\dfrac{L_7-M}{\Delta} & -\dfrac{M}{\Delta} & \dfrac{M}{\Delta} \\[2ex]
\dfrac{L_7-M}{\Delta} & -\dfrac{L_7-M}{\Delta} & \dfrac{1}{R_5}+\dfrac{L_7+L_8-2M}{\Delta} & -\dfrac{L_8-M}{\Delta} & \dfrac{L_8-M}{\Delta} \\[2ex]
\dfrac{M}{\Delta} & -\dfrac{M}{\Delta} & -\dfrac{L_8-M}{\Delta} & \dfrac{1}{R_4}+\dfrac{L_8}{\Delta} & -\dfrac{L_8}{\Delta} \\[2ex]
-\dfrac{M}{\Delta} & \dfrac{M}{\Delta} & \dfrac{L_8-M}{\Delta} & -\dfrac{L_8}{\Delta} & j\omega C_5+\dfrac{1}{R_6}+\dfrac{L_8}{\Delta}
\end{bmatrix}
\begin{bmatrix}
\dot{U}_{t1} \\[1ex] \dot{U}_{t2} \\[1ex] \dot{U}_{t3} \\[1ex] \dot{U}_{t4} \\[1ex] \dot{U}_{t5}
\end{bmatrix}
=
\begin{bmatrix}
-\dot{I}_{s1} \\[1ex] 0 \\[1ex] 0 \\[1ex] \dfrac{\dot{U}_{s4}}{R_4} \\[1ex] 0
\end{bmatrix}
$$

上述回路电流方程、结点电压方程和割集电压方程的矩阵形式,都是针对正弦稳态电路导出的,但也适用于直流电路和零状态的动态电路。

10.3 状态方程

"状态"是从系统理论中引来的一个抽象的概念。对电路而言,它是指任何时刻电路的必备的最少量的信息,它们与该时刻开始的输入一起足以完全确定以后电路的性状。表征电路状态的一组独立的变量,称为状态变量。在电路中常选独立电容电压(或电荷)和独立电感电流(或磁链)作为状态变量。

状态变量的一个 n 元一阶微分方程组,称为状态方程,它的矩阵形式为

$$
\dot{\boldsymbol{X}} = \boldsymbol{A}\boldsymbol{X} + \boldsymbol{B}\boldsymbol{V}
$$

式中,$\boldsymbol{X}$ 为 n 维状态变量列向量,$\dot{\boldsymbol{X}}$ 为 n 维状态变量一阶导数的列向量,$\boldsymbol{V}$ 为 m 维输入的列向量。即

$$
\dot{\boldsymbol{X}} = [\dot{x}_1, \dot{x}_2, \cdots, \dot{x}_n]^{\mathrm{T}}
$$

$$
\boldsymbol{X} = [x_1, x_2, \cdots, x_n]^{\mathrm{T}}
$$

$$V = [v_1, v_2, \cdots, v_m]^{\mathrm{T}}$$

A 是 $n \times n$ 阶方阵，B 是 $n \times m$ 阶矩阵，它们都是常量矩阵。

状态方程的列写方法分为直观法和系统法。

1）直观法步骤

（1）选取独立电容电压和独立电感电流为状态变量。

（2）对接有一个电容的结点列写 KCL 方程，对含有一个电感的回路列写 KVL 方程。

（3）当第（2）步列出的方程中含有非状态变量时，再对其余的独立结点列 KCL 方程，对其余独立回路列 KVL 方程，并结合电阻元件的伏安特性，消去第（2）步各方程中的非状态变量。

（4）把结果整理成标准形式的状态方程。

2）系统法步骤

（1）以元件为支路，画出电路的拓扑图。

（2）选择一棵特有树，即将全部电压源、全部电容选为树支，将全部电感、全部电流源选为连支，电阻元件可为树支（称电导），也可为连支（称电阻）。当电路中无电容回路和电感割集时，这棵特有树总是可选出的。支路按电压源、电容、树支电导、连支电阻、电感和电流源的顺序编号。

（3）对树支电容的基本割集列 KCL 方程，对连支电感的基本回路列 KVL 方程，这组方程称为主方程。

（4）对树支电导的基本割集列 KCL 方程，对连支电阻的基本回路列 KVL 方程，这组方程称为辅助方程。

（5）利用辅助方程和树支电导、连支电阻的元件特性方程，消去主方程中的非状态变量，整理得状态方程。

设 $Y = [y_1, y_2, \cdots, y_p]^{\mathrm{T}}$ 为输出的 p 维列向量，它由状态变量列向量 X 和输入列向量 V 决定，即

$$Y = CX + DV$$

此为输出方程，它是一个代数方程组。式中，C 为 $p \times n$ 阶矩阵，D 为 $p \times m$ 阶矩阵，也都是常量矩阵。

例 10-4　列出图 10-9(a)所示的电路的状态方程，并整理成标准形式。

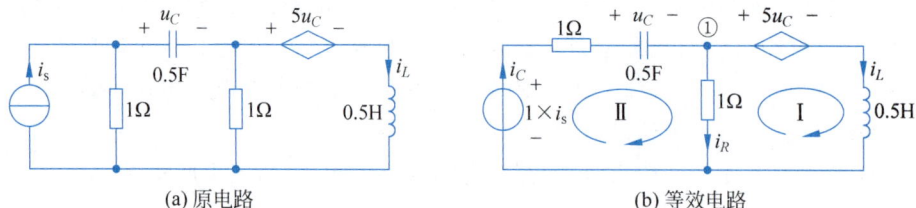

图 10-9　例 10-4 图

解：将图 10-9(a)等效变换成图 10-9(b)。选 u_C 和 i_L 为状态变量。

对结点①列 KCL 方程

$$0.5 \frac{\mathrm{d}u_C}{\mathrm{d}t} = i_L + i_R \tag{10-10}$$

对回路 Ⅰ 列 KVL 方程

$$0.5 \frac{\mathrm{d}i_L}{\mathrm{d}t} = -5u_C + 1 \times i_R \tag{10-11}$$

对回路 Ⅱ 列 KVL 方程

$$1 \times (i_R + i_L) + u_C + 1 \times i_R = 1 \times i_s \tag{10-12}$$

由式(10-12)解出 i_R，得

$$i_R = -\frac{1}{2}u_C - \frac{1}{2}i_L + \frac{1}{2}i_s \tag{10-13}$$

将式(10-13)代入式(10-10)和式(10-11)，消去状态变量 i_R，则得状态方程

$$\begin{cases} 0.5 \dfrac{\mathrm{d}u_C}{\mathrm{d}t} = -\dfrac{1}{2}u_C + \dfrac{1}{2}i_L + \dfrac{1}{2}i_s \\ 0.5 \dfrac{\mathrm{d}i_L}{\mathrm{d}t} = -5u_C - \dfrac{1}{2}u_C - \dfrac{1}{2}i_L + \dfrac{1}{2}i_s \end{cases}$$

即

$$\begin{bmatrix} \dfrac{\mathrm{d}u_C}{\mathrm{d}t} \\ \dfrac{\mathrm{d}i_L}{\mathrm{d}t} \end{bmatrix} = \begin{bmatrix} -1 & 1 \\ -11 & -1 \end{bmatrix} \begin{bmatrix} u_C \\ i_L \end{bmatrix} + \begin{bmatrix} 1 \\ 1 \end{bmatrix} \begin{bmatrix} i_s \end{bmatrix}$$

习题 10

一、简答题

10-1 对于一个含有 n 个结点、b 条支路的电路，电路的关联矩阵的阶数是多少？电路的回路矩阵的阶数是多少？

10-2 连通图 G 的一个割集是图 G 的一个支路的集合，把这些支路全部移去，图 G 将分离为几部分？

10-3 在列写基本回路矩阵时，基本回路方向与树支和连支方向的关系如何？

10-4 在列写基本割集矩阵时，基本割集方向与树支和连支方向的关系如何？

10-5 在列写状态方程时，在电路中如何选取状态变量？

二、选择题

10-6 电路的拓扑图如题 10-6 图所示，若选支路集(1,2,5,8)为树，则含树支 1 的基本割集是(　　)，含连支 3 的基本回路是(　　)。

A. $(1,6,8)$　　　　　　　　　　B. $(1,3,4,5)$

C. $(1,2,3,8)$　　　　　　　　　　D. $(1,3,6,7)$

10-7 题 10-7 图为一有向图，选支路集(1,4,7,9)为树，对应此树，则基本割集矩阵是(　　)。

A. $\boldsymbol{Q}_f = \begin{bmatrix} 1 & 0 & 0 & 0 & 1 & 1 & 0 & 0 & 0 \\ 0 & 1 & 0 & 0 & 1 & 0 & -1 & -1 & 0 \\ 0 & 0 & 1 & 0 & 0 & -1 & -1 & 0 & 1 \\ 0 & 0 & 0 & 1 & 0 & 0 & 0 & -1 & -1 \end{bmatrix}$

B. $\boldsymbol{Q}_f = \begin{bmatrix} 1 & 0 & 0 & 0 & -1 & -1 & 0 & 0 & 0 \\ 0 & 1 & 0 & 0 & -1 & 0 & 1 & 1 & 0 \\ 0 & 0 & 1 & 0 & 0 & 1 & 1 & 0 & 1 \\ 0 & 0 & 0 & 1 & 0 & 0 & 0 & 1 & 1 \end{bmatrix}$

C. $\boldsymbol{Q}_f = \begin{bmatrix} 1 & 1 & 0 & 0 & 0 & 1 & 0 & 0 & 0 \\ 1 & 1 & -1 & -1 & 0 & 0 & 1 & 0 & 0 \\ -1 & -1 & 0 & 1 & 0 & 0 & 0 & 1 & 0 \\ 0 & 0 & -1 & -1 & 0 & 0 & 0 & 0 & 1 \end{bmatrix}$

D. $\boldsymbol{Q}_f = \begin{bmatrix} 1 & 0 & 0 & 0 & 0 & 0 & 0 & -1 \\ 0 & 1 & 0 & 0 & 0 & 0 & 0 & 1 \\ 0 & 0 & 1 & 0 & 0 & 0 & -1 & -1 \\ 0 & 0 & 0 & 1 & 0 & 0 & 1 & 0 \\ 0 & 0 & 0 & 0 & 1 & 1 & -1 & 0 \end{bmatrix}$

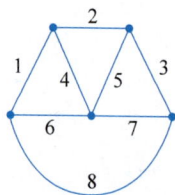

题 10-6 图

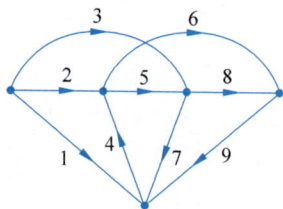

题 10-7 图

10-8 题图 10-8 所示的电路的图 G 已给出,则该电路支路导纳矩阵为(   )。

A. $\begin{bmatrix} 2 & 0 & 0 & 2 & 0 \\ 0 & 1 & 0 & 0 & 3 \\ 0 & 0 & 4 & 0 & 0 \\ 0 & 0 & 0 & 1 & 0 \\ 0 & 0 & 0 & 0 & 5 \end{bmatrix}$
B. $\begin{bmatrix} 2 & 0 & 0 & -2 & 0 \\ 0 & 1 & 0 & 0 & 3 \\ 0 & 0 & 4 & 0 & 0 \\ 0 & 0 & 0 & 1 & 0 \\ 0 & 0 & 0 & 0 & 5 \end{bmatrix}$

C. $\begin{bmatrix} 2 & 0 & 0 & 2 & 0 \\ 0 & 1 & 0 & 0 & -3 \\ 0 & 0 & 4 & 0 & 0 \\ 0 & 0 & 0 & 1 & 0 \\ 0 & 0 & 0 & 0 & 5 \end{bmatrix}$
D. $\begin{bmatrix} 2 & 0 & 0 & -2 & 0 \\ 0 & 1 & 0 & 0 & -3 \\ 0 & 0 & 4 & 0 & 0 \\ 0 & 0 & 0 & 1 & 0 \\ 0 & 0 & 0 & 0 & 5 \end{bmatrix}$

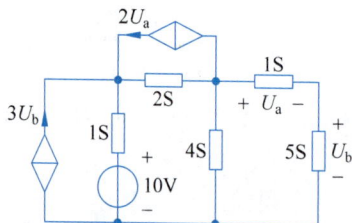

题 10-8 图

10-9 题 10-9 图所示的电路支路编号和参考方向均给出,则其支路导纳矩阵为(   )。

$$
\text{A.}\begin{bmatrix} 0.5 & 0 & 0 & 0 & 0 \\ -3 & 4 & 0 & 0 & 0 \\ 0 & 0 & 0 & 0 & 2 \\ 0 & 0 & 0 & 1 & 0 \\ 0 & 0 & 0 & 0 & 0.2 \end{bmatrix}
\qquad
\text{B.}\begin{bmatrix} 0.5 & 0 & 0 & 0 & 0 \\ 3 & 4 & 0 & 0 & 0 \\ 0 & 0 & 0 & 0 & 10 \\ 0 & 0 & 0 & 1 & 0 \\ 0 & 0 & 0 & 0 & 0.2 \end{bmatrix}
$$

$$
\text{C.}\begin{bmatrix} 2 & 0 & 0 & 0 & 0 \\ -3 & 0.25 & 0 & 0 & 0 \\ 0 & 0 & 0 & 0 & 10 \\ 0 & 0 & 0 & 1 & 0 \\ 0 & 0 & 0 & 0 & 5 \end{bmatrix}
\qquad
\text{D.}\begin{bmatrix} 2 & 0 & 0 & 0 & 0 \\ 3 & 0.25 & 0 & 0 & 0 \\ 0 & 0 & 0 & 0 & 2 \\ 0 & 0 & 0 & 1 & 0 \\ 0 & 0 & 0 & 0 & 5 \end{bmatrix}
$$

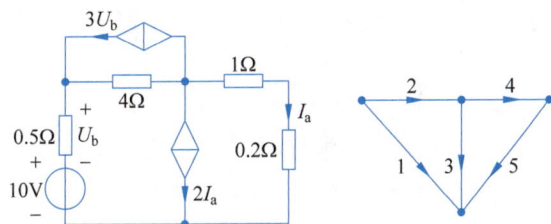

题 10-9 图

三、计算题

10-10 画出题 10-10 图所示的网络的有向图,写出其关联矩阵(以结点⑤为参考点)。

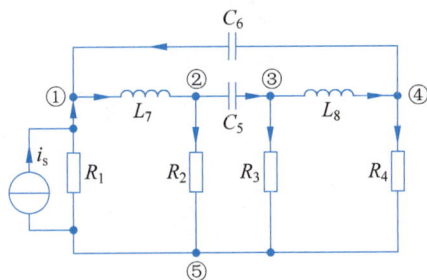

题 10-10 图

10-11 题 10-11 图所示为正弦稳态电路(电源角频率为 ω),写出该电路的支路阻抗矩阵和用支路阻抗矩阵表示的支路电压电流关系的矩阵形式。

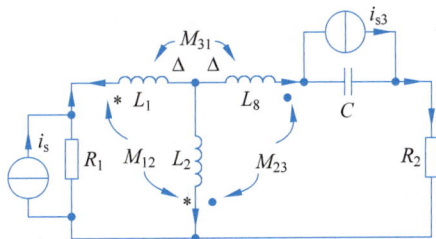

题 10-11 图

10-12 题 10-12 图所示为正弦稳态电路,列出其回路电流方程的矩阵形式。

10-13 题 10-13 图所示为正弦稳态电路,列出其结点电压方程的矩阵形式。

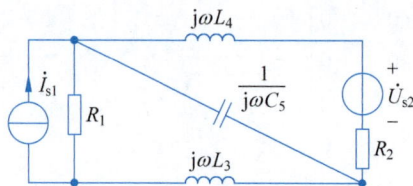

题 **10-12** 图

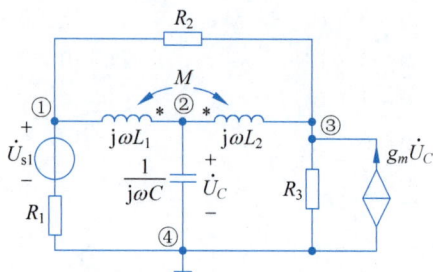

题 **10-13** 图

10-14 题 10-14 图所示为正弦稳态电路,列出其割集电压方程的矩阵形式。

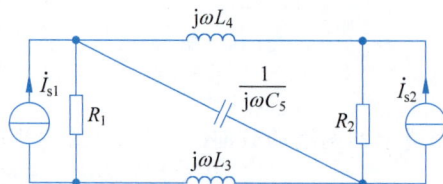

题 **10-14** 图

10-15 题 10-15 图所示的网络选电容电压和电感电流为状态变量,写出其状态方程。

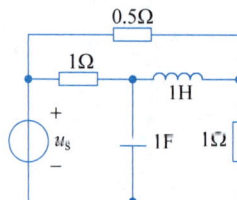

题 **10-15** 图

四、思考题

10-16 列出题 10-16 图所示的电路的状态方程。

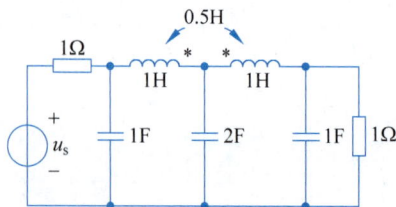

题 **10-16** 图